"十三五"普通高等教育本科系列教材

（第三版）

工程地质学

主　编　李相然

主　审　赵法锁

U0260740

中国电力出版社

CHINA ELECTRIC POWER PRESS

内 容 提 要

本书为"十三五"普通高等教育本科系列教材,全书共分四篇,第一篇工程地质基础知识,包括地质作用与地质年代、岩石与岩体的工程地质性质、地质构造及其对工程的影响、地形地貌、地下水及对工程建设的影响、对工程有害的不良地质现象;第二篇地基土工程地质特征,包括土的工程性质与野外鉴别、土的工程地质特征;第三篇工程地质问题分析,包括工程活动中的主要工程地质问题、不同类型工程的工程地质问题分析;第四篇岩土工程勘察,包括岩土工程勘察的要求、方法与内容,岩土工程勘察资料的整理、分析与使用。

本书可作为高等学校土木工程专业的教材,也适用于水利工程、港口工程、道路工程等专业,同时也可供工程地质、水文地质专业技术人员和广大土建工程设计和科研人员参考。

图书在版编目(CIP)数据

工程地质学/李相然主编 . —3 版 . —北京:中国电力出版社,2018.10(2024.1 重印)
"十三五"普通高等教育本科规划教材
ISBN 978 - 7 - 5198 - 2305 - 4

Ⅰ.①工… Ⅱ.①李… Ⅲ.①工程地质—高等学校—教材 Ⅳ.①P642

中国版本图书馆 CIP 数据核字(2018)第 175849 号

出版发行:中国电力出版社
地   址:北京市东城区北京站西街 19 号(邮政编码 100005)
网   址:http://www.cepp.sgcc.com.cn
责任编辑:孙 静
责任校对:黄 蓓 常燕昆
装帧设计:赵姗姗
责任印制:吴 迪

印   刷:北京天泽润科贸有限公司
版   次:2006 年 2 月第一版 2018 年 10 月第三版
印   次:2024 年 1 月北京第十二次印刷
开   本:787 毫米×1092 毫米 16 开本
印   张:18.75
字   数:455 千字
定   价:56.00 元

前　　言

　　土木工程的工作范围主要是在地表或地下。任何土木建筑工程都是以岩土作为地基或围岩，都离不开地质环境。实践证明，工程地质在工程建筑中的作用，已不仅仅是完成为建筑物的修建提供必要的地质资料，而且贯穿在整个工程建设的规划、设计、施工，以及管理的全部过程之中。土木工程设计和施工技术人员只有系统地掌握了工程地质的基本理论知识和技术方法，才能深入了解拟建场区地质条件与工程建筑活动之间的矛盾，正确地运用工程地质勘察的数据资料指导设计和施工，对各类土木工程建筑中可能发生的由地质问题引起的安全隐患采取正确的防治措施，保证工程建设顺利完成、建（构）筑物安全使用。

　　《工程地质学》出版以来，受到各高校师生的重视和好评，使用效果良好，并获得山东省高等学校优秀教材称号。为了更好地适应高等学校应用型人才培养模式改革，努力培养既懂地质理论，又会分析和解决工程地质问题的高素质应用型人才，特对《工程地质学》作了一些修改和补充。修编后的《工程地质学》保持了第一版内容的系统性，适应大土木工程专业发展的需要；强化地质与工程的关系研究，重视工程地质条件对工程影响的分析；层次分明，概念清楚，便于学生学习，同时针对书中不合新规范之处一一做了调整，有些重复内容进行了删减，在教学过程中发现的少量不足之处进行了修改。

　　本书分四篇，分别是工程地质基础知识、地基土工程地质特征、工程地质问题分析、岩土工程勘察，共十二章，主要内容有：地质作用与地质年代，岩石与岩体的工程地质性质，地质构造及其对工程的影响，地形地貌，地下水及对工程建设的影响，对工程有害的不良地质现象，土的工程性质与野外鉴别，土的工程地质特征，工程活动中的主要工程地质问题，不同类型工程的工程地质问题分析，岩土工程勘察的要求、方法与内容，岩土工程勘察资料的整理、分析与使用。

　　本书由烟台大学李相然教授主编，长安大学赵法锁教授主审，编写人员都是山东省部分高校多年从事工程地质教学的教师，具体分工如下：绪论由烟台大学李相然编写，第一～三章由烟台大学李相然、吕永高编写，第四章由鲁东大学石云编写；第五章由鲁东大学朱建德编写，第六章由青岛理工大学章伟编写，第七章由烟台大学李相然编写，第八章由烟台大学时向东编写，第九、十章由烟台大学侯哲生编写，第十一、十二章由烟台大学孙淑贤编写。最后由李相然教授统稿。

　　衷心希望广大读者对本书提出批评意见和改进建议，以便进一步提高本书的质量。

编者

2018 年 7 月

目　录

绪　　论

一、基本概念

1. 工程地质学

工程地质学是一门介于地质学与土木工程学之间的应用地质学科，它是运用地质学的原理和方法，结合数理力学与土木工程学，分析解决与人类工程和生活活动有关的地质问题，即工程地质问题。也就是研究在工程建筑设计、施工和运营的实施过程中合理地处理和正确地使用自然地质条件和改造不良地质条件等地质问题。因此，工程地质学是为了解决地质条件与人类工程活动之间矛盾的一门实用性很强的学科。

2. 工程地质条件

工程地质条件是与工程建筑有关的地质要素之综合，包括地形地貌条件、岩土类型及其工程地质性质、地质结构与地应力、水文地质条件、物理（自然地质现象）及天然建筑材料等六个要素。因此，工程地质条件是一个综合概念，在我们提到工程地质条件时，实际上是指上述六个要素的总体，而不是指任何单一要素，单独一两个要素不能称之为工程地质条件。

3. 工程地质问题（作用）

工程地质问题（作用），是工程建筑与工程地质条件（地质环境）相互作用、相互制约而引起的，对建筑本身的顺利施工和正常运行或对周围环境可能产生影响的地质问题。这些工程地质问题包括三个大的方面：

（1）地基在上部结构的荷载作用下所产生的大小不同的沉降变形问题。过量的或不均匀的沉降变形，会使建筑物发生裂缝、倾斜、坍陷，影响正常运用，甚至毁坏。

（2）地基、斜坡或洞室围岩的稳定性问题。例如，水坝地基的承载能力或抗滑强度过小，便会发生坝基滑移，危及坝体的安全和稳定；边坡开挖过缓，将大大增加开挖工程量，增加投资，过陡，便可能造成失稳破坏；隧道、地下厂房等工程，在开挖过程中或以后，破坏了地下岩体的原始平衡条件，有时也能增加新的荷载，其围岩便会出现一系列不稳定现象。对此，不给予可靠防治，便不能保障建筑物的正常运用。

（3）渗漏问题。如水库、渠道及坝基的渗漏会造成水量的大量损失，使水库或输水建筑物不能达到预期的目的。

这种渗漏，有时还会影响地基、斜坡及围岩的稳定性。

除上述问题外，天然建筑材料的储量和质量以及其他一些问题，也是与工程建筑密切相关的问题。

4. 建筑场地与地基

建筑场地是指工程建设所直接占有并直接使用的有限面积的土地，大体相当于厂区、居民点和自然村的区域范围的建筑物所在地。从工程勘察角度分析，场地的概念不仅代表着所划定的土地范围，还应涉及建筑物所处的工程地质环境与岩土体的稳定问题。在地震区建筑场地还应具有相近的反应谱特性。

任何建筑物都建造在土层或岩石上。土层受到建筑物的荷载作用就产生压缩变形。为了减少建筑物的下沉，保证其稳定性，必须将墙或柱与土层接触部分的断面尺寸适当扩大，以减少建筑物与土接触部分的压力。建筑物地面以下扩大的这一部分结构称为基础。由于承受由基础传来的建筑物荷载而使土层或岩层一定范围内原有应力状态发生改变的土层或岩层称为地基。地基在静动荷载作用下要发生变形，变形过大会危害建筑物的安全，当荷载超过地基承载力时，地基强度便遭到破坏而丧失稳定性，致使建筑物不能正常使用。地基是建筑物的根本，其稳定性好坏直接影响到建筑物的安危、经济和正常使用。由于基础工程是在地下或水下进行，施工难度大，在一般高层建筑中，其造价约占总造价的 25％，工期占总工期的 25％～30％。当需采用深基础或人工地基时，其造价和工期所占比例更大。地基基础工程还是隐蔽工程，一旦失事，不仅损失巨大，且补救十分困难。因此，地基与工程建筑物的关系更为直接、更为具体。

二、工程地质学的研究对象和任务

工程建设是在各种地质环境中进行的，人类工程活动与地质环境间的相互关系表现在如下两个方面：

第一，地质环境对工程活动的制约作用。地球上现有的工程建筑物，都建造于地壳表层一定的地质环境中。地质环境包括地壳表层以及深部的地质条件，它们以一定的作用方式影响工程建筑物。例如，地球内部构造活动导致的强烈地震，顷刻间可使较大地域内的各种建筑物和人类生命财产遭受毁灭性的损失；地壳表面的软弱土体不适应于某些工业与民用建筑物荷载的要求，需进行专门的地基处理；地质时期内形成的岩溶洞穴因严重渗漏，造成水库和水电站不能正常发挥效益，甚至完全丧失功能；大规模的崩塌、滑坡，因难于治理而使铁路改线；等等。各种制约作用，归结起来是从安全、经济和正常使用三个方面影响工程建筑物的。因此，作为一名工程师必须要认真研究建筑场址的地质环境，尤其是对工程建筑物有严重制约的地质作用和现象，必须进行详细、深入的研究。

第二，人类的各种工程活动，又反馈作用于地质环境。人类工程活动，会使自然地质条件发生变化，影响建筑物的稳定和正常使用，甚至威胁到人类的生活和生存环境。例如，滨海城市大量抽汲地下水所引起的地面沉降，造成海水入侵、市政交通设施丧失效用、地下水质恶化等；大型水库的兴建，使河流上、下游大范围内水文和水文地质条件发生变化，引起库岸再造、库周浸没、库区淤积、诱发地震等问题，甚至使生态环境恶化。工程师应充分预计到一项工程的兴建，尤其是重大工程兴建对地质环境的影响，以便采取相应的对策。

由此可见，人类的工程活动与地质环境之间，处于相互联系又相互制约的矛盾之中。研究地质环境与人类工程活动之间的关系，促使两者之间的矛盾转化和解决，就成了工程地质学的基本任务。

实践证明，凡是重视工程地质工作，在工程建筑物兴建之前，对建筑地区进行了周密的调查研究，掌握了这些地区地质条件的规律性，则修建的工程建筑物是成功的。例如，有的地区利用当地石灰岩溶洞的分布发育规律，变不利为有益，建成了既经济又安全、既能蓄水灌溉又可发电的地下水库；有的河流上的坝区经受多次地壳运动，地质条件极为复杂，但经过深入缜密的工程地质工作，查明了地质条件，并据以采取必要的工程措施，建成高达 100余米、库容几百亿立方米的大型重力坝，巍然屹立于峡谷之中。反之，任何忽视工程地质工作，或者孤立地、静止地对待建筑地区的地质问题，都将会给工程建设带来不同程度的恶果，轻则延误工期、修改设计、增加投资；严重者，建筑物即使尚能保持稳定，但却不能正常运用或完全不能发挥效益；更甚者，建筑物建成后会突然破坏，对人民的生命财产造成巨大的损失和危害。这些情况在世界建筑史上的实例是非常多的：

1882～1912 年经历 32 年开挖的巴拿马运河，由于多次山崩、滑坡，多花费了 5 年时间，加挖 $58 \times 10^6 m^3$ 的土石方（占总开挖量的 40％以上），仅停航损失就达 10 亿美元，而其原因是当时的工程单位没有听取法国地质学家的建议。

美国加利福尼亚州的圣弗朗西斯坝为一高 70m 的混凝土坝，修成蓄水两年，于 1928 年被冲垮。其原因是坝基部分存在泥质胶结并含有石膏脉的砾岩，遇水易受溶蚀崩解，成为坝基的弱点。如果做好地质工作，弱点是可以查清并予以妥善处理的。

我国有一座工厂修建得很好，但是由于工程地质勘察工作做得不够，整个工厂位于滑坡上，建厂后滑坡活动加剧，建筑物受到破坏，无法正常生产。

据不完全统计，一百多年以来，世界上仅水坝这一种建筑物的破坏事件，就发生了 500 多起，其中相当大的比率，是由于地质原因造成的。重力坝失事的原因中，由地质问题造成的占 45％，洪水漫顶的占 35％，其他水力及人为因素的占 20％。

意大利的瓦依昂拱坝修建过程中，不理会工程地质人员的多次建议，结果在 1963 年 10 月，水库左岸陡峭石灰岩山坡产生巨大规模的滑动崩塌，使 $1.5 \times 10^8 m^3$ 的库容全被填满，同时，库水漫坝，顺流冲下，造成 3000 多人死亡的严重事故。

法国南部瓦尔省莱茵河上的马尔巴塞薄拱坝（Malpasset Arch Dam）建于 1952～1954 年，1958 年投入运转，坝高 66.5m，总库容 $5200m^3$。坝区因有伟晶岩侵入的片麻岩构成，左岸片麻岩中尚夹有绢云母页岩，倾向下游，裂隙发育，有的张开并填充黏土，1959 年 12 月，连日暴雨，水位猛涨，坝基负荷骤增，致使大坝左端滑动，坝体崩溃，洪流下泄，席卷数十公里。下游十公里处的福瑞捷斯城被冲为废墟，附近铁路、公路、供电和供水线路几乎全部破坏。据不完全统计，有 387 人死亡，100 余人失踪，约 200 户居民遭受损害。

这些事例充分说明，建筑地区的工程地质研究是规划、设计和施工的基础；没有高质量的岩土工程勘察，不可能有合理的规划、设计和施工，也就不能保证建筑物经济合理、安全可靠和正常运用。

因此，任何类型工程和工程建设的任何阶段，都必须把建筑地区工程地质条件的调查、研究，并对其进行深入细致的论证和阐明，作为工程地质工作的首要任务，这是工程地质工作的基础。据此，才有可能较有效地完成以下有关工程地质工作的一些实际任务：

（1）从工程地质观点即从工程建筑物与自然地质体相互制约的角度出发，选择地质条件较好的建筑场地和适宜的建筑形式。

（2）在已选定的建筑场地及其周边，根据建筑形式、规模和特点，从分析工程地质条件入手，预测并论证有关工程地质问题发生的可能性及其发展规模和趋势。

（3）建议改善、防治或利用建筑场地或环境中有关工程地质条件的措施方针。

（4）提供工程规划、设计、施工所需要的工程地质资料。

三、工程地质学的研究方法

工程地质学的研究对象是复杂的地质体，所以其研究方法是地质分析法与力学分析法、工程类比法与实验法等的密切结合，即通常所说的定性分析与定量分析相结合的综合研究方法。

　　要查明建筑区工程地质条件的形成和发展，以及它在工程建筑物作用下的发展变化，首先必须以地质学和自然历史的观点分析研究周围其他自然因素和条件，了解在历史过程中对它的影响和制约程度，这样才有可能认识它形成的原因和预测其发展趋势和变化，这就是地质分析法，它是工程地质学基本研究方法，也是进一步定量分析评价的基础。

　　对工程建筑物的设计和运用的要求来说，只是定性的论证是不够的，还要求对一些工程地质问题进行定量预测和评价。在阐明主要工程地质问题形成机制的基础上，建立模型进行计算和预测。例如，地基稳定性分析、地面沉降量计算、地震液化可能性计算等。当地质条件十分复杂时，还可根据条件类似地区已有资料对研究区的问题进行定量预测，也就是采用类比法进行评价。

　　采用定量分析方法论证地质问题时，都需要采用实验测试方法，即通过室内或野外现场试验，取得所需要的岩土的物理性质、水理性质、力学性质数据。通过长期观测地质现象的发展速度也是常用的试验方法。

　　综合运用上述定性分析与定量分析方法，才能取得可靠的结论，对可能发生的工程地质问题制定出合理的防治对策。

　　四、本课程的学习要求

　　本课程是土木工程专业的一门技术基础课，它结合我国自然地质条件和公路、桥梁与隧道、房屋建筑工程的特点，为学习专业和开展有关问题的科学研究提供必要的工程地质学的基础知识。通过本课程的学习，应达到如下要求：

　　（1）掌握工程地质的基本理论及基本概念，了解各类地质现象和问题对建筑物和建筑场地的影响。

　　（2）了解岩土工程勘察的基本内容、方法和程序，熟悉各种原位测试方法的适用性，能根据具体的工程情况正确提出工程地质勘察任务和要求。

　　（3）能够分析、应用岩土工程勘察报告，了解各类工程地质参数的来源、作用和应用条件。能根据勘察成果，对工程地质问题进行分析，对不良地质现象采取正确处理措施，合理根据地质资料进行设计和施工。

第一篇　工程地质基础知识

第一章　地质作用与地质年代

本章提要与学习目标

　　大量的工程建筑都在地球的表层，地貌形态的千差万别都是各种内、外地质作用的结果。现在的地球外貌是经历漫长的地质历史发展、演变而成的。本章学习地球的构造、内动力地质作用、外动力地质作用和地质年代等地质学基础知识。

　　通过本章学习，要求了解地球的圈层构造，了解地壳运动的形式与特征；理解地震的概念，掌握地震的基本特征、强震地面破坏效应的类型、地震区抗震设计原则和建筑物防震、抗震措施；了解风化作用类型，掌握岩石风化程度划分和岩石风化的治理措施；了解河流地质作用、海洋地质作用、湖泊和沼泽的地质作用、风的地质作用、冰川的地质作用。

　　地壳自形成以来，一直处在不停地运动和变化之中，因而引起地壳构造和地表形态不断地发生演变。地质作用是由于自然动力所引起地壳物质组成、内部结构和地表形态变化与发展的作用。地质作用一方面不停息地破坏着地壳已有的矿物、岩石、地质构造和地表形态；另一方面又不断地形成新的岩石、矿物、地质构造和地表形态。各种地质作用既有破坏性，又有建设性。例如一条河流，流水对所流经的河谷和沿岸进行冲刷破坏，又把冲刷下来的泥沙、砾石、分散的有用矿物经过分选，在适宜场所堆积下来，最后形成沙滩、三角洲和各种沉积砂矿等。

　　地质作用按照产生的地质动力能的来源和发生作用的主要部位，可将地质作用分为内动力地质作用与外动力地质作用两大类。

第一节　地球的构造

　　地球是太阳系的一员，而太阳只不过是银河系中一颗普通恒星，地球是绕太阳转动的一颗普通的行星，是无限宇宙中的成员之一。

　　通过大地测量及地球卫星测量，有关地球的主要数据为：赤道半径 6378.160km，极半径 6356.755km，扁平率 1/298.25，表面积 $51 \times 10^8 km^2$，体积 $10820 \times 10^8 km^3$。

　　地球内部构造根据资料分析，从周边到中心是由化学成分、密度、压力、温度等不同的圈层所组成，具有同心圆状的圈层构造。根据对地震波在地下不同深度传播速度的分布的研究，地球内部的圈层构造可以分为三层，即地壳、地幔、地核（图 1-1）。

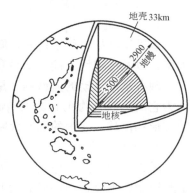

图 1-1　地球内部构造

一、地壳

　　地壳是指地表至莫霍面之间厚度极不一致的岩石圈的一

部分。地壳下部，地震波的传播发生突变，说明那里存在着一个界面。南斯拉夫的地球物理学家莫霍洛维奇首先发现这个分界面，所以现在通称莫霍洛维奇面，简称莫霍面。应该指出，莫霍面虽是全球性的，但其深度在各处并不一致，在大陆下较深，约为20～70km，大洋底下平均为5～8km，因而各处地壳厚度不同，大陆地壳厚而大洋地壳薄。大陆地壳平均厚度为35km，我国的青藏高原，地壳厚度达70km左右。海洋地区平均只有6km，最薄的地方如南美洲海岸外的大西洋中的某些地方，厚度仅有1.6km。我国不同地区的地壳厚度的差异也很大，如北京为46km，广州为31km，拉萨为71km，兰州为53km，南京为32km。

工程活动常在地球表面进行，如工业与民用建筑一般在浅层（深几十米以内），地下工程有时深达几百米（如深埋隧道）至上千米，井巷工程则深达上千米，而油井的深度可达几千米，实际上活动在地壳的表层。

二、地幔

莫霍面以下，深度为35～2900km的圈层，就是地幔。地幔分上下两层。上地幔深度35～1000km，主要由橄榄岩质的超基性岩石组成。这层岩石比较软，是高温熔融的岩浆发源地，也称为软流层。下地幔深度1000～2900km，可能比上地幔含有更多的铁。

三、地核

地核分为两层，地表以下2900～4980km，称为外地核，据推测可能是液态的，主要由熔融的铁和镍的混合物组成，其中还包含少量的Si和S等轻元素。4980～5145km深处，是内外两层的过渡带。而5145km直到地心则为固体的内地核，据推测，组成内地核的物质的化学成分与铁陨石相似。

第二节　内动力地质作用

地球的旋转能、重力能和地球内部的热能、化学能等引起整个地壳物质成分、地壳内部构造、地表形态发生变化的地质作用称为内动力地质作用，它包括地壳运动、地震作用、岩浆作用和变质作用。

一、地壳运动

地壳运动主要指由于地球内部动力引起的地壳的机械运动。地壳运动使地壳发生变形和变位，促使岩浆运动和变质作用。

（一）地壳运动的形式

1. 水平运动

水平运动指平行于地表，即沿地球切线方向运动。水平运动表现为岩石圈的水平挤压或引张，以及形成巨大褶皱山系和地堑、裂谷等。

现有水平运动的典型例子是美国西部的圣安德列斯断层。地质学家经过多年研究，一致认为它的形成大约在1000万年时间，断层西盘向西北方向移动了400～500km，现在仍在继续变形和位移。我国的郯庐大断裂也有过巨大的水平的错动。

2. 垂直运动

垂直运动指垂直地表，即沿地球半径方向上升和下降运动。垂直运动的表现为大面积的上升运动和下降运动，形成大型的隆起和凹陷，产生海退和海侵现象。一般来说，升降运动比水平运动更为缓慢。

在同一个地区不同时期内，上升运动和下降运动常交替进行。最明显的例子是意大利那不勒斯湾的塞拉比斯庙废墟，在其残留的 3 根大理石柱（高 12m）上记录了自公元前 105 年至 1955 年的地质遗迹，反映了两千多年的沧桑（火山运动、海陆变迁）（图 1-2）。石柱上横线代表被火山灰覆盖部分；小点代表被海生动物钻孔部分。

同一时期内有的地区表现为垂直运动，另一些地区表现为水平运动；在同一地区、不同时期内，这段时期表现为上升运动，另一段时间又表现为下降或水平运动。例如，对珠穆朗玛峰地区岩石的研究，发现这些岩石是

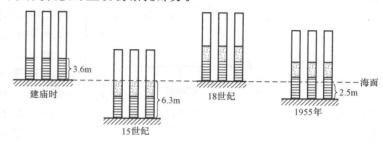

图 1-2　三根大理石柱的升降变化示意图

古生代和中生代海洋中形成的，说明此区地壳在古生代和中生代时主要是缓慢的升降运动；而在中生代以后则发生了强烈的水平运动，形成了强烈的褶皱构造，同时使地壳上升了 9000 多米。

（二）地壳运动的特征

根据现代和地质历史时期构造运动的研究，地壳运动有以下几个主要特征：

（1）地壳运动在方向上有垂直（升降）运动和水平运动两种。

（2）地壳运动的速度有快有慢。在同一时间内，不同地区表现的地壳运动速度大小不同，在同一地区的不同时间，其速度大小差异也很大。

（3）地壳运动的幅度有大有小，在同一时期内，有的地区构造运动的幅度大，有的幅度小；在同一地区，不同时间的幅度差别亦可能很大。

（4）地壳运动具有一定的周期性。在地质历史时期中，地壳运动强烈时期与地壳运动相对平静时期总是交替出现，从而具有明显的周期性。

（三）研究地壳运动的意义

地壳运动及其产物地质构造在影响着地下水的储存、分布和运动。例如盆地构造和向斜构造常可形成自流水区，断裂带可增大岩石裂隙度，有利于地下水的储存；另一方面，也可破坏储水层面使之漏水。地质构造和活动构造还可影响到水和工程地基的稳定性，直接关系到工程的坚固性。

地壳运动对于工程建设基地（厂址、坝址、矿山、水库）的选择也很重要，特别对于现代地壳运动的情况要有明确了解，否则就会为国家建设带来严重损失。因此，在较大工程建筑设计、施工之前所进行的工程地质调查工作，必须进行周密的关于地壳运动和地质构造方面的专题研究。

二、地震作用

在地球发展过程中，地球各部分之间发生着某些相对运动，地震就是这些相对运动的一种，它是岩石圈中内能逐渐积累而突然释放的结果，是一种内力地质作用。据统计，全球每年发生地震约 500 万次，但大部分是只有通过仪器才能觉察的小地震。人们能够直接感觉到的地震每年约 5 万～6 万次，其中造成破坏性的地震每年约 1000 次，破坏严重的地震每年约 100 次。

（一）地震的概念与一般特征

1. 基本概念

地震（earthquake），是地壳的快速度颤动，是地壳运动的一种特殊形式。地震作用过程向四外放出的弹性波，叫做地震波。地震波发源的地方叫做震源（earthquake focus）。震

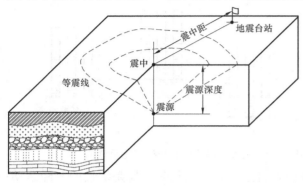

图 1-3 地震名词图示

源方向上到地面的垂直投影，叫做震中（earthquake center）。震源和震中位于同一垂直线（即地球半球）上（图 1-3）。震源和震中之间的距离，叫做震源深度。据统计，大多数地震是发生在距地表几十公里深的范围内，不超过 100km。如1976 年的唐山地震，震源深度为 12km。通常将震源深度小于 70km 的叫浅源地震，世界地震 95％的属于这种；深度为70～300km 的叫中源地震；大于 300km的称为深源地震，目前已知最大深度可达 720km。

2. 地震的类型

地震按其发生的原因可分为四类：构造地震、火山地震、陷落地震和人工触发地震。

（1）构造地震。构造地震（tectonic earthquake）是由于岩石圈的构造变形所造成地震。构造地震的特点是活动频繁、延续时间长、影响范围广、破坏性强。由于地壳运动引起的构造地震是地球上规模最大、数目最多的一类地震，它约占全球地震的 90％，常分布在地壳活动带及其附近。

（2）火山地震。火山地震（volcanic earthquake）是由火山活动引起的，其特点是震源较浅，一般不超过 10km，数量较少，约占地震总数的 7％，影响的范围较小，主要集中于火山带，而且一般是由于中性和酸性岩浆喷发的火山所引起的。

（3）陷落地震。陷落地震（collapse earthquake），主要是重力作用下，由于块体运动或地面、地下塌陷引起的。它主要发生于可溶性岩石分布地区，矿井下面以及山区。陷落地震的震源很浅，影响的范围小，震级也不大，因而传播不远。这种地震为数很小，约占地震总数的 3％。

（4）人工触发地震。人工触发地震是由于修建水库、人工爆炸、采矿、注水、抽水等一系列外界因素触发而引起的地震。人工触发地震的地震影响范围小，破坏力也较小。

由于建造水库引起地震的问题，近来很受注意，因为它能达到较高的震级而造成地面的破坏，进而危及水坝本身的安全。我国著名的水库地震发生于广东新丰江水库（坝高 105m），1959 年 10 月截流蓄水，1960 年 8 月发电。该水库蓄水后一个月即有地震。随着水位上升，坝及库区的有感地震也增多、加强，震级也越来越高，该水库蓄水后曾发生 6.1 级地震。

与深井注水有关的地震，最典型的是美国科罗拉多州丹佛地区的例子，该地一口排灌废水的深井（3614m 深），开始使用后不久，就发生了地震。地震出现于深井附近，当注水量加大时地震随之增加，当注水量减少时地震随之减弱。其原因可能是注水后岩石抗剪强度降低，导致破裂面重新滑动。地下核爆炸、大爆破均可能激发小的地震系列。

应该指出的是，不是所有的水库、深井注水和大爆破都能引起地震，外界的触发只是一

个条件，必须通过内在的原因而起作用。也就是说，只有在一定的构造条件和地层条件下加以激发时，才有可能有地震发生。

3. 地震波

地震时震源释放的应变能以弹性波的形式向四面八方传播，这就是地震波（earthquake wave）。地震波使地震具有巨大的破坏力，也使人们得以研究地球内部。地震波包括两种在介质内部传播的体波和两种限于界面附近传播的面波。

（1）体波。体波（body wave）有纵波（longitudinal wave）与横波（transverse wave）两种类型。

纵波（P波）是由震源传出的压缩波，质点的振动方向与波的前进方向一致，一疏一密向前推进，所以又称疏密波，它周期短、振幅小。其传播速度是所有波当中最快的一个，震动的破坏力较小。

横波（S波）是由震源传出的剪切波，质点的振动方向与波的前进方向垂直，传播时介质体积不变，但形状改变，它周期较长、振幅较大。其传播速度较小，为纵波速度的0.5～0.6倍，但震动的破坏力较大。

（2）面波。面波（surface wave）（L波），是体波达到界面后激发的次生波，只是沿着地球表面或地球内部的边界传播。面波向地面以下迅速消失。面波随着震源深度的增加而迅速减弱，震源愈深面波愈不发育。面波有瑞利波（Rayleigh wave）和勒夫波（Love wave）两种。

瑞利波（R波）在地面上滚动，质点在平行于波的传播方向的垂直平面内做椭圆运动，长轴垂直地面。勒夫波（Q波）在地面上做蛇形运动，质点在水平面内垂直于波的传播方向做水平振动。面波传播速度比体波慢。瑞利波波速近似为横波波速的0.9；勒夫波在层状介质界面传播，其波速介于上下两层介质横波速度之间。

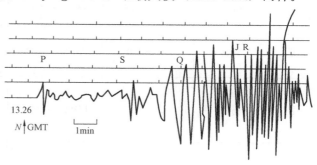

图1-4 典型的地震波记录图或地震谱

一个地震波记录图或地震谱（图1-4）最先记录的总是速度最快、振幅最小、周期最短的纵波，然后是横波，最后到达的是速度最慢、振幅最大、周期最长的面波。面波对地表的破坏力最大，自地表向下迅速减弱。面波还可区分出先到达的勒夫波和后达到的瑞利波。

一般情况下，横波和面波到达时振动最强烈。建筑物破坏通常是由横波和面波造成的。

4. 地震的震级与烈度

（1）地震震级。

地震震级（magnitude），是表示地震本身大小的尺度，是由地震时震源释放出的能量大小决定的。释放的能量越大，则震级越大。因为一次地震所释放的能量是固定的，所以每次地震只有一个震级。

通过地震仪记录的地震波，测算出震源释放的能量，则可根据公式计算出震级来。常用的计算公式为里克特提出的经验公式：

$$\lg E = 11.8 + 5M \qquad (1-1)$$

式中：E 为地震的能量，单位为尔格，也就是厘米、克、秒制所表示的能量；M 为地震的震级。M 与 E 的关系见表 1 - 1。

表 1 - 1　地震震级与能量的关系表

M（级）	E（尔格）	M（级）	E（尔格）
1	2.0×10^{13}	6	6.3×10^{20}
2	6.3×10^{14}	7	2.0×10^{22}
3	2.0×10^{16}	8	6.3×10^{23}
4	6.3×10^{17}	8.5	3.6×10^{24}
5	2.0×10^{19}		

（2）地震烈度。

1）地震烈度的含义。

地震烈度是地震后受震地区地面影响和破坏的强烈程度。它的大小取决于地震发生时所释放的能量大小，同时受震源深度、距震中的远近、震波传播的介质性质及岩土条件等影响。地震烈度可按地震最大加速度或地震系数来划分，也可根据人的感觉、器物动态、建筑物损坏情况以及地表现象如山崩、地裂、滑坡等的表现来划分。在地震区建筑时，地震烈度很重要，应按照我国的地震烈度表确定（表 1 - 2）。

表 1 - 2　中国地震烈度鉴定标准表

烈度	名称	加速度（cm/s²）	地震系数表 K	地震情况
Ⅰ	无震感	＜0.25	＜1/4000	人不能感觉，只有仪器可以记录
Ⅱ	微震	0.26～0.5	1/4000～1/2000	少数在休息中极宁静的人感觉，住在楼上者更容易
Ⅲ	轻震	0.6～1.0	1/2000～1/1000	少数人感觉地动（如有轻车从旁驶过），不能立即断定是地震。震动来自的方向或继续时间，有时约略可定
Ⅳ	弱震	1.1～2.5	1/1000～1/400	少数在室外的人和大多数在室内的人都感觉。家具等物有些摇动，盘碗及窗户的玻璃震动有声，屋梁天花板等咯咯作响，缸里的水或敞开皿中的液体有些荡漾，个别情形会惊醒睡着的人
Ⅴ	次强震	2.6～5.0	1/400～1/200	差不多人人感觉，树木摇晃，如有风吹动，房屋及室内物件全部震动，并咯咯地响，悬吊物如帘子、灯笼、电灯等来回摆动，挂钟停摆或乱打，器皿中的水满的溅出一些。窗户的玻璃出现裂纹，睡觉的人被惊醒，有些人惊慌逃到户外
Ⅵ	强震	5.1～10.0	1/200～1/100	人人感觉，大都惊骇跑到户外，缸里的水激动地荡漾，架上书物都会落下来，碗碟器皿打碎，家具移动位置或翻倒，墙上的灰泥发生裂缝，坚固的庙堂房屋亦不免有些地方掉落了些泥灰，不好的房屋受相当损伤，但还是轻的
Ⅶ	损害震	10.1～25.0	1/100～40	室内陈设物品和家具损伤甚大，池塘里腾起波浪并翻出浊泥，河岸砂砾处有些崩塌，并泉水位改变，房屋有裂缝，灰泥及雕塑装饰大量脱落，烟囱破裂，骨架建筑的隔墙亦有损伤，不好的房屋严重损伤
Ⅷ	破坏震	25.1～50.0	1/40～1/20	树木发生摇摆有时摧折，重的家具物件移动很远或抛翻，纪念碑或人像从座上扭转或倒下。建筑较坚固的房屋，如庙宇亦被损，墙壁间出现了裂缝或部分裂坏，骨架建筑隔墙倾脱，塔或工厂烟囱倒塌，建筑特别好的烟囱顶部亦遭破坏。陡坡或潮湿的地方发生小小裂缝，有些地方涌出泥水

续表

烈度	名称	加速度（cm/s²）	地震系数表 K	地震情况
Ⅸ	毁坏震	50.1～100	1/20～1/10	坚固的建筑，如庙宇等损伤颇重，一般砖砌房屋严重破坏，有相当数量的倒塌，而致不能再住。骨架建筑根基移动，骨架歪斜，地上裂缝颇多
Ⅹ	大毁坏震	100.1～250	1/10～1/4	大的庙宇、大的砖墙及骨架建筑连基础遭受破坏，坚固的砖墙发生危险的裂缝，河堤、坝、桥梁、城垣均严重损伤，个别的被破坏，钢轨亦挠曲，地下输送管破坏，马路和柏油街道起了裂缝和皱纹，松散软湿之地开裂相当宽及深的长沟，且有局部崩滑，崖顶岩石有部分崩落，水边惊涛拍岸
Ⅺ	灾震	250.1～500	1/4～1/2	砖砌建筑全部坍塌，大的庙宇与骨架建筑亦只部分保存，坚固的大桥破坏，桥柱崩裂，钢梁弯曲（弹性大的木桥损坏较轻），城墙开裂崩坏。路基堤坝断开，错落很远。钢轨弯曲且凸起。地下输送线完全破坏，不能使用。地面开裂甚大，沟道纵横错乱，到处土滑山崩，地下水夹泥沙，从地下涌出
Ⅻ	大灾震	500.1～1000	＞1/2	一切人工建筑物无不毁坏，物件抛掷空中。山川风景变异，范围广大。河流堵塞，造成瀑布，湖底升高，地崩山摧，水道改变

注　1. Ⅶ类中所说的"不好的房屋"相当于西北的箍窑（即地上砖拱而用土填充的窑及不规则形的石块垒成的窑），土坯墙托梁窑的房屋；用细木柱子的土墙房屋；砖砌而用土坯或砖填充或空斗砖的房屋。"正常的建筑物"相当于真材实料，结构合乎要求的普通瓦房，以及与之相称的一般庙宇。

2. Ⅸ类中所说的"坚固的建筑"，即现代结构的坚固房屋。

3. 一般城墙垛口地震时倒塌的原因与房屋的烟囱倒塌原因相似。

2）基本烈度、场地烈度与设计烈度。

在地震区进行工程地质勘察时，必须收集有关的地震烈度资料，与表1-2所列的内容对比，以确定其地震烈度。地震烈度资料，可向地震局所属单位索取，或查阅当地有关地震的历史档案记载（如文史记录、碑文，县志等）或向当地居民进行调查访问。

基本烈度（basic intensity），是指今后一定时期内，某一地区在一般场地条件下可能遭遇到的最大地震烈度。基本烈度所指的地区，并不是指某一具体工程场地，而是指一较大范围，如一个区、一个县或更广泛的地区，因此基本烈度又常常称为区域烈度。基本烈度的划分见表1-2。

场地烈度（site intensity），是指建筑场地内因地质条件、地貌地形条件和水文地质条件的不同而引起基本烈度的降低或提高的烈度。一般来说，建筑场地烈度比基本烈度提高或降低半度到一度。通过专门的工程地质、水文地质工作，查明场地条件，确定场地烈度，对工程设计有重要意义：可以选择对抗震有利的地段布设路线和建筑场地；使设计所采用的烈度更切合实际情况，避免偏高偏低。

设计烈度（design intensity），是指抗震设计时采用的烈度，它是根据建筑物的重要性、永久性、抗震性以及工程的经济性等条件对基本烈度的调整。设计烈度一般可采用国家批准的基本烈度。但遇不良地质条件或有特殊重要意义的建筑物，经主管部门批准，可对基本烈度加以调整作为设计烈度。

（3）震级与地震烈度的关系。

震级与地震烈度既有区别，又相互联系。一次地震，只有一个震级，但在不同的地区烈度大小是不一样的。震级是说这次地震大小的量级，而烈度是说该地的破坏程度。在浅源地震（震源深度 10～30km）中，震级和震中烈度（即最大烈度）的关系，根据经验大致见表 1-3。

表 1-3　　　　　　　　　　　　震级与地震烈度的关系表

震级（级）	3以下	3	4	5	6	7	8	8以上
震中烈度（度）	1～2	3	4～5	6～7	7～8	9～10	11	12

（二）地震的分布

1. 世界地震分布

地震在地表的分布很不均衡，某些地区的地震强烈、次数频繁，这种地区称为地震区。全世界的地震，主要集中在两条全球规模的地震活动带：

（1）环太平洋地震带。

这一带围绕太平洋分布，从南美的南端，沿智利、秘鲁、墨西哥、北美的加利福尼亚州到阿拉斯加西岸。向西沿阿留申群岛，经堪察加到日本本州后又分为两支：一支沿小笠原群岛，经关岛向南；一支经九州、琉球群岛、我国台湾地区、菲律宾到新西兰。

这一地震带的地震活动性最强，是地球上最主要的地震带。全世界 80% 的浅源地震，90% 的中源地震和几乎全部深源地震集中于此带，其释放出来的地震能量约占全球所有地震释放能量的 76%。

（2）地中海—喜马拉雅地震带。

主要分布于欧亚大陆，又称欧亚地震带。这一带自葡萄牙沿西班牙及北非海岸，经意大利、希腊、土耳其、高加索、中亚西亚到帕米尔，进入我国后，北面影响我国的西北、西南各省；南沿喜马拉雅山麓到印度阿山入印度，经苏门答腊、爪哇到西伊里安与环太平洋带会合。

这一地震带的地震很多，也很强烈，它们释放出来的能量约占全球所有地震释放能量的 22%。

2. 我国地震分布

我国东临环太平洋地震带，西接地中海亚地震带，是一个多地震的国家，地震活动比较强烈。地震在我国的主要活动地区如下：

东南地区：主要在台湾及其附近海域，福建、广东的沿海地区。

西南地区：主要在云南中部和西部、四川西部、西藏东南部。

西北地区：主要在甘肃河西走廊、宁夏、天山南北麓。

华北地区：主要在汾渭河谷、山西东北、河北平原、山东中部到渤海地区。

东北地区：主要在辽宁南部和部分地区。

根据地震活动的强度和频度，我国大致可以划分为以下三种情况：

地震活动强烈地区：包括台湾、西藏、新疆、甘肃、青海、宁夏、云南、四川西部等省区。占全国地震总数 80%。

地震活动中等地区：包括河北、山西、陕西关中地区、山东、辽宁南部、吉林延吉地区、安徽中部、福建和广东沿海地区、广西等省区。这些地区地震强度可达 7～8 级，约占全国地震活动的 15%。值得注意的是近十年来，从河北到辽南这个范围内，地震有了明显的加强，如邢台地震、海城地震及唐山地震等，都发生在这一带，引起了人们的重视。

地震活动较弱的地区：包括江苏、浙江、江西、湖南、湖北、河南、贵州、四川东部、黑龙江、吉林及内蒙古的大部分。

应当指出的是上述地震活动性分类，是按我国行政区划考虑的，但地震分布是不均匀的，往往是成带出现的。因此，即使在上述地震活动强烈地区，地震分布也是有的地段集中，有的地段稀疏。

（三）地震活动的若干规律性

孕震、发震机制决定了地震活动的规律性。关于地震发生的时间、空间和强度方面若干规律性主要表现在以下几个方面：

1. 地震的发生主要与活动性断裂带或与这种活动性断裂带的一些特殊部位相联系

从整个地球范围看，存在有两个特大的地震带，即环太平洋地震带和喜马拉雅——地中海（即欧亚）地震带。这两个地震带的地震，就占世界上地震总数的百分之九十八，是地球上地壳运动最强烈的地带。此外，世界上还有一些其他地震带。

就我国区域看，根据地震历史资料、地震地质及地球物理研究，也可以划分出许多发震多而震级高的地震带。尽管由于对地质构造的认识有分歧，对地震带划分也有不同出发点，但地震在地理空间的分布上大体还是公认的。地震带中地震运动强烈，并存在着许多容易活动的发震断层。

同一地震带内也不是到处都有地震，地震带以外地区也不是绝对不发生强烈地震，只是比较少见而已。一个地震带，必定在活动构造带（构造体系）之内，但活动构造带（构造体系）不一定都是地震带。在活动构造带（构造体系）内的地震带中，也只是那些活动断裂带或活断层的某些部位容易发生地震。理论与实践证明，在特定应力场内，地壳岩体内部应力集中，首先受控于岩体结构。一个被各类断裂切割的岩体受力变形，均沿断裂产生应力集中；但不同方位的断裂，应力集中程度和特征不同。通常情况下，那些与最大主应力呈40°～50°交角的断裂，特别在这种方位上的雁行式或断续直线式排列的断裂组，应力集中程度最高。因此，那些地应力集中程度高、地应力增长迅速的地区里，与最大主应力方向呈40°～50°交角的断裂，易发育活断层，成为发震断层。而且，这类断裂的不同部位的应力集中情况也不同。通常，断裂的端点、拐点、交会点、分叉点以及犬牙交错、由宽变窄、弧形转弯、倾向反转等部位应力集中显著。总之，一切能对断裂活动起阻碍锁合作用的地方，都将是地应力集中的部位，都常成为强震发生的特殊部位。应该说明，断裂的最新活动和地震，通常发源于地壳较深处，浅源地震的震源也发生在地下几公里的地方。因此，最易发生的断裂主要是那些深大断裂。

2. 地震活动表现有时强时弱的阶段性或周期性

根据地震历史记载可以看出，一个地区的地震活动是有周期性的。它通常表现为地震活动性弱的"平静期"与地震活动性强的"活跃期"相间出现。但一个地区的各个周期的长短是不规则的，不同地区，差别更大。

一个地震带或一个活动构造带（构造体系）内，地震活动的时强时弱的阶段性或周期性是客观存在的现象，其原因也较明显。一场或一系列大地震，把某个地震带或活动构造带（构造体系）内地应力所积累的弹性应变能释放后，必然需要有一个再积累弹性应变能的时期，才可能发生下一场或一系列大地震，这个时期，就是一个相对"平静期"。平静期的长短，主要取决于那里地壳运动的强烈程度，像台湾地区东部和滇西，平静期就比较短；而华北一些地震带，平静期就比较长些。当然，平静期的长短还与其他一些原因有关，例如大区域或全球性的地震活动的阶段性或周期性。

3. 强震活动往往沿着活动构造带（构造体系）依次迁移或往返跳动

许多历史地震资料表明，地震的地理分布常表现出一定的方向性，并在时间上也是按顺序产生的，这主要取决于控震构造。地震可以在一条断层上迁移或跳动。1962 年 8 月 6 日北大西洋中（北纬 32°、西经 40°8′）发生了六级地震；过半月，意大利发生了 6.1 级地震；又过 7 天，8 月 28 日在希腊发生了 6.8 级地震；9 月 1 日，伊朗发生了 7 级地震；9 月 12 日，阿富汗又发生了 6.7 级地震；9 月 22 日，缅甸发生了 6.4 级地震。不到两个月，连续由西向东发生了 6 场强烈地震。

4. 地震区域里强震与弱震、大震与小震之间往往存在着时空关系

有些地区大震前逐渐出现的一系列小震震中，由分散状态转为条带状密集分布。未来的大地震，往往发生在这种条带的一端或几个条带的交会处。有些地区大震前，一系列小震震中十分集中，形成小震的密集区，未来的大地震往往发生在小震密集区的边缘。许多地区大震前，一系列小震往往围绕着某一无地震的"空白区"发生；临近强烈地震时，空白区周围地震次数增多到最高值，空白区内地震活动仍然很少；最后大地震终于在空白区发生。甚至发现，被小震围限的空白区的范围大小与未来大地震的强度间，有某种定量关系。大震发生后，空白区消失，即空白区内地震活动也急剧增多，而空白区外地震活动显著下降。

根据弱震—强震、小震—大震的时间发展过程看，强震以前的弱震活动，往往可分两个阶段。第一阶段，从数年到数十年不等（视震级大小而定），多发生中等强度（4～5.5 级）的地震，频度小。一般距未来强震的孕育区较远，构成了空白区的轮廓，预示着未来强震发生的可能区间。第二阶段，强震前的弱震频度突然增大，弱震地点跃至空白区边缘，距未来强震震源较近的地方，甚至可以落入震源体的范围内，大致经历密集——平静——更密集而发展这三个时期。

（四）场地和地基的地震效应及防震

1. 地震效应

在地震作用影响所及的一定范围内，于地面出现的各种震害和破坏，称之为地震效应。地震效应与场地工程地质条件、震级大小及震中距等因素有关。

地震效应大体上可分为振动破坏效应和地面破坏效应两方面。它们直接或间接引起建筑物破坏。

（1）振动破坏效应。

振动破坏效应是由地震力直接引起的建筑物破坏，一般包括建筑物的水平滑动或晃动以及共振等。在地震效应中这是主要的震害。地震时，由于地震波在地壳表层和地面传播，使之产生瞬时振荡和晃动，建筑物的上部结构也发生振动，当结构的振动超过它的许可限度时将造成破坏。这是惯性力的作用。地震力就是由地震波直接产生的惯性力。同一地区的相同条件下，地震震级愈高，离震中距离愈近，地震力便愈大，对地壳表层和地面破坏便愈剧烈，也即地震烈度愈高。而使建筑物破坏的主要是水平方向的地震力。

地震力是由于地震波在传播过程中使地壳岩体中质点做加速度简谐运动引起的。当质点

在水平方向做加速度简谐运动，其最大水平加速度见式（1-2）

$$a_{\max} = \pm A \left(\frac{2\pi}{T} \right)^2 \qquad (1-2)$$

式中　$a_{\max}$ ——最大水平加速度；

　　　T ——振动周期；

　　　A ——振幅。

　　岩体质点在这种最大水平加速度情况下，其上建筑物所承受水平惯性力最大值。设建筑物重力为 W，重力加速度为 g，则建筑物所承受的最大水平惯性力 P 为

$$P = \frac{W}{g} a_{\max} \quad 或 \quad P = KW \qquad (1-3)$$

式中：$K = \dfrac{a_{\max}}{g}$ 称为水平地震系数，它是一个很重要的地震参数。当 $K = 1/100$ 时建筑物即开始破坏，而 $K = 1/20$ 时建筑物将严重破坏。

　　地震时，建筑物地基和建筑物受地震波的冲击而同时引起振动，地基土和建筑物各有其振动周期，如果二者的振动周期相等或相近时，则将发生共振，使振幅加大，从而加大地震力的作用，致使建筑物倾倒破坏。

　　建筑物的自振周期一般都在 $0.1 \sim 2.5\mathrm{s}$ 范围以内，低层建筑物的自振周期较短，而高层建筑物的自振周期较长。所以长周期的地面运动常使较高的多层建筑破坏，而低层建筑却安然无恙。一般说来距离震中愈远，地面运动的周期愈长，因而常见到距震中较远的地方高层建筑却易受到损害的现象。建筑物的破坏与松软土层的厚度关系十分密切，许多地区震害表明，当冲积松软土层的厚度很大时，建筑物破坏较为严重，尤以高层建筑物为甚。这说明巨厚冲积层地区地表振动周期较长。

　　（2）地面破坏效应。

　　地震的地面破坏效应按其形成条件和破坏规模及范围，可大体归纳为断裂效应、斜坡效应、基底效应三大基本类型（表1-4）。

表1-4　　　　　　　　　　　　**强震地面破坏效应的主要类型及特征**

主要类型		主要特征
断裂效应	地震断层	深部发震断层在地表直接或间接的标志，是和发展中构造相关的地表破裂现象，往往由一个或几个带组成，规模大，延伸长，不受地形地貌控制
	地震裂缝	地震应力波作用下受特定的地质条件和地形、地貌条件控制的次生破裂效应，多半以张性为主
斜坡效应	崩塌	岩、土体在地震后崩落于坡脚，规模巨大者称为山崩，个别石块称为岩崩，山崩多发生在高山峡谷地区
	剥落	岩体、半风化岩体小块崩落，规模小，路堑、渠道边坡多见
	滑坡	岩土体相对地保持整体状态，沿某一滑移面整体滑动
	坍滑	坡残积物沿基岩面，自下向上地牵引滑动，俗称"山扒皮"，塌体长度远大于厚度，横剖面呈阶梯状
	流滑	土体以塑性蠕变缓慢地移动，多发生在平缓的斜坡地区，主要原因是土体结构中存在易液化层、饱水可塑性黏土或淤积层，由这些土层失效而导致上部土层的滑动
	泥石流	山区雨季多见，地震后山崩、崩塌物质来源广泛，在适当地形地貌条件下形成

续表

主要类型		主　要　特　征
基底效应	沉降	有局部的和大面积的,多半由泥沙振动压密引起,并伴有喷砂冒水现象
	砂土液化	饱水砂层振动而散失抗剪强度,处于流动状态,无承载能力,在沿海、沿湖是大面积的,河谷地段或古河道地段呈线状分布,是平原地区危害最大的地震地面效应
	塌陷	由特殊的地质或人为因素造成,如在石灰岩地区溶洞的塌陷、矿坑塌陷、人工填土塌陷,塌陷引起的灾害是局部的

　　地震导致岩土体直接出现断层和地裂,引起附近的或跨越断裂的建筑物的位移或破坏,称之为断裂效应。

　　地震导致斜坡岩土体失去稳定产生各种斜坡变形和破坏,引起斜坡地段所设置建筑物的位移或破坏,称为斜坡效应。例如,1938 年四川叠溪地震引起岷江两岸发生多处大规模崩塌,岷江因之断流堵水成湖。1956 年陕西渭南地震,造成海原境内长约 0.5km 的大滑坡,在响河上游有两个山同时坍塌,将响河 2500m 长的河谷完全堵塞。据调查,1974 年 5 月 11 日昭通地区 7.1 级地震,触发滑坡 28 处以上。据 1950~1969 年我国 47 次强震资料,Ⅷ度以上地震几乎都发生了滑坡。

　　地震导致地基底盘岩土体的振动压密、下沉、液化及塑流,使地基失效而建筑物产生的位移或破坏,称之为基底效应。断裂、斜坡效应对山区建设的威胁最大。基底效应的危害多见于平原疏松沉积层地区,由于地基失效造成建筑物破坏的现象比较严重(图 1-5)。

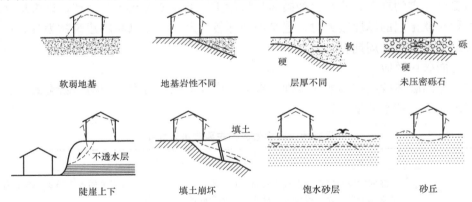

图 1-5　不同地质条件下地基失效造成的建筑物破坏

(据守屋喜久夫,1978)

　　2. 场地地质条件对震害的影响

　　在某一定范围的场地内,在同一地震能量的作用下,不仅不同结构的建筑物震害不同,在不同地点的相同结构的建筑物震害也有变化,这主要是由于场地内地质条件的差异所造成的。大量宏观调查资料证实,由于地基岩性不同造成的烈度差异可达 2~3 度。同一场地内,由于不同地段工程地质条件的差异,因而发生地震时所出现的危及建筑物稳定的震害也不相同。为建筑物的规划设计需要,场地烈度的分析是十分必要的。

　　影响场地烈度的地质因素主要有岩土性质、地质构造、地貌和水文地质条件。

　　同一基本地震烈度区,岩土性质不同的小区,会表现出不同的小区地震烈度。由于各种岩土的密度（ρ）不同，因而地震波的传播速度（v）便不相等，岩土密度与纵波传播速度之乘积"地震刚性"（ρv）也就各异。地震刚性大的岩土，地震波传播过程中所引起的质点振动的振幅小而波速快，能量很快传播开，实际烈度就小。而地震刚性小的岩土则与之相反，地震波传播速度慢，能量积累结果，地震影响的范围不大，而破坏力却很强，实际烈度就高。所以，修建在同一烈度地区不同岩层上的建筑物，地震破坏程度不同。

同一地震基本烈度区，地下水埋藏条件不同的小区，会出现出不同小区地震烈度。饱水砂砾层的实际地震烈度较不饱水砂砾土层的实际地震烈度要增加 0.4～0.6 度。地下水埋藏愈浅，地震烈度增加愈高。地下水位埋深大于 10m，地震烈度无变化。

同一地震基本烈度区，其他地质条件如地质构造、地貌及物理地质作用，也会影响不同小区的地震烈度。岩层产状愈不利于岩体滑动，地形愈平缓，它在地震作用下的稳定性就愈高，地震力对其实际破坏效果就愈小；反之，地形愈陡，特别是风化、卸荷强烈的山坡峡谷地带，容易形成山崩和滑坡，增加地震力的实际效果。

考虑到不同地质因素的烈度增量值，然后将基本烈度调整为场地烈度，各地段按调整后的场地烈度进行设计。

3. 地震区抗震设计原则

（1）选择场地和地基。

选择对抗震设计有利的场地和地基是抗震设计中最重要的一环。最主要的有：

1）尽可能避开产生强烈地基失效及其他加重震害地面效应的场地或地基，这类场地或地基主要有：活断层带，可能产生地震液化的砂层或强烈沉降的淤泥层，厚填土层，可能产生不均匀沉降的地基以及可能受地震引起的崩塌、滑坡等斜坡效应影响的地区，如陡山坡、斜坡及河坎旁。

2）考虑到地基土石的卓越周期和建筑物的自振周期，尽可能避免结构与地基土石之间产生共振。也就是自振周期长的建筑物尽可能不建在深厚松软沉积之上，而刚性建筑物则不建于卓越周期短的地基上。

3）岩溶地区地下不深处有大溶洞，地震时可能塌陷的地区不宜作为场地。

4）避免以加重震害的孤立突出地形作为建筑场地。

对抗震有利的场地条件是：地形开阔平坦；基岩地区岩性均一坚硬或上有较薄的覆盖层；若为较厚的覆盖层则应较密实；地下水埋藏较深；崩塌、滑坡泥石流等不发育。

（2）选择适宜的持力层和基础方案。

场地如已选定，即应根据详细查明的场地内地质条件，为各类不同建筑物选择适宜的持力层和基础方案。一般说来，在地震区的松散层上进行建筑，有地下室的深基础有利；如采用桩基应为支撑桩而不能用摩擦桩，且桩基不能改变地基土的类别；高层建筑物以采用达到良好持力层的管桩基础为宜，有的资料认为圆柱形薄壳基础能大大提高地基承载力和减少基础变形，对抗震有利；在易于产生不均匀沉降的地基上以采用钢筋混凝土条形基础或筏式基础为宜。

（3）建筑物合理布置和结构选型。

1）工业民用建筑物。

选择有利抗震的平面和立面是抗震设计的重要环节，尽量使建筑物的质量中心和刚度中心重合，平面上选择矩形、方形、圆形或其他没有凸出凹进的形状，立面上各部分层数尽量一致，以避免各个部分之间振型不同，受力不同，使平面转折或立面上层数不同的两部分连接处受扭转而断裂、倒塌。如必须采用平面转折或立面层数有变化的型式，则应在转折处、层数有变化的部分之间的连接处留抗震缝，使之分割为平面、立面上简单均一的独立单元。

减轻重量、降低重心，加强整体性使各部分、各构件之间有足够的刚度和强度。一般砖石承重墙抗拉或抗剪强度较低，抗震性能较差，但在我国目前情况下却应用最为广泛，对其破坏方式及抗震措施的研究极为重要。与水平振动力方向平行的砖石承重墙是承担地震力的主要构件。在地震作用下最早出现的破坏是在下层墙体出现斜裂缝或交叉裂缝，继而部分或全部倒塌引起楼板或屋顶陷落。一般认为斜裂缝或交叉裂缝属剪裂缝，但仔细观察可以发现裂缝主要是追踪砌缝产生的，剪断砖石者极为少见，所以应属受反复水平剪切变形产生的次生拉应力所造成的破坏，且愈是灰缝强度低则震害愈烈。如我国云南龙陵地震时，有些地区因为砖石结构，灰缝均用石灰而不用水泥，因而震害特别严重。所以改善砌体方式及提高灰缝强度以增强抗拉强度，是这类结构抗震的主要措施。

钢筋混凝土框架结构抗震性能良好，但也有承重柱薄弱环节破坏的例子。底层角柱承受两个主轴方向的地震荷载，如果强度不足，其破坏的可能性最大。破坏多产生于柱脚，且往往是混凝土扭裂或弯裂继之破碎，之后钢筋压弯，最后柱顶破坏。其主要抗震措施是增加角柱配筋和加强柱的箍筋以增加抗弯抗扭性能。

木构架承重的房屋，梁柱之间的连接点往往为榫接，柱子往往浮搁在柱脚石上。这些都是整体性不足的薄弱环节，其侧向刚度很差，地震时极易发生倾斜，倾斜严重时榫接处会发生拔榫以致散架落顶，木柱也易从柱脚石上滑落。其抗震措施主要是加强刚度和整体性。其主要措施有如下几点：

第一，屋架（梁）与柱的连接处，除柱顶用榫还应加角撑（斜撑）或夹板；

第二，增加剪刀撑或设柱间支撑或柱间砌实心墙以保证必要的纵向刚度；

第三，木柱柱脚宜用铁件与基础固定，连接宜用螺栓；

第四，所有连接的支撑、斜撑、夹板等均应用螺栓连接，不宜用钉结合。

砖混结构预制混凝土楼盖板往往浮搁于承重墙上，支承长度也不足，所以整体性很差，受震时地震惯性力相对集中于楼板处，各楼、盖板相推挤碰撞、移动错位，外侧的预制板撞击墙壁，使之外突，使支承长度减小，最后楼板可从墙上脱落。如预制板搁置于较薄的内墙式隔墙上，支承长度更短，受震更易脱落。主要抗震措施为加强墙体之间及墙与楼、盖板之间的整体性。墙的整体性要求咬槎砌筑，使内外墙、外墙转角、内墙交接处都有良好的连接，在Ⅷ度区在这些部位应每隔一定高度于灰缝内配置拉结钢筋。设置抗震圈梁是加强房屋整体性、加固各部分墙体连接的有效措施，国内外震害调查证明，不设置圈梁房屋破坏率比有圈梁者高多倍。圈梁尽量设在楼盖板周围使它成为楼盖板周围的箍，以加强水平向整体性，如不可能也应紧贴盖板之下设置，此时圈梁（或墙）与盖板之间必需锚固。盖板与盖板之间也必须锚固以增强整体性。

2）水工建筑物。

选择抗震性能良好的坝型是很重要的。根据震害的调查和研究，各种坝抗震性能比较及主要震害形式如下：

土石坝：以堆石坝抗震性能最好。冲填土坝抗震性能较差，比较容易产生坝体滑坡、坝顶裂缝，严重者能溃决。混凝土坝：以重力坝及拱坝整体性强抗震性能良好，而大头坝和连拱坝等，因侧向刚度不足抗震性能较差。各类混凝土坝主要震害是近坝顶部分、断面突变处为抗震薄弱环节，容易产生断裂；坝内孔口廊道附近易裂缝；坝顶相当于孤立突出山梁，地震反应强，因之其上的附属建筑物易破坏。

土石坝应防止地基失稳，提高坝体压实度，降低浸润曲线，以防坝体滑坡，适当增加坝顶宽和坝顶超高，以防涌浪和溃决。混凝土坝中的重力坝和大头坝应适当增加坝体顶部刚度，顶部坡体宜取弧形，坝面和坝墩顶部的几何形状应尽量平缓，避免突变以减少应力集中。支墩坝应尽可能增加整体性，增强侧向刚度。拱坝应注意拱顶两岸岩体的稳定性。拱顶附属结构应力求轻型、简单、整体性好并加强连接部位。

三、岩浆作用

岩浆（magma）通常是指地下一种富含挥发组分、成分复杂的硅酸盐高温熔融物质。一般认为，岩浆发源于地幔上部软流圈及地壳中局部地段，温度可达到 1300℃ 或更高，压力可达数千个大气压。主要成分是硅酸盐及部分金属硫化物、氧化物和挥发物质（H_2O、CO_2、H_2S 等气体）。

岩浆在地下处于高温高压状态，与其所处的环境是平衡的，由于温度的升高，或压力的降低都要破坏其平衡，引起岩浆活动。例如，岩石中出现裂缝，局部压力降低、打破了岩浆的平衡环境，岩浆就向压力减小的地方流动。沿着地壳裂缝上升，侵入到地壳内，甚至喷出地表。岩浆在上升过程中与围岩的相互作用也不断地改变自身的化学成分和物理状态。这种作用同构造运动有着密切关系。

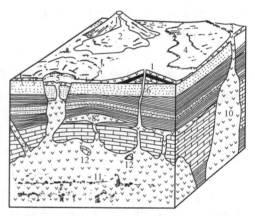

图 1-6 岩浆作用形成的各种岩浆岩体

1—火山锥；2—熔岩流；3—火山颈；4—熔岩被；
5—破火山口；6—火山颈和岩墙；7—岩床；
8—岩盘；9—岩墙；10—岩株；
11—岩基；12—捕房体

岩浆作用的方式有两种：一是喷出作用（extrusion）或火山作用，指岩浆喷出地表形成火山、熔岩、台地及其他有关地质现象的作用，熔浆冷凝成为火山岩。二是侵入作用（intrusion），岩浆未上升到地表，而在地下冷却凝固，而这个过程发生的一系列地质作用叫做侵入作用，所形成的岩石，称为侵入岩。岩浆侵入和喷出现象如图 1-6 所示。

研究岩浆作用有重要意义。许多岩浆本身就是矿产，能做很好的建筑材料、水泥原料、铸石原料和其他工业原料等。对现代火山活动的研究，不仅可以预报火山活动的规律，防止和减少火山灾害的影响，而且可以逐步做到利用火山热能为国民经济服务，开发利用火山附近的温泉来取暖、发电，作工业用水和医疗用水。

四、变质作用

变质作用一般是指地下深处固态岩石在高温高压和化学活动性流体作用下，引起岩石的结构、构造或化学成分发生变化，形成新的岩石的一种地质作用。变质作用的结果是使一种岩石变成另一种新的岩石，这种岩石称为变质岩。引起变质作用的因素主要有温度、压力和化学活动性流体。

未变质的各种岩石是在一定的物理化学环境下，处于相对平衡状态的，一旦岩石所处的物理和化学条件有了改变，岩石就要发生适应新环境的变化。因此，变质作用实际上是在地球内动力作用下，促使一种岩石变成另一种岩石的变化。地表岩石在常温常压下的变化，不叫变质作用而称为风化作用。

沉积岩和岩浆岩经变质作用都可变成变质岩，变质岩可再变质形成另一种新的变质岩。变质作用一般使岩石变得更坚硬、更致密（比重加大）。

变质作用形成的矿床称为变质矿床，是重要的矿床成因类型之一。大理岩、板岩、千枚岩、石英岩等建筑材料都是与变质作用有关的矿石。

第三节　外动力地质作用

外动力的能源主要来自地球以外，如太阳辐射能、日月引力能和生物能等，同时起作用的还有地球的旋转能和重力能等，外能中以太阳辐射能为主，就作用范围而言，只限于地壳表层几米至几公里深度以内。按其动力不同可分为风化作用、河流的地质作用、冰川的地质作用、海水的地质作用、湖水和沼泽的地质作用、风的地质作用。本节重点学习风化作用、河流的地质作用和海水的地质作用。

一、风化作用

（一）风化作用概述

岩石长期暴露在地壳表层后，经受长期辐射热、大气、水及生物等作用，使岩石结构逐渐破碎、疏松，或矿物成分次生变化，称为风化。引起这种变化的作用，称为风化作用（weathering）。

根据风化的性质及引起风化的因素，风化作用可分为物理风化作用（physical weathering）、化学风化作用（chemical weathering）和生物风化作用（biological weathering）三种类型。

1. 物理风化作用

由于温度变化及岩石孔隙中水的冻结或盐类物质结晶膨胀所引起的一种机械破坏作用，称为物理风化作用。当温度发生变化时，由于岩石为不良的导热体，导热率不同，膨胀系数很不均一。所以，当热状态改变时，岩石产生热胀冷缩，内部产生应力，使晶粒间的联结遭到破坏，导致岩石产生裂缝而逐渐破碎（图1-7）。渗入裂缝中的水在低温时冻结成冰，体积增大，产生压力，扩大岩石裂缝，引起岩石崩裂。同样盐类溶液在岩石裂缝中结晶，体积增大产生压力，也会使岩石裂缝扩大，造成岩石破坏。

(a)	(b)	(c)	(d)

图1-7　由于温度变化岩体涨缩不均而风化破坏示意图

总之，物理风化作用的结果，是以岩石崩解的方式破坏，形成大小不一的岩块，聚集在基岩之上。

2. 化学风化作用

化学风化作用主要是指岩石在水、水溶液及二氧化碳气体等的作用下，产生溶解、水化、水解及氧化等一系列化学反应，不仅使岩石破碎，还能使岩石中化学成分和矿物成分发生显著的变化形成新的矿物。其中主要作用有：

（1）溶解作用。当水中含有二氧化碳（CO_2）、二氧化氮（NO_2）、氨（NH_3）等侵蚀性的气体时，增大了水的溶解能力，将易溶解物质带走，而将溶解度小的物质残留了下来。如石灰石 $CaCO_3$ 和含有 CO_2 的水溶液作用，使 $CaCO_3$ 变化成重碳酸钙 $Ca(HCO_3)_2$ 并被水带走。

化学反应式如下：

$$CaCO_3 + CO_2 + H_2O \rightarrow Ca(HCO_3)_2 \tag{1-4}$$

所以，在石灰岩地区常形成溶洞、溶沟等自然现象。

（2）水化作用。有些矿物与水作用时能够吸收水分，形成新的含水矿物，如硬石膏 $CaSO_4$、水化成石膏 $CaSO_4 \cdot 2H_2O$。水化作用常使矿物的体积膨胀，如硬石膏变为石膏的过程，可使体积增大，这将对周围岩石产生很大压力，促使岩石破坏，降低岩石坚固性。

（3）水解作用。水随 pH 值的改变而具有弱酸或弱碱的性质，可以溶解弱酸强碱，或强酸弱碱的化合物，而形成新矿物。岩浆岩中大多数矿物属弱酸强碱的硅酸盐及铝硅酸盐类，遇水易产生水解作用。如正长石在水解作用下形成高岭石。反应式如下：

$$K_2O \cdot Al_2O_3 \cdot 6SiO_2 + CO_2 + H_2O \rightarrow K_2CO_3 + Al_2O_3 \cdot 2SiO_2 \cdot H_2O + 4SiO_2 \tag{1-5}$$

长石被水离解时，首先析出离子 K^+，同水中阴离子 CO_2 结合，形成 K_2CO_3 的真溶液而被带走，析出的 SiO_2 呈胶体状，随水流失，其余部分则形成高岭石而残留下来。因此，水解作用也会使岩石成分改变，结构破坏，从而降低了岩石的物理力学性质。

（4）氧化作用。地表岩石受空气或水的游离氧作用，可直接形成氧化作用，破坏岩石和矿物。如黄铁矿 FeS_2 遇空气或水中游离氧，生成褐铁矿 $Fe_2O_3 \cdot 3H_2O$，并析出硫酸溶液，对工程建筑物基础（如混凝土、浆砌石）产生腐蚀破坏作用。

3. 生物风化作用

生物风化作用是指岩石由生物活动所引起的破坏作用。这种破坏作用包括机械的作用（例如植物的根在岩石裂缝中生长，像楔子一样劈裂岩石）和化学作用（例如生物新陈代谢所析出的碳酸、硝酸及有机酸等对岩石的破坏作用）两种。

应该指出，人类的工程活动对岩石的风化会产生一定的影响，例如：基槽（foundation ditch）或边坡（slope）的开挖使岩石的新鲜面暴露，爆破使岩石在一定深度内产生裂隙，这些都对岩石的风化起促进作用。工业废水中的化学物质也对岩石起破坏作用。

（二）岩石风化程度的划分

岩石风化是一个比较复杂的地质过程，是许多因素相互综合作用的结果。它不但与岩石性质有关，而且与地区气候条件、地质构造、地貌形态以及水文地质条件等自然因素有密切关系。因此，各地区的自然条件不同，岩石的风化规律和风化程度的分级则有所差异。

在一般情况下，越靠近地表的岩体，风化程度越深，向地下深部风化程度逐渐减弱，直至过渡到未受风化的新鲜岩体。根据岩体的风化程度不同，可划分为五级：

未风化：岩石组织结构未变。

微风化：岩石组织结构基本未变，沿节理面有铁锰质渲染，矿物质基本未变，无疏松物质。

中等风化：岩石组织结构部分破坏，裂隙面风化较重，矿物质稍微变质，沿节理面出现矿物风化，坚硬块体有松散物质。

　　强风化：岩石组织结构大部分破坏，矿物成分已显著变化，长石、云母大部分已风化成次生矿物，颜色变化，疏松物质与坚硬块体混杂。

　　全风化：岩石组织结构已全部破坏，矿物成分除石英外大部分已风化成土状，基本不含坚硬块体。

　　通常在一个区域或一个剖面里从全风化到未风化的岩石都可以看到，但有时也可能因地质作用或其他原因而缺少其中的某一类。

　　确定风化分类在工程上是有用的，可以使勘察、设计、施工人员对风化剖面的变化有一个清晰的概念，也提供了合理利用风化带，确定边坡坡率和开挖风化层厚度的必需资料。

　　（三）防止风化的措施

　　由于风化作用能降低岩石的强度、影响边坡及建筑物地基的稳定，因此，在工程上常需要采取措施来防止岩石的风化。岩石风化的治理方法可采用挖除和防治两种措施。

　　1. 挖除方法

　　这种措施是采取挖除一部分危及建筑物安全的风化厉害的岩层，挖除的深度是根据风化岩的风化程度、风化裂隙、风化岩的物理力学性质和工程要求等来确定。挖除风化岩石是一个困难而费时的过程，因而宜少挖。

　　2. 防治方法

　　防治风化常用的方法有三种：覆盖防止风化营力入侵的材料；灌注胶结和防水的材料；整平地区，加强排水。

　　覆盖防止风化营力入侵的材料，可以起隔绝作用。如果防止水和空气侵入岩石，可以用沥青、三合土、黏土以及喷水泥浆或石砌护墙来覆盖岩石表面。施工时先将岩石表面已风化的部分清除，然后在新鲜面上进行覆盖。如果防止温度变化，可以铺一层黏土或砂，其厚度应超过年温度影响的深度 $5\sim10\mathrm{cm}$。

　　灌注胶结和防水的材料，能提高地基的强度和稳定性。水泥、水玻璃、沥青和黏土浆是封闭和胶结岩石裂缝的好材料，但是，多半需要施加压力才可灌入。

　　整平地区，加强排水，主要是以防为主的方法，水是风化作用的活跃因素之一，隔绝水就能减弱岩石的风化速度。

　　上述防止风化措施在具体采用时，必须首先搞清楚促使岩石变化的风化营力，然后再选择有效的方法。

　　岩石的风化速度一般发展较慢。但是泥岩、页岩、片岩及石膏质、黏土质的岩石风化较快，在挖基过程中要注意，遇到风化速度快的岩石，可以有意地保留一定厚度不挖，砌基时才挖到需要标高，这是常用的方法。

　　二、地表流水的地质作用

　　在大陆有两种地表流水：一种是时有时无的，如雨水、融雪水及山洪急流，它们只在降雨或积雪融化时产生，称为暂时性流水，另一种是终年流动不息的，如河流、江水，称为长期流水。不论长期流水或暂时性流水，在流动过程中都需要与地表的土石发生相互作用，产生侵蚀、搬运和堆积作用，形成各种地貌和不同的松散沉积层。研究流水地质作用及其相应的堆积物具有重大意义，因为，我国大部分城镇和各种工程建筑大多兴建在流水堆积物上。

（一）地表暂时流水地质作用

1. 坡面细流的地质作用及坡积层

雨水降到地面或覆盖地面的积雪融化时，其中一部分被蒸发，一部分渗入到地下，剩下部分则形成无数网状坡面细流，沿斜坡从高处向低处缓慢流动，时而冲刷，时而沉积，不断地使坡面的风化岩屑和黏土物质沿斜坡向下移动，最后，在坡脚或山坡低凹处沉积下来，形成坡积层。雨水、融雪水对整个坡面所进行的这种比较均匀、缓慢和短期内并不显著的地质作用，称为洗刷作用。其结果是使地形逐渐变得平缓，并造成水土流失，同时伴随产生松散堆积物，形成坡积层。

2. 山洪急流的地质作用与洪积层

山洪急流一般是由暂时性的暴雨形成的。山坡上积雪急剧消融时也可产生山洪急流，山洪急流大都沿着凹形江水斜坡向下倾泻，具有较大的流量和很大的流速，在流动过程中发生显著的线状冲刷，形成冲沟，并把冲刷下来的碎屑物质夹带到山麓平原或沟谷口堆积下来，形成洪积层。

冲沟是暂时性流水流动时冲刷地表所形成的沟槽。多发生在我国黄土地区，如甘肃、山西及陕西等地。冲沟的发展大致有四个阶段：初始阶段，在斜坡上出现不深的沟槽，流水开始沿沟槽冲刷；下切阶段，冲沟强烈加深底部，并向上游伸展，沟壁几乎直立，沟的纵剖面为凸形；平衡阶段，沟的纵剖面比较平缓，但沟的宽度仍在增加；衰老阶段，沟底坡度平缓，沟谷宽阔，沟中堆积物变厚，斜坡上有植物覆盖。冲沟对建筑工程往往带来许多困难和危害。如修建铁路时常因冲沟的阻拦而只能进行填方或架设跨越的桥梁；冲沟不断增长可能切断已有线路，使交通中断；在选择建筑场地时也会带来困难。因此对冲沟的认识和研究对于总图布置具有很大意义。

当山洪急流携带大量石块泥沙，在山口以外的平缓地带沉积下来便形成洪积层，由于沉积物从山口向外撒开，形成扇形，故称为洪积扇。相邻沟谷各自形成的洪积扇互相连接起来，形成洪积裙。由于长年累月的重叠堆积便形成山前洪积倾斜平原，由山口向平地以缓和坡度伸展出去。由于地形上的优点，这种地带常为城镇、工厂道路的修建提供条件。北京就位于山前倾斜平原上。

（二）河流的地质作用及冲积层

具有明显河槽的常年或季节性水流称为河流。河流是改变陆地地形的最主要的地质作用之一。河流的地质作用主要决定于河流的流速与流量。由于流速与流量的变化，河水表现出侵蚀、搬运和沉积三种性质不同但又相互关联的地质作用。

1. 河流的侵蚀作用

河水在流动过程中不断加深和拓宽河床的作用称为河流的侵蚀作用。按其作用的方式可以分为溶蚀和机械侵蚀两种；按照河床不断加深和拓宽的发展过程，可分为下蚀作用和侧蚀作用。

（1）下蚀作用。

下蚀作用是河水在流动过程中使河床逐渐下切加深的作用。在坡度较陡、流速较大的情况下，河流向下切割能使河床底部逐渐加深，这种侵蚀在河流上游地区表现显著。在向下切割的同时，河流并向河源方向发展，缩小和破坏分水岭，这种作用称为向源侵蚀。

河床的下蚀作用使河床加深加长，从而能使桥台或桥墩基础遭到破坏。

（2）侧蚀作用。

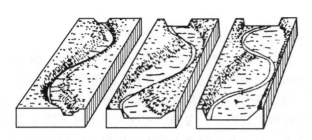

图 1-8 侧蚀作用使河谷加宽

侧蚀作用是河水在流动过程中，不断冲刷河床两岸，使河床不断加宽的作用（图1-8），河水在运动过程中横向环流的作用，是促使河流产生的经常性因素。此外，如果河水支流或支沟排泄的洪积物以及其他重力堆积物的障碍顶托，致使主流流向改变，引起对河岸产生局部冲刷，也可产生侧蚀作用。

沿河布设的公路，往往由于河流的水位变化及侧蚀，常使路基发生水毁现象，特别是在河湾凹岸地段，最为显著。因此，在确定路线具体位置时，必须加以注意。由于在河湾部分横向环流作用明显加强，容易发生坍岸，并产生局部强烈冲刷与堆积作用，河床容易产生平面摆动，因此对于桥梁建筑，也是很不利的。

河水侵蚀常造成下述结果：河谷、蛇曲、牛轭湖。河谷在大多数情况下是由于流水的侵蚀作用形成的。一般在上游地区，下蚀作用强，形成"V"字形峡谷；中游地区，侧方侵蚀较强，形成宽谷；下游地区，冲刷作用弱而沉积作用强，形成平谷。当侧蚀作用不断发展的结果，就形成蛇曲和牛轭湖（图1-9）。在河谷两岸内常常埋藏有牛轭湖的沉积物，这种沉积物土质松软，受压容易变形，与周围土层不同，对工程建筑极为不利，因此在工程地质勘察时，应特别注意。

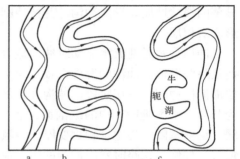

图 1-9 蛇曲的发展与牛轭湖的形成
a—弯曲河道；b—蛇曲；c—牛轭湖

2. 搬运作用

河流在流动过程中夹带沿途中冲刷侵蚀下来的物质（泥沙、石块等）离开原地的移动作用，称为搬运作用。河流搬运的物质主要来自谷坡洗刷、崩落、滑塌下来的产物和冲沟内洪流冲刷出来的产物，其次是河流侵蚀河床的产物。

河流的搬运作用有浮运、推移和溶运三种形式。一些颗粒细和比重小的物质悬浮于水中，随水搬运。如我国黄河中的大量黄土物质就是主要通过悬浮的方式进行搬运的。比较粗大的砂子、砾石等，主要受河水冲动，沿河底推移前进。在河水中还有大量的处于溶液状态的被溶解物质随水流走。

3. 河流的沉积作用

河流在河床坡降平缓的地带及河口附近，河水的流速变缓。当它所搬运的物质超过其搬运能力时，河水携带的物质便沉积下来，这种沉积过程称为河流沉积作用。所沉积的碎屑物质称为冲积层。

冲积层发育于较宽的河谷中或位于山区以外的冲积平原中。这种地区常为大、中城市分布，是各种建筑物集中的地带，因此，对冲积层的工程地质特征要加以研究。

三、海洋的地质作用

我们的地球与其他姊妹星球比较，最重要、最突出的特征是具有浩瀚的海洋，它是地表面大盆地中的水体，其体积为 $13.7 \times 10^8 \text{km}^3$，覆盖面积为 $3.61 \times 10^8 \text{km}^2$，占地球表面的

71％，它不仅蕴藏着丰富的生物、矿产资源，也是地质作用特别是沉积作用的主要场所。

（一）海水的破坏作用

海水的破坏作用有冲蚀、磨蚀和溶蚀三种。海浪、潮汐和海流等都能引起破坏作用，其中海浪是破坏海洋的主要动力。海浪冲蚀作用越久，海岸向后撤退就愈远，而海滩也就变得愈宽。当海滩增长到海浪达不到的陡岸时，海浪的破坏作用就暂时停止。

海蚀作用主要发生在海陆交界或附近的狭长滨岸带。根据海水运动和作用特征以及地形特点，可将滨岸带分为两个带（图1-10），即前滨带与后滨带。前滨带又称潮间带，是平均高潮与平均低潮线之间的地带；后滨带为平均高潮线以上，特大高潮或风暴潮时，能为海水所淹没的地带。前滨带是海蚀作用最强的地区。

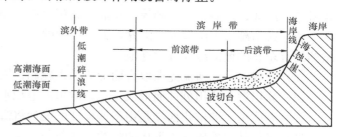

图1-10　滨海带分带示意图

（二）海洋的沉积作用

海洋是最大的沉积场所，不但沉积它自己冲蚀下来的岩层，同时也沉积了许多河流搬运来的物质。大部分的沉积岩是在海洋中沉积形成的。海洋的沉积物质有机械的、化学的和生物的三种，形成各类海洋沉积物（海相沉积层）。海相沉积物按分布地带的不同有：

海岸带沉积物：主要是粗碎屑及砂，是由海岸岩石破坏后的碎屑物质组成的。粗碎屑一般厚度不大，具有交错层理，海岸带砂土具有良好的磨圆度及分选性，物质纯洁而均匀，较紧密。此外，海岸特别是在河流入口地区，常常有淤泥沉积。

浅海带沉积物：主要是较细小的碎屑沉积（如砂、黏土、淤泥等）以及生物化学沉积物（硅质沉积物、钙质沉积物）。在浅海环境中，由于阳光充足，从陆地带来的养料丰富，故生物非常发育，在沉积物中往往保存不少化石。浅海带砂土的特征是：颗粒细小而且非常均匀，磨圆度好，层理正常，较海岸带砂土疏松，易发生流砂现象。浅海砂土分布范围大，厚度从几米到几十米不等。浅海带黏土、淤泥的特征是：粒度成分均匀，具有微层理，可呈各种稠度状态，承载力也有很大变化。一般近代的黏土质沉积物密度小，含水量高，压缩性大，强度低，而古老的黏土质沉积物密度大，含水量低，压缩性小，承载力很高，陡坡也能保持稳定，这种硬黏土常常有很多裂隙，因而具有透水的能力，也易于风化。

浅海带沉积物的成分及厚度沿水平方向比较稳定，沿垂直方向变化较大，因此，在工程地质勘察时，水平方向可布置较稀的勘探点，但在沿深度方向上要求较多的试样，才能获得代表性的资料。

次深海带及深海带沉积物：主要由浮游生物的遗体、火山灰、大陆灰尘的混合物所组成，很少有粗碎屑物质出现。沉积物主要是一些软泥。

四、湖泊和沼泽的地质作用

陆上洼地蓄水就形成湖泊，湖泊由大气降水、地面水和地下水补给，当水源枯竭时，就成干的湖泊，如新疆的罗布泊。

地球上湖泊的面积占陆地面积的1.8％；芬兰有55000多个湖泊，占全国总面积的

12%；我国的湖泊也很多，总计有 40000km² ，以青藏高原（如青海湖）和长江中下游（如洞庭湖、鄱阳湖、巢湖、太湖）、淮河下游（如洪泽湖）最为集中。

（一）湖泊的成因类型

按照湖泊的成因类型，湖泊有如下类型：

（1）构造湖。因地壳运动造成的凹陷，或断裂形成的湖盆，其形状是长而深，如我国的兴凯湖、滇池、洱海、艾丁湖等，贝加尔湖深达 1620m。

（2）火山湖。火山口成为湖盆，如长白山的天池、云南腾冲的大龙潭湖；火山喷出物堵塞的湖有东北的镜泊湖及五大连池。

（3）河成湖。如河流蛇曲取直而形成的牛轭湖；三角洲上因泥沙淤塞而成三角洲湖。

（4）冰川湖。冰川创蚀而形成洼地，冰川后退积水成湖，如西藏高原上的湖泊。

（5）海成湖。如杭州西湖是由于钱塘江的泥沙将海湾淤塞而形成的泻湖。

（6）其他外力地质作用形成的湖泊。在石灰岩区因大规模溶洞塌陷而成溶蚀湖；山崩堆积物阻塞河谷形成雍塞湖（如四川叠溪）；沙漠中的湖（如敦煌鸣沙山的月牙湖，四周由风成沙丘围成）。

（7）人工湖。在河流上筑坝蓄水的水库是人工形成的湖泊，如长江、黄河、淮河上的大大小小的水库；如三门峡、葛洲坝、密云、新安江水库以及将来的三峡水库。

（二）湖泊的地质作用

湖的波浪也可发生剥蚀、搬运和沉积作用。但其水流缓慢，其剥蚀、搬运能力均较弱，只有在巨大湖泊中，其排岸浪可起剥蚀作用，其剥蚀的物质向湖心搬运。

湖水主要是起沉积作用，其过程与湖泊的发展、消亡过程密切相关。沉积作用包括机械、化学及生物等不同方式。

1. 机械沉积作用

雨量充沛季节，地表流水挟带大量泥沙汇集到湖泊中，当其注入湖泊时，流速骤减，泥沙就逐渐沉积，粗的颗粒靠近湖岸沉积，细的颗粒在湖心，日积月累，湖泊将逐渐淤浅；在潮湿气候区，入湖河流多，水量大，如水流挟砂量高，在湖滨可形成三角洲。三角洲逐年扩大后，湖泊淤浅变小以至消亡，出现湖积三角洲平原或沼泽；洞庭湖每年接受湘、资、沅、澧四水所挟带的泥砂达 $2.4×10^8 m^3$ ，使湖泊缩小、淤浅。据统计，1941 年前洞庭湖面积为 5000km² ，是全国第一淡水湖，至 1980 年面积减为 2820km² 。洪泽湖接受淮河水系泥砂，逐年抬高湖床，以致加高堤防，成为地上湖，湖水高出附近地面，对城镇、农田构成威胁。

2. 化学沉积作用

在温湿地区，水量充足，地面上易溶的 K、Na 成分较早流失，较易溶解的 Ca、Mg 等组成盐类，较难溶解的 Fe、Mn、Al、Si、P 也组成盐类，并可呈离子或胶体溶液搬运入湖，在一定条件下沉积下来，在干旱气候区，湖水的蒸发量大于补给量时，湖水的含盐度增大，及至浓度超过饱和时，多余的盐分就从水中结晶析出，因盐类的溶解度不同，其结晶作用按顺序进行。其中，方解石、白云石结晶在先，其后为石膏、芒硝，最后是食盐、氯化钾结晶。

3. 生物沉积作用

潮湿气候区的湖泊，湖中繁殖了大量生物，其遗体与泥沙一起形成腐泥。其后堆积物增厚，压力加大，在还原条件下，腐泥中细菌发酵分解作用后形成含油岩石，油经运移，聚集于多孔岩石构成油田。松辽平原、江汉平原等地石油就是古代湖泊生物作用的结果。

（三）沼泽的地质作用

在陆地上的过湿洼地，常生长菖蒲类等沼泽植物，形成湿地、草地。

沼泽常由湖泊的淤塞形成，或是滨海浅滩、河漫滩以及泄水不畅的低地，因水的储积而成，还可由某些水生植物、喜水植物吸水抬高潜水面而使地表过湿而形成。

沼泽中的水体小，处于静止状态，所以沼泽主要是沉积作用——主要是生物沉积作用。植物不断的生长、死亡，其遗体被以后泥沙掩埋，在缺氧条件下，细菌作用发生分解、霉烂等复杂过程，可形成多孔的泥炭、褐煤、肥料和其他化工原料。

五、风的地质作用

在沙漠地区，雨水少、植物稀、岩石裸露、物理风化剧烈，使地表岩石分崩离析；沙漠上气温、气压变化剧烈，有时风暴强烈，由于风的作用，产生对岩屑的剥蚀、搬运、沉积。

1. 风的剥蚀作用

大风可飞沙走石，将地面的尘土吹扬飞到远处，细小的沙粒也可吹扬；飞行中的沙粒对碰撞的岩石又发生磨蚀形成风蚀地貌，如石蘑菇、石檐地形、蜂窝石等。

2. 风的搬运作用

风的搬运能力取决于风的强弱和物质的大小、比重，粗的砂粒可离地面跃进，细颗粒可飞扬至很远。

3. 风的沉积作用

风沙停积后可形成砂堆，在开阔地形可形成新月形沙丘，其高度可几米至几十米，甚至200m以上；更细小的粉砂和尘土可由大风带到远方，降落均匀，日积月累可形成很厚的黄土沉积（主要颗粒是 $0.05\sim0.005$ mm），在我国西北地区分布甚广（在河南郑州以西），在东海的岛屿上也发现有黄土的堆积物。在昆仑山—祁连山—秦岭一线以北，阿尔泰山—阴山—大兴安岭一线以南的广大地区有黄土分布于 44×10^4 km^2 土地上，占我国陆地面积的 4.4%，厚度一般 $30\sim80$m，较厚地区有 $200\sim400$m，据观测目前黄土平均年沉积约 1mm，其形成的时间在 20 万年至 40 万年之间，是第四季更新世以来的沉积，世界各地黄土沉积也很广泛，如东欧和美国。除了风成黄土以外，已积黄土经流水搬运后的沉积物，称为次生黄土。

六、冰川的地质作用

陆地上的冰川是在重力的作用下由雪原向外终年缓慢移动的巨大冰体，它是水圈的重要组成部分，是丰富干净的淡水资源。现代冰川覆盖面积占陆地面积的 10%。我国冰川面积达 4.4×10^4 km^2，在天山、祁连山、昆仑山、喜马拉雅山均有分布。由于冰川活动时的巨大力量，改变着一些地区的地貌（高纬度地区及中、低纬度的高山区）。

（一）冰川类型

由于所处的地形、气候不同，冰川的规模、形态也各异。

（1）大陆冰川。在两极和严寒的高纬度地区，地面均被冰雪覆盖，这种冰川占现代冰川的 99%。大陆冰川不受地形影响，起伏的地形均埋于冰层之下。

（2）山岳冰川。又称阿尔卑斯式冰川，常见于高山地区，多分布于中低纬度的高山，我国的冰川多是这种类型。按其发育情况和形态又分为冰斗冰川、悬冰川、山谷冰川、山麓冰川等。在瑞士的冰川冰层最大厚度有 700m。

（二）冰川的地质作用

1.冰川的刨蚀作用

厚的冰层在移动过程中将床底和两侧岩石刨掘、摩擦，形成各种冰川地形，如冰斗、角峰、圈椅状地形，在岩壁上常有冰川擦痕、冰溜面等。

2.冰川的搬运作用

冰川携带着岩石碎屑、巨石移动，克服前进的阻力向前移动，破坏的岩块、碎屑能像水流搬运那样转移、位移。冰川的搬运能力十分巨大，可将巨大的漂砾推移到很远的地方。

3.冰川的堆积作用

冰川的携带物质停留于冰川表面形成表碛；陷入冰体内的称内碛，位于底部的称底碛；位于冰川中间称中碛，这是冰川消融后堆积起来的。冰川可形成冰碛丘陵、侧碛堤、终碛堤和鼓丘等冰碛地貌，其中的巨大石块称冰川漂砾，冰川形成的堆积物一般分选性差，磨圆度稍差。冰川融化后形成的水流使原有的冰碛受到水流的分选和重新沉积，称冰水沉积，其碎屑物的分选性和磨圆度均较好，并有层理，其中细颗粒沉积形成纹泥。冰水沉积地形有冰积扇、冰河丘、蛇形丘、冰川湖等。第四纪冰川遗迹（地形及堆积物）在我国东部地区（浙江天目山）可以见到；但对庐山的冰川遗迹在国内还有争议。

第四节 地 质 年 代

一、地质年代的划分

在地壳发展的漫长历史过程中，地壳环境和种类都经历了多次变迁，所以在各个不同的地质历史时期，也都相应地形成了不同的地层。根据地层的构造变动，岩性特征及生物的化石等就可以推断出古地理环境，地壳运动性质及地质发展历史，从而划分地质年代。地质学家们根据几次大的地壳运动和生物界大的演变，把地质历史划分为五个"代"，每个"代"又分为若干"纪"，纪内因生物发展及地质情况不同，又进一步划分为若干个"世"和"期"以及一些更细的段落，这些统称为地质年代单位。与地质年代单位相对应的时间地层单位列于表1-5中。

表1-5 地质年代单位与相对应的地层单位

使用范围	地质年代单位	地层单位
国际性	代 纪 世	界 系 统
全国性或大区域性	（世） 期	（统） 阶 带
地方性	时（时代，时期）	群 组 段 （带）

表1-6是中国地质年代划分表，表中还列了地壳运动的几个主要的构造期，它们在地质历史中对地壳均产生过较大的影响。表中各个代和纪的新老顺序及其代号，是地质工作中经常用到的基本知识。

二、地质年代的确定

地质年代有绝对年代和相对年代之分。绝对年代是指地层形成到现在的实际年数，它主要是根据岩石中所含放射性元素蜕变来确定的。在地质工作中用得较多的还是相对年代，也就是判别地层的新老关系，通常用下列方法确定：

表 1-6　　　　　　　　　　地 质 年 代 表

代	纪		世	距今年代（百万年）	主要地壳运动	主 要 现 象
新生代 K_z	第四纪 Q		全新世 Q_4 更新世上 Q_3 更新世中 Q_2 更新世下 Q_1	2～3	喜马拉雅运动	冰川广布，黄土形成，地壳发育成现代形势，人类出现、发展
	第三纪 R	晚第三纪 N	上新世　N_2 中新世　N_1	25		地壳初具现代轮廓，哺乳类动物、鸟类急速发展，并开始分化
		早第三纪 E	渐新世　E_3 始新世　E_2 古新世　E_1	70	燕山运动	
中生代 M_z	白垩纪 K		上白垩世 K_2 下白垩世 K_1	135		地壳运动强烈，岩浆活动
	侏罗纪 J		上侏罗世 J_3 中侏罗世 J_2 下侏罗世 J_1	180	印支运动	除西藏等地区外，中国广大地区已上升为陆，恐龙极盛，出现鸟类
	三叠纪 T		上三叠世 T_3 中三叠世 T_2 下三叠世 T_1	225	海西运动（华力西运动）	华北为陆，华南为浅海，恐龙、哺乳类动物发育
古生代 P_z	上古生代 P_{z2}	二叠纪 P	上二叠世 P_2 下二叠世 P_1	270		华北至此为陆，华南浅海。冰川广布，地壳运动强烈，间有火山爆发
		石炭纪 C	上石炭世 C_3 中石炭世 C_2 下石炭世 C_1	350		华北时陆时海，华南浅海，陆生植物繁盛，珊瑚、腕足类、两栖类动物繁盛
		泥盆纪 D	上泥盆世 D_3 中泥盆世 D_2 下泥盆世 D_1	400	加里东运动	华北为陆，华南浅海，火山活动，陆生植物发育，两栖类动物发育，鱼类极盛
	下古生代 P_{z1}	志留纪 S	上志留世 S_3 中志留世 S_2 下志留世 S_1	440		华北为陆，华南浅海，局部地区火山爆发、珊瑚、笔石发育
		奥陶纪 O	上奥陶世 O_3 中奥陶世 O_2 下奥陶世 O_1	500		海水广布，三叶虫、腕足类、笔石极盛
		寒武纪 ∈	上寒武世 $∈_3$ 中寒武世 $∈_2$ 下寒武世 $∈_1$	600	蓟县运动	浅海广布，生物开始大量发展，三叶虫极盛
元古代 P_t	晚元古代（震旦亚代）$P_{t2}Z$	震旦纪 Z_z		700		浅海与陆地相间出露，有沉积岩形成，藻类繁盛
		青白口纪 Z_q		1000		
		蓟县纪 Z_j		1400±50		
		长城纪 Z_c		1700±	吕梁运动	
	早古元代 P_{t1}			2050±	五台运动	海水广布，构造运动及岩浆活动强烈，开始出现原始生命现象
太古代 A_r				2400～2500 3650	鞍山运动	
地球初期发展阶段				6000		

地层层序法：即以沉积岩的生成层理来确定地层的新老关系。当沉积岩形成后，如果未经剧烈变动，则位于下面的地层较老，位于上面的地层较新。

古生物法：生物总是由低级向高级不断发展、演化，灭绝的生物不会重复出现，因此，不同的地质时期就有不同的生物群，不同的地质年代的地层，就会有不同的生物化石，这就可以根据化石确定地层的年代。如雷氏三叶虫，一般产生在寒武纪的地层中，鳞木产在石炭纪和二叠纪的地层中等。

岩性对比法：一般在同一时期，同样环境下形成的岩石，它的成分、结构和构造应该是相似的，根据这个道理，如果在地质发展历史中，曾经是同样环境的地区，我们利用化石或其他方法，确定了某一局部地区的地层年代后，则在其他地区，就可以根据岩性对比来确定年代。例如，我国华北奥陶纪中期，普遍沉积的是质纯的石灰岩和白云质石灰岩，在很多地点发现了化石，如果在一些地区这一层未找到化石，也可以通过岩性对比，确定它的年代。

关键概念

地质作用　地壳运动　地震　地震波　地震震级　地震烈度　风化作用　河流的侵蚀作用

思 考 题

1. 地壳运动的形式与特征有哪些？
2. 地震按震源深度分为哪三种类型？地震按其发生的原因有哪些主要类型？
3. 地震效应的主要类型与特征是什么？
4. 地震区抗震设计原则是什么？
5. 按风化营力的不同，风化作用可分为哪三种类型？
6. 按岩石风化深浅和特征，可将岩石风化程度划分为哪五级？
7. 岩石风化的治理措施有哪些？
8. 地质学家们根据几次大的地壳运动和生物界大的演变，把地质历史划分哪五个"代"？
9. 地层相对年代通常用什么方法确定？

第二章　岩石与岩体的工程地质性质

本章提要与学习目标

　　土木工程与岩石、岩体的关系密切，如道路的选线、桥梁的墩基、地下建筑、高层建筑的基础、矿山开挖、寻找地下水等，均需对岩石的工程地质性质有所了解，需对岩体的稳定性进行研究与评价。

　　本章学习主要内容有造岩矿物、岩石分类与特征、岩石的工程地质性质和岩体的结构类型及其工程地质评价。通过这些内容的学习，要求理解岩石与矿物、岩体与岩体结构的概念，了解岩石的成因类型，掌握花岗岩与闪长岩、石英岩与大理岩的特征；了解岩石的工程地质性质指标，掌握影响岩石工程地质性质的主要因素；理解岩体结构的特征，掌握不同结构类型岩体的工程地质性质。

　　岩石是在地质作用下产生的，由一种或多种矿物以一定的规律组成的自然集合体。岩石构成了地壳及其以下的固体部分，岩石既是地质作用的产物，又是地质作用的对象。

　　众所周知，地壳是各种工程建筑物的场所，人类生存和活动的地方。地壳是由岩石构成的，所以，岩石的工程地质性质对地基建筑条件的好坏有直接影响。岩石又是由矿物组成的，要认识岩石，分析岩石在各种自然条件下的变化，进而对岩石的工程地质性质进行评价，就必须先从矿物讲起。

第一节　造　岩　矿　物

　　自然界中有少数化学元素，是以自然元素的形式存在，如金刚石（C）、硫黄（S）等；绝大多数是由两种或多种元素组成化合物的形式存在，如石英（SiO_2）、石膏（$CaSO_4 \cdot 2H_2O$）等。这些具有一定物理性质和化学成分的自然元素或化合物，称为矿物。现在知道的矿物种类达 3000 多种，但岩石中常见的矿物为 50 多种，这些常见的组成岩石的矿物称为造岩矿物（rock forming minerals）。

一、矿物的物理性质

　　矿物的物理性质是鉴定矿物的重要特征。主要的物理性质有：形态、颜色、光泽、条痕、硬度、解理、断口等。

　　1. 形态

　　矿物的成分、构造和生成环境，决定了矿物的晶体有一定规则的几何外形。这种晶体外表形态是鉴定矿物的重要特征之一。如云母为片状、角闪石为柱状、方解石为菱面体、石盐粒状、石英晶簇等。

　　2. 颜色

　　颜色是指矿物新鲜表面的颜色。某些矿物具有特定的颜色，如黄铁矿为铜黄色。有些矿物含有杂质时，则呈现其他颜色，如石英混入杂质后由无色变为紫色（含锰）或黑色（含碳）。因此，不能仅凭颜色一个指标来鉴定矿物，要与其他物理性质配合运用。

3. 光泽

光泽是指矿物表面反光的性质。根据矿物表面反光程度的强弱，用类比的方法可分为：金属光泽、半金属光泽，非金属光泽（如金刚光泽、玻璃光泽、珍珠光泽、丝绢光泽、油脂光泽等）。

表 2-1		摩 氏 硬 度 计	
硬度	矿物名称	代用品	硬度
1	滑石	软铅笔	1
2	石膏	指甲	2～2.5
3	方解石	铜钥匙	2.5～3
4	萤石	铁钉	4
5	磷灰石	玻璃	5～5.5
6	长石	铅笔刀	5～6
7	石英	钢刀	6～7
8	黄玉		
9	刚玉		
10	金刚石		

4. 条痕

条痕是矿物粉末的颜色，常借矿物在毛瓷板上刻画所留下的粉末痕迹进行观察，故名条痕。条痕较矿物的颜色固定，它对鉴定金属矿物意义较大，如磁铁矿条痕为黑色，赤铁矿条痕呈樱红色。

5. 硬度

硬度是指矿物对外界的刻画及摩擦的抵抗能力，表现矿物的软硬程度。测定时应刻画矿物的新鲜表面。测定矿物的相对硬度常用摩氏硬度计（表 2-1）。该硬度计是选择十种硬度不同的矿物分别定为 1 度到 10 度。按低到高的次序排列而成。

6. 解理和断口

矿物受敲击后，常沿一定方向裂开成光滑平面，这种特性称为解理。裂开的光滑平面称为解理面。根据解理面的数目分为一组解理（如云母）、二组解理（如长石）、三组解理（如方解石，图 2-1）及多组解理等。根据解理面发育的完善程度，解理又分为极完全解理、完全解理、中等解理、不完全解理等。若矿物敲击后，裂开面呈各种凹凸不平的形状，如锯齿状、贝壳状等，则称为断口。

7. 其他性质

除上述的矿物性质外，还有一些矿物具有独特的性质，这些性质同样是鉴定矿物的可靠依据，如比重、磁性、弹性、挠性、脆性等。矿物的一些简单化学性质，对于鉴定某些矿物也是十分重要的。如方解石滴上稀盐酸能剧烈起泡，白云石滴上浓盐酸或热酸可以起泡。其他矿物不具备这种性质，常以此作为鉴定它们的依据。

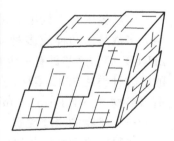

图 2-1 方解石的三组解理

二、主要造岩矿物的特征

常用的造岩矿物鉴定方法中，用肉眼鉴定矿物的一些物理性质（如形态、颜色、条痕、光泽、硬度、解理等），是最基本的简易鉴定方法。当然也可借助放大镜，双目实体显微镜或某种非常简便的化学实验（如滴盐酸等）进行鉴定。为了便于系统鉴定矿物，根据矿物特征列成下列简易鉴定表（表 2-2）。

应用上表鉴定矿物时，首先要根据矿物的主要物理性质进行鉴定，定出名称，但必须注意，无论观察哪种矿物都要找出最新鲜表面，进行一一对照，否则得出的结果不一定可靠。

应该指出，每种矿物都有其独特的物理性质和形态特征，这是鉴定矿物主要标志。亦以此区别于其他矿物，如云母具有一组极完全解理，呈片状，富有弹性；磁铁矿具有强磁性和铁黑色；方解石具有三组完全解理和滴盐酸剧烈起泡等。所以，不同的矿物要根据不同的特征进行鉴定。

表 2-2 常见造岩矿物物理性质简表

矿物名称及化学成分	形状	物理性质				主要鉴定特征
		颜色	光泽	硬度	解理、断口	
石英（SiO_2）	六棱柱状或双锥状、粒状、块状	无色、乳白或其他色	玻璃光泽、断口为油脂光泽	7	无解理、贝壳状断口	形状硬度
正长石（$KAlSi_3O_8$）	短柱状、板状、粒状	肉色、浅玫瑰或近于白色	玻璃光泽	6	二向完全解理，近于正交	解理，颜色
斜长石（$NaAlSi_3 \cdot O_8$ 和 $Ca, AlSi_2O_8$ 混合）	长柱状、板条状	白色或灰白色	玻璃光泽	6	二向完全解理，斜交	颜色，解理面有细条纹
白云母（$KAl_2[AlSi_3O_{10}](OH)_2$）	板状、片状	无色、灰白至浅灰色	玻璃或珍珠光泽	2~3	一向极完全解理	解理，薄片有弹性
黑云母［$K(MgFe)_3(OH)_2(AlSi_3O_{10})$］	板状、片状	深褐、黑绿至黑色	玻璃或珍珠光泽	2.5~3	一向极完全解理	解理，颜色，薄片有弹性
角闪石｛$Ca_2Na(Mg、Fe)_4(AlFe)[(Si、Al)_4O_{11}]_2(OH)_2$｝	长柱状、纤维状	深绿至黑色	玻璃光泽	5.5~6	二向完全解理，交角近 56°	形状，颜色
辉石（$Ca、Mg、Fe、Al$）［$(Si、Al)_2O_6$］	短柱状、粒状	褐黑、棕黑至深黑色	玻璃光泽	5~6	二向完全解理，交角近 90°	形状，颜色
橄榄石［$(Mg、Fe)_2SiO_4$］	粒状	橄榄绿、浅黄绿色	油脂或玻璃光泽	6.5~7	通常无解理，贝壳状断口	颜色、硬度
方解石（$CaCO_3$）	菱面体、块状、粒状	白、灰白或灰白色	玻璃光泽	3	三向完全解理	解理，硬度，遇盐酸强烈起泡
白云石（$CaCO_3MgCO_3$）	菱面体、块状、粒状	灰白、淡红或淡黄色	玻璃光泽	3.5~4	三向完全解理，晶面常弯曲成鞍状	解理，硬度，晶面弯曲，遇盐酸起泡微弱
石膏（$CaSO_4 \cdot 2H_2O$）	板状、条状、纤维状	无色、白色或灰白色	玻璃或丝光泽	2	一向完全解理	解理、硬度，薄片无弹性和挠性
高岭石｛$Al_4[Si_4O_{10}](OH)_8$｝	鳞片状、细粒状	白、灰白或其他色	土状光泽	1	一向完全解理	性软、黏舌，具可塑性
滑石｛$Mg_3[Si_4O_{10}](OH)_2$｝	片状、块状	白、淡黄、淡绿或浅灰色	蜡状或珍珠光泽	1	一向完全解理	颜色、硬度，触抚有滑腻感
绿泥石（$Mg、Fe、Al$）｛$[(Si、Al)_4O_{10}](OH)_8$｝	片状、土状	深绿色	珍珠光泽	2~2.5	一向完全解理	颜色，薄片无弹性有挠性
蛇纹石［$Mg_6(OH)_8(Si_4O_{10})$］	块状、片状、纤维状	淡黄绿、淡绿或浅黄色	蜡状或丝绢光泽	3~3.5	无解理、贝壳状断口	颜色，光泽

续表

矿物名称及化学成分	形状	物理性质				主要鉴定特征
		颜色	光泽	硬度	解理、断口	
石榴子石 $\{Mg_3Al_2(SiO_4]_3\}$	菱形十二面体粒状	黄、浅绿、褐等多种颜色	油脂光泽	6.5~7.5	无解理、不规则断口	形状,颜色,硬度
黄铁矿(FeS_2)	立方体、粒状	铜黄色	金属光泽	6~6.5	贝壳状或不规则断口	形状,颜色,光泽

第二节 岩石的分类与特征

一、岩石的分类

(一) 岩石按成因的分类

岩石由多种矿物组成,亦可由一种矿物组成(如石英岩)。岩石按成因可分成:岩浆岩、沉积岩、变质岩三大类。

1. 岩浆岩的分类

岩浆岩在向地表上升的过程中,由于热量散失逐渐经过分异等作用冷凝而成岩浆岩。在地表下冷凝的称侵入岩,喷出地表冷凝的称喷出岩。侵入岩按距地表的深浅程度又分为深成岩和浅成岩。岩浆岩的分类见表2-3。

表2-3　　　　　　　　　　　岩浆岩分类简表

岩石类型			酸性岩	中性岩		基性岩	超基性岩
SiO₂ 含量(%)			>65	65~52		52~45	<45
颜色			浅(浅灰、黄、褐、红)→深(深灰、黑绿、黑)				
主要矿物成分			正长石		斜长石		不含长石
产状 构造 结构			石英、黑云母、角闪石	角闪石、黑云母	角闪石、辉石、黑云母	辉石、角闪石、橄榄石	橄榄石、辉石、角闪石
侵入岩	深成岩	岩基 岩株	块状	等粒	花岗岩	正长岩	闪长岩	辉长岩	橄榄岩 辉岩
	浅成岩	岩株 岩盘 岩墙	块状、气孔	等粒、似斑状及斑状	花岗斑岩	正长斑岩	闪长玢岩	辉绿岩	少见
喷出岩	火山锥 熔岩流 熔岩被		块状、气孔杏仁、流纹	隐晶质、玻璃质、斑状	流纹岩	粗面岩	安山岩	玄武岩	少见
			块状、气孔	玻璃质	浮岩、黑曜岩			少见	

2. 沉积岩的分类

沉积岩是由岩石、矿物在内外力的作用下，破碎成碎屑物质后，再经水流、风吹和冰川等的锻造，堆积在大陆低洼地带或海洋，再经胶结、压密等成岩作用而成的岩石。沉积岩主要特征是具有层理。矿物的成分除原生矿物外还有碳酸盐类、硫酸盐类和高岭土等次生矿物。沉积岩的分类见表 2-4。

表 2-4　　　　　　　　　　　　　　沉积岩分类简表

岩　类			结　　构	岩石分类名称	主要亚类及其组成物质
碎屑岩类	火山碎屑岩	碎屑结构	粒径＞100mm	火山集块岩	主要由＞100mm 的熔岩碎块、火山灰尘等经压密胶结而成
			粒径 100～2mm	火山角砾岩	主要由 100～200mm 的熔岩碎屑、晶屑、玻屑及其他碎屑混合物组成
			粒径＜2mm	凝灰岩	由 50％以上粒径＜2mm 火山灰组成，其中有岩屑、晶屑、玻屑等细粒碎屑物质
	沉积碎屑岩		砾状结构（粒径＞2mm）	岩砾	角砾岩：由带棱角的胶粒经胶结而成 砾岩：由浑圆的砾石经胶结而成
			砂质结构（粒径 2～0.05mm）	砂岩	石英砂岩：石英（含量＞90％）、长石和岩屑（＜10％） 长石砂岩：石英（含量）、长石（＞25％）、岩屑（＜10％） 岩屑砂岩：石英（含量＜75％）、长石（＜10％）、岩屑（＞25％）
			粉砂结构（粒径 0.05～0.005mm）	粉砂岩	主要由石英、长石及黏土矿物组成
黏土岩类			泥质结构（粒径＜0.005mm）	泥岩	主要由黏土矿物组成
				页岩	黏土质页岩：由黏土矿物组成 碳质页岩：由黏土矿物及有机质组成
化学及生物化学岩类			结晶结构及生物结构	石灰岩	石灰岩：方解石（含量＞90％）、黏土矿物（＜10％） 泥灰岩：方解石（含量 75％～50％）、黏土矿物（25％～50％）
				白云岩	白云岩：白云石（含量 100％～90％）、方解石（＜10％） 灰质白云岩：白云石（含量 75％～50％）、方解石（25％～50％）

3. 变质岩的分类

各种岩浆岩和沉积岩，由于物理化学环境的改变，当其在高温、高压条件及其他化学因素作用下，就会改变后来的矿物成分和结构构造，形成新的岩石，称为变质岩。大多数变质岩具有片麻状、片状或片理。有的有变质矿物的产生，这是识别变质岩的特征。变质岩的分类见表 2-5。

表 2-5　　　　　　　　　　　　　　　变 质 岩 的 分 类

岩石类别	岩石名称	主要矿物成分	鉴 定 特 征
片状的岩石类	片麻岩	石英、长石、云母	片麻状构造，浅色长石带和深色云母带互相交错，结晶粒状或斑状结构
	云母片岩	云母、石英	具有薄片理，片理面上有强的丝绢光泽，石英凭肉眼常看不到
	绿泥石片岩	绿泥石	绿色，常为鳞片状或叶片状的绿泥石块
	滑石片岩	滑石	鳞片状或叶片状的滑石块，用指甲可刻画。有高度的滑感
	角闪石片岩	普通角闪石、石英	片理常常表现不明显，坚硬
	千枚岩、板岩	云母、石英等	具有片理，肉眼不易识别矿物，锤击有清脆声，并具有丝绢光泽，千枚岩表现得很明显
块状的岩石类	大理岩	方解石、少量白云石	结晶粒状结构，遇盐酸起泡
	石英岩	石英	致密的，细粒的块体，坚硬，硬度近7，波流光泽，断口贝壳状或次贝壳状

（二）岩石按坚硬程度的分类

岩石按坚硬程度的分类见表 2-6。

表 2-6　　　　　　　　　　　　　　岩石坚硬程度的分类

坚硬程度	坚硬岩	较硬岩	较软岩	软　岩	极软岩
饱和单轴抗压强度（MPa）	$f_r>60$	$60\geqslant f_r>30$	$30\geqslant f_r>15$	$15\geqslant f_r>5$	$f_r\leqslant 5$

注 1. 当无法取得饱和单轴抗压强度数据时，可用点荷载试验强度换算，换算方法按现行国家标准《工程岩体分级标准》（GB 50218）执行。

　　2. 当岩体完整程度为极破碎时，可不进行坚硬程度分类。

（三）岩石按风化程度分类

岩石风化程度的划分参见第一章第二节。

二、岩石的基本特征

（一）岩浆岩的特征

1. 岩浆岩的矿物成分

组成岩浆岩的矿物种类很多，其主要矿物有石英、正长石、斜长石、角闪石、橄榄石及黑云母等。

组成岩浆岩的矿物种类很多，其主要矿物有石英、正长石、斜长石、角闪石、辉石、橄榄石及黑云母等。前三种矿物中硅、铝含量高，颜色浅，称为浅色矿物（light-colored mineral），后四种矿物中铁、镁含量高，颜色深，称为暗色矿物（dark-colored mineral）。

岩浆岩的矿物成分，是岩浆化学成分的反映。岩浆的化学成分相当复杂，但含量高、对岩石的矿物成分影响最大的是二氧化硅（SiO_2）。

2. 岩浆岩的结构与构造

（1）岩浆岩的结构（texture of magmatite）。

岩浆岩的结构是指组成岩石的矿物的结晶程度、晶粒大小、形态及其他相互关系的特征。岩浆岩的结构特征是岩浆成分和岩浆冷凝环境的综合反映。

按结晶程度，岩浆岩的结构可分为：

全晶质结构（crystalline）：岩石全部由矿物晶体组成。它是在岩浆温、压降低缓慢，结晶充分条件下形成的。这种结构是侵入岩，尤其是深成侵入岩的结构。

非晶质结构（glassy）：又称为玻璃质结构。岩石全部由火山玻璃组成。它是在岩浆温、压快速下降时冷凝形成的。这种结构多见于酸性喷出岩，也可见于浅成侵入体边缘。

半晶质结构（subcrystalline）：岩石由矿物晶体和部分未结晶的玻璃质组成。多见于喷出岩和浅成岩边缘。

按矿物颗粒大小，岩浆岩的结构可分为：

等粒结构（equigranular）：岩石中矿物为全晶质，同种矿物颗粒大小相近。按粒径大小可分为肉眼（包括用放大镜）可识别出矿物颗粒的显晶质结构和需要显微镜才能识别矿物颗粒的隐晶质结构。显晶质结构又可根据矿物颗粒大小进一步分为粗粒结构（矿物的结晶颗粒粒径大于 5mm）、中粒结构（矿物的结晶颗粒粒径 5～2mm）、细粒结构（矿物的结晶颗粒粒径 2～0.2mm）和微粒结构（矿物的结晶颗粒粒径小于 0.2mm）。

不等粒结构（inequigranular）：岩石中同种矿物粒径大小悬殊。矿物颗粒可以从大到小连续变化，也可以明显地分成大小不同的两部分，其中晶形比较完好的粗大颗粒称为斑晶，小的结晶颗粒称为基质。如果基质为隐晶质或玻璃质，则称为斑状结构；如果基质为显晶质而斑晶与基质成分基本相同者，则称为似斑状结构。这是岩浆在地下深处温压较高，上升过程中温压缓慢降低，部分先结晶的矿物形成个体大的斑晶，随着岩浆上升到地壳浅部或喷出地表，未凝固的岩浆在温压降低较快的条件下迅速冷凝成隐晶质或玻璃质的基质。因而形成大小不等的两部分，即早期在地壳深处形成的斑晶和晚期在地壳浅处或地表形成的基质。斑状结构是浅成岩和喷出岩的重要特征之一。似斑状结构中的基质在地下较深处形成，一般为中粗粒矿物，主要出现于浅成岩和部分深成岩中。

（2）岩浆岩的构造（structure of magmatite）。

岩浆岩的构造是指岩石中不同矿物与其他组成部分的排列填充方式所表现出来的外貌特征。构造的特征，主要取决于岩浆冷凝时的环境。岩浆岩最常见的构造有：

块状构造（massive）：组成岩石的矿物颗粒无一定排列方向，而是均匀地分布在岩石中，不显层次，呈致密块状。这是侵入岩常见的构造。

流纹状构造（rhyotaxitic）：岩石中不同颜色的条纹和拉长的气孔等沿一定方向排列所形成的外貌特征。这种构造是喷出地表的熔浆在流动过程中冷却形成的。

气孔状构造（vesicular）：岩浆凝固时，挥发性的气体未能及时逸出，以致在岩石中留下许多圆形、椭圆形或长管形的孔洞。在玄武岩等喷出岩中常常可见到气孔构造。

杏仁状构造（amygdaloidal）：岩石中的气孔，为后期矿物（如方解石、石英等）充填所形成的一种形似杏仁的构造。如某些玄武岩和安山岩的构造。

结构和构造特征反映了岩浆岩的生成环境，因此，它是岩浆岩分类和鉴定的重要标志，也是研究岩浆作用方式的依据之一。

3. 常见的岩浆岩

（1）酸性岩类。

花岗岩：是深成侵入岩，多呈肉红、浅灰、灰白等色。矿物成分主要的为石英和正长石，其次有黑云母、角闪石和其他矿物。全晶质等粒结构、块状构造。根据所含深色矿物的不同，可进一步分为黑云母花岗岩、角闪石花岗岩等。花岗岩分布广泛，性质均匀固定，是良好的建筑石料。

花岗斑岩：是浅成侵入岩，成分与花岗岩成分相似，所不同的是具斑状结构，斑晶为长石或石英，石基多由细小的长石、石英及其他矿物组成。

流纹岩：是喷出岩，呈岩流状产出。常呈灰白、灰红、浅黄褐等色。矿物成分同花岗岩，具典型的流纹结构、隐晶质斑状结构，细小斑晶常由石英和长石组成。

（2）中性岩类。

正长岩：是深成侵入岩，多呈肉红色、浅灰或浅黄色。全晶质等粒结构，块状构造。主要矿物成分为正长石，其次为黑云母和角闪石，一般石英含量极少。其物理力学性质与花岗岩相似，但不如花岗岩坚硬，且易风化。

正长斑岩：是浅成侵入岩，一般呈棕灰色或浅红褐色，矿物成分同正长岩。与正长岩所不同的是具斑状结构，斑晶主要是正长石，石基比较致密。

粗面岩：是喷出岩，常呈浅灰、浅褐黄或淡红色。斑状结构。斑晶为正长石，石基多为隐晶质，具细小孔隙，表面粗糙。

闪长岩：是深成侵入岩，灰白、深灰至黑灰色，主要矿物为斜长石和角闪石，其次为黑云母和辉石，全晶质等粒结构、块状构造。闪长岩结构致密，强度高，且具有较高的韧性和抗风能力，是良好的建筑石料。

闪长玢岩：是浅成侵入岩。灰色或灰绿色矿物成分与闪长岩相同，具斑状结构，斑晶主要是斜长石，有时是角闪石，岩石中具有绿泥石、高岭石和方解石等次生矿物。

安山岩：是喷出岩。灰石、紫色或灰紫色斑状结构，斑晶常为斜长石，气孔状或杏仁状构造。

（3）基性岩类。

辉长岩：是深成侵入岩，灰黑至黑色。全晶质等粒结构，块状构造。主要矿物为斜长石和辉石，其次为橄榄石，角闪石和黑云母，辉石岩强度高，抗风化能力强。

辉绿岩：是浅成侵入岩，灰绿或黑绿色，具特殊的辉绿结构（辉石填于斜长石晶体格构），成分与辉长岩相似，但常含有方解石、绿泥石等次生物，强度也高。

玄武岩：是喷出岩，灰黑至黑色，成分与辉长岩相似。呈隐晶质或斑状结构，气孔或杏仁状结构。玄武岩致密坚硬，性脆，强度很高。

（二）沉积岩的特征

1. 沉积岩的物质成分

组成沉积岩的物质成分中常见的有：矿物、岩屑、化学沉淀物、有机质和胶结物。

矿物成分是指母岩风化后经搬运沉积下来的碎屑物质，如石英、长石、白云母等，以及由风化作用形成的黏土矿物；另一种是沉积过程中的新生矿物，如方解石、白云石、石膏、岩盐、铁和锰的氧化物或氢氧化物等，它们也是化学沉淀物。岩屑是母岩风化剥蚀搬运沉积下来的岩石碎屑。有机质包括动物物质和植物物质。有些岩石本身就是有机体或由有机体的碎屑组成，如煤、珊瑚礁、碎屑灰岩等。此外，还有其他方式生成的一些物质，如火山喷发产生的火山灰等。碎屑岩中的矿物碎屑或岩石碎屑由胶结物（cement）黏结起来，常见的胶结物成分有钙质（$CaCO_3$）、硅质（SiO_2）、铁质（FeO 或 Fe_2O_3）、泥质等。

2. 沉积岩的结构与构造

（1）沉积岩的结构。

沉积岩的结构一般分为碎屑结构、泥质结构、结晶结构及生物结构四种。

碎屑结构（clastic）：碎屑物质被胶结物胶结起来的一种结构，是沉积岩所特有的结构。按碎屑颗粒粒径的大小，可分为砾状结构（gravelly）——粒径大于 2mm，最大可达 0.5m，甚至更大；砂状结构（sandy）——粒径介于 2～0.05mm 之间；粉砂状结构（silty）——粒径介于 0.05～0.005mm 之间。

泥质结构（clayey）：是黏土矿物组成的结构，矿物颗粒粒径小于 0.005mm。是泥岩、页岩等黏土岩的主要结构。

结晶结构（crystalline）：是化学沉淀的结晶矿物组成的结构。又可分为结晶粒状结构和隐晶质致密结构。结晶结构是石灰岩、白云岩等化学岩的主要结构。

生物结构（organic）：由生物遗体或碎片所组成的结构，是生物化学岩所具有的结构。

（2）沉积岩的构造。

沉积岩的构造是指其组成部分的空间分布及其相互间的排列关系。沉积岩最主要的构造是层理构造和层面构造。它不仅反映了沉积岩的形成环境，而且是沉积岩区别于岩浆岩和某些变质岩的构造特征。

层理构造（stratification）：是先后沉积的物质在颗粒大小、形状、颜色和成分上的不同所显示出来的成层现象。层理是沉积岩成层的性质。层与层之间的界面，称为层面（bedding plane）。上下两个层面间成分基本均匀一致的岩石，称为岩层。它是层理最大的组成单位。一个岩层上下层面之间的垂直距离称为岩层的厚度。在短距离内岩层厚度的减小称为变薄；厚度变薄以至消失称为尖灭；两端尖灭就成为透镜体；大厚度岩层中所夹的薄层，称为夹层。沉积岩内岩层的变薄、尖灭和透镜体，可使其强度和透水性在不同的方向发生变化。软弱夹层，容易引起上覆岩层发生顺层滑动。

层面构造（feature of bedding surface）：在层面上有时还保留有沉积岩形成时的某些特征，如波痕、雨痕及泥裂等，称为层面构造。在沉积岩中还可看到许多化石，它们是经石化作用保存下来的动植物的遗骸或遗迹，如三叶虫、树叶等，常沿层面平行分布。根据化石可以推断岩石形成的地理环境和确定岩层的地质年代。

层理和层面的方向常常不一致，根据两者的关系，对层理形态进行分类：当层理与层面延长方向相互平行，称为平行层理；有时两者是斜交的，称为斜层理；若是多组不同方向的斜交层理相互交错，称为交错层理；有些岩层一端较厚，而另一端逐渐变薄以至消失，这种现象称为尖灭层；若在不大的距离内两端都尖灭而中间较厚则称为透镜体（图 2 - 2）。

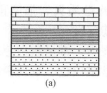 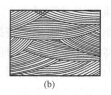 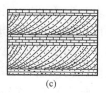 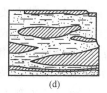

　　　　（a）　　　　　　　（b）　　　　　　　（c）　　　　　　　（d）

图 2 - 2　沉积岩的层理类型
（a）平行层理；（b）交错层理；（c）斜层理；（d）透镜体及尖灭层

沉积岩的层理构造、层面构造和化石，是沉积岩在构造上区别于岩浆岩的重要特征。

3. 常见的沉积岩

（1）碎屑岩类。

1）火山碎屑岩。

火山碎屑岩是由火山喷发的碎屑物质在地表经短距离搬运，或就地沉积而成。由于在成因上具有火山喷发与沉积的双重性，所以是介于喷发与沉积之间的过渡类型。

火山集块岩：主要由粒径大于100mm的粗火山碎屑物质组成，胶结物主要为火山灰或熔岩，有时为碳酸钙、二氧化碳或泥质。

火山角砾岩：火山碎屑占90%以上，粒径一般为2～100mm，多呈棱角状，常为火山灰或硅质胶结，颜色常呈暗灰色、蓝灰色或褐灰色。

凝灰岩：一般由小于2mm的火山灰及细碎屑组成，碎屑主要是晶屑、玻屑及岩屑。胶结物为火山灰等。凝灰岩孔隙性高、容量小、易风化。

2）沉积碎屑岩。

沉积碎屑岩又称为正常碎屑岩。是由先成岩石风化剥蚀的碎屑物质，经搬运、沉积、胶结而成的岩石。常见的有：

砾岩及角砾岩：砾状结构，由50%以上大于2mm的粗大碎屑胶结而成，黏土含量小于25%，由浑圆状砾石胶结而成的称为砾岩；由棱角状的角砾胶结而成的称为角砾岩。角砾岩的岩性成分比较单一。砾岩的岩性成分一般比较复杂，经常由多种岩石的碎屑和矿物颗粒组成，胶结物的成分有钙质、泥质、铁质及硅等。

砂岩：砂质结构，由50%以上粒径介于2～0.05mm的砂粒胶结而成，黏土含量小于25%。按砂粒的矿物组成，可分为石英砂岩、长石砂岩和岩屑砂岩。按砂粒粒径的大小，可分为粗粒砂岩、中粒砂岩和细粒砂岩。胶结物的成分对砂岩的物理力学性质有重要影响。根据胶结物的成分，又可将砂岩分为硅质砂岩、铁质砂岩、钙质砂岩和泥质砂岩几个种类。硅质砂岩的颜色浅、强度高、抵抗风化的能力强；泥质砂岩一般呈黄褐色，吸水性大、易软化，强度和稳定性差；铁质砂岩常呈紫红色或棕紫色；钙质砂岩呈白色或灰白色，强度和稳定性介于硅质与泥质砂岩之间。砂岩的分布很广，易于开采加工，是工程上广泛采用的建筑石料。

粉砂岩：粉砂质结构，常有清晰的水平层理。由50%以上粒径介于0.05～0.005mm的粉砂胶结而成。黏土含量小于25%。结构较疏松，强度和稳定性不高。

（2）黏土岩类。

页岩，是由黏土脱水胶结而成，以黏土矿物为主，大部分有明显的薄层理，呈页片状。可分为硅质页岩、黏土质页岩、砂质页岩、钙质页岩及碳质页岩。除硅质页岩强度稍高外，其余岩性软弱，易风化成碎片，强度低，与水作用易于软化而丧失稳定性。

泥岩，成分与页岩相似，常呈厚层状。以高岭石为主要成分的泥岩，常呈灰白色或黄白色、吸水性强，遇水后易软化。以微晶高岭石为主要成分的泥岩，常呈白色、玫瑰色或浅绿色。表面有滑感，可塑性小，吸水性高，吸水后体积急剧膨胀。

黏土岩夹于坚硬岩层之间，形成软弱夹层浸水后易于软化滑动。

（3）化学及生物化学岩类。

　　石灰岩，简称灰岩。矿物成分以方解石为主，其次含有少量的白云石和黏土矿物。常呈深灰、浅灰色，纯质灰岩呈白色。由纯化学作用生成的具有结晶结构，但晶粒极细，经结晶作用即可形成晶粒比较明显的结晶灰岩。而生物化学作用生成的灰岩，常含有丰富的有机物残骸。石灰岩中一般都含有白云石和黏土矿物，当黏土矿物含量达 25％～50％ 时，称为泥灰岩，白云石含量达 25％～50％ 称为白云质灰岩。石灰岩分布相当广泛，岩性均一，易于开采加工，是一种用途很广的建筑石料。

　　白云岩，主要矿物成分为白云石，也含有方解石和黏土矿物，结晶结构。纯质白云岩为白色，随所含杂质的不同，可出现不同的颜色。性质与石灰岩相似，但强度和稳定性比石灰岩高，是一种良好的建筑材料。

　　（三）变质岩的特征

　　变质岩（metamorphic rock）是岩浆岩、沉积岩甚至是变质岩在地壳中受到高温、高压及化学成分加入的影响，在固体状态下发生矿物成分及结构构造变化后形成的新的岩石。如大理岩是石灰岩变质而成的。各种岩石都可以形成变质岩。由岩浆岩形成的变质岩称为正变质岩，由沉积岩形成的变质岩称为副变质岩。它们不仅在矿物成分、结构、构造上具有变质过程中所产生的特征，而且还常保留着原来岩石的某些特征。

　　1. 变质岩的矿物成分

　　变质岩的物质成分十分复杂，它既有原岩成分，又有变质过程中新产生的成分。就变质岩的矿物成分而论可以分为两大类：一类是岩浆岩，也有沉积岩，如石英、长石、云母、角闪石、辉石、方解石、白云石等，它们大多是原岩残留下来，或者是在变质作用中形成的；另一类只能是在变质作用中产生而为变质岩所特有的变质矿物，如石榴子石、滑石、绿泥石、蛇纹石等。根据变质岩特有的变质矿物，可把变质岩与其他岩石区别开来。

　　2. 变质岩的结构与构造

　　（1）变质岩的结构。

　　变质岩的结构一般分为变晶结构和变余结构两大类。

　　变晶结构（crystalloblastic）：在变质过程中矿物重新结晶形成的结晶质结构。如粗粒变晶结构、斑状变晶结构等。

　　变余结构（palimpsest）：变质岩中残留的原岩结构，说明原岩变质较轻。如变余粒状结构、变余花岗结构等。

　　（2）变质岩的构造。

　　原岩经过变质作用后，其中矿物颗粒在排列方式上大多具有定向性，能够沿矿物排列方向劈开。变质岩的构造是识别变质岩的重要标志。常见的变质岩构造有：

　　板状构造（platy）：具这种构造的岩石中矿物颗粒很细小，肉眼不能分辨，但它们具有一组组平行破裂面，沿破裂面易于裂开成光滑平整的薄板。破裂面上可见由绢云母、绿泥石等微晶形成的微弱丝绢光泽。

　　千枚状构造（phyllitic）：具这种构造的岩石中矿物颗粒很细小，肉眼难以分辨。岩石中的鳞片状矿物呈定向排列，定向方向易于劈开成薄片，具丝绢光泽。断面参差不齐。

　　片状构造（schistose）：重结晶作用明显，片状、板状或柱状矿物定向排列，沿平行面（片理面）很容易剥开呈不规则的薄片，光泽很强。

　　片麻状构造（gneissic）：颗粒粗大，片理很不规则，粒状矿物呈条带状分布，少量片状、柱状矿物相间断续平行排列，沿片理面不易裂开。

块状构造（massive）：岩石中结晶的矿物无定向排列，也不能定向劈开。

3. 常见的变质岩

（1）片理状岩类。

片麻岩：具典型的片麻状构造，变晶或变余结构，易发生重结晶，一般晶类粗大，肉眼可以辨识。片麻岩可以由岩浆岩变质而成，也可以由沉积岩变质形成。主要矿物为石英和长石，其次有云母、角闪石、辉石等，此外还有时含有少许石榴子石等变质矿物。岩石颜色视底色矿物含量而定，石英、长石含量多时色浅，黑云母、角闪石等深色矿物含量多时色深。片麻岩进一步地分类和命名，主要根据矿物成分，如角闪石片麻岩，斜长石片麻岩等。片麻岩强度较高。如云母含量增多，强度相应降低。因具片理构造，故较易风化。

片岩：具片状构造，变晶结构。矿物成分主要是一些片状矿物，如云母、绿泥石、滑石等，此外尚含有少许石榴子石等变质矿物。进一步的分类和命名是根据矿物成分，如云母片岩、绿泥石片岩等。片岩的片理一般比较发育，片状矿物含量高，强度低，抗风化能力差，极易风化剥落，岩体也易沿片理倾向坍落。

千枚岩：多由黏土岩变质而成，矿物成分主要为石英、绢云母、绿泥石等。结晶程度比片岩差，晶粒极细，肉眼不能直接辨别，外表常呈黄绿、褐红、灰黑等色。由于含有较多的绢云母，片理面常有微弱的丝绢光泽。千枚岩的质地松软，强度低，抗风化能力差，容易风化剥落，沿片理倾向容易产生塌落。

板岩：具板状构造，变余结构，有时具变晶结构。多是页岩经浅变质而成。矿物颗粒细小，主要由绢云母、石英、绿泥石和黏土组成，常为深灰色至黑灰色。也有绿色及紫色。易裂开成薄板。打击时有清脆之声，可与页岩区别。能加工成各种尺寸的石板，板岩在水的作用下易于泥化。

（2）块状岩类。

大理岩：由石灰岩或白云岩经重结晶变质而成，等粒变晶结构，块状构造，主要矿物成分为方解石，遇稀盐酸强烈起泡，可与其他浅色岩石相区别。大理石常呈白色、浅红色、淡绿色、深绿色、深灰以及其他各种颜色。常因含有其他带色杂质而呈现出美丽的花纹。大理石强度中等，易于开采加工，色泽美丽，是一种很好的建筑装饰石料。

石英岩：结构和构造与大理岩相似。一般由纯的石英砂岩变质而成，常呈白色，因含杂质，可出现灰白色、灰色、黄褐色或浅紫红色。石英岩强度很高，抵抗风化能力很强，是良好的建筑石料，但硬度很高，开采加工相当困难。

三、岩石的肉眼鉴别

在野外鉴定岩浆岩时，首先应根据岩体的产状，判定是否是岩浆岩，以区别于沉积岩和变质岩。采集岩石标本鉴定时，可根据岩石颜色初步判定岩石的类型，识别主要的矿物组成并估计其含量，初步鉴定岩石的名称，进一步结合岩石的结构、构造特征，结合分析查表，最后定出岩石的具体名称。

鉴别沉积岩时，可以先从观察岩石的结构开始，结合岩石的其他特征，先将所属大类分开，然后再作进一步分析，确定岩石的名称。

鉴别变质岩时，可以先从观察岩石的构造开始。根据构造，首先将变质岩区分为片理构造和块状构造的两类。然后，可进一步根据片理特征和主要矿物成分，分析所属的亚类，确定岩石的名称。

三大类岩石的主要区别见表 2-7。

表 2-7 岩浆岩、沉积岩和变质岩的地质特征表

地质特征 \ 岩类	岩 浆 岩	沉 积 岩	变 质 岩
主要矿物成分	全部为从岩浆中析出原生矿物，成分复杂，但较稳定。浅色的矿物有石英、长石、白云母等；深色的矿物有黑云母、角闪石、辉石、橄榄石等	次生矿物占主要地位，成分单一，一般多不固定，常见的有石英、长石、白云母、方解石、白云石、高龄石等	除具有变质前原来岩石的矿物，如石英、长石、云母、角闪石、辉石、方解石、白云石、高龄石等外，尚有经变质作用产生的矿物，如石榴子石、滑石、绿泥石、蛇纹石等
结构	以结晶粒状、斑状结构为特征	以碎屑、泥质及生物碎屑结构为特征。部分为成分单一的结晶结构，但肉眼不易分辨	以变晶结构为特征
构造	具块状、流纹状、气孔状、杏仁状构造	具层理构造	多具片理构造
成因	直接由高温熔融的岩浆经岩浆作用而形成	主要由先成岩石的风化产物，经压密、胶结、重结晶等成岩作用而形成	由先成的岩浆岩、沉积岩和变质岩，经变质作用而形成

第三节 岩石的工程地质性质

岩石的工程地质包括物理性质和力学性质二个主要方面。就大多数的工程地质问题来看，岩石的工程地质性质主要决定于岩体内部裂隙系统的性质及其分布情况，但岩石本身的性质也起着重要的作用，这里主要介绍有关岩石工程地质性质的一些常用指标和影响岩石工程地质性质的一些主要因素。

一、岩石工程地质性质的常用指标

（一）岩石的物理性质

1. 岩石的密度与重力密度

岩石的密度（density），是指岩石单位体积的质量。它是具有严格物理意义的参数，单位为 g/cm^3 或 kg/m^3。根据岩石密度定义可知，它除与岩石矿物成分有关外，还与岩石孔隙发育程度及孔隙中含水情况密切相关。致密而孔隙很少的岩石，其密度与颗粒密度很接近，随着孔隙的增加，岩石的密度相应减小。常见岩石的密度为 $2.1 \sim 2.8 g/cm^3$。

岩石空隙中完全没有水存在时的密度，称为干密度。岩石中孔隙全部被水充满时的密度，称为岩石的饱和密度。

岩石的重力密度（gravity density），也叫重度，是指岩石单位体积的重量，在数值上等于岩石试件的总重量（包括空隙中的水重）与其总体积（包括空隙体积）之比，其单位为 kN/m^3。岩石空隙中完全没有水存在时的重度，称为干重度。岩石中的空隙全部被水充满时的重度，则称为岩石的饱和重度。

2. 岩石的比重

岩石的比重，是岩石固体（不包括孔隙）部分单位体积的重量。在数值上，等于岩石固

体颗粒的重量与同体积的水在 4℃时的重量的比值。

岩石比重大小，决定于组成岩石的矿物的比重及其在岩石中的相对含量。组成岩石的矿物的比重大、含量多，则岩石的比重就大。常见的岩石，其比重一般介于 2.4～3.3 之间。

3. 岩石的孔隙率（n）

岩石的孔隙率（或空孔隙度）（void content），是指岩石中空隙、裂隙的体积与岩石总体积之比值，常以百分数表示。

岩石孔隙率的大小，主要决定于岩石的结构和构造，同时也受风化或构造作用等因素的影响。一般坚硬的岩石孔隙率小于 2%～3%，但砾岩、砂岩等多孔岩石，则经常具有较大的孔隙率。

4. 岩石的吸水性

岩石的吸水性，反映岩石在一定条件下的吸水能力。一般用吸水率、饱和吸水率和饱水系数来表示。

岩石的吸水率（water-absorptivity），是指在常压下岩石的吸水能力，以该条件下岩石所吸水分质量与干燥岩石质量之比，用百分数表示。

岩石的吸水率，与岩石孔隙的大小、孔隙张开程度等因素有关。岩石的吸水率大，则水对岩石的侵蚀、软化作用就强，岩石强度和稳定性受水作用的影响也就显著。

岩石的饱水率（saturated water-absorptivity），是指在高压（15MPa）或真空条件下岩石的吸水能力，以该条件下岩石所吸水分质量与干燥岩石质量之比，用百分数表示。

岩石的饱水系数（saturation coefficient），是岩石的吸水率与饱和吸水率的比值。饱水系数愈大，岩石的抗冻性愈差。一般认为饱水系数小于 0.8 的岩石是抗冻的。

表征岩石吸水性的三个指标，与岩石孔隙率的大小、孔隙张开程度等因素有关。岩石的吸水率大，则水对岩石颗粒间胶结物的浸湿、软化作用就强，岩石强度受水作用的影响也就越显著。

（二）岩石的水理性质

岩石的水理性质，是指岩石与水作用时的性质，如透水性、溶解性、软化性、抗冻性等。

1. 岩石的透水性

岩石的透水性，是指岩石允许水通过的能力。岩石透水性的大小，主要取决于岩石中裂隙、孔隙及孔洞的大小和连通情况。

岩石的透水性用渗透系数（K）来表示。渗透系数等于水力坡降为 1 时，水在岩石中的渗透速度，其单位用 m/d 或 cm/s 表示。

2. 岩石的溶解性

岩石的溶解性，是指岩石溶解于水的性质，常用溶解度或溶解速度来表示。在自然界常见的可溶性岩石，有石膏、盐岩、石灰岩、白云岩及大理岩等。岩石的溶解性不但和岩石的化学成分有关，而且还和水的性质有很大的关系。淡水一般溶解能力较小，而富含 CO_2 的水，则具有较大的溶解能力。

3. 岩石的软化性

岩石的软化性（softening），是指岩石在水的作用下，强度及稳定性降低的一种性质。岩石的软化性主要决定于岩石的矿物成分、结构和构造特征。黏土矿物含量高、孔隙率大、吸水率高的岩石，与水作用容易软化而丧失其强度和稳定性。

岩石软化性的指标是软化系数（softening coefficient）。它等于岩石在饱水状态下的极限抗压强度与岩石在风干状态下极限抗压强度的比值。其值越小，表示岩石在水作用下的强度和稳定性越差。未受风化作用的岩浆岩和某些变质岩，软化系数大都接近于 1，是弱软化的岩石，其抗水、抗风化和抗冷性强；软化系数小于 0.75 的岩石，认为是强软化的岩石，工程性质比较差。

4. 岩石的抗冻性

岩石孔隙中有水存在时，水一结冰，体积膨胀，就产生巨大的压力，由于这种压力的作用，会促使岩石的强度和稳定性破坏。岩石抵抗这种冰冻作用的能力，称为岩石的抗冻性。在冰冻地区，抗冻性是评价岩石工程性质的一个重要指标。

岩石的抗冻性，有不同的表示方法，一般用岩石在抗冻试验前后抗压强度的降低率表示。抗压强度降低率小于 20%～25% 的岩石，认为是抗冻的；大于 25% 的岩石，认为是非抗冻的。另外，利用岩石吸水率、饱水系数等指标也可间接评价岩石的抗冻性。

常见岩石的物理性质和水理性质指标，见表 2-8。

表 2-8　　　　　　　　　　常见岩石的物理性质和水理性质指标

岩石名称	比　重	天然重度		孔隙度（%）	吸水率（%）	软化系数
		kN/m³	g/cm³			
花岗岩	2.50～2.84	22.56～27.47	2.30～2.80	0.04～2.80	0.10～0.70	0.75～0.97
闪长岩	2.60～3.10	24.72～29.04	2.52～2.96	0.25 左右	0.30～0.38	0.60～0.84
辉长岩	2.70～3.20	25.02～29.23	2.55～2.98	0.28～1.13		0.44～0.90
辉绿岩	2.60～3.10	24.82～29.14	2.53～2.97	0.29～1.13	0.80～5.00	0.44～0.90
玄武岩	2.60～3.30	24.92～30.41	2.54～3.10	1.28 左右	0.30 左右	0.71～0.92
砂　岩	2.50～2.75	21.58～26.49	2.20～2.70	1.60～28.30	0.20～7.00	0.44～0.97
页　岩	2.57～2.77	22.56～25.70	2.30～2.62	0.40～10.00	0.51～1.44	0.24～0.55
泥灰岩	2.70～2.75	24.04～26.00	2.45～2.65	1.00～30.00	1.00～3.00	0.44～0.54
石灰岩	2.48～2.76	22.56～26.49	2.30～2.70	0.53～27.00	0.10～4.45	0.58～0.94
片麻岩	2.63～3.01	25.51～29.43	2.60～3.00	0.30～2.40	0.10～3.20	0.91～0.97
片　岩	2.75～3.02	26.39～28.65	2.69～2.92	0.02～1.85	0.10～0.20	0.49～0.80
板　岩	2.84～2.86	26.49～27.27	2.70～2.78	0.45 左右	0.10～0.30	0.52～0.82
大理岩	2.70～2.87	25.80～26.98	2.63～2.75	0.10～6.00	0.10～0.80	
石英岩	2.63～2.84	25.51～27.47	2.60～2.80	0.00～8.70	0.10～1.45	0.96

（三）岩石的力学性质

岩石在外力作用下所表现出来的性质称为岩石的力学性质，它包括岩石的变形和强度特性。研究岩石的力学性质主要是研究岩石的变形特性、岩石的破坏方式和岩石的强度大小。

1. 岩石的变形特性

岩石在外力作用下产生变形，且其变形性质分为弹性和塑性两种，图 2-3 是岩石典型

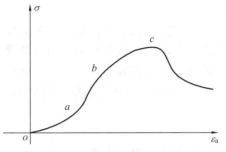

图 2-3　岩石典型的完整的应力—应变曲线

的完整的应力—应变曲线。根据曲率的变化，可将岩石变形过程划分为四个阶段：

（1）微裂隙压密阶段（图 2-3 中的 oa 段）。

岩石中原有的微裂隙在荷重作用下逐渐被压密，曲线呈上凹形，曲线斜率随应力增大而逐渐增加，表示微裂隙的变化开始较快，随后逐渐减慢。a 点对应的应力称为压密极限强度。对于微裂隙发育的岩石，本阶段比较明显，但致密坚硬的岩石很难划出这个阶段。

（2）弹性变形阶段（图 2-3 中的 ab 段）。

岩石中的微裂隙进一步闭合，孔隙被压缩，原有裂隙基本上没有新的发展，也没有产生新的裂隙，应力与应变基本上成正比关系，曲线近于直线，岩石变形以弹性为主。b 点对应的应力称为弹性极限强度。

（3）裂隙发展和破坏阶段（图 2-3 中的 bc 段）。

当应力超过弹性极限强度后，岩石中产生新的裂隙，同时已有裂隙也有新的发展，应变的增加速率超过应力的增加速率，应力—应变曲线的斜率逐渐降低，并呈曲线关系，体积变形由压缩转变为膨胀。应力增加，裂隙进一步扩展，岩石局部破损，且破损范围逐渐扩大形成贯通的破裂面，导致岩石"破坏"。c 点对应的应力达到最大值，称为峰值强度或单轴极限抗压强度。

（4）峰值后阶段（图 2-3 中 c 点以后）。

岩石破坏后，经过较大的变形，应力下降到一定程度开始保持常数，d 点对应的应力称为残余强度。

由于大多数岩石的变形具有不同程度的弹性性质，且工程实践中建筑物所能作用于岩石的压应力远远低于单轴极限抗压强度。因此，可在一定程度上将岩石看作准弹性体，用弹性参数表征其变形特征。

岩石的变形性能一般用弹性模量和泊松比两个指标表示。

弹性模量是在单轴压缩条件下，轴向压应力和轴向应变之比。国际制以"帕斯卡"为单位，用符号 Pa 表示（$1Pa=1N/m^2$）。岩石的弹性模量越大，变形越小，说明岩石抵抗变形的能力越高。

岩石在轴向压力作用下，除产生轴向压缩外，还会产生横向膨胀。这种横向应变与轴向应变的比，称为岩石的泊松比。泊松比越大，表示岩石受力作用后的横向变形越大。岩石的泊松比一般为 0.2～0.4。

严格来讲，岩石并不是理想的弹性体，因而表达岩石变形特性的物理量也不是一个常数。通常所提供的弹性模量和泊松比的数值，只是在一定条件下的平均值。

2. 岩石的强度

岩石抵抗外力破坏的能力，称为岩石的强度（strength）。岩石的强度单位用 Pa 表示岩石的强度和应变形式有很大关系。岩石受力作用破坏，有压碎、拉断和剪断等形式，所以其强度可分为抗压强度、抗拉强度和抗剪强度等。

岩石的抗压强度（compressive strength）：岩石在单向压力作用下抵抗压碎破坏的能力。

在数值上等于岩石受压达到破坏时的极限应力（即单轴极限抗压强度）。岩石的抗压强度是在单向压力无侧向约束的条件下测得的。常见岩石的抗压强度值见表 2-9。

表 2-9　　　　　　　　　　　　　　主要岩石的抗压强度值

岩 石 名 称	抗压强度（MPa）
胶结不好的砾岩；页岩；石膏	<20
中等强度的石灰岩、凝灰岩；中等强度的页岩；软而有微裂隙的石灰岩；贝壳石灰岩	20～40
钙质胶结的砾岩；微裂隙发育的泥质砂岩；坚硬页岩；坚硬泥灰岩	40～60
硬石膏；泥灰质灰岩；云母及砂质页岩；泥质砂岩；角砾状花岗岩	60～80
微裂隙发育的花岗岩、片麻岩正长岩；致密石灰岩、砂岩、钙质页岩	80～100
白云岩；坚固石灰岩；大理岩；钙质砂岩；坚固硅质页岩	100～120
粗粒花岗岩；非常坚硬的白云岩；钙质胶结的砾岩；硅质胶结的砾岩；粗粒正长岩	120～140
微风化安山岩；玄武岩；片麻岩；非常致密的石灰岩；硅质胶结的砾岩	140～160
中粒花岗岩；坚固的片麻岩；辉绿岩；玢岩；中粒辉长岩	160～180
致密细粒花岗岩；花岗片麻岩；闪长岩；硅质灰岩；坚固玢岩	180～200
安山岩；玄武岩；硅质胶结砾岩；辉绿岩和闪长岩；坚固辉长岩和石英岩	200～250
橄榄玄武岩；辉绿辉长岩；坚固石英岩和玢岩	>250

抗拉强度（tensile strength）：是岩石在单向受拉条件下拉断时的极限应力值。岩石的抗拉强度远小于抗压强度。常见岩石的抗拉强度值见表 2-10。

表 2-10　　　　　　　　　　　　常见岩石的抗拉强度值

岩 石 类 型	抗拉强度（MPa）	岩 石 类 型	抗拉强度（MPa）
花岗岩	4～10	大理岩	4～6
辉绿岩	8～12	石灰岩	3～5
玄武岩	7～8	粗砂岩	4～5
流纹岩	4～7	细砂岩	8～12
石英岩	7～9	页岩	2～4

岩石的抗剪强度（shear strength）：指岩石抵抗剪切破坏的能力。在数值上等于岩石受剪破坏时剪切面上的极限剪应力。试验表明，岩石的抗剪强度随剪切面上压应力的增加而增加，其关系可以概括为直线方程：$\tau = \sigma\tan\Phi + c$，其中 τ 为剪应力、σ 为剪切面上的压应力、Φ 为岩石的内摩擦角、c 为岩石的内聚力。很显然，内聚力 c 和内摩擦角 Φ 是岩石的两个最重要的抗剪强度指标。常见岩石的内聚力和内摩擦角值见表 2-11。

表 2-11　　　　　　　　　　常见岩石内摩擦角和内聚力的范围值

岩石名称	内摩擦角 Φ（°）	内摩擦系数 $\tan\Phi$	内聚力 c（MPa）
花岗岩	45～60	1.0～1.73	10～50
流纹岩	45～60	1.0～1.73	15～50
闪长岩	45～55	1.0～1.43	15～50
安山岩	40～50	0.84～1.19	15～40
辉长岩	45～55	1.0～1.43	15～50

续表

岩石名称	内摩擦角 Φ（°）	内摩擦系数 $\tan\Phi$	内聚力 c（MPa）
辉绿岩	45～60	1.0～1.73	20～60
玄武岩	45～55	1.0～1.43	20～60
砂　岩	35～50	0.7～1.19	4～40
页　岩	20～35	0.36～0.70	2～30
石灰岩	35～50	0.70～1.19	4～40
片麻岩	35～55	0.70～1.43	8～40
石英岩	50～60	1.19～1.73	20～60
大理岩	35～50	0.70～1.19	10～30
板　岩	35～50	0.70～1.19	2～20
片　岩	30～50	0.58～1.19	2～20

在岩石强度的几个指标中，岩石的抗压强度最高，抗剪强度居中，抗拉强度最小。抗剪强度为抗压强度的 10%～40%；抗拉强度仅是抗压强度的 2%～16%。岩石越坚硬，其值相差越大，软弱的岩石差别较小。由于岩石的抗拉强度很小，所以当岩层受到挤压形成褶皱时，常在弯曲变形较大的部位受拉破坏，产生张性裂隙。

二、影响岩石工程地质的主要因素

从以上介绍中可以看出，影响岩石工程地质的因素是多方面的，但归纳起来，主要有两个方面：一是岩石的地质特征，如岩石的矿物成分、结构、构造及成因等；另一个是岩石形成后所受外部因素的影响，如水的作用及风化作用等。现以实例说明影响岩石工程地质性质的主要因素。

（一）矿物成分

岩石是由矿物组成的，岩石的矿物成分对岩石的物理力学性质产生直接的影响，这是容易理解的。例如辉长岩的比重比花岗岩大，这是因为辉长岩的主要成分辉石和角闪石的比重比石英和正长石大的缘故。又如石英岩的抗压强度比大理岩要高得多，这是因为石英的强度比方解石高的缘故。两例说明，尽管岩类相同，结构和构造也相同，如果矿物成分不同，岩石的物理力学性质会有明显的差别。但也不能简单地认为，含有高强度矿物的岩石，其强度一定就高。因为岩石受力作用后，内部应力是通过矿物颗粒的直接接触来传递的，如果强度较高的矿物在岩石中互不接触，则应力的传递必然会受中间低强度矿物的影响，岩石不一定就能显示出高的强度。

从工程要求来看，大多数岩石的强度相对来说都是比较高的。所以，在对岩石的工程地质性质进行分析和评价时，更应该注意那些可能降低岩石强度的因素，如花岗岩中的黑云母含量是否过高，石灰岩、砂岩中黏土类矿物的含量是否过高等。因为黑云母是硅酸盐类矿物中硬度低、解理最发育的矿物之一，它容易遭受风化而剥落，也易于发生次生变化，最后成为强度较低的铁的氧化物和黏土类矿物。石灰岩和砂岩，当黏土类矿物的含量大于 20% 时，就会直接降低岩石的强度和稳定性。

（二）结构

岩石的结构特征，是影响岩石物理力学性质的一个重要因素。根据岩石的结构特征，可将岩石分为两类：一类是结晶联结的岩石，如大部分的岩浆岩、变质岩和一部分沉积岩；另一类是由胶结物联结的岩石，如沉积岩中的碎屑岩等。

1. 结晶联结的岩石

结晶联结是由岩浆或溶液结晶或重结晶形成的。矿物的结晶颗粒靠直接接触产生的力牢固地联结在一起，结合力强，孔隙度小，结构致密，容重大，吸水率变化范围小，比胶结联结的岩石具有较高的强度和稳定性。

结晶联结的岩石，结晶颗粒的大小对岩石的强度有明显影响。如粗粒花岗岩的抗压强度，一般在 118~137MPa 之间，而细粒花岗岩有的则可达 196~245MPa。又如大理岩的抗压强度一般在 79~118MPa 之间，而坚固的石灰岩则可达 196MPa 左右，有的甚至可达 255MPa。这充分说明，矿物成分和结构类型相同的岩石，矿物结晶颗粒的大小对强度的影响是显著的。

2. 胶结物联结的岩石

胶结联结是矿物碎屑由胶结物联结在一起的。胶结联结的岩石，其强度和稳定性主要决定于胶结物的成分和胶结的形式，同时也受碎屑成分的影响，变化很大。

就胶结物的成分来说，硅质胶结的强度和稳定性高，泥质胶结的强度和稳定性低，铁质和钙质胶结的介于两者之间。如泥质胶结的砂岩，其抗压强度一般只有 59~79MPa，钙质胶结的可达 118MPa，而硅质胶结的则可高达 137MPa，高的甚至可达 206MPa。

胶结联结的形式，有基底胶结、孔隙胶结和接触胶结三种（图 2-4）。肉眼不易分辨，但对岩石的强度有重要影响。基底胶结的碎屑物质散布于胶结物中，碎屑颗粒互不接触。所以基底胶结的岩石孔隙度小，强度和稳定

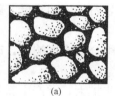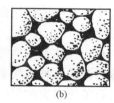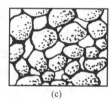

(a)　　　　　　(b)　　　　　　(c)

图 2-4　胶结联结的三种形式
（a）基底胶结；（b）孔隙胶结；（c）接触胶结

性完全取决于胶结物的成分。当胶结物和碎屑的成分相同时（如硅质），经重结晶作用可以转化为结晶联结，强度和稳定性将会随之提高。孔隙胶结的碎屑颗粒互相间直接接触，胶结物充填于碎屑间的孔隙中，所以其强度与碎屑和胶结物的成分都有关系。接触胶结则仅在碎屑的相互接触处有胶结物联结，所以接触胶结的岩石，一般都是孔隙度大、容量小、吸水率高、强度低，易透水。如果胶结物为泥质，与水作用则容易软化而丧失岩石的强度和稳定性。

（三）构造

构造对岩石物理力学性质的影响，主要是由矿物成分在岩石分布的不均匀性和岩石结构的不连续性所决定的。

1. 岩石分布的不均匀性对其物理力学性质的影响

岩石分布的不均匀性，是指某些岩石所具有的片状构造、板状构造、千枚状构造、片麻构造以及流纹构造等。岩石的这些构造，往往使矿物成分在岩石中的分布极不均匀。一些强度低、易风化的矿物，多沿一定方向富集，或呈条带状分布，或成局部的聚集体，从而使岩石的物理力学性质在局部发生很大变化。观察和实验证明，岩石受力破坏和岩石遭受风化，首先都是从岩石的这些缺陷中开始发生的。

2. 岩石结构的不连续性对其物理力学性质的影响

岩石结构的不连续性，是指不同的矿物成分虽然在岩石中的分布是均匀的，但由于存在着层理、裂隙和各种成因的孔隙，致使岩石结构的连续性与整体性受到一定程度的影响，从而使岩石的强度和透水性在不同的方向上发生明显的差异。一般来说，垂直层面的抗压强度大于平行层面的抗压强度，平行层面的透水性大于垂直层面的透水性。假如上述两种情况同时存在，则岩石的强度和稳定性将会明显降低。

（四）水

岩石饱水后强度降低，已为大量的实验资料所证实。当岩石受到水的作用时，水就沿着岩石中可见和不可见的孔隙、裂隙侵入，浸湿岩石自由表面上的矿物颗粒，并继续沿着矿物颗粒间的接触面向深部浸入，削弱矿物颗粒间的联结。使岩石的强度受到影响。如石灰岩和砂岩被水饱和后，其极限抗压强度会降低 $25\%\sim45\%$。就是像花岗岩、闪长岩及石英岩等一类的岩石，被水饱和后，其强度也均有一定程度的降低。降低程度在很大程度上取决于岩石的孔隙度。当其他条件相同时，孔隙度大的岩石，被水饱和后其强度降低的幅度也大。

和上述的几种影响因素比较起来，水对岩石强度的影响，在一定程度上是可逆的，当岩石干燥后其强度仍然可以得到恢复。但是，如果伴随干湿变化，出现化学溶解、结晶膨胀等作用，使岩石的结构状态发生改变，则岩石强度的降低，就转化成为不可逆的过程。

（五）风化

风化是在温度、水、气体及生物等综合因素影响下，改变岩石的状态、性质的物理化学过程。它是自然界最普遍的一种地质现象。

风化作用促使岩石的原有裂隙进一步扩大，并产生新的风化裂隙，使岩石矿物颗粒间的联结松散和使矿物颗粒沿节理面崩解。风化作用的这种物理过程，能促使岩石的结构、构造和整体性遭到破坏，孔隙度增大，容重减小，吸水性和透水性显著增高，强度和稳定性大为降低。随着化学过程的加强，则会引起岩石中的某些矿物发生次生变化，从根本上改变岩石原有的工程地质性质。

第四节　岩体的结构类型及其工程地质评价

岩体（rock mass），是工程影响范围内的地质体，是指某一地点一种或多种岩石中的各种结构面、结构体的总体。

从工程地质观点考虑，结构面是岩体的重要组成部分。它的工程地质性质与其分割的岩石块体显著不同，一般远远低于后者。因此，岩体中结构面的存在和它的性质，对于岩体的工程地质性质影响极大。此外，由于结构面的存在，还赋予岩体明显的非均质性和各向异性。在各类岩石中，除少数胶结程度很差的沉积碎屑岩外，大多数岩体的透水能力都决定于岩体裂隙的发育程度、开启程度和充填程度。结构面对于岩体工程地质性质的影响更为突出的是，不仅在结构面发育程度、开启程度和充填程度不同的各个部位上工程地质性质不同，甚至在同一部位上，随水的渗透方向和作用力方向与结构面方向间夹角的大小不同，工程地质性质也会出现明显的差异。这些特点，在土体中是不明显的。

随着生产力的发展，大规模开发地下矿藏。铁路向山区延伸、在丛山峡谷中修建巨型水工建筑物等等，都需要工程技术人员和工程地质工作者对岩体的工程地质性质进行广泛而深入的研究。

一、岩体的结构面

分割岩体的任何地质界面，统称为结构面，也称不连续面（discontinuity）。它们是使岩体工程地质性质显著下降的重要结构因素。

岩体的结构面，是在岩体形成的过程中或生成以后漫长的地质历史时期中产生的。根据其成因，可以将岩体的结构面划分为表 2-12 中所示的基本类型。

表 2-12　　　　　　　　　　　　　　结构面的基本类型

成因类型	原 生 结 构 面			次 生 结 构 面		
	沉积结构面	火成结构面	变质结构面	内动力地质作用形成的结构面	外动力地质作用形成的结构面	综合成因的结构面
主要地质类型	1. 层理、层面 2. 沉积间断面 3. 沉积软弱夹层	1. 侵入体与围岩的接触面 2. 火山熔岩的层面 3. 冷凝裂隙	1. 变余结构 2. 结晶片理	1. 断层 2. 构造裂隙 3. 劈理 4. 层间滑动面	1. 风化结构面 2. 卸荷裂隙 3. 人工爆破裂隙 4. 次生充填软弱夹层	泥化软弱夹层

上表对结构面的划分清晰明了。这里需要特别指出的是，由于次生结构面中综合作用形成的泥化软弱夹层在工程地质实践中具有重要意义，有必要在下面作专门的阐述。

软弱夹层，是指岩体中，在岩性上比上、下岩层显著较弱而且单层厚度也比上下岩层明显较小的岩层。在某些情况下，软弱夹层在整个厚度上或者在它同上、下较强岩层接触部分上，联结时常遭受比较明显的破坏而成为黏性土，当在地下水作用下含水量达到塑限以上时，夹层泥化，即成为泥化软弱夹层，也简称为泥化夹层。泥化夹层的存在，就使得在一个大部分由强度很高的岩石组成的岩体中出现了工程地质性质低于软泥的部位。这些部位时常会在一些水利水电工程中引起一种极为严重的工程地质问题——坝基滑移问题。因此，可以看出，对这种结构面的研究，具有非常重大的实际意义。

软弱夹层的成因是多种多样的。实际上，表 2-12 中各种成因的结构面中都包含这种类型。其中大多数的生成原因比较单纯，这里不再详述。下面只对沉积岩中成因比较复杂、工程地质性质最劣的泥化软弱夹层做简略的阐述。

大部分泥化软弱夹层是由原生沉积软弱夹层发展变化而成的，产状与原来夹层完全一致。泥化厚度由 1mm 至 5cm。当原夹层较薄时则全部泥化，如果原夹层厚度较大，则往往靠近上、下层面的部分泥化而中部仍保持原来的状态。尽管泥化夹层有时很薄（≤1mm），但当沿层面承受剪应力时，它却能够起重要的润滑剂作用。在沿层面的方向上，除原夹层本身分布就不连续而泥化夹层必然也因之断续分布以外，即使原夹层延续很广，但有时泥化未必连续，此时，夹层即呈泥化与未泥化相间存在。泥化夹层在空间分布上的这种复杂性，造成了实际工作中探寻它们分布规律的困难。

在垂直层面的方向上，靠近泥化带但尚未泥化的原夹层中，有时也包括其上、下坚硬岩层，破裂面比较发达，并时常具有分带规律，即靠近泥化带的部分劈理密集（劈理，英文名称 cleavage，是一种将岩石按一定方向分割成平行密集的薄片或薄板的次生面状构造，是岩石在外力作用下发生塑性变形或构造变形的结果），劈理带外面则裂隙交错。有时在泥化夹层内部也可出现密集的破劈理以及揉皱现象。在泥化夹层的层面上常出现磨光面，有时存在擦痕。这说明层间发生过构造错动。

泥化夹层的黏粒组（粒径小于 0.005mm 的颗粒）绝大多数大于 30%，最高可达 70% 以上。天然含水量一般介于塑限和液限之间，在天然条件下处于可塑状态。

在上述泥化夹层的几个基本特点中可以看出：泥化夹层是在原生结构面的基础上由内、外动力综合作用形成的一种次生结构面。

二、结构面的特征

在工程地质实践中，对岩体结构面特征的研究是十分重要的。结构面的规模、形态、连通性、充填物的性质以及密集程度均对结构面的物理力学性质有很大影响。

国际岩石力学学会实验室和野外试验标准化委员会推荐了结构面研究的内容，它包括结构面的方位、间距、延续性、粗糙程度、结构面侧壁的抗压强度、张开度、被填充情况、渗流、组数和块体大小等 10 个方面。

1. 方位（orientation）

方位即结构面的空间位置，用倾向和倾角表示。其中应特别注意对结构面方位与工程构筑物方位间关系的研究。它往往对岩体稳定性和构筑物的安全起重要作用。

2. 间距（spacing）

间距一般指的是沿所选择的某一测线上相邻结构面间的距离。结构面间距是反映岩体完整程度和岩石块体大小的重要指标。根据所测得的结构面的平均间距，可将岩体按表 2 - 13 进行描述。

3. 延续性（persistence）

延续性是指结构面的展布的范围和大小。结构面的绝对延续性固然是有意义的，但结构面与整个岩体或工程构筑物范围的相对大小则更重要。根据在露头中对结构面可追索的长度，可将结构面的延续性作表 2 - 14 中的描述。

表 2 - 13　　　　结构面间距的描述

描　述	间距（cm）	描　述	间距（cm）
极窄的	<2	宽的	60～200
很窄的	2～6	很宽的	200～600
窄的	6～20	极宽的	>600
中等的	20～60		

4. 结构面的粗糙程度（roughness）

结构面的粗糙程度，它是决定结构面力学性质的重要因素，但是其重要程度随充填物厚度的增加而降低。

在研究结构面的粗糙程度时，首先应考虑其起伏形态，一般可将其归纳为

表 2 - 14　　　　结构面延续性的描述

描　述	延续长度（m）	描　述	延续长度（m）
延续很差的	<1	延续好的	10～30
延续差的	1～3	延续很好的	>30
中等延续的	3～10		

3 种典型剖面，即阶坎状的、波状的和平直的。在每种形态中，将其粗糙程度分为 3 等——粗糙的、平滑的和光滑的。这样，即可将结构面粗糙程度分为 9 种类型。

5. 结构面侧壁的抗压强度

结构面侧壁的抗压强度，结构面侧壁容易遭受风化，且风化程度在垂直于侧壁的方向上变化很大。因此，有必要研究结构面的强度特征。

6. 张开度（aperture）

张开度指结构面两壁间的垂直距离。结构面的张开度通常不大，一般小于 1mm。根据表 2 - 15 中列出的张开度界限值可以描述结构面的这一特征。

7. 被充填情况（filing situation）

结构面时常被外来物质所充填而形成次生充填软弱夹层。在研究结构面的充填情况时，应考虑充填程度与方式、充填物的成分与结构、充填物的厚度等三个方面的内容。

8. 渗流（seepage flow）

结构面是地下水运移的主要通道。研究结构面中是否存在渗流以及渗流量，对于评价结构面的力学性质和对岩体中的有效应力的改变以及预测岩体稳定性和施工的困难性等方面，都是有意义的。

表 2 - 15	结构面的张开度	
描　述		张开度（mm）
闭合的	很紧密的	<0.1
	紧密的	0.1～0.25
	不紧密的	0.25～0.5
裂开的	窄的	0.5～2.5
	中等宽度的	2.5～10
张开的	宽的　很宽的	10～100
	极宽的	100～1000
	洞穴式的	>1000

9. 结构面组数（set）

在研究结构面时，把方位相近的结构面归为一组。结构面组数的多少是决定被切割的岩石块体形状的主要因素，它与间距一起决定了岩石块体的大小和整个岩体的结构类型。

10. 块体大小（size）

在岩体结构的研究中，也将岩体中被结构面切割而成的岩石块体称为结构体。严格地说，它不属于结构面的特征，而是结构面的特点所决定的岩体的特征之一。建议采用体积裂隙数（volumetric joint count）表示块体大小（表 2 - 16）。体积裂隙数是指单位体积岩体中通过的结构面的数量。

表 2 - 16		岩 石 块 体 大 小	
描　述	体积裂隙数（$n \cdot m^{-3}$）	描　述	体积裂隙数（$n \cdot m^{-3}$）
很大的块体	<1	小块体	10～30
大块体	1～3	很小的块体	>30
中等块体	3～10		

三、岩体结构类型

岩体结构，是指岩体中结构面与结构体的组合方式。结构面的切割，破坏了岩石的完整性，使岩石成为岩石块体的组合体。这些岩石块体即所谓结构体。由于结构面的类型、密集程度和相互组合形式的不同，结构体即具有不同的大小和形状。结构体的形状一般都很不规则，但可归纳为六种基本形状，即块状、柱状、菱状、楔状、锥状和板状。

正是由于类型、方位、延续程度、密集程度和组合形式各不相同的结构面及其所切割成的不同大小和形状的结构体，才赋予了岩体各种不同的结构特征。显然，具有不同结构的岩体必然具有不同的工程地质性质。岩体结构可以划分为四个基本类型，即整体块状结构、层状结构、碎裂结构、散状结构。基本特征见表 2 - 17。

表 2 - 17   岩体结构的基本类型

岩体结构类型		地 质 背 景	结构面特征	结构体特征
类	亚类			
整体块状结构	整体结构	岩性单一，构造变形轻微的巨厚层沉积岩、变质岩和火成熔岩，巨大的侵入体	结构面少，一般不超过3组，延续性差，多呈闭合状态，一般无充填物或含少量碎屑	巨型块状
	块状结构	岩性单一，受轻微构造作用的厚层沉积岩、变质岩和火成岩侵入体	结构面一般为2～3组，裂隙延续性差，多呈闭合状态。层间有一定的结合力	块状、菱形块状
层状结构	层状结构	受构造破坏轻活较轻的中厚层状岩体（单层厚大于30cm）	结构面2～3组，以层面为主，有时有层间错动面和软弱夹层，延续性较好，层面结合力较差	块状、柱状、厚板状
	薄层状结构	单层厚小于30cm，在构造作用下发生强烈褶皱和层间错动	层面、层理发达，原生软弱夹层、层间错动和小断层不时出现。结构面多为泥膜、碎屑和泥质充填物	板状、薄板状
碎裂结构	镶嵌结构	一般发育于脆硬岩体中，结构面组数较多，密度较大	以规模不大的结构面为主，但结构面组数多、密度大、延续性差，闭合无充填或充填少量碎屑	形态不规则，但棱角显著
	层状碎裂结构	受构造裂隙切割的层状岩体	以层面、软弱夹层、层间错动带等为主，构造裂隙较发达	以碎块状、板状、短柱状为主
	碎裂结构	岩性复杂，构造破碎较强烈；弱风化带	延续性差的结构面，密度大，相互交切	碎屑和大小不等的岩块，形态多样，不规则
散状结构		构造破碎带，强烈风化带	裂隙和劈理很发达，无规则	岩屑、碎片、岩块、岩粉

四、岩体的工程地质特性

岩体的工程地质性质首先取决于岩体结构类型与特征，其次才是组成岩体的岩石的性质（或结构体本身的性质）。譬如，散体结构的花岗岩岩体的工程地质性质往往要比层状结构的页岩岩体的工程地质性质要差。因此，在分析岩体的工程地质性质时，必须首先分析岩体的结构特征及其相应的工程地质性质，其次再分析组成岩体的岩石的工程地质性质，有条件时配合必要的室内和现场岩体（或岩块）的物理力学性质试验，加以综合分析，才能确切地把握和认识岩体的工程地质性质。

下面简述不同结构类型岩体的工程地质性质：

1. 整体块状结构岩体的工程地质性质

整体块状结构岩体因结构面稀疏、延续性差、结构体块度大且常为硬质岩石，故整体强度高、变形特征接近于各向同性的均质弹性体，变形模量、承载能力与抗滑能力均较高，抗风化能力一般也较强，所以这类岩体具有良好的工程地质性质，往往是较理想的各类工程建筑地基、边坡岩体及洞室围岩。

2. 层状结构岩体的工程地质性质

层状结构岩体中结构面以层面与不密集的节理为主，结构面多为闭合到微张开、一般风化微弱、结合力不强，结构体块度较大且保持着母岩岩块性质，故这类岩体总体变形模量和承载能力均较高。作为工程建筑地基时，其变形模量和承载能力一般均能满足要求。但当结构面结合力不强，又有层间错动面或软弱夹层存在，则其强度和变形特性均具各向异性特点，一般沿层面方向的抗剪强度明显地低于垂直层面方向的抗剪强度。一般来说，在边坡工程中，这类岩体当结构面倾向坡外时要比倾向坡内时的工程地质性质差得多。

3. 碎裂结构岩体的工程地质性质

碎裂结构岩体中节理、裂隙发育、常有泥质充填物质，结合力不强，其中层状岩体常有平行层面的软弱结构面发育，结构体块度不大，岩体完整性破坏较大。其中镶嵌结构岩体因其结构体为硬质岩石，尚具较高的变形模量和承载能力，工程地质性能尚好；而层状碎裂结构和碎裂结构岩体则变形模量、承载能力均不高，工程地质性质较差。

4. 散体结构岩体的工程地质性质

散体结构岩体节理、裂隙很发育，岩体十分破碎，岩石手捏即碎，属于碎石土类，可按碎石土类研究。

五、不同类型岩石的工程地质评价

（一）岩浆岩

深成岩和浅成岩，往往成宽广的侵入体，岩石具有良好的工程地质条件，岩石性质和组成是均一的，孔隙率低，不透水、不吸湿，抗压强度高，压缩极微。因此，可以作为重型建筑物的地基。它的重要工程地质问题是：风化有时深达几十米或更深，裂隙和断层破坏了岩石的完整性，使岩石透水及降低岩石的强度。

岩脉：本身强度很高，由于宽度一般不大，走向与倾向也经常变换，这就促成了工程地质条件的复杂化。岩脉一般裂隙发育，尤以辉绿岩脉最突出。常沿岩脉壁形成夹层风化，增加岩脉的透水性和降低其强度，由此可产生边坡不稳定或洞顶坍塌。

喷出岩：岩石抗风化能力强，抗压强度高。但喷出岩的原生裂隙发育，呈层状、柱状或球状等分布。此外，熔岩流有时会有很多大孔洞，它们大大降低了岩石的坚固性，使岩石成为透水的。

凝灰岩及其火山沉积物：岩石的产状、结构、构造和性质变化大，容易风化，强度不高，作为建筑物地基时要详细勘查研究。

（二）变质岩

片麻岩和石英岩的工程地质性质与深成岩相似。

大理岩的抗压强度及容许承载力都较高，它的缺点是能溶于水。大理岩是重要的建筑材料，广泛用于建筑业中。

片岩、千枚岩、板岩都有清楚的片理或劈理，由此决定了片状岩石各个不同方向上的非均一性。因此，这些岩石的抗压强度、抗剪强度和抗风化能力一般都不高。作为建筑地基时，必须查清岩石的片理、裂隙性质和岩石的强度。在滑石片岩、绿泥石片岩、云母片岩等普遍出露地区还容易产生滑坡。

（三）沉积岩

石灰岩和白云岩：结晶的石灰岩、白云岩抗压强度高，压缩极微、能溶于水。但是，介壳石灰岩、鱼子状石灰岩和碳酸盐类岩石，抗压强度都较低。进行工程地质评价时，特别要注意裂隙和岩溶的存在及其发育情况。

　　泥灰岩：一般强度较低，略具有黏土的性质，遇水后能软化和膨胀。

　　砂岩：具有较好的工程地质性质，多数是透水的，压缩极微，它的抗压强度主要取决于胶结成分和天然重度的大小。如硅质、钙质、铁质等胶结的岩石抗压强度高，黏土、石膏质等胶结的岩石抗压强度低，而且抗风化能力也差。凡天然重度小于 $20.58kN/m^3$ 的砂岩抗压强度一般都不高。

　　砾岩的工程地质特性与砂岩相似。

　　黏土岩（泥岩、页岩）：这类岩石的特点是抗压强度较低，压缩性稍大、风化速度快，不透水等。在岩石内多成次生夹泥层（构造的和风化的）。由于层面的抗剪强度低，往往形成顺层滑坡。

　　总之，岩石均可以作为建筑物的地基。只要查明岩石的工程地质特征，采用正确的容许承载力，对不利因素进行预防处理是完全没有问题的。但是，必须注意，在建筑物下，如有两种岩石分布，当抗压强度相差悬殊时，建筑物可能产生不均匀沉降。

关键概念

岩石与矿物　　　造岩矿物　　　岩体　　　软弱夹层　　　岩体结构面

思　考　题

1. 矿物的物理性质是鉴定矿物的重要特征，矿物主要的物理性质有哪些？

2. 岩石按成因可分成哪三大类？

3. 比较花岗岩与闪长岩、石英岩与大理岩的特征。

4. 如何从岩石的生成条件、组成的矿物成分以及岩石的结构、构造等特征鉴别和掌握岩浆岩、沉积岩和变质岩？

5. 根据 SiO_2 的含量岩浆岩可分为哪四种类型？

6. 沉积岩最主要的构造是什么？

7. 变质岩主要的构造是什么？

8. 举例说明影响岩石工程地质性质的主要因素。

9. 岩体结构面研究的内容包括哪十个方面？

10. 岩体结构可以划分为哪四个基本类型？

第三章　地质构造及其对工程的影响

本章提要与学习目标

地壳自形成以来，一直处于不断地运动、发展和变化当中。地壳运动不仅改变了地表形态，也改变了岩石的原始状态，形成各种地质构造现象。由构造运动引起地壳岩层中产生的应力称为地应力或构造应力。在构造应力作用下，岩石产生的永久变形和变位叫构造变动，构造变动在地质力学中被称为构造形迹。地质构造使岩层产生弯曲、破裂和错动，破坏了岩层或岩体的完整性，降低了岩层或岩体的稳定性。因此，学习地质构造的基本知识，对土木工程建设的设计和施工，都具有重要的实际意义。

本章学习内容如下：水平构造、单斜构造与岩层产状，褶皱构造及与工程的关系，断裂构造及与工程的关系，不整合及与工程的关系，地质图的阅读与分析。通过这些内容的学习，要求掌握以下内容：岩层产状的含义与要素；褶皱构造的如何识别，在褶皱山区，进行工程建设应注意哪些问题？张性裂隙和剪切裂隙各有何不同？断层的识别及对建筑工程的影响；地质平面图的基本要素与阅读方法。

地质构造（geological structure），是构造变动在岩层或岩体中遗留下来的各种构造形迹。构造变动或构造形迹是地质构造的主要研究内容。地质构造的基本类型有：水平构造、单斜构造、褶皱构造和断裂构造等。

一般层状岩石，当受到构造应力作用时，首先产生弯曲变形，使岩层形成褶皱，随着作用力的增加，岩层弯曲越来越厉害，当应力超过岩石的强度极限时，便产生了皱裂错动（图3-1）。所以，构造变动一般可分为褶皱构造和断裂构造两种类型。研究褶皱构造和断裂构造，对工程建筑有重要的现实意义。

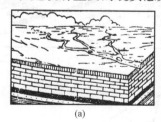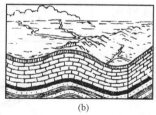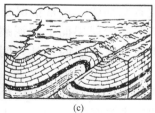

(a)　　　　　　　　　　　(b)　　　　　　　　　　　(c)

图 3-1　褶皱构造与断裂构造形成示意图

（a）岩层的原始状态；（b）岩层弯曲产生褶皱构造；（c）褶皱进一步发展成断裂构造

第一节　水平构造、单斜构造与岩层产状

一、水平构造

岩层产状近于水平（一般倾角小于5°）的构造称为水平构造（horizontal structure）（图3-2）。水平构造出现在构造运动较为轻微的地区或大范围均匀抬升或下降的地区，一般都

在平原、高原或盆地中部，其岩层未见明显变形。如川中盆地上侏罗纪岩层，在某些地区表现为水平构造。水平构造中较新的岩层总是位于较老的岩层之上。当岩层受切割时，老岩层出露在河谷低洼区，较新岩层出露在较高的地方。不同地点在同一高程上，出现的是同一岩层。

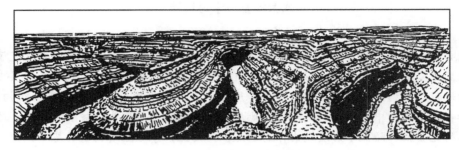

图 3-2　水平构造和深切曲线

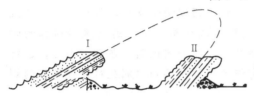

图 3-3　正常层序和倒转层序

Ⅰ—正常层序，波峰朝上；Ⅱ—倒转层序，波峰朝下

底面在下、岩层是下老上新的正常层序。称为直立岩层。当岩层顶面在下、底面在上时，则岩层层序发生倒转，层序是下新上老，成为倒转层序。

岩层的正常与倒转主要依据化石确定，也可以根据岩层层面特征以及沉积岩岩性和构造特征来判断确定。如泥裂的裂口正常特征是上宽下窄，直至尖灭；波痕的波峰一般比波谷窄而尖，正常情况是波峰向上。根据沉积岩层层面上的泥裂、波痕等特征可以确定岩层的正常与倒转（图3-3）。

单斜构造的岩层，倾角较小时在地貌上往往形成单面山，如图 3-4（a）所示；倾角较大时，在地貌上则往往形成猪背岭，如图 3-4（b）所示。

三、岩层产状及其测量

（一）岩层产状要素

岩层的空间位置称为岩层产状（attitude of stratum）。岩层产状通常用层面的走向、倾向和倾角来表示，称为产状

二、单斜构造

岩层层面与水平面之间有一定夹角时，称为单斜岩层（horizontal structure）（图 3-3）。单斜构造是大区域内的不均匀抬升或下降，使原来水平的岩层向某一方向倾斜形成的简单构造。

岩层形成后，经受构造运动产生变位、变形，改变了原始沉积时的状态，但仍然保持顶面在上、底面在下、岩层是下老上新的正常层序。倘若岩层受到强烈变位，使岩层倾角近于 90° 时，

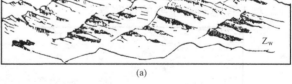

(a)

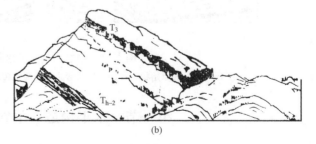

(b)

图 3-4　单斜构造的地貌景观

（a）单面山，岩层倾角小于 35°（北京上方山）；

（b）猪背岭，岩层倾角大于 35°（南京紫金山）

要素（element of stratum）（图 3-5）。

走向（strike），是指岩层层面的水平延长方向，一般用走向线的方位角或方向角来表示。走向线是指岩层面与水平面的交线，即图 3-5 中的 ab 直线。

倾向（dip），是指岩层面倾斜的方向，它与走向垂直，倾向也是以方位角或方向角来表示，即图 3-5 中 cd 线的方向。

从上述可以看出，一个岩层面，其走向有两个方向，角度相差 180°，其倾向只能有一个方向。对同一岩层面，倾向与走向相差 90°。

倾角（dip angle），是指岩层面与水平面所夹的角。除岩层层面外，岩体中其他面的空间位置也可以用产状要素表示。

可以看出，用岩层产状的三个要素，能表达经过构造变动后的构造形态在空间的位置。

（二）产状要素的测量

岩层产状测量，是地质调查中的一项重要工作。产状要素在野外是用地质罗盘测量的。常见的地质罗盘有长方形和圆形的两种。地质罗盘主要由磁针、上刻度盘、下刻度盘、倾角指示针、水准泡等部分组成（图 3-6）。

上刻度盘多数按方位角分划，以北为零，逆时针方向分划为 360°。按方向角分划，则北和南均为零，东西方向均为 90°，在刻度盘上用四个符号代表地理方位，即 N 代表北，S 代表南，E 代表东，W 代表西。

图 3-5　岩层产状要素

ab—走向线；ce—倾向线；cd—倾向；α—岩层的倾角

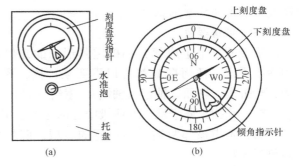

图 3-6　地质罗盘构造简图

（a）地质罗盘示意图；（b）刻度盘示意图

当刻度盘上的南北方向和地面南北方向一致时，刻度盘上的东西方向和地面实际方向相反，这是因为磁针永远指向南北。在转动罗盘测量方向时，只有刻度盘转动而磁针不动，即当刻度盘向东转时，磁针则相对地向西转动，所以，只有将刻度盘上的东西方向刻得与实际地面东西方向相反，测得的方向才恰好与实际相一致。

下刻度盘和倾角指示针是测倾角用的。下刻度盘的角度分划为 90°，它没有方向。长方形罗盘，当刻度盘面和水平面垂直时，倾角指示针可以自由摆动；圆形罗盘，是用旋钮来控制倾角指示针转动的。

水准泡分固定和活动的两种。固定水准泡是圆形的，是用来调整刻度盘位置测定岩层走向和倾向的，活动水准泡是用来测倾角的。

测走向：将罗盘平行于刻度盘南北方向的边平行岩层层面，然后使固定水准泡居中，这时指示针或指南针所指的上刻度盘的读数都是走向［图 3-7（a）］。

测倾向：将罗盘平行于刻度盘东西方向的边平行层面，且使刻度盘上调北端朝向岩层的

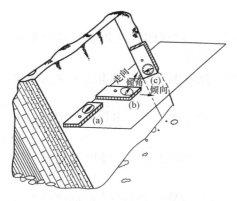

图 3-7　产状要素测量

倾斜方向，调整固定水准泡居中，这时指北针所指上刻度盘的读数就是倾向〔图 3-7（b）〕。

测倾角：将罗盘平行刻度盘南北方向的边垂直于走向线紧贴层面，且使刻度盘面和层面垂直，这时倾角指示针所指下刻度盘的读数就是倾角〔图 3-7（c）〕。如为圆形罗盘，则需转动倾角指示针，使下刻度盘的活动水准居中，然后再读读数。

在表达一组走向为北西 320°，倾向南西 230°，倾角 35°的岩层产状时，可写成：N320°W，S230°W，∠35°。在野外记录时，往往只记录倾向和倾角，如 SW230°∠35°。因为倾向加减 90°，就是走向。在地质图上可用符号"┣35°"表示岩层产状。

第二节　褶皱构造及与工程的关系

褶皱构造（folding structure），是组成地壳的岩层，受构造应力的强烈作用，使岩层形成一系列波状弯曲而未丧失其连续性的构造。褶皱构造是岩层产生的塑性变形，是地壳上广泛发育的地质构造形态之一。

一、褶皱要素

褶皱的各个组成部分和确定其形态的几何要素称为褶皱要素，任何褶皱都有以下要素：核、翼、顶和槽、转折端、轴面、轴迹（轴线）、枢纽（图 3-8）。

核：是指出露于地表的褶皱中心部分的岩层。

翼：是指核部两端对称出露的岩层。两翼岩层的倾角叫翼角。

顶和槽：背斜的最高点称为顶，向斜的最低点称为槽。在各横断面上，背斜中同一层面上顶的联线称为脊线；向斜中同一层面上槽的联线称槽线。

转折端：是指褶皱的一翼转到另一翼的过渡部分，即两翼的汇合部分。

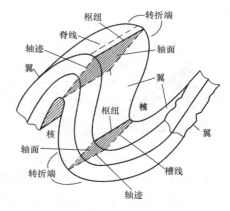

图 3-8　褶皱要素示意图

轴面：大致可以分为褶皱两翼的对称面，它是一个假设面，只具有几何意义。

枢纽：是指褶皱中同一层面与轴面的交线，也是褶皱中同一层面最大弯曲点的连线。

二、褶皱类型

（一）褶皱的基本类型

在自然界中，褶皱构造有两个基本类型，即背斜和向斜，如图 3-9 所示。

背斜（anticline）是岩层向上凸起的弯曲，中心部分的岩层较两侧的岩层时代老，通常背斜两侧岩层的倾向是相背的；

向斜（syncline）是岩层向下凹陷的弯曲，中心部分的岩层较两侧的岩层时代新，通常向斜两侧岩层的倾向是相对的。

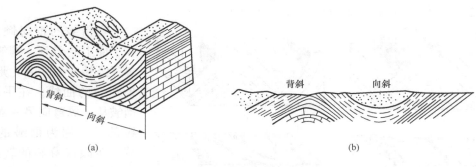

图 3-9　背斜与向斜

(a) 未剥蚀；(b) 经剥蚀

（二）褶皱的分类

1. 根据轴面产状分类

根据轴面产状，褶皱可以分为如下四种类型：

直立褶皱（upright fold）：两翼岩层倾向相反，倾角大致相等，轴面直立。在横剖面上两翼对称，所以也称为对称褶皱，如图 3-10 （a）所示。

倾斜褶皱（inclined fold）：两翼岩层倾向相反，倾角不等，轴向倾斜。在横剖面上两翼不对称，所以又称为不对称褶皱，如图 3-10 （b）所示。

倒转褶皱（overfold）：两翼岩层向同一方向倾斜，一翼地层层序正常（正常翼），另一翼地层层序倒转（倒转翼），轴面倾斜，如图 3-10 （c）所示。

平卧褶皱（recumbent fold）：两翼岩层产状和轴

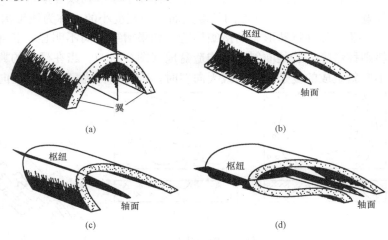

图 3-10　褶皱横剖面形态分类

(a) 直立褶皱；(b) 倾斜褶皱；(c) 倒转褶皱；(d) 平卧褶皱

面产状均近于水平，一翼地层层序正常，另一翼地层层序倒转，如图 3-10 （d）所示。

在褶皱构造中，褶皱的轴面产状和两翼岩层的倾斜程度，常与岩层的受力性质及褶皱的强烈程度有关。在褶皱不太强烈和受力性质比较简单的地区，一般多形成两翼岩层倾角舒缓的直立褶皱或倾斜褶皱；在褶皱强烈和受力性质比较复杂的地区，一般两翼岩层的倾角较大，褶皱紧闭，并常形成倒转或平卧褶皱。

2. 根据枢纽产状分类

按褶皱的枢纽产状，褶皱又可分为水平褶皱和倾伏褶皱。

水平褶皱（nonplunging fold）：褶皱枢纽水平，两翼岩层的露头线平行延伸，如图 3-11 （a）、（c）所示。

倾伏褶皱（plunging fold）：褶皱的枢纽向一端倾伏，两翼岩层的露头线不平行延伸，或呈"之"字形分布，如图 3-11（b）、（d）所示。

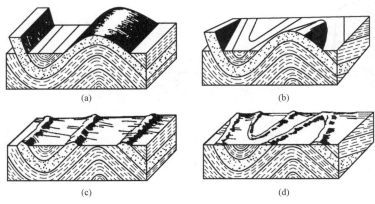

图 3-11　褶皱的枢纽水平及倾斜时，风化剥蚀后岩层的延展状况
(a)、(c) 水平褶皱；(b)、(d) 倾斜褶皱

当褶皱的枢纽倾伏时，在平面上会看到，褶皱的一翼逐渐转向另一翼，形成一条圆滑的曲线。在平面上，褶皱从一翼弯向另一翼的曲线部分，称为褶皱的转折端，在倾伏背斜的转折端，岩层向褶皱的外方倾斜（外倾转折）。在倾伏向斜的转折端，岩层向褶皱的内方倾斜（内倾转折）。在平面上倾伏褶皱的两翼岩层在转折端闭合，是区别于水平褶皱的一个显著标志。

褶皱规模有大有小，大的可以延伸几十千米到数百千米，小的在手标本上可见。若褶皱长宽比大于 10：1，延伸的长度大而分布宽度小的，称为线形褶皱。

还有几种特殊形态的褶皱构造。如果褶皱轴向不明显，长短轴比小于 3：1 时，若是背斜则称穹隆，若是向斜则称构造盆地（图 3-12）。当在褶皱的翼部有许多次一级的小背斜和小向斜组成的复杂大背斜或大向斜时，则分别称为复背斜或复向斜（图 3-13）。

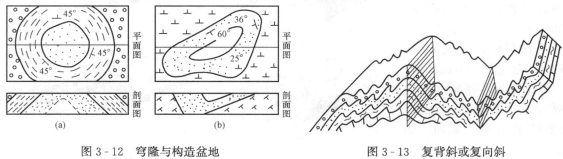

图 3-12　穹隆与构造盆地
(a) 穹隆；(b) 构造盆地

图 3-13　复背斜或复向斜

三、褶皱构造的野外观察方法

在一般情况下，人们容易认为背斜为山，向斜为谷，有这种情况，但实际情况往往要复杂得多。因为背斜遭受长期剥蚀，不但可以逐渐地被夷为平地，而且往往由于背斜轴部的岩层遭受构造作用的强烈破坏，在一定的外力条件下，甚至可以发展成为谷地。所以向斜山、背斜谷的情况在野外也是比较常见的（图 3-14）。因此不能够完全地以地形的起伏情况作为识别褶皱构造的主要标志。

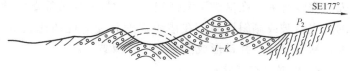

图 3-14　褶曲构造与地形

褶皱的规模有大有小，小的褶皱可以在小范围内，通过几个出露在地面的基岩露头进行观察；规模大的褶皱，由于分布范围广，又常受到地形高低起伏的影响，不可能通过几个露

头窥其全貌，对此应按下述方法进行分析：

首先，应垂直岩层走向进行观察，当岩层重复出现对称分布时，便可肯定有褶皱构造，否则就没有褶皱构造。

其次，再分析岩层新老组合关系，如果老岩层在中间，新岩层在两边，是背斜，反之为向斜。

最后，还要分析岩层产状，如果两翼岩层均向外倾斜或向内倾斜时，倾角大体相等者，为直立背斜或向斜；倾角不等者，则为倾斜背斜或向斜；若两翼岩层向同一方面倾斜者，则为倒转背斜或向斜；其背斜两翼岩层向内倾斜，向斜两翼向外倾斜者，则为扇形背斜或扇形向斜。

四、褶皱与工程的关系

褶皱地区地形多起伏，特别是褶皱强烈的地区，岩层因强烈破坏，裂隙发育，在这种地区的斜坡或坡脚进行建筑时应注意斜坡岩层的稳定性。在褶皱山区，进行工程建设时，有以下情况应引起注意。

（一）逆向坡与顺向坡的稳定性评价

（1）逆向坡，岩层的倾向与山坡坡向相反 [图 3-15（a）]，这种情况一般岩层的稳定性较好。但如果其上部有较厚的现代堆积时，特别是堆积物中含有大量的黏土夹层或有大量黏土矿物时对工程是不利的。

（2）顺向坡，岩层的倾向与山坡的坡向一致。这里有两种情况：

一是岩层的倾角小于山坡的坡角 [图 3-15（b）]，这时山坡的稳定性取决于岩层倾角的大小、岩层性质和有无软弱结构面等因素。一般说来，这种情况岩层的稳定性较差，据统计表明，岩层倾角 10°就可滑动，而 20°～30°滑动的危险最大；

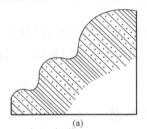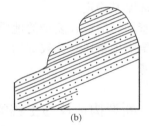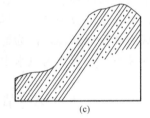

(a) (b) (c)

图 3-15　岩层倾向与山坡坡向的关系
(a) 逆向坡；(b) 顺向坡（倾角小于坡角）；(c) 顺向坡（倾角大于坡角）

二是岩层的倾角大于或等于山坡的坡角 [图 3-15（c）]，这种情况在自然状况下岩层是稳定的，但如果在斜坡或坡脚切割了岩层，上部岩体就有可能沿层面发生滑动，尤其是在薄层岩石（页岩）或岩层中有较软弱结构面（如软弱夹层等）的情况下，就更容易产生滑动。图 3-16 为某车间修建时因切坡而产生岩体滑动的情况。该车间位于砂岩及泥岩互层地区，施工时因在坡脚切断了砂岩层，导致岩层沿层面滑动。

图 3-16　切坡后岩体滑动

（二）褶皱山区地下工程建设注意的问题

地下建筑应该选在岩层地质构造变动小、无断层、岩层一般呈单斜及岩层裂隙不发育或稍发育的地区为宜。洞口应尽量选在逆向坡或岩层倾角小于 20°、大于 75°的顺向坡地段，以避免洞口岩石因开挖而发生坍塌。

褶皱的作用，可以使背斜的顶部或向斜的底部发生张裂，将地层层裂成块状，地下开挖的工程建筑，若是从背斜这些地方通过，这些石块因为可以成为拱石（keystone）能起支撑的作用，所以对工程尚无大碍，但在向斜里，那么这些石块就成为了反拱石而可以在地下建筑的顶上崩落下来。如果地下建筑沿向斜轴线开挖，还可能出现大量涌水的事故。因此，洞址不应选在褶曲（尤其是向斜）轴部地区，如果无法避开褶曲轴部，洞轴线应与褶曲轴线垂直或呈大角度（不小于 40°的锐角）相交。

在洞轴线与褶曲轴线垂直或呈大角度相交的情况，洞体将穿越性质不同的岩层，软弱结构面处的岩体不稳定，衬砌比较困难；同时洞体还可能穿越含水层，出现涌水，对施工不利。因此，在褶皱地区洞室的选址和确定轴线时都应注意这些不利条件。

（三）褶皱山区道路工程建设注意的问题

对于深路堑和高边坡来说，路线垂直岩层走向，或路线和岩层走向平行，但岩层倾向与边坡倾向相反时，只就岩层产状与路线的走向而言，对路基边坡的稳定性是有利的；不利的情况是路线走向和岩层的走向平行，边坡与岩层的倾向相同，特别在云母片岩、绿泥石片岩、滑石片岩、千枚岩等软质岩石分布地区，坡面容易发生风化剥落，产生严重坍塌，对路基边坡及路基排水系统造成经常性的危害；最不利的情况是路线与岩层走向平行，岩层倾向与路基边坡一致，而边坡的坡角大于岩层的倾角，特别在石灰岩、砂岩与泥岩互层，且有地下水作用时，如路堑开挖过深，边坡过陡，或者由于开挖使软弱结构面暴露，都容易引起斜坡岩层发生大规模的顺层滑移，破坏路基稳定。

但是，事物是一分为二的。尽管褶皱造成较复杂的地质条件，但这种地区基岩多出露地表，按承载力和变形来说，作为建筑物地基还是比较好的。另外，在褶皱地区，向斜构造内常有丰富的地下水，可作为供水水源。

第三节　断裂构造及与工程的关系

断裂构造（fracturing structure）是构成地壳的岩体受力作用发生变形，当变形达到一定程度后，使岩体连续性和完整性遭到破坏，产生各种大小不一的断裂。它是地壳上常见的地质构造，包括断层和裂隙等。断裂构造的分布也很广，特别在一些断裂构造发育地带，常成群分布，形成断裂带。

一、裂隙（节理）及与工程的关系

（一）裂隙（节理）概述

1. 裂隙（节理）的定义

裂隙或称节理（joint），是存在于岩层、岩体中的一种破裂，破裂面两侧的岩块没有显著位移的小型断裂构造。

裂隙就是岩石中的裂缝，自然界的岩体中几乎都有裂隙存在，而且一般是成群出现。凡是在同一时期同一成因条件形成的彼此平行或近于平行的节理归为一组，称为节理组（joint set）。

节理的成因多种多样，在岩石形成过程中产生的节理称为原生节理（primary joint），如喷出岩在冷凝过程中形成的柱状节理。岩石形成后才形成的节理叫次生节理（secondary joint)，如构造运动产生的节理。

2. 裂隙的类型

裂隙按成因可分为构造裂隙和非构造裂隙两种类型。

（1）构造裂隙。

构造裂隙是岩体受地应力作用随岩体变形而产生的裂隙。按裂隙的力学性质可分为下面两种类型：

张裂隙，是由张应力作用形成的裂隙。其特征是：裂隙张开较宽，断裂面粗糙，一般很少有擦痕；裂隙间距较大且分布不匀，沿走向和倾向都延伸不远；在褶曲构造中，张性裂隙主要发育在背斜或向斜的轴部。

剪切裂隙，是由剪应力作用产生的裂隙。其特征是：一般多是平直闭合的裂隙；分布较密，走向稳定，延伸较深；裂隙面光滑，常有擦痕；扭性裂隙常沿着剪切面成群平行分布，形成扭裂带，将岩体切割成板状，有时两组裂隙在不同的方向同时出现，交叉成 X 形（图 3-17），将岩体切割成菱形块体，扭性裂隙常出现在褶曲的翼部和断层附近。

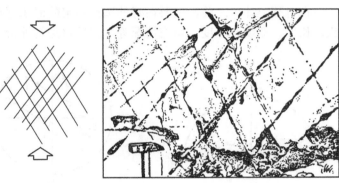

图 3-17　广东英德石灰岩中的 X 节理

（2）非构造裂隙。

非构造裂隙是由成岩作用、外动力、重力等非构造因素形成的裂隙。如岩石在形成过程中产生的原生裂隙、风化裂隙以及沿沟壁岸坡发育的卸荷裂隙等，其中具有普遍意义的是风化裂隙。

风化裂隙主要发育在岩体靠近地面的部分，一般很少达到地面下 10～15m 的深度。裂隙分布零乱，没有规律性，使岩石多成碎块，沿裂隙面岩石的结构和矿物成分也有明显变化。

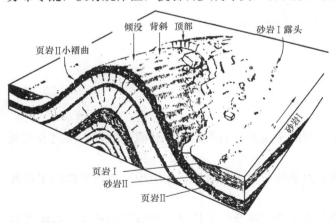

图 3-18　节理造成山崩的情形

（图中可以看到背斜的顶部，已产生了大量做放射状的张力断裂）

（二）裂隙与工程的关系

裂隙与工程的关系密切，主要表现以下五点：

（1）裂隙破坏了岩石的整体性。大气和水容易沿裂隙渗入而加速岩石的风化和破坏，因此，如果主要裂隙面的方向与边坡的倾斜方向一致且两者走向的夹角小于 45°时，常会造成边坡的滑动或崩塌（图 3-18）。

（2）裂隙会降低岩石地基的承载力。

（3）裂隙是地下水的通道，水沿裂隙渗入，对地下建筑不利，如果岩石为可溶性的石灰岩、石膏等，水沿裂隙流动，能发展成溶洞。裂隙被黏土等物质填充后，透水性降低。

（4）在挖方或采石时，裂隙可以提高工作效率，但在爆破时常因漏气而降低爆破效果。

（5）裂隙发育的岩石中，可以找到地下水作为供水水源。

（三）裂隙的工程地质评价

在工程建设中，对裂隙的评价往往结合具体建筑或边坡来进行，评价时主要解决两个问题：一是确定裂隙发育的主要方向，并对其危害性作出评价；二是裂隙发育程度的数量评价。

1. 裂隙发育方向评价

在对裂隙评价之前，需要在野外选择一定的面积进行测量，测量内容包括裂隙类型、产状、长度、宽度、深度、填充情况等，然后再进行评价。

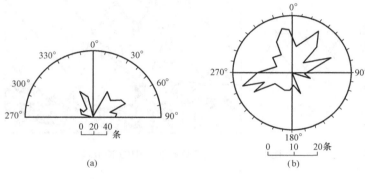

裂隙产状图，依照裂隙存在的地点，用裂隙的走向、倾向及倾角符号直接填在地形图上。

裂隙玫瑰图：用任意半径作半圆，以径向辐射的方向表示裂隙的走向（倾向）方位角，辐射线的长度表示裂隙的条数（按比例），然后用直线把辐射线的端点连接起来，便成裂隙玫瑰图（图

图 3-19　裂隙玫瑰图

（a）裂隙走向玫瑰图；（b）裂隙倾向玫瑰图

3-19），在图上很容易看出主要裂隙的发育方向。

2. 裂隙发育程度评价

裂隙发育程度的数量评价方法主要有裂隙率统计法。裂隙率是指岩石中裂隙面积与岩石总面积的百分比。裂隙率可用下式进行计算：

$$K_{TP} = \frac{\sum l_i b_i}{A} \times 100\%$$

式中　K_{TP}——裂隙率；

　　　　l_i——每一条裂隙长度；

　　　　b_i——裂隙的平均宽度；

　　　　A——测量的岩石面积。

裂隙率表示岩石中裂隙的发育程度，裂隙率越大，表明岩面中裂隙越发育，反之表明裂隙不发育。

在评价裂隙的危害性时应注意裂隙的力学性质，一般来说，张裂隙比剪切裂隙的工程性能差。

在评价裂隙的危害性时还应注意裂隙的闭合程度及填充情况。按裂隙的宽度，裂隙可以分为密闭的（<1mm）、微张的（1～3mm）、张开的（3～5mm）及宽张的（>5mm）。一般闭合的或由钙质填充胶接的裂隙对岩体的强度和稳定危害较小，而张开的或由黏土填充的裂

隙则对岩体的强度和稳定的危害性较大。

根据裂隙的成因类型、密度、组数、闭合及填充情况等多方面的因素，将裂隙发育程度等级分为不发育、稍发育、发育和很发育四等。它们的特征见表3-1。

在工程中，对于有危害的裂隙可采用水泥灌浆、砂浆勾缝、喷浆或用砖砌、支柱等措施加固岩体。

表3-1　　　　　　　　　　　　　裂隙发育程度分级表

发育程度等级	基 本 特 征	附 注
裂隙不发育	裂隙1~2组，规则，构造型，间距在1m以上，多为密闭裂隙。岩体被切割成巨块状。	对基础工程无影响，在不含水且无其他不良因素时，对岩体稳定性影响不大
裂隙较发育	裂隙2~3组，呈X形，较规则，以构造型为主，多数间距大于0.4m，多为密闭裂隙，少有填充物。岩体被切割成大块状	对基础工程影响不大，对其他工程可能产生相当影响
裂隙发育	裂隙3组以上，不规则，以构造型或风化型为主，多数间距小于0.4m，大部分为张开裂隙，部分有填充物。岩体被切割成小块状	对工程建筑物可能产生很大影响
裂隙很发育	裂隙3组以上，杂乱，以风化型和构造型为主，多数间距小于0.2m，以张开裂隙为主，一般均有填充物。岩体被切割成碎石状	对工程建筑物产生严重影响

二、断层及与工程的关系

（一）断层概述

1. 断层的含义

岩体受力作用断裂后，两侧岩体块断裂面发生了显著位移的断裂构造，称断层（fault）。所以断层包含了破裂和位移两重含义。断层规模大小不一，小的几米，大的上千公里，相对位移从几厘米到几十公里。

2. 断层要素

为了研究断层，首先要了解断层的基本组成部分，断层的组成部分叫断层要素，一般断层要素有断层面、断层线、断层带、上下盘、断距等（图3-20）。

断层面（fault surface）：发生位移的岩体破裂面。断层面也是用走向、倾向、倾角来表示它的空间位置。

断层线（fault line）：断层面与地面的交线。

断层带（fault zone）：包括断层破碎带与影响带。破碎带是指两侧为断层面所限制的岩石强烈破坏部分。影响带是指受断层影响裂隙发育或岩层产生牵引弯曲部分。

断盘（fault wall）：是断层面两侧的岩块。位于断层面上部的岩体为上盘，位于断层面下部的岩块为下盘。

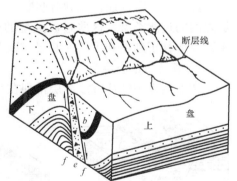

图3-20　断层要素图

ab—断距；e—断层破碎带；f—断层影响带

断距（displacement）：上下盘岩体沿断层面移动的距离。

（二）断层的主要类型

1. 断层的基本类型

断层按两盘相对位移情况，将断层分为正断层、逆断层和平移断层等。

（1）正断层（normal fault）：上盘沿断层面相对下移，下盘相对上升〔图3-21（a）〕。

正断层的形成，一般是由于地壳中的岩体受到水平拉应力的作用产生张裂隙，以后由于重力作用，引起上盘下降、下盘上升的结果。这种断层多数倾角较陡，规模较小。

（2）逆断层（reverse fault）：上盘沿断层面相对上升，下盘相对下移〔图3-21（b）〕。逆断层中断层面倾角大于45°的又叫冲断层或称高角度逆断层；断层倾角在25°～45°之间的叫逆掩断层；断层面倾角小于25°的叫辗掩断层。逆掩断层和辗掩断层常是规模很大的区域性断层。

逆断层一般是地壳中的岩体在水平方向挤压力作用下形成的。这种断层的走向一般和正应力方向垂直。在自然界里逆断层往往在构造运动强烈地区出现较多，而且断层线方向和岩层走向或褶皱轴线近乎一致。断层面从陡倾角到缓倾角的都有。

（3）平移断层（strike-slip fault）：两盘沿断层面作相对水平移动〔图3-21（c）〕。平移断层也叫平推断层。一般认为平移断层是地壳岩体受到水平扭动力作用而形成的。断层面的特点和剪切裂隙相似，断层面较平直。

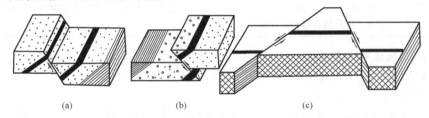

图3-21　断层类型示意图

(a) 正断层；(b) 逆断层；(c) 平移断层

此外，在野外还常见到有些断层两盘相对移动是斜向的，属于平移断层和正断层或逆断层之间的过渡类型，这些过渡类型的断层有：正平移断层、逆平移断层（水平方向移动为主）及平移正断层和平移逆断层（以上下移动方向为主）。

2. 断层的组合类型

在自然界中往往许多断层排列在一起构成不同的组合形态，常见的有：

阶状断层（step faults）：岩体沿多个相互平行的断层面向同一个方向下降，成阶梯状〔图3-22（a）〕；

地垒（horst）：两边岩体沿断层面下降，中间岩层相对上升的构造〔图3-22（b）〕；

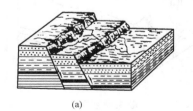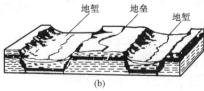

图3-22　地垒、地堑及阶状断层

(a) 阶状断层；(b) 地垒和地堑

地堑（graben）：两边岩体沿断层面上升，中间岩层相对下降的构造〔图3-22（b）〕。

地垒、地堑用阶梯式断层形成的较普遍，但有时也可以是逆断层。在地形上，地堑常形成狭长的凹陷地带，如我国山西的汾河河谷、陕西的渭河河谷等，都是有名的地堑构造。地垒多形成块状山地，如天山、阿尔泰山等，都广泛发育有地垒构造。

图 3-23　叠瓦式构造

叠瓦式构造（imbricate structure）：一个地段内，发育数条大致平行的冲断层或逆掩断层，使岩体依次向上冲掩，呈叠瓦状排列（图 3-23）。

（三）断层的野外识别

断层的存在，在许多情况下对工程建筑是不利的，为了采取措施，防止它对工程建筑物的不良影响，首先必须识别断层的存在。

在野外可以从下述几个方面去认识断层：

1. 直接标志

（1）断层面（带）的构造特征。断层面的确定是判断断层存在的最直接的标志。由于断层面两侧岩块的相互滑动和摩擦，在断层面上及其附近便留下各种踪迹，如擦痕、镜面、阶步和构造岩等，据此可识别出断层面。

（2）构造（线）的不连续。任何地质体或地质界线，如地层、矿层、岩脉、侵入体和变质岩的相带、侵入岩与围岩的接触界线、变质岩的线理、褶皱或其枢纽及早期形成的断层等，均在一定的地区内按其自身的产状和形态表现了一定方向分布的规律性，但如果发生断层，则上述各种地质体或地质界线，在平面或剖面上便会突然中断、错开，造成构造（线）的不连续现象，这是断层存在的一个更直接标志。

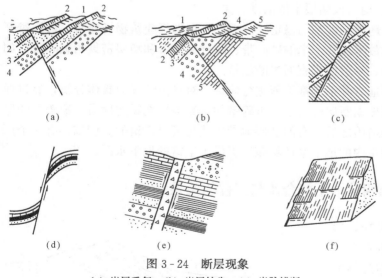

（a）　　　　　　（b）　　　　　　（c）

（d）　　　　　　（e）　　　　　　（f）

图 3-24　断层现象

（a）岩层重复；（b）岩层缺失；（c）岩脉错断；
（d）岩层牵引弯曲；（e）断层角砾；（f）断层擦痕

（3）地层的重复与缺失。在层状岩石地区，沿岩层的倾向，原来层序连续的地层发生不对称的重复现象或者是某些层位缺失（而不是逐渐减小），应是断层所造成的（图 3-24）。

（4）断层的伴生构造。在断层发生发展的过程中，在断层面的一侧或两侧出现一系列小型褶皱和节理等伴生构造，它们可作为断层存在的证据，并可用来确定断层的力学性质和判断两盘相对位移方向，常见的伴生构造有拖拉（牵引）褶皱（图 3-24）、张节理、剪节理。

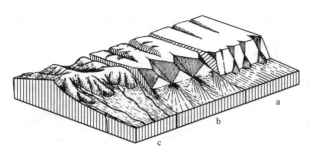

图 3-25　断层三角面形成示意图

a—断层崖剥蚀成冲沟；b—冲沟扩大，形成三角面；

c—继续侵蚀，三角面消失

2. 间接标志

现代的地形往往是岩块或地块受构造运动影响之后，再经外力作用的结果。因此，我们可以利用地貌、水文等方面的资料作为间接标志，来判断断层的存在，如较大断层带由于断层面直接露出而形成陡崖（断层崖），后经流水的侵蚀、切割，便形成沿断层走向分布的一系列三角形的陡崖，即断层三角面（图 3-25）。再如水系突然直角拐弯或以折线改变方向也与断层有关。侵入体和喷出岩体是线状分布亦常与断层有关等等。

（四）断层与工程的关系

断层对土木工程非常不利，它常有以下不良地质条件：

（1）断层是软弱结构面，它使岩石零乱破碎，裂隙增多，岩石的整体性被破坏，岩石的强度和承载力显著降低。

（2）断层陡壁的岩石多处于不稳定状态，有崩塌、滑动的可能。

（3）断层上、下盘的岩石性质不同，如果建筑物跨越两盘，可能产生不均匀沉降。

（4）断层带是水的通道，也可能形成自流水盆地，施工中遇到这种地下水，会发生涌水事故。

（5）在新构造运动强烈的地区，有的断层可能发生移动（活动性断层），其中有的断层还能引起强烈地震（发震断层），如我国营口—郯城—庐江大断裂带，是我国东部历史最长而现今仍在活动的大断层带。它的活动方式以挤压扭动为主要特征，在历史上曾发生过多次大地震。如公元前 70 年安丘 7 级地震，1968 年山东郯城 8.5 级地震，1969 年渤海 7.4 级地震和 1975 年海城 7.3 级地震，均与该断层带的活动有关。

这些不良地质条件能严重地影响地基的稳定性。因此，在选择建筑物场地时，最好避开断层地带，尤其是应避开宽达数米或几十米的破碎带、断层交会带和断层密集的破碎带。如地下建筑实在无法避开断层时，一般应垂直通过断层带。

应该指出的是，有断层的地方并不是都不能进行建筑，对具体情况应具体分析，经过详细勘查，对于非活动性断层可根据断层的大小、破碎带的分布与填充物的性质、覆盖层的厚度和性质等情况，采取必要的措施之后，有的断层地带仍然是可以建筑的。例如，有一个厂区就建在一个断层带内，断层带内的地下水还给该厂提供了丰富的地下水源。

第四节　不整合及与工程的关系

在野外，我们有时可以发现，形成年代不相连续的两套岩层重叠在一起的现象，这种构造形迹，称为不整合（图 3-26）。不整合不同于褶皱和断层，它是一种主要由地壳的升降运动产生的构造形态。

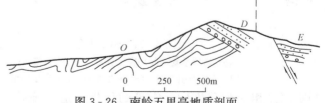

图 3-26　南岭五里亭地质剖面

O—奥陶纪泥板岩；D—泥盆纪砾岩、砂岩；E—早第三纪红色砂岩

一、整合与不整合

我们知道，在地壳上升的隆起区域发生剥蚀，在地壳下降的凹陷区域产生沉积。当沉积区处于相对稳定阶段时，则沉积区连续不断地进行着堆积，这样，堆积物的堆积次序是衔接的，产状是彼此平行的，在形成年代上也是顺次连续的，岩层之间的这种接触关系，称为整合接触［图3-27（a）］。

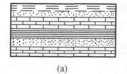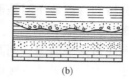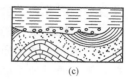

图3-27 沉积岩的接触关系
(a) 整合；(b) 平行不整合；(c) 角度不整合

在沉积过程中，如果地壳发生上升运动，沉积区隆起，则沉积作用即为剥蚀作用所代替，发生沉积间断。其后若地壳又发生下降运动，则在剥蚀的基础上又接受新的沉积。由于沉积过程发生间断，所以岩层在形成年代是不连续的，中间缺失沉积间断期的岩层，岩层之间的这种接触关系，称为不整合接触。存在于接触面之间因沉积间断而产生的剥蚀面，称为不整合面。在不整合面上，有时可以发现砾石层或底砾岩等下部岩层遭受外力剥蚀的痕迹。

二、不整合的类型

不整合有各种不同的类型，但基本的有平行不整合和角度不整合两种。

1. 平行不整合

平行不整合［图3-27（b）］，是不整合面上下两套岩层之间的地质年代不连续，缺失沉积间断期的岩层，但彼此间的产状基本上是一致的，看起来貌似整合接触，所以又称为假整合。我国华北地区的石炭二叠纪地层，直接覆盖在中奥陶纪石灰岩之上，虽然两者的产状是彼此平行的，但中间缺失志留纪到泥盆纪的岩层，是一个规模巨大的平行不整合。

2. 角度不整合

角度不整合又称为斜交不整合，简称不整合［图3-27（c）］。角度不整合不仅不整合面上下两套岩层间的地质年代不连续，而且两者的产状也不一致，下伏岩层与不整合面相交有一定的角度。这是由于不整合面下部的岩层，在接受新的沉积之前发生过褶皱变动的缘故。角度不整合是野外常见的一种不整合。在我国华北震旦亚界与前震旦亚界之间，岩层普遍存在有角度不整合现象，这说明在震旦亚代之前，华北地区的构造运动是比较频繁而强烈的。

三、不整合与工程的关系

不整合接触中的不整合面，是下伏古地貌的剥蚀面，它常有比较大的起伏，同时常有风化层或底砾存在，层间结合差，地下水发育，当不整合面与斜坡倾向一致时，如开挖路基经常会成为斜坡滑移的边界条件，对工程建筑不利。

第五节 地质图的阅读与分析

地质图是反映地质现象和地质条件的图件。它一般是将自然界的地质情况用规定的符号表示在平面上，或按一定的比例缩小投影绘制在平面上的图件。它是主要用来表示地层岩性和地质构造条件的地质图，称为普通地质图，习惯上简称为地质图。此外，还有专门性的地质图、常用来表示某一项地质条件，或服务于某一专门的国民经济目的，如专门表示第四纪沉积层的第四纪地质图、表示地下水条件的水文地质图、服务于各种工程建设的工程地质图等。地质图是地质工作的最基本的图件，各种专门性的地质图一般都是在它的基础上绘制出来的。在水利水电建设中，当缺乏工程地质图时，往往直接利用地质图作为水电建设的依据或参考，因此，学会分析和阅读地质图是很重要的。

一、地质条件的表示方法

一幅完整的地质图应包括平面图、剖面图和柱状图。平面图是反映地表地质条件的图。它一般是通过地质勘测工作，在野外直接填绘到地形图上编制出来的；剖面图是反映地表以下某一断面地质条件的图，地质剖面图可以通过野外测绘或勘探工作编制，也可以在室内根据地质平面图来编制；柱状图常见的有钻孔柱状、综合地层柱状图等。钻孔柱状图是反映某一点（钻孔所在位置）地层岩性在垂直方向上的变化情况，综合地层柱状图是综合性地反映一个地区年代的地层特征、厚度和接触关系等。地质平面图全面地反映了一个地区的地质条件，是最基本的图件。地质剖面图是配合平面图，反映一些重要部位的地质条件，它对地层层序和地质构造现象的反映要比平面图更清晰、更直观，因此，一般地质平面图都附有剖面图。

（一）地质图的规格

地质平面图应有图名、图例、比例尺、编制单位和编制日期等。

地质图图例中，地层图例严格地要求自上而下或自左而右，从新地层到老地层排列。比例尺的大小反映了图的精度，比例尺越大，图的精度越高，对地质条件的反映也越详细、越准确，在一定范围内要求做的地质工作量（如野外观测路线长度、观测点密度、勘探试验工作多少等）就越多。一般地质图比例尺的大小，是由工程的类型、规模、设计阶段和地质条件复杂程度决定的。如在峡谷基岩地区建坝，坝址在规划阶段的地质图比例尺为 $1/1000\sim1/5000$，初步设计阶段第一期的地质图比例尺为 $1/5000\sim1/2000$。

（二）各种地质条件在地质图上的表示方法

地质图上反映的地质条件，一般包括地层、岩性、岩层产状、岩层接触关系、褶皱和断裂等。这些条件需要采用不同的符号和方法，才能综合性地表示在一幅图中。

（1）地层岩性是通过地层分界线，年代代号或岩性代号再配合图例说明来反映的。地层分界线在地质图上可呈直线的、弯曲的、不规则的等多种形状，归纳起来有以下几种情况：

1）第四系松散沉积层和基岩分界线较不规则，但也有一定的规律性，因为松散沉积层多分布于河谷低地、山间盆地及平原地区，因此，松散沉积物和基岩分界线常在河谷斜坡、盆地边缘、平原和山区交界处，大体沿山脚等高线延伸，但在冲沟发育、厚度大的松散沉积层分布区，基岩常在冲沟底部出露。

2）岩浆岩类岩体分界线最不规则，需根据实际情况在地质图上填绘。

3）层状岩层（包括沉积岩和副变质岩）在地质图上出现最多，其分界线规律强，它的形状是由岩层产状和地形之间的关系决定的。下面以一个山包地形为例，在其上绘出各种不同产状的岩层的分布情况。

岩层水平：岩层分界线与地形等高线平行或重合，见图 3 - 28 之 I 。

岩层倾向与地形坡向相反：岩层分界线的弯曲方向和地形等高线的弯曲方向相同，见图 3 - 28 之 II 。

岩层倾向与地形坡向一致：若岩层倾角大于地形坡角，岩层分界线弯曲方向和等高线弯曲方向相反，见图 3 - 28 III，若岩层倾角小于地形坡角，则岩层分界线为一封闭曲线，其弯曲方向和等高线相同，见图3-28之Ⅳ。

岩层直立：岩层分界线沿岩层走向线延伸，不受地形影响，一般为一直线，见图3-28之Ⅴ。

（2）岩层产状在地质平面图上倾斜岩层主要是用符号├40°表示的，其中长线表示岩层走向，垂直于长线的短线表示岩层倾向，角度值代表岩层的倾

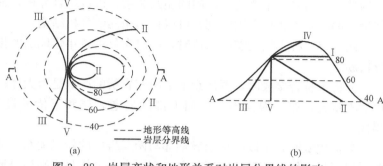

图3-28　岩层产状和地形关系对岩层分界线的影响
（a）平面图；（b）A-A剖面图

角，由平面图中的产状符号确定岩层走向和倾向时，可用量角器在图上直接量出。

（3）岩层接触关系是指不同年代或不同种类的岩层，在自然界相邻分布时其岩性、产状和分界面的特征。这种分界面又叫接触面，岩层接触关系反映了岩石的形成环境及构造运动特征。层状岩石的接触关系有整合接触、平行不整合接触和角度不整合接触三种。岩浆岩和周围岩石的接触关系有沉积接触和侵入接触两种。在地质平面图中，沉积接触可看到岩浆岩的边界线被沉积岩界线截断；而侵入接触则表现为沉积岩被岩浆岩穿插而分布凌乱，界线被突然截断。

（4）褶皱在地质平面图时主要是通过对地层分布、年代新老和岩层产状来分析，其方法和褶皱的野外识别方法相同，这里不再重复。也有些地质图上用一定的符号标在褶皱轴部，表明褶皱的类型和性质。

（5）断层在地质平面图上是通过地层分布特征和用规定的符号来表示，在地质平面图中用地层特征来分析断层和野外判断断层相同，一般断层的符号是：正断层人50°，逆断层人30°，平推断层80°。除平推断层外，符号中的长线表示断层的出露位置和断层面走向，垂直于长线带箭头的短线表示断层面的倾向，数值表示断层面的倾角，垂直于长线不带箭头的短线表示断层两盘的相对运动方向，短线所在一侧的那一盘是相对的下降盘。平推断层中是用平行于长线箭头的短线来表示断层两盘的相对运动方向。

二、阅读地质图

（一）读图步骤（注意事项）

（1）读地质图时，先看图名和比例尺，了解图的位置及精度。

（2）阅读图例。图例自上而下，按从新到老的年代顺序，列出了图中出露的所有老地层符号和地质构造符号，通过图例，可以概括了解图中出现的地质情况，在看图例时，要注意地层之间的地质年代是否连续，中间是否存在底层缺失现象。

（3）正式读图时先分析地形，通过地形等高线或河流水系的分布特点，了解山区的山川形势和地形高低的起伏情况。

这样，在具体分析地质图所反映的地质条件之前，能使我们对地质图所反映的地区，有一个比较完整的概括了解。

（4）阅读岩层的分布、新老关系、产状及其地形的关系，分析地质构造。地质构造有两种不同的分析方法。一种是根据图例和各种地质构造所表现的形式，先了解地区总体构造的

基本特点，明确局部构造相互间的关系，然后对单个构造进行具体分析；另一种是先研究单个构造，然后结合单个构造之间的相互关系，进行综合分析，最后得出整个地区地质构造的结论，两者并无实质性的区别，可以得出相同的分析结论。

图上有几种不同类型的构造时，可以先分析各年代地层的接触关系，再分析褶皱，然后分析断层。

分析不整合接触时，要注意上下两套岩层的产状是否大体一致，分析是平行不整合还是角度不整合，然后根据不整合面上部的最老岩层和下伏的最新岩层，确定不整合形成的年代。

分析褶皱时，可以根据褶皱轴部与两翼岩层的新老关系，分析是背斜还是向斜。然后看两翼岩层是大体平行延伸，还是向一端闭合，分析是水平褶皱还是倾伏褶皱。其次是根据岩层产状，推测轴面产状，根据轴面及两翼岩层的产状，可将直立、倾斜、倒转和平卧等不同形态类型的褶皱加以区别。最后，可以根据未受褶皱影响的最老岩层和受到褶皱影响的最新岩层判断褶皱形成的年代。

在水平构造、单斜构造、褶皱和岩浆侵入体中都会发生断层。不同的构造条件以及断层与岩层产状的不同关系，都会使断层露头在地质平面图上的表现形式具有不同的特点，因此，在分析断层时，应首先了解发生断层前的构造类型，断层后断层产状和岩层产状的关系，根据断层的倾向，分析断层线两侧哪一盘是上盘，哪一盘是下盘；然后根据两盘岩层的新老关系和岩层露头的变化情况，再分析哪一盘是上升盘，哪一盘是下降盘，确定断层的性质；最后判断断层形成的年代。断层发生的年代，早于覆盖于断层之上的最老岩层，晚于被错断的最新岩层。

最后需要说明一点，长期风化剥蚀会破坏出露地面的构造形态，会使基岩在地面出露的情况变得更为复杂，使人们在图上一下看不清构造的本来面目，所以，在读图时要注意与地质剖面图的配合，这样会更好地加深对地质图内容的理解。

通过上述分析，不但能使我们对一个地区的地质条件有一个清晰的认识，而且综合各方面的情况，也可说明地区地质历史发展的概况。这样我们就可以根据自然地质条件的客观情况，结合工程的具体要求，进行合理的工程布局和正确的工程设计，我们阅读地质图的目的就在这里。

（二）读图示例

下面我们对明山寨地质图（图3-29）进行全面地分析，分析步骤如下：

（1）地质图的比例尺：明山寨地质图是1：50000，即1cm＝500m（书上的图已相应的缩小）；据此，明山寨地质图的范围为：7km×5km＝35km² 面积。

（2）仔细阅读图右边的图例，这是为了解该地区共出现哪些地质年代的岩层，而其岩性特征又如何？从明山寨地质资料可知：出现的地层由早到晚为：早泥盆纪（D_1）的粗砂岩；中泥盆纪（D_2）的细砂岩；晚泥盆纪（D_3）的石灰质页岩；早石炭纪（C_1）的细砂岩；中石炭纪（C_2）的石灰岩；晚二叠纪（P_2）的泥质灰岩；早三叠纪（T_1）页岩；中三叠纪（T_2）的硅质灰岩；晚三叠纪（T_3）的泥灰岩。这些资料不但清楚地告诉我们出露在该区的岩层全是沉积岩层，而且说明该区在其地史发展过程中，在晚石炭纪及早二叠纪地史时期为一上升隆起时期，遭受风化剥蚀，故缺失了这两个地史时期的沉积岩系。这一客观的历史事实又告诉我们：中石炭纪与上二叠纪之间的接触关系为一角度不整合的接触关系。

（3）对明山寨地区地质图的阅读与具体分析如下：

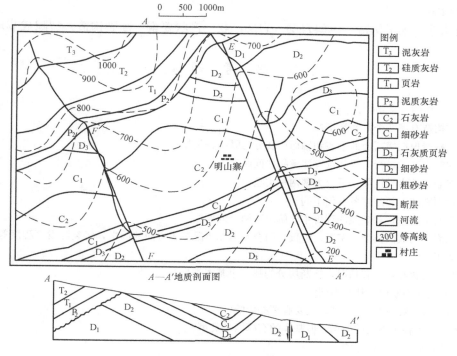

图 3-29 明山寨地质图

1) 地形特征：本地区地形最高点为 1000m 位于西北部，最低处为 200m 位于本区的东南角，除东部有一个 600m 高度的小山岗外，地势由西北向东南逐渐低缓，呈一单面坡的地形特征。

2) 地层分布情况：从地质图中可知，地质年代较晚的中生代地层均分布在本区的西北部，值得我们注意的是晚二叠纪的地层界线除与 EE、FF 两断层线接触外，还与 D_2、D_3、C_1 等地层界线相交，这一地质现象就进一步说明了中石炭纪地层与上覆的晚二叠纪地层呈角度不整合的接触关系。其他地层的接触关系是整合的。

3) 地质构造形成的分析。

褶皱分析：从所出露的岩层来看，中部较大面积出露 C_2 的石灰岩，而其两侧又对称地出露 C_1、D_3、D_2 等地层，尽管地质图中没标明岩层的产状，但从核部地层的地质年代比两翼不岩层的地质年代晚，就说明是向斜构造，这一构造特征又可从 EE、FF 两侧岩层的特点得到证实。若进一步联系起来，就可得出向斜的轴向是近 NE-SW 向的。用同样的分析方法又可发现在向斜的南面是一个背斜构造。

断层分析：本区共出露两条断层（EE、FF）并都横切向斜和背斜的轴部，从断层两侧核部岩层出露的宽度来看，EE 断层右边的 C_2 及 C_1 岩层宽度较左边窄，说明了 EE 断层右盘位上升盘，相应的其左边为下降盘。至于断层发生在哪一地史时期，只要我们看一看断层线穿过哪些地层而终止于哪一地史时期，就能得到正确的答案，根据明山寨地质图的资料可知，断层是发生在中石炭纪之后、晚二叠纪之前的。

为了更好地反映其深部构造情况，我们又通过 AA' 方向作一剖面，它的内容同样反映了平面图中的主要内容。

关键概念

地质构造　水平构造　单斜岩层　岩层产状　产状要素　断裂构造　裂隙或节理　断层

思 考 题

1. 120°∠40°的含义是什么？

2. 褶皱构造有哪两个基本类型？

3. 褶皱构造根据横断面的形态和轴面产状分为哪四种类型？

4. 在褶皱山区，进行工程建设应注意哪些问题？

5. 构造裂隙按力学性质，可分为哪两种类型？

6. 张性裂隙和剪切裂隙各有何不同？

7. 在建筑工程中，对裂隙的评价主要解决哪两个问题？

8. 根据裂隙的成因类型、密度、组数、闭合及填充情况等多方面的因素，将裂隙发育程度等级分为哪些等级？

9. 断层按两盘相对位移情况，将断层分为哪三个基本类型？

10. 正断层与逆断层有什么不同？

11. 断层对建筑工程非常不利，主要有哪些影响？

12. 不整合有各种不同的类型，但基本的有哪两种类型？

13. 不整合对工程有何影响？

14. 一幅地质图应包括哪些内容？

第四章 地 形 地 貌

本章提要与学习目标

　　本章着重介绍了地貌的分级和分类、山岭地貌与山坡的类型、平原地貌的基本类型及特点、河谷地貌的形态要素与河流阶地的类型。同时对地貌的形成和发展、山岭地貌的形态要素也作了简要介绍。

　　通过本章学习，要求学生了解地貌的形成、发展、分类、分级等；掌握山岭地貌的形态要素及山坡的基本类型；了解平原地貌的基本类型及特点；掌握河谷地貌的形态要素，熟悉河流阶地的成因及类型。

　　由于内、外力地质作用的长期进行，在地壳表面形成的各种不同成因、不同类型、不同规模的起伏形态，称为地貌。地貌学是专门研究地壳表面各种起伏形态的形成、发展和空间分布规律的科学。

　　随着地貌学的发展，地形和地貌两个词已被赋予了不同的含义。"地形"通常专指地表既成形态的某些外部特征，如高低起伏、坡度大小和空间分布等，它不涉及这些形态的地质结构，也不涉及这些形态的成因和发展。这些形态在地形图中以等高线表达，地形图通常反映的就是这方面的内容。"地貌"的含义则非常广泛，它不仅包括地表形态的全部外部特征，如高低起伏、坡度大小、空间分布、地形组合及其与邻近地区地形形态之间的相互关系等，更重要的是还包括运用地质动力学的观点，分析和研究这些形态的成因和发展。为了表达这些内容，需要借助于地貌图。地貌图是以地形图为底图，按规定的图例和一定的比例尺，将各种地貌表达在平面图上的一种图件。

　　地貌条件与土木工程的建设及运营有着密切的关系，许多工程项目，如公路、隧道等常穿越不同的地貌单元，经常会遇到各种不同的地貌问题。因此，地貌条件是评价各种土木工程构筑物的地质条件的重要内容之一。为了处理好土木工程与地貌条件之间的关系，就必须学习和掌握一定的地貌知识。

第一节　地貌单元的分级与分类

一、地貌的形成和发展

　　地壳表面的各种地貌都在不断地形成和发展变化，促使地貌形成和发展变化的动力是内、外力地质作用。

　　内力作用主要指地壳的构造运动和岩浆活动。内力作用形成了地壳表面的基本起伏，对地貌的形成和发展起决定性作用，尤其是构造运动，它不仅使地壳岩层因受到强烈的挤压、拉伸或扭动而形成一系列褶皱带和断裂带，而且还在地壳表面造成大规模的隆起区和沉降区。隆起区将形成大陆、高原、山岭；沉降区则形成海洋、平原、盆地。此外，地下岩浆的喷发活动对地貌的形成和发展也有一定的影响。裂隙喷发可形成火山锥和熔岩盖等堆积物，后者的覆盖面积可达数百以至数十万平方公里，厚度可达数百、数千米。内蒙古的汉诺坝高原就是由熔岩盖形成的。内力作用不仅形成了地壳表面的基本起伏，而且还对外力作用的条件、方式及过程产生深刻的影响。例如，地壳上升，侵蚀、剥蚀、搬运等作用增强，堆积作用就变弱；地壳下降，则堆积作用增强，侵蚀、剥蚀、搬运等作用。

外力作用根据其作用过程可分为风化、剥蚀、搬运、堆积和成岩等作用，根据其动力性质可分为风化、重力、风力、流水、冰川、冻融、溶蚀等作用。外力作用对由内力作用所形成的基本地貌形态，不断地进行雕塑、加工，使之复杂化。其总趋势是削高补低，力图把地表夷平，即把由内力作用所造成的隆起部分进行剥蚀破坏，同时把破坏所形成的碎屑物质搬运堆积到由内力作用所造成的低地和海洋中去。但内力作用不断造成地表的上升或下降会不断改变地壳已有的平衡，从而引起各种外力作用的加剧；而在外力作用把地表夷平的过程中，也会改变地壳已有的平衡，从而又为内力作用产生新的地面起伏提供新的条件。

可见，地貌的形成和发展是内、外力地质作用在一定地质地理条件下共同作用的结果。由于内、外力始终处于对立统一的发展过程之中，因而在地壳表面便形成了各种各样的地貌形态。我们现在看到的各种地貌形态，就是地壳在内、外力作用下发展到现阶段的形态表现。

二、地貌的分级与分类

（一）地貌分级

不同等级的地貌其成因不同，形成的主导因素也不同。地貌规模相差悬殊，按其相对大小，并考虑其地质构造条件和塑造地貌的地质营力进行分级，一般可划分为下列五级：

1. 星体地貌

把地球作为一个整体来研究，反映其形态、大小、海陆分布等总体特征，构成星体地貌特征。

2. 巨型地貌

地球上的大陆和海洋，是高度上具有显著差异的两类地貌。大的内海及大的山系也是巨型地貌。它们几乎全是由内力作用形成的，所以又称为大地构造地貌。

3. 大型地貌

如陆地上的山脉、高原、平原、大型盆地；海盆中的海底山脉、海底平原等。大型地貌也主要是由内力作用形成的，往往和大地构造单元（陆地）一致，是地壳长期发展的结果。

4. 中型地貌

大型地貌内的次一级地貌，如河谷以及河谷之间的分水岭、山间盆地等，主要由外力作用造成。内力作用产生的基本构造形态是中型地貌形成和发展的基础，而地貌的外部形态则决定于外力作用的特点。

5. 小型地貌

小型地貌是中型地貌的各个组成部分，如沙丘、冲沟、谷坡阶地等。小型地貌的形态特征，主要取决外力作用，并受岩性的影响。

不同级别的地貌，是以比它高一级的地貌为发展基础，并逐级叠加在一起，构成了一幅相互联系的整体景观。

（二）地貌的分类

1. 地貌的形态分类

地貌的形态分类，就是按地貌的绝对高度、相对高度及地面的平均坡度等形态特征进行分类。表4-1是大陆上山地和平原的一种常见的分类方案。

需要说明的是，在公路工程中，把表4-1中的丘陵进一步划分为重丘和微丘，其中相对高度大于100m的为重丘，小于100m的为微丘。

表4-1 大陆地貌的形态分类

形态类别		绝对高度（m）	相对高度（m）	平均坡度（°）	举 例
山地	高山	＞3500	＞1000	＞25	喜马拉雅山、天山
	中山	3500～1000	1000～500	10～25	大别山、庐山、雪峰山
	低山	1000～500	500～200	5～10	川东平行岭谷、华蓥山
	丘陵	＜500	＜200		闽东沿海丘陵
平原	高原	＞600	＞200		青藏、内蒙古、黄土、云贵高原
	高平原	＞200			成都平原
	低平原	0～200			东北、华北、长江中下游平原
	洼地	低于海平面高度			吐鲁番洼地

2. 地貌的成因分类

目前还没有公认的地貌成因分类方案，根据土木工程的特点，这里主要介绍以地貌形成的主导因素（地质作用）作为分类基础的方案，这个方案比较简单实用。该方案将地貌分为内力地貌和外力地貌两大类，再根据内、外力作用的不同性质，将两大类地貌分为若干类型。

（1）内力地貌。

以内力作用为主所形成的地貌为内力地貌，它又可依据不同的内力地质作用划分为：

1）构造地貌。由地壳的构造运动所造成的地貌为构造地貌，其形态能充分反映原来的地质构造形态。如高地符合于构造隆起和上升运动为主的地区，盆地符合于构造拗陷和下降运动为主的地区。地质构造的形迹是多种多样的，如褶皱山、断块山、单面山等。

2）火山地貌。由火山喷发出来的熔岩和碎屑物质堆积所形成的地貌为火山地貌，如熔岩盖、火山锥、熔岩丘等。

（2）外力地貌。

以外力作用为主所形成的地貌为外力地貌。根据外动力的不同它又分为以下几种：

1）水成地貌。又称为流水地貌，以水的作用为地貌形成和发展的基本因素，是由各种流动水体对地表松散碎屑物的侵蚀、搬运和堆积作用而形成的地貌。水成地貌又可分为面状洗刷地貌、线状冲刷地貌、河流地貌、湖泊地貌与海洋地貌等。水成地貌及其堆积物是陆地上分布最为广泛的地貌类型，对土木工程建筑、农田基本建设、水土保持等具有极其重要的意义。

2）冰川地貌。以冰雪的作用为地貌形成和发展的基本因素。冰川地貌又可分为冰川剥蚀地貌与冰川堆积地貌，前者如冰斗、冰川槽谷等，后者如侧碛、终碛等。

3）风成地貌。以风的作用为地貌形成和发展的基本因素，是由风对地表松散碎屑物的侵蚀、搬运和堆积作用而形成的地貌。所以，风成地貌又可分为风蚀地貌与风积地貌，前者如风蚀洼地、蘑菇石等，后者如新月形沙丘、沙垄等。

4）岩溶地貌。以地表水和地下水的溶蚀作用为地貌形成和发展的基本因素。其所形成的地貌如溶沟、石芽、溶洞、峰林、地下暗河等。

5）重力地貌。以重力作用为地貌形成和发展的基本因素。其所形成的地貌如斜坡上的风化碎屑或不稳定的岩体、土体由于重力作用而产生的崩塌、错落、滑坡及蠕动等。

6）冻土地貌。处于大陆性气候条件下的高纬度极地或亚极地地区以及高山高原地区，由于降水量很少，尽管温度很低，不能形成冰川而广泛发育成冻土，即温度低于摄氏零度并含有冰（冰层或冰块）的土。由多年冻土层中的冻融作用而形成的地貌，称为冻土地貌。如石海、石川、冻融泥流等。

另外，《简明工程地质手册》（中国建筑工业出版社，1998）中则根据地貌的形成因素提出了表4-2所示的分类方法。

表 4-2　　　　　　　　　　　　　　地貌的成因类型

成　因	地　貌　单　元		主　导　地　质　作　用
构造、剥蚀	山地	高山	构造作用为主，强烈的冰川刨蚀作用
		中山	构造作用为主，强烈的剥蚀切割作用和部分的冰川刨蚀作用
		低山	构造作用为主，长期强烈的剥蚀切割作用
	丘陵		中等强度的构造作用，长期剥蚀切割作用
	剥蚀残丘		构造作用微弱，长期剥蚀切割作用
	剥蚀准平原		构造作用微弱，长期剥蚀和堆积作用
山麓斜坡堆积	洪积扇		山谷洪流洪积作用
	坡积裙		山坡面流坡积作用
	山前平原		山谷洪流洪积作用为主，夹有山坡面流坡积作用
	山间凹地		周围的山谷洪流洪积作用和山坡面流坡积作用
河流侵蚀堆积	河谷	河床	河流的侵蚀切割作用或冲积作用
		河漫滩	河流的冲积作用
		牛轭湖	河流的冲积作用或转变为沼泽堆积作用
		阶地	河流的侵蚀切割作用或冲积作用
	河间地块		河流的侵蚀作用
河流堆积	冲积平原		河流的冲积作用
	河口三角洲		河流的冲积作用，间有滨海堆积或湖泊堆积
大陆停滞水堆积	湖泊平原		湖泊堆积作用
	沼泽地		沼泽堆积作用
大陆构造—侵蚀	构造平原		中等构造作用，长期堆积和侵蚀作用
	黄土塬、梁、峁		中等构造作用，长期黄土堆积和侵蚀作用
海成	海岸		海水冲蚀或堆积作用
	海岸阶地		海水冲蚀或堆积作用
	海岸平原		海水堆积作用
岩溶（喀斯特）	岩溶盆地		地表水、地下水强烈的溶蚀作用
	峰林地形		地表水强烈的溶蚀作用
	石穿残丘		地表水的溶蚀作用
	溶蚀准平原		地表水的长期溶蚀作用及河流的堆积作用

续表

成　因	地　貌　单　元		主　导　地　质　作　用
冰川	冰斗		冰川刨蚀作用
	幽谷		冰川刨蚀作用
	冰蚀凹地		冰川刨蚀作用
	冰碛丘陵、冰碛平原		冰川堆积作用
	终碛堤		冰川堆积作用
	冰前扇地		冰水堆积作用
	冰水阶地		冰水侵蚀作用
	蛇堤		冰川接触堆积作用
	冰碛阜		冰川接触堆积作用
风成	沙漠	石漠	风的吹蚀作用
		沙漠	风的吹蚀和堆积作用
		泥漠	风的堆积作用和水的再次堆积作用
	风蚀盆地		风的吹蚀作用
	砂丘		风的堆积作用

第二节　山　岭　地　貌

　　山岭地貌又称山地地貌，由许多山、山脉组成。山岭地貌形状极其复杂，常以山岭地貌的形态要素来描述其形态特征。

一、山岭地貌的形态要素

　　山岭地貌的特点是具有山顶、山坡、山脚等明显的形态要素。

（一）山顶

　　山顶是山岭地貌的最高部分。山顶呈长条状延伸时称山脊。山脊标高较低的鞍部，即相连的两山顶之间较低的山腰部分称为垭口。山顶的形状与岩性和地质构造等条件有着密切关系。一般来说，山体岩性坚硬、岩层倾斜或因受冰川的刨蚀时，多呈尖顶或很狭窄的山脊，如图 4-1（a）所示；在气候湿热、风化作用强烈的花岗岩或其他松软岩石分布地区，岩体经风化剥蚀，多呈圆顶，如图 4-1（b）所示；在水平岩层或古夷平面分布地区，则多呈平顶，如图 4-1（c）所示。方山、桌状山等都是典型的平顶山，如图 4-2 所示。

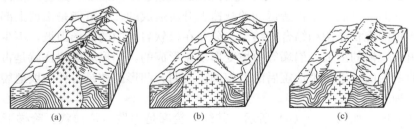

图 4-1　山顶的各种形状
（a）尖顶；（b）圆顶；（c）平顶

（二）山坡

　　山坡是山岭地貌形态的基本要素之一，是山岭地貌的重要组成部分。在山岭地区，山坡

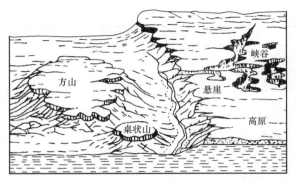

图 4-2　方山和桌状山

分布的地面最广。自然山坡的形成取决于新构造运动、岩性、岩体结构及坡面剥蚀和堆积的演化过程等因素。山坡的外形是各种各样的，但主要包括山坡的高度、坡度和纵向轮廓等。

根据山坡的纵向轮廓和山坡的坡度，山坡可以简略地概括为以下几种类型：

1. 按山坡的纵向轮廓分类

按山坡的纵向轮廓，山坡可分为直线形、凹形、凸形以及复合形山坡等各种类型，如图 4-3 所示。

（1）直线形坡。指山坡的纵向轮廓为直线形状。在野外见到的直线形山坡，一般可概括为三种情况：第一种是山坡岩性单一，经长期的强烈冲刷剥蚀，形成纵向轮廓比较均匀的直线形山坡，其稳定性一般较高；第二种是由单斜岩层构成的直线形山坡，其外形在山岭的两侧不对称，一侧坡度陡峻，另一侧则与岩层层面一致，坡度较均匀平缓，但开挖后遇到的均系顺倾向边坡，在不利的岩性和水文地质条件下，很容易

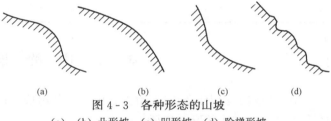

图 4-3　各种形态的山坡

(a)、(b) 凸形坡；(c) 凹形坡；(d) 阶梯形坡

发生大规模的顺层滑坡，因此不宜深挖；第三种是由于山体岩石松软或岩体相当破碎，在气候干寒、物理风化强烈的情况下，经长期剥蚀碎落和坡面堆积而形成的直线形山坡，这种山坡在青藏高原和川西峡谷比较发育，其稳定性最差。

（2）凸形坡。如图 4-3 (a)、(b) 所示，这种山坡上缓下陡，自上而下坡度渐增，下部甚至呈直立状态，坡脚界线明显。这类山坡往往是由于新构造运动加速上升，河流强烈下切所造成。坡体稳定条件主要取决于岩体结构，一旦发生坡体变形破坏，则会形成大规模的崩塌或滑坡事故。凸形坡上部的缓坡可选作公路路基，但应注意考察岩体结构，避免因人工扰动和加速风化导致失去稳定。

（3）凹形坡。如图 4-3 (c) 所示，这种山坡上部陡，下部急剧变缓，坡脚界线很不明显。山坡的凹形曲线可能是新构造运动的减速上升所造成的，也可能是山坡上部的破坏作用与山麓风化产物的堆积作用相结合的结果。分布在松软岩层中的凹形山坡，不少都是在过去特定条件下由大规模的滑坡、崩塌等山坡变形现象形成的，凹形坡面往往就是古滑坡的滑动面或崩塌体的依附面。近年来地震后的地貌调查表明，凹形山坡是各种山坡地貌形态中稳定性比较差的一种。

（4）阶梯形坡。如图 4-3 (d) 所示。其纵向轮廓是山坡为阶梯状。阶梯形山坡有两种不同的情况：一种是由软硬不同的水平岩层或微倾斜岩层组成的基岩山坡，由于软硬岩层的差异风化而形成阶梯状的山坡外形，由于山坡表面剥蚀强烈，覆盖层薄，基岩外露，稳定性一般比较高；另一种是由于山坡曾经发生过大规模的滑坡变形，由滑坡台阶组成的次生阶梯状斜坡。这种斜坡多存在于山坡的中下部，如果其坡脚受到强烈冲刷或不合理的切坡，或者

受到地震的影响，可能引起古滑坡复活，威胁建筑物的稳定。

　　2. 按山坡的纵向坡度分类

　　按照山坡的纵向坡度，山坡可分为：

微坡	山坡坡度＜15°
缓坡	山坡坡度 16°～30°
陡坡	山坡坡度 31°～70°
垂直坡	山坡坡度＞70°

　　需要注意的是，平缓山坡特别是在山坡的一些坳洼部分，通常有厚度较大的坡积物和其他重力堆积物分布，坡面径流也容易在这里汇集，当这些堆积物与下伏基岩的接触面因开挖而被揭露后，遇到不良水文情况，很容易引起堆积物沿基岩顶面发生滑动。

　　（三）山脚

　　山脚指山坡与周围平地的交接处。由于坡面剥蚀和坡脚堆积，使山脚在地貌上一般并不明显，在那里通常有一个起着缓坡作用的过渡地带，如图 4-4 所示。它主要由一些坡积裙、冲积锥、洪积扇及岩堆、滑坡堆积体等流水堆积地貌和重力堆积地貌组成。

图 4-4　山前缓坡过渡地带

二、山岭地貌的类型

山岭地貌可以按形态或成因分类。

（一）形态类型

按形态分类一般是根据山地的海拔高度、相对高度和坡度等特点进行划分，见表 4-1。

（二）成因类型

根据地貌成因，山岭地貌可划分为以下类型：

1. 构造运动形成的山岭

（1）平顶山。平顶山是由水平岩层构成的一种山岭（图 4-2），多分布在顶部岩层坚硬（如灰岩、胶结紧密的砂岩或砾岩）和下卧层软弱（如页岩）的硬软互层发育地区，在侵蚀、溶蚀和重力崩塌作用下，使四周形成陡崖或深谷，由于顶面坚岩抗风化力强而兀立如桌面。由水平硬岩层覆盖其表面的分水岭，有可能成为平坦的高原。

（2）单面山。单面山（见图 4-5），是由单斜岩层构成的沿岩层走向延伸的一种山岭，如图 4-5（a）所示。它常常出现在构造盆地的边缘和舒缓的穹窿、背斜和向斜构造的翼部，其两坡一般不对称。与岩层倾向相反的一坡

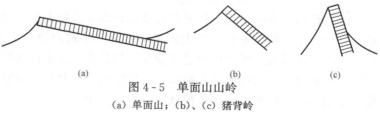

(a)　　　　　　　　　　(b)　　　　　　　　(c)

图 4-5　单面山山岭

（a）单面山；（b）、（c）猪背岭

短而陡，称为前坡。前坡多是经外力的剥蚀作用所形成，故又称为剥蚀坡；与岩层倾向一致的一坡长而缓，称为后坡或构造坡。如果岩层倾角超过 40°，则两坡的坡度和长度均相差不大，山岭外形很像猪背，所以又称为猪背岭，如图 4-5 (b)、(c) 所示。

单面山的发育，主要受构造和岩性控制。如果各个软硬岩层的抗风化能力相差不大，则上下界限分明，前后坡面不对称，上为陡崖，下为缓坡；若软岩层抗风化能力很弱，则陡坡不明显，上部出现凸坡，下部出现凹坡。如果上部坚岩层很薄，下部软弱层很厚，则山脊走线弯曲；反之若上厚下薄，则山脊走线比较顺直，陡崖很高。如果岩层倾角较小，则山脊走线弯曲；反之，若倾角较大，则山脊走线顺直。此外，顺岩层走向流动的河流，河谷一侧坡缓，另一侧坡陡，称为单斜谷。猪背岭由硬岩层构成，山脊走线很平直，顺岩层倾向的河流，可以将岩层切成深狭的峡谷。

(3) 褶皱山。褶皱山是由褶皱岩层所构成的一种山岭。在褶皱形成初期，往往是背斜形成高地（背斜山），向斜形成凹地（向斜谷），地形是顺应构造的，所以称为顺地形 [图 4-6 (a)]。但随着外力剥蚀作用的不断进行，有时地形也会发生逆转现象，背斜因长期遭受强烈剥蚀而形

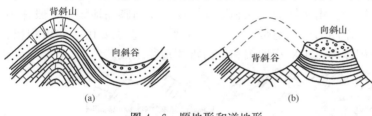

图 4-6　顺地形和逆地形
(a) 顺地形；(b) 逆地形

成谷地，而向斜则形成山岭，这种与地质构造形态相反的地形称为逆地形 [图 4-6 (b)]。一般在年轻的褶皱构造上顺地形居多，在较老的褶皱构造上，由于侵蚀作用进一步发展，逆地形则比较发育。此外，在褶皱构造上还可能同时存在背斜谷和向斜谷，或者演化为猪背岭或单斜山、单斜谷。

由于褶皱构造形态复杂程度不同，褶皱山可分为简单褶皱山和复杂褶皱山。

(4) 断块山。断块山是由断裂变动所形成的山岭。它可能只在山的一侧有断裂，也可能在山的两侧均有断裂。断块山在形成的初期可能有完整的断层面和明显的断层线，断层面构成了山前的陡崖，断层线控制了山脚的轮廓，使山地与平原、或山地与河谷间界线相当明显而且比较顺直。以后由于剥蚀作用的不断进行，断层面便可能遭到破坏而后退，崖底的断层线也被巨厚的风化碎屑物所掩盖。此外，由断层所构成的断层崖，也常受垂直于断层面的流水侵蚀，因而在谷与谷之间就形成一系列断层三角面，如图 3-25 所示。它常是野外识别断层的一种地貌证据。

(5) 褶皱断块山。上述山岭都是由单一的构造形态所形成，这种情况并不多见。更多情况下，山岭常常是由它们的组合形态所构成。由褶皱和断裂构造的组合形态构成的山岭称褶皱断块山，它们是构造运动剧烈和频繁作用的结果。

2. 火山作用形成的山地地貌

火山作用形成的山地，常见者有锥状火山和盾状火山。锥状火山地貌是多次火山活动造成的，火山喷出的岩浆黏性较大而流动性小，冷却后便在火山口附近形成坡度较大的锥形状，由于多次喷发，锥状火山越来越高。如日本的富士山就是锥状火山，高达 3758m。盾状火山是由黏性较小而流动性大的熔岩冷凝形成，故其外形呈基部较大、坡度较小的盾状。冰岛、夏威夷群岛的火山山地地貌就属于盾状火山。

3. 剥蚀作用形成的山岭

这种山岭是在山体地质构造的基础上，经长期外力剥蚀作用所形成的。例如，地表流水侵蚀作用所形成的河间分水岭，冰川刨蚀作用所形成的刃脊、角峰，地下水溶蚀作用所形成的峰林等，都属于此类山岭。由于此类山岭的形成是以外力剥蚀作用为主，山体的构造形态对地貌形成的影响已退居不明显地位，所以此类山岭的形态特征主要取决于山体的岩性、外力的性质及剥蚀作用的强度和规模等因素。

第三节　平　原　地　貌

平原地貌是地壳在升降运动微弱或长期稳定的条件下，经过外力地质作用的充分剥蚀夷平或补平而形成的。平原地貌的形态特点是地势开阔平坦、地表面高低起伏不大。

平原地貌可以按照高程或成因进行分类。按照高程，平原可分为高原、高平原、低平原和洼地，见表 4-1；按照成因，平原可分为构造平原、剥蚀平原和堆积平原。

一、构造平原

此类平原主要是由地壳构造运动形成而又长期保持稳定的结果。其特点是微弱起伏的地面与岩层面一致，堆积物厚度不大，因此其基岩埋藏浅，地下水一般埋藏也较浅。在干旱或半干旱地区，若排水不畅，常易形成盐渍化。

构造平原按成因又可以分为以下两种类型：

1. 海成平原

这种平原是由地壳缓慢上升、海水不断后退所形成，其地形面与岩层面基本一致，上覆堆积物多为泥沙和淤泥，并与下伏基岩一起略微向海洋方向倾斜。其工程地质条件不良。

2. 大陆拗曲平原

这种平原是因地壳沉降使岩层发生拗曲所形成，岩层倾角较大，地形面呈凸状或凹状的起伏形态，其上覆堆积物多与下伏基岩有关，两者的矿物成分很相似。

二、剥蚀平原

剥蚀平原是在地壳上升微弱、地表岩层高差不大的条件下，经外力的长期剥蚀夷平而形成的。其特点是地形面与岩层面不一致，在凸起的地表上，上覆堆积物往往很薄，基岩常裸露于地表，在低洼地段有时覆盖有厚度稍大的残积物、坡积物、洪积物等。

按外力剥蚀作用的动力性质不同，剥蚀平原又可分为河成剥蚀平原、海成剥蚀平原、风力剥蚀平原和冰川剥蚀平原等，其中较为常见的是前两种。河成剥蚀平原是由河流长期侵蚀作用所造成的侵蚀平原，亦称准平原，其地形起伏较大，并向河流上游逐渐升高，有时在一些地方则保留有残丘。海成剥蚀平原是由海流的海蚀作用所造成的，其地形一般极为平缓，并略微向现代海平面倾斜。

剥蚀平原形成后，往往因地壳运动变得活跃，剥蚀作用重新加剧，使剥蚀平原遭到破坏，故其分布面积常常不大。剥蚀平原的工程地质条件一般较好。

三、堆积平原

堆积平原是在地壳缓慢而稳定下降的条件下，由各种外力作用的堆积填平而形成的，其特点是地形开阔平缓，起伏不大，往往分布有厚度很大的松散堆积物。

按外力堆积作用的动力性质不同，堆积平原又可分为河流冲积平原、山前洪积冲积平原、湖积平原、风积平原和冰碛平原，其中较为常见的是前面三种。

　　1. 河流冲积平原

　　河流冲积平原系由河流改道及多条河流共同沉积所形成。它大多分布于河流的中、下游地带，因为在这些地带河床常常很宽，堆积作用很强，且地面平坦，排水不畅，每当雨季洪水易于泛滥，河水溢出河床，其所携带的大量碎屑物质便堆积在河床两岸，形成天然堤。当河水继续向河床以外的广大面积淹没时，流速锐减，堆积面积愈来愈大，堆积物愈来愈细，久而久之便形成了广阔的冲积平原。

　　河流冲积平原地形开阔平坦，是工程建设的理想场地。但其下伏基岩一般埋藏很深，第四纪堆积物很厚，细颗粒多，且地下水位一般较浅，地基土的承载力较低。在地形比较低洼或潮湿的地区，历史上曾是河漫滩、湖泊或牛轭湖，常有较厚的带状淤泥分布。其低洼地面容易遭受洪水淹没。在基础工程建设中应注意选择较有利的工程地质条件，采取可靠的工程技术措施。

　　2. 山前洪积冲积平原

　　山前区是山区和平原的过渡地带，一般是河流冲刷和沉积都很活跃的地区。汛期到来时，山洪急流大都沿着凹形汇水斜坡向下倾泻，具有较大的流量和很大的流速，在流动过程中发生显著的线状冲刷，形成冲沟。当山洪挟带大量的泥砂石块冲出沟口后，由于沟床纵坡变缓，地形开阔，水流分散，流速降低，水的搬运能力骤然减小，所挟带的石块、岩屑、砂砾等粗大碎屑先在沟口堆积下来，较细的泥砂继续随水搬运，多堆积在沟口外围一带。由于山洪长期多次爆发，在沟口一带形成了扇状堆积体，称为洪积扇。洪积扇的规模逐年扩大，相邻沟谷的洪积扇互相连接起来，继续发展而形成面积较大的洪积平原，如我国成都平原就属于山麓洪积扇以外的远处洪积平原。汛期过后，常年流水的河流中冲积物增加并在重力作用下逐渐沉积下来，形成河流冲积层。洪积物或冲积物多沿山麓分布，靠近山麓地形较高，环绕着山前成一狭长地带，形成规模大小不一的山前洪积冲积平原。由于山前平原是由多个大小不一的洪（冲）积扇互相连接而成，因而呈高低起伏的波状地形。在新构造运动上升的地区，堆积物随洪（冲）积扇向山麓的下方移动，使山前洪积冲积平原的范围不断扩大；如果山区在上升过程中曾有过间歇，在山前平原上就产生了高差明显的山麓阶地。

　　山前洪积冲积平原堆积物的岩性与山区岩层的分布有密切关系，其颗粒为砾石、砂，以至粉粒或黏粒。由于地下水埋藏较浅，常有地下水溢出，水文地质条件较差，往往对工程建筑不利。

　　3. 湖积平原

　　湖积平原是由河流注入湖泊时，将所挟带的泥沙堆积在湖底，使湖底逐渐淤高，湖水溢出、干涸而形成的平原。在各种平原中，湖积平原的地形最为平坦。湖积平原中的堆积物，由于是在静水条件下形成的，故淤泥和泥炭的含量较多，其总厚度一般也较大，其中往往夹有多层呈水平层理的薄层细砂或黏土，很少见到圆砾或卵石，且土颗粒由湖岸向湖心逐渐由粗变细。湖积平原地下水一般埋藏较浅。其沉积物由于富含淤泥和泥炭，常具可塑性和流动性，孔隙度大，压缩性高，因此承载力很低。

第四节　河　谷　地　貌

一、河谷地貌的形态要素

河谷是在流域地质构造的基础上，经河流的长期侵蚀、搬运和堆积作用逐渐形成和发展起来的一种地貌。

　　受基岩性质、地质构造和河流地质作用等因素的控制，河谷的形态是多种多样的。在平原地区，由于水流缓慢，多以沉积作用为主，河谷纵横断面均较平缓，河流在其自身沉积的松散沉积层上发育成曲流和岔道，河谷形态与基岩性质和地质构造等关系不大；在山区，由于复杂的地质构造和软硬岩石性质的影响，河谷形态不单纯由水流状态和泥沙因素所控制，地质因素起着更重要的作用，因此河谷纵横断面均比较复杂，具有波状与阶梯状的特点。

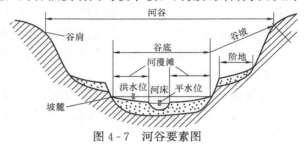

图 4-7　河谷要素图

　　典型的河谷地貌，一般都具有如图 4-7 所示的几个形态部分。

　　1. 谷底

　　谷底是河谷地貌的最低部分，地势一般比较平坦，其宽度为两侧谷坡坡麓之间的距离。谷底上分布有河床及河漫滩。河床是在平水期间为河水所占据的部分，也可称为河槽。河漫滩是在洪水期间才被河水淹没的河床以外的平坦地带。其中每年都能被洪水淹没的部分称为低河漫滩；仅被周期性多年一遇的最高洪水所淹没的部分称为高河漫滩。

　　2. 谷坡

　　谷坡是河谷两侧因河流侵蚀而形成的高出于谷底的坡地。谷坡上部的转折处称为谷缘或谷肩，下部的转折处称为坡麓或坡脚。

　　3. 阶地

　　阶地是沿着谷坡走向呈条带状分布或断断续续分布的阶梯状平台（图 4-8）。阶地可能有多级，此时，从河漫滩向上依次称为一级阶地、二级阶地、三级阶地等。每一级阶地都有阶地面、阶地前缘、阶地后缘、阶地斜坡和阶地坡麓等要素（图 4-8）。阶地面就是阶地平台的表面，它实际上是原来老河谷的谷底，大多向河谷轴部和河流下游微作倾斜。阶地面并不十分平整，因为在它的上面，特

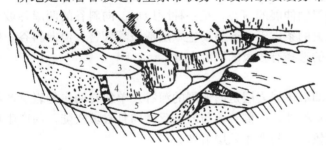

图 4-8　河流阶地要素图

1—阶地后缘；2—阶地面；3—阶地前缘；4—阶地斜坡；5—阶地坡麓

别是在它的后缘，常常由于崩塌物、坡积物、洪积物的堆积而呈波状起伏。此外，地表径流也对阶地面起着切割破坏作用。阶地斜坡是指阶地面以下的坡地，系河流向下深切后所造成。阶地斜坡倾向河谷轴部，并也常为地表径流所切割破坏。阶地一般不被洪水淹没。

　　需要指出的是，并不是所有的河流或河段都有阶地，由于河流的发展阶段以及河谷所处的具体条件不同，有的河流或河段并不带有阶地。

　　二、河谷地貌的类型

　　一般按照河谷发展阶段以及河谷走向与地质构造的关系进行分类。

　　（一）按发展阶段分类

　　河谷的形态各异，按其发展阶段大体可分为未成形河谷、河漫滩河谷和成形河谷三种

类型。

1. 未成形河谷

未成形河谷也叫"V"字形河谷。在河谷发育初期或在河流的上游地段，河谷纵剖面坡度陡、水流速度大，基岩受冲刷强烈，河流处于以垂直侵蚀为主的阶段，由于河流下切很深，故常形成断面为"V"字形的深切河谷。其特点是两岸谷坡陡峻甚至壁立，基岩直接外露，谷底较窄，常为河水充满，谷底基岩上无河流冲积物。

2. 河漫滩河谷

其断面呈"U"字形。它是河谷发展到一定阶段，水的侧蚀作用占主导地位，使谷底不断拓宽而发展形成的。其特点是谷底不仅有河床，而且有河漫滩，河床只占据谷底的最低部分。

3. 成形河谷

河流经历了比较漫长的地质时期后，河谷发育完善并具有复杂的形态而成为成形河谷。谷底有河漫滩、河床；谷坡上常发育有洪水不能淹没的阶地。阶地的存在就是成形河谷的显著特点。关于河流阶地的成因问题，后面将做详细论述。

（二）按河谷走向与地质构造的关系分类

按河谷走向与地质构造的关系，可将河谷分为以下几类：

1. 背斜谷

河谷走向与背斜轴一致，即沿背斜轴伸展的河谷，是一种逆地形。背斜谷多系沿背斜轴纵向张裂隙发育而成，虽然两岸谷坡岩层反倾向，但因纵向构造裂隙发育，谷坡陡峻，故岩体稳定性差，容易产生崩塌。

2. 向斜谷

河谷走向与向斜轴一致，即沿向斜轴伸展的河谷，是一种顺地形。向斜谷的两岸谷坡与岩层同倾向，在不良的岩性和倾角较大的条件下，容易发生顺层滑坡等病害。但向斜谷一般比较开阔，使铁路和公路的路线位置的选择有较大的回旋余地。

3. 单斜谷

河谷走向与单斜岩层走向一致，即沿单斜岩层走向伸展的河谷。单斜谷两岸的岩层产状一致，但在形态上通常具有明显的不对称性，一侧谷坡与岩层反倾向且谷坡较陡，易产生崩塌；另一侧谷坡与岩层同倾向且谷坡较缓，易产生顺层滑坡。

4. 断层谷

河谷走向与断层走向一致，即沿断层走向延伸的河谷。断层谷是自然界发育最多的一种河谷，尤其是较大的断层破碎带，在地表流水的长期侵蚀下，易形成河谷地貌。河谷两岸常有构造破碎带存在，岩体的完整性较差，岸坡岩体的稳定性取决于构造破碎带岩体的破碎程度。

5. 横谷与斜谷

上面四种构造谷，其共同点是河谷的走向与构造线的走向一致，也可以把它们称为纵谷。横谷与斜谷就是河谷的走向与构造线的定向大体垂直或斜交，垂直者称横谷，斜交者称斜谷。它们一般是在横切或斜切岩层走向的横向或斜向断裂构造的基础上，经河流的冲刷侵蚀逐渐发展而成的。就岩层的产状条件来说，它们对谷坡的稳定性是有利的，但谷坡一般比较陡峻，在坚硬岩石分布地段，多呈峭壁悬崖地形。

三、河流阶地

（一）阶地的成因

河流阶地是一种分布较普遍的地貌类型，是在地壳的构造运动与河流的侵蚀、堆积作用的综合作用下形成的。当河漫滩河谷形成之后，由于地壳上升或侵蚀基准面相对下降，原来的河床或河漫滩便受到下切，而没有受到下切的部分就高出于洪水位之上，变成阶地，于是河流又在新的水平面上开辟谷地。此后，当地壳构造运动处于相对稳定期或下降期时，河流纵剖面坡度变小，流水动能减弱，河流垂直侵蚀作用变弱或停止，侧向侵蚀和沉积作用增强，于是又重新拓宽河谷，塑造新的河漫滩。在长期的地质历史过程中，若地壳发生多次升降运动，则引起河流侵蚀与堆积交替发生，从而在河谷中形成多级阶地。紧邻河漫滩的一级阶地形成的时代最晚，一般保存较好；依次向上，阶地的形成时代越老，其形态相对保存越差。因此，河流阶地的存在就成为地壳新构造运动的有力证据。

（二）阶地的类型

由于构造运动和河流地质过程的复杂性，河流阶地的类型是多种多样的。一般根据河流阶地的物质组成、结构和形态特征，将其分为侵蚀阶地、堆积阶地和基座阶地三种主要类型。

1. 侵蚀阶地

侵蚀阶地主要是由河流的侵蚀作用形成的，多由基岩构成，所以又叫基岩阶地。阶地上面基岩直接裸露或只有很少的残余冲积物覆盖。侵蚀阶地多发育在构造抬升的山区河谷中，如图 4-9 所示。

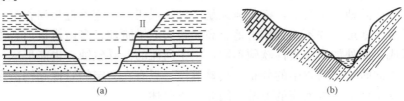

图 4-9　侵蚀阶地
（a）水平岩层上的侵蚀阶地；（b）倾斜岩层上的侵蚀阶地

2. 堆积阶地

堆积阶地是由河流的冲积物组成的，所以又叫冲积阶地或沉积阶地。当河流侧向侵蚀拓宽河谷后，由于地壳下降，逐渐有大量的冲积物发生堆积，待地壳上升，河流在堆积物中下切，从而形成堆积阶地。堆积阶地在河流的中、下游最为常见，如图 4-10 所示。

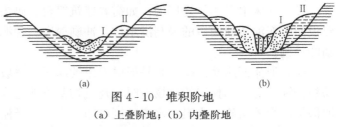

图 4-10　堆积阶地
（a）上叠阶地；（b）内叠阶地

第四纪以来形成的堆积阶地，除下更新统的冲积物具有较低的胶结成岩作用外，一般的冲积物都呈松散状态，容易遭受河水冲刷，影响阶地稳定。

堆积阶地根据形成方式可分为以下两种：

（1）上叠阶地。河流在切割河床堆积物时，切割的深度逐渐减小，侧向侵蚀也不能达到它原有的范围，新阶地的堆积物完全叠置在老阶地的堆积物上，这种形式的堆积阶地称为上迭阶地，如图 4 - 10（a）所示。

（2）内叠阶地。河流切割河床堆积物时，下切的深度大致相同，而堆积作用逐次减弱，每次河流堆积物分布的范围均比前次小，新的阶地套在老的阶地之内，河流切割深度达到基岩面上，这种形式的堆积阶地称为内叠阶地，如图 4 - 10（b）所示。

3. 侵蚀—堆积阶地

侵蚀—堆积阶地（图 4 - 11）上部的组成物质是上部为河流的冲积物，下部为基岩，通

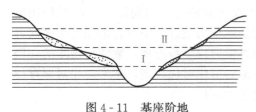

图 4 - 11　基座阶地

常基岩上部冲积物覆盖厚度比较小，整个阶地主要由基岩组成，所以又称为基座阶地。这种阶地是在地壳相对稳定、下降和再度上升的地质过程中逐渐形成的。在地壳相对稳定阶段，河流的侧蚀形成了宽广的河谷，由于地壳下降而在宽广的河谷中形成冲积物的堆积，随着地壳再次上升，河流的下蚀深度超过原有河谷谷底的冲积物厚度，河床下切至基岩内部，这样就形成了基岩顶面覆盖有冲积层的侵蚀—堆积阶地。因此，它分布于地壳经历了相对稳定、下降及后期显著上升的山区。

由此可见，河谷顶面是山岭地区向分水岭两侧的平原作缓慢倾斜的带状谷地。由于河流的长期侵蚀和堆积，成形的河谷一般都存在不同规模的阶地，它一方面缓和了山谷坡脚地形的平面曲折和纵向起伏，另一方面又不易遭受山坡变形和洪水淹没威胁。

以上所讲的阶地都是顺着河流方向延伸的阶地，也称纵阶地。此外，还有与河流方向垂直的阶地，称为横阶地。事实上，横阶地只是一种习惯叫法，它不过是河谷中一种具有一定高差的跌水或瀑布地形，并不能算作阶地。高差很大的横阶地，多由横贯河谷垂直断距很大的断裂构造形成，此外如河床岩性软硬不同，由于河流的差异侵蚀，也能形成一些高差不大的横向阶地。横向阶地在河谷中的分布不具普遍性，只有在一定的岩性和构造条件下才能形成，且多出现在山区河谷或河流的上游，因此不再赘述。

四、河岸地区进行建筑应注意的工程地质问题

（1）必须事先了解河流的最高洪水位，避免在洪水淹没区进行建筑。

（2）应注意河岸的稳定性，不在有崩塌、滑坡等不稳定的地区进行建筑。如必须进行建筑时，要对崩塌、滑坡进行处理。

（3）河床上是不易建厂的，如需要建筑船台、码头以及取水构筑物时，应考虑由于进行建设而改变河床断面后的最高洪水位、冲刷深度、含泥量，同时也要考虑河水对岸边及构筑物的冲刷。

（4）河流凹岸受冲刷，容易形成河岸的崩塌、滑坡，特别是松散沉积物构成的河岸更容易被侵蚀后退，选择建筑物场地时，建筑物距阶地边缘应留有适当的安全距离，必要时应采取保护河岸的措施。为阻止水流冲刷可用丁字坝、导流堤等，加固河岸可用石笼、抛石块及挡墙护岸的措施。河流凸岸是沉积区，一般多可建筑，但可能存在淤积的问题。所以，建筑物场地选在河岸平直的地段较好。

（5）应注意沉积物的产状。冲积层中埋藏有黏性土的透镜体或尖灭层时，能使建筑物产生不均匀沉降。

（6）阶地上有古老河床的沉积物和牛轭湖沉积物时，应注意它们的分布、厚度及工程地

质性质。

（7）冲积层中常有丰富的地下水，可作为供水水源。但在古河床地区，地下水多且水位较高，施工时排水较为困难。另外，地下水可造成河岸阶地边缘的潜蚀现象，影响阶地的稳定性。

关键概念

地形　地貌　阶地

思　考　题

1. 试说明地貌的分级与分类。
2. 地貌按形态和成因可划分哪几种类型？它们各自的特征是什么？
3. 山岭地貌有哪些形态要素？
4. 山坡有哪些基本类型？其特点是什么？
5. 按成因平原地貌可分为哪几种？它们的工程地质条件如何？
6. 河谷地貌及河流阶地各有哪些要素？
7. 何谓河流阶地？它是如何形成的？可划分为哪几种类型？
8. 河岸地区进行建筑应注意的工程地质问题是什么？

第五章　地下水及对工程建设的影响

本章提要与学习目标

地下水是地质环境的组成部分之一，能影响地质环境的稳定性，这对土木工程尤为重要。地基土中的水能降低土的承载力；基坑涌水不利于工程施工；地下水常常是滑坡、地面沉降和地面塌陷发生的主要原因；一些地下水还腐蚀建筑材料。因此，土木工程师必须重视地下水，应掌握地下水的基本知识。

本章学习应达到如下要求：掌握地下水的概念、地下水的类型及地下水主要的化学成分；熟悉潜水、上层滞水、承压水的形成条件及主要工程特征；了解裂隙水、孔隙水、岩溶水的形成条件及特征；正确认识和理解地下水的运动规律；掌握地下水对土木工程建设的影响。

埋藏在地表以下土层及岩石空缝（包括孔隙、裂隙和空洞等）中的水称为地下水（ground water）。储存在岩土空隙中的地下水有气态、液态和固态三种，但以液态为主。当水量少时，水分子受静电引力作用被吸附在碎屑颗粒和岩石的表面成为吸着水；薄层状的吸着水的厚度超过几百个水分子直径时，则为薄膜水。吸着水和薄膜水因受静电引力作用，不能自由移动。当水将岩土空隙填满时，如果空隙较小，则水受表面张力作用，可沿空隙上升形成毛细水；如果空隙较大，水的重力大于表面张力，则水受重力的支配从高处向下渗流，形成重力水。重力水是地下水存在最主要的方式。

地下水是由渗透作用和凝结作用形成的。地下水在重力作用下不停地运动着，运动特点主要决定于岩土的透水性。岩土的透水性又决定于岩土中空隙的大小、数量和连通程度。岩土按其透水性的强弱分为透水的、半透水的和不透水的三类。透水的（有时包括半透水的）岩土层称透水层；不透水的岩土层称隔水层；当透水层被水充满时称含水层。

地下水分布很广，与人们的生产、生活和工程活动的关系也很密切。它一方面是饮用、灌溉和工业供水的重要水源之一，是宝贵的天然资源。但另一方面，它与土石相互作用，会使土体和岩体的强度和稳定性降低，产生各种不良的自然地质现象和工程地质现象，如滑坡、岩溶、潜蚀、地基沉陷、道路冻胀和翻浆等，给工程的建筑和正常使用造成危害。在公路工程的设计与施工中，当考虑路基及隧道围岩的强度与稳定性、桥梁基础的埋置深度、施工开挖中的涌水等问题时，均必须研究地下水的问题，研究地下水的埋藏条件、类型及其活动的规律性，以便采取相应措施，保证结构物的稳定和正常使用。此外，在某些情况下，地下水还会对工程建筑材料如水泥混凝土等产生腐蚀作用，使结构物遭受破坏。因此，工程上对地下水问题向来是十分重视的。通常把与地下水有关的问题称为水文地质问题，把与地下水有关的地质条件称为水文地质条件。

第一节　地下水的物理性质和化学成分

由于地下水在运动过程中与各种岩土相互作用、溶解岩土中可溶物质等原因，使地下水成为一种复杂的溶液。研究地下水的物理性质和化学成分，对于了解地下水的成因与动态，确定地下水对混凝土等的侵蚀性，进行各种用水的水质评价等，都有着实际的意义。

一、地下水的物理性质

地下水的物理性质包括温度、颜色、透明度、嗅（气味）、味（味道）和导电性等。

地下水的温度。地下水的温度变化范围很大。地下水温度的差异，主要受各地区的地温条件所控制。通常随埋藏深度不同而异，埋藏越深的，水温越高。

地下水的颜色决定于化学成分及悬浮物。地下水一般是无色、透明的，但当水中含有某些有色离子或含有较多的悬浮物质时，便会带有各种颜色并显得混浊。如含有高铁的水为黄褐色，含 H_2S 的水为翠绿色，含 Mg^{2+}、Ca^{2+} 离子的水为微蓝色，含腐殖质的水为浅黄色。

透明度。地下水多半是透明的，当水中含有矿物质、机械混合物、有机质及胶体时，地下水的透明度就会改变。

气味。地下水一般是无臭、无味的，但当水中含有硫化氢气体时，水便有臭蛋味，含氯化钠的水味咸，含氯化镁或硫化镁的水味苦。

味道。地下水味道主要取决于地下水的化学成分。含 NaCl 的水有咸味；含 $CaCO_3$ 的水清凉爽口；含 $Ca(OH)_2$ 和 $Mg(HCO_3)_2$ 的水有甜味，俗称甜水；当 $MgCl_2$ 和 $MgSO_4$ 存在时，地下水有苦味。

地下水的导电性。地下水导电性取决于所含电解质的数量与性质（即各种离子的含量与离子价），离子含量越多，离子价越高，则水的导电性越强。

二、地下水的主要化学成分

地下水的化学成分很复杂。在地壳中分布最广的元素，一般说来地下水中也是最常见的，但有一些元素如氯等则相反，在地壳中很少，而在地下水中则大量存在。这是与这些元素在水中的迁移性能有关的。

1. 主要离子及化合物

地下水中分布最广、含量最多的离子是钠（Na^+）、钾（K^+）、镁（Mg^{2+}）、钙（Ca^{2+}）氯（Cl^-）、硫酸根（SO_4^{2-}）、重碳酸根（HCO_3^-）七种。气体有二氧化碳（CO_2），化合物有氧化铁（Fe_2O_3）等。

2. 氢离子浓度（pH 值）

氢离子浓度是指水的酸碱度，用 pH 值表示。$pH = -lg[H^+]$。根据 pH 值可将水分为五类，见表 5-1。

地下水的氢离子浓度主要取决于水中 HCO_3^-、CO_3^{2-} 和 H_2CO_3 的数量。自然界中大多数地下水的 pH 值在 6.5～8.5 之间。

表 5-1　　　　水按 pH 值的分类

水的分类	强酸性水	弱酸性水	中性水	弱碱性水	强碱性水
pH 值	<5	5～7	7	7～9	>9

氢离子浓度为一般酸性侵蚀指标。酸性侵蚀是指酸可分解水泥混凝土中的 $CaCO_3$ 成分，其反应式为

$$2CaCO_3 + 2H^+ \rightarrow Ca(HCO_3)_2 + Ca^{2+}$$

3. 矿化度

地下水中所含各种离子、分子和化合物的总量称为矿化度（degree of mineralization），以每升水中所含克数（g/L）表示。它表示水的矿化程度。通常以在 $105 \sim 110℃$ 温度下将水蒸干

表 5-2　　水按矿化度的分类

水的类别	淡水	微咸水（低矿化水）	咸水（中等矿化水）	盐水（高矿化水）	卤水
矿化度	<1	1～3	3～10	10～50	>50

后所得干涸残余物的含量来确定。根据矿化程度可将水分为五类，见表 5-2。

矿化度与水的化学成分之间有密切的关系：淡水与微咸水常以 HCO_3^- 为主要成分，称重碳酸盐水；咸水常以 SO_4^{2-} 为主要成分，称硫酸盐水；盐水与卤水则往往以 Cl^- 为主要成分，称氯化物水。

高矿化水能降低水泥混凝土的强度，腐蚀钢筋，促使混凝土分解，故拌和混凝土时不允许用高矿化水，在高矿化水中的混凝土建筑亦应注意采取防护措施。

4. 水的硬度

水中 Ca^{2+}、Mg^{2+} 的总含量称为总硬度。将水煮沸后，水中一部分 Ca^{2+}、Mg^{2+} 的重碳酸盐因失去 CO_2 而生成碳酸盐沉淀下来，致使水中的 Ca^{2+}、Mg^{2+} 的含量减少，由于沸煮而减少的这部分 Ca^{2+}、Mg^{2+} 的总含量称为暂时硬度。其反应式为

$$Ca^{2+} + 2HCO_3^- \rightarrow CaCO_3 + H_2O + CO_2$$
$$Mg^{2+} + 2HCO_3^- \rightarrow MgCO_3 + H_2O + CO_2$$

总硬度与暂时硬度之差称为永久硬度，相当于煮沸时未发生碳酸盐沉淀的那部分 Ca^{2+}、Mg^{2+} 的含量。

我国采用的硬度表示法有两种：一种是德国度，每一度相当 1L 水中含有 10mg 的 CaO 或 7.2mg 的 MgO；另一种是每升水中 Ca^{2+} 和 Mg^{2+} 的毫摩尔数。1毫摩尔硬度＝2.8 德国度。根据硬度可将水分为五类，见表 5-3。

表 5-3　　水按硬度的分类

水的类别		极软水	软水	微硬水	硬水	极硬水
硬度	Ca^{2+} 和 Mg^{2+} 的毫摩尔数/L	<1.5	1.5～3.0	3.0～6.0	6.0～9.0	>9.0
	德国度	<4.2	4.2～4.8	8.4～16.8	16.8～25.2	>25.2

5. 气体

地下水中的主要气体成分有 O_2、N_2、CO_2 和 H_2S。一般情况下，地下水中气体含量只有几毫克/升～几十毫克/升。地下水中的氧气和氮气主要来自于大气层，它们随同大气降水及地表水补给地下水。地下水中溶解氧含量越高，越利于氧化作用。

地下水处在与大气较为隔绝的环境中，当有有机质存在时，由于微生物的作用，SO_4^{2-} 将还原成 H_2S。因此，H_2S 一般出现于封闭地质构造的地下水中，如油田水中。

植物根系的呼吸作用及有机质残骸的发酵作用，会在包气带水中产生 CO_2，这种由有机物的氧化产生的 CO_2 随同水一起入渗补给地下水，因此，浅部地下水主要含有这种成因的 CO_2。含碳酸盐类的岩石，在深部高温的影响下，会分解成 CO_2，即

$$CaCO_3 \xrightarrow{高温} CaO + CO_2$$

由于近代工业的发展，大气中人为产生的 CO_2 有显著的增加，尤其在某些集中的工业

区，补给地下水的降水中 CO_2 含量往往很高。

地下水中 CO_2 的含量越多，其溶解碳酸盐类的能力也越强。

6. 胶体成分及有机质

以氮、氢、氧为主的有机质，经常以胶体的方式存在于地下水中。大量有机质的存在，有利于还原作用的进行，从而使地下水的化学成分发生变化。很难以离子状态溶于水的化合物也往往以胶体状态存在于地下水中，其中分布最广的是 $Fe(OH)_2$、$Al(OH)_3$ 和 SO_2。

第二节　地下水的基本类型与特征

一、地下水分类

地下水受诸多因素的影响，各类因素的组合更是错综复杂，因此，出于不同的目的或角度，人们提出了各种各样的分类。概括起来主要有两种：一种是根据地下水的某种单一的因素或某一种特征进行分类，如按硬度分类、按地下水起源分类等；另一种是根据地下水的若干特征综合考虑进行分类，如按地下水埋藏条件分类。

（一）地下水按起源分类

地下水按起源可分为渗入水、凝结水、埋藏水和岩浆水四类。

1. 渗入水

渗入水由大气降水或地表水渗入岩石空隙而成。

2. 凝结水

单位体积空气实际所包含的气态水量以 g/cm^3 为单位，称为空气的绝对湿度。饱和湿度是随温度而变的，温度愈高，空气中所能容纳的气态水愈多，饱和湿度便愈大。温度降低时饱和湿度随之降低，形成凝结水。

3. 埋藏水

在封闭的地质构造中，各类沉积物将沉积时所包含的水分长期埋藏保存下来即形成埋藏水。在高温影响下它们又可从矿物中析出，成为自由状态的水，即再生水。

4. 岩浆水

岩浆水又称初生水，是岩浆冷凝时析出的水。

（二）地下水按埋藏条件和含水性质分类

1. 按地下水埋藏条件的分类

地下水按埋藏条件可分为包气带水（包括土壤水和上层滞水）、潜水、承压水（图5-1）。

2. 按含水层性质分类

按含水层性质地下水可分为孔隙水、裂隙水、岩溶水（或喀斯特水）。

根据上述两种分类可组合成表5-4所列的几种类型的地下水，如孔隙潜水、裂隙承压水等。

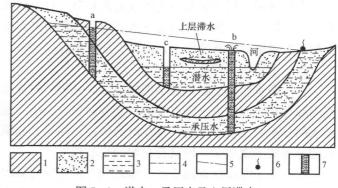

图5-1　潜水、承压水及上层滞水
1—隔水层；2—透水层；3—饱水部分；4—潜水位；
5—承压水测压水位；6—上升泉；7—水井

表 5 - 4　　　　　　　　　　　　　　地 下 水 分 类 表

地 下 水	孔 隙 水	裂 隙 水	岩溶水（喀斯特水）
包气带水	土壤水及季节性的局部隔水层以上的重力水	裂隙岩层中局部隔水层上部季节性存在的水	可溶岩层中季节性存在的悬挂水
潜水	各种成因类型的松散沉积物中的水	裸露于地表的裂隙岩层中的水	裸露的可溶岩层中的水
承压水	由松散沉积物构成的山间盆地、山间平原及平原中的深层水	构造盆地、向斜或单斜构造中层状裂隙岩层中的水、构造破碎带中的水、独立裂隙系统中的脉状水	构造盆地、向斜或单斜构造的可溶岩层中的水

二、各类地下水的特征

（一）包气带水

包气带水处于地表面以下的包气带岩土层中（图 5 - 2）。包气带水主要是土壤水和上层滞水。

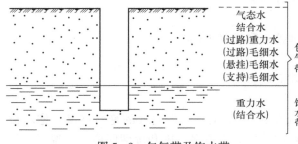

图 5 - 2　包气带及饱水带

1. 土壤水

埋藏于包气带土壤中的水称土壤水，它主要以结合水和毛细水形式存在，靠大气降水的渗入、水汽的凝结及潜水由下而上的毛细作用补给。大气降水向下渗入必须通过土壤层，这时渗入水的一部分保持在土壤层里，成为所谓的田间持水量（实际就是土壤层中最大悬挂毛细水量），多余的部分呈重力水向下补给潜水。土壤水主要消耗于蒸发，水分的变化相当剧烈，受大气条件的控制。当土壤层透水性不好，气候又潮湿多雨或地下水位接近地表时，易形成沼泽，称沼泽水。当地下水面埋藏不深，毛细管可达到地表时，由于土壤水分强烈蒸发，盐分不断积累于土壤表层，则形成土壤盐渍化。

2. 上层滞水

（1）上层滞水含义

在包气带内局部隔水层上形成的饱和带水称上层滞水（stagnant groundwater）。上层滞水是一种局部的、暂时性的地下水。当透水层中夹有不透水层或弱透水层的透镜体时，地表水便可下渗聚集于透镜体上，成为上层滞水。

（2）上层滞水特征

上层滞水多位于距地表不深的地方，分布区与补给区一致，分布范围一般不大。其分布范围和存在时间取决于隔水层的厚度和面积的大小。如果隔水层的厚度小、面积小，则上层滞水的分布范围较小，而且存在时间较短；相反，如果隔水层的厚度大、面积大，则上层滞水的分布范围就较大，而且存在时间也较长。

由于上层滞水接近地表且分布范围有限，因此其水量受气候因素的影响很大，动态变化极不稳定。雨季或融雪期水量增大，水位升高，并且会有一部分水向隔水层边缘流去补给潜水；旱季则水量大幅度减少，水位迅速降低，甚至可能被全部蒸发和下渗掉。

（3）上层滞水与工程关系

上层滞水接近地表，可使地基土强度减弱。在寒冷的北方地区，则易引起道路的冻胀和翻浆。此外，由于其水位变化幅度较大，故常给工程的设计、施工带来困难。

（二）潜水

1. 潜水的含义

自地表向下第一个连续稳定隔水层之上的含水层中，具有自由水面的重力水称潜水（phreatic water）（图5-3）。潜水一般是存在于第四纪松散沉积物的孔隙中（孔隙潜水）及出露地表的基岩裂隙和溶洞中（裂隙潜水和岩溶潜水）。

潜水的自由水面称为潜水面（phreatic sur-face），潜水面的标高称为潜水位（phreatic lev-el）；潜水面至地面的垂直距离称为潜水埋藏深

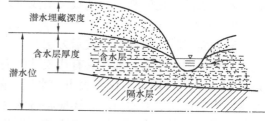

图5-3　潜水埋藏示意图

度；由潜水面往下到隔水层顶板之间充满重力水的部分称为含水层厚度（图5-3），它随潜水面的变化而变化。

2. 潜水的特征

潜水的埋藏条件，决定了潜水具有以下特征：

（1）潜水通过包气带与地表相通，所以大气降水和地表水可直接渗入补给潜水，成为潜水的主要补给来源。一般情况下，潜水分布区与补给区是一致的，但也可不一致，如在河谷、山前平原地区的孔隙潜水分布区与补给区基本一致；而山区的裂隙潜水、岩溶潜水则不一定一致。

（2）潜水的埋藏深度和含水层的厚度受气候、地形和地质条件的影响，变化甚大。在强烈切割的山区，埋藏深度可达几十米甚至更深，含水层厚度差异也大。而在平原地区，埋藏深度较浅，通常为数米至十余米，有时可为零，含水层厚度差异也小。潜水的埋藏深度和含水层的厚度不仅因地而异，就是在同一地区，也随季节不同而有显著变化。在雨季，潜水面上升，埋藏深度变小，含水层厚度随之加大，旱季则相反。

（3）潜水具有自由表面，在重力作用下，自水位较高处向水位较低处渗流，流动的快慢取决于含水层的渗透性能和潜水面的水力坡度。潜水面的形状是潜水的重要特征之一。它一方面反映外界因素对潜水的影响，另一方面也反映潜水的特点，如流向、水力坡度等。一般情况下，潜水面不是水平的，而是向排泄区倾斜的曲面，起伏大体与地形一致，但较地形平缓。一个地区的潜水，只有获得大气降水入渗补给，并有水文网切割，潜水排泄出地表时才能形成潜水分水岭（图5-3）。潜水分水岭的形状在铅直剖面上为一上拱的半椭圆曲线。潜水分水岭位置决定于分水岭两侧的河水位，当河水位同高，岩性又均匀时，分水岭在中间；不同高时，分水岭偏向高水位的一边，甚至可以消失。

潜水面的形状和坡度还受含水层岩性、厚度、隔水底板起伏的影响。当含水层的岩性和厚度沿水流方向发生变化时，潜水的形状和坡度也相应地发生变化。在透水性增强或厚度增大的地段，潜水流中途受阻，在此地段上水流厚度变薄，潜水面可接近地表，甚至溢出地面成泉。

（4）潜水的排泄主要有垂直排泄和水平排泄两种方式。在埋藏浅和气候干燥的条件下，

潜水通过上覆岩层不断蒸发而排泄时，称为垂直排泄。垂直排泄是平原地区与干旱地区潜水排泄的主要方式。潜水以地下径流的方式补给相邻地区含水层，或出露于地表直接补给地表水时，称为水平排泄。水平排泄方式在地势比较陡峻的河流中、上游地区最为普遍。由于水平排泄可使溶解于水中的盐分随水一同带走，不容易引起地下水矿化度的显著变化，所以山区潜水的矿化度一般较低。而垂直排泄时，因只有水分蒸发，并不排泄水中的盐分，结果便导致水量消耗，潜水矿化度升高。因此，在干旱和半干旱的平原地区，潜水矿化度一般较高。若潜水的矿化度高，而埋藏又很浅时，则往往促使土壤盐渍化的发生。

3. 潜水面的表示方法

潜水面形状一般有两种表示方法：

一种是剖面图法，即在具有代表性的剖面线上，按一定比例尺绘制水文地质剖面图 ［图5-4（b）］。在该图上不仅要表明含水层、隔水层的岩性及厚度的变化情况以及各层的层位关系、构造特征等地质情况，还应将各水文地质点（钻孔、井、泉等）标于图上，并标出上述各点同一时期的水位，绘出潜水面的形状。

另一种是等水位线图法，即绘制等水位线。等水位线图（contour map）即潜水面的等高线图，就是潜水面上标高相等各点的连线图 ［图5-4（a）］。它是以一定比例尺的地形等高线图作底图，按一定的水位间隔，将某一时间潜水位相同的各点连成不同高程的等水位线而构成。由于潜水等水位线图能够表明潜水的埋藏条件、埋藏深度、流向、含水层厚度及其动态变化等，所以在工程上有很大的实用价值，是评价工程所在地区水文地质条件的重要图件。

根据潜水等水位线图，可以解决下列实际问题。

（1）确定潜水流向。潜水自水位高的地方向水位低的地方流动，形成潜水流。在等水位线图上，垂直于等水位线的方向，即为潜水的流向，如图5-4（a）箭头所指的方向。

（2）计算潜水的水力坡度。在潜水流向上取两点的水位差除以两点间的距离，即为该段潜水的水力坡度（近似值）。图5-4（a）上A、B两点的水位差为1m，AB段的距离为240m，则AB间的水力坡度J_{AB}为

$$J_{AB} = \frac{76-75}{240} \times 100\% = 0.42\%$$

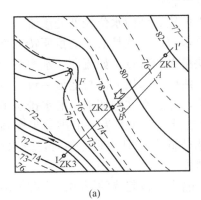

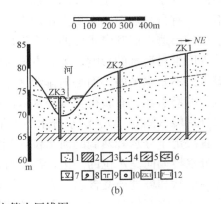

(a)　　　　　　　　　　　　　　　　　　(b)

图5-4　潜水等水压线图

(a) 潜水等水位线平面图；(b) 水文地质剖面图

1—砂土；2—黏性土；3—地形等高线；4—潜水等水位线；5—河流及流向；6—潜水流向；7—潜水面；
8—下降泉；9—钻孔（剖面图）；10—钻孔（平面图）；11—钻孔编号；12—I—I′剖面线

（3）确定潜水与地表水之间的关系。如果潜水流向指向河流，则潜水补给河水［图 5 - 5 （a）、（c）］；如果潜水流向背向河流，则潜水接受河水补给［图 5 - 5（b）］。

（4）确定潜水的埋藏深度。等水位线图应绘于附有地形等高线的图上。某一点的地形标高与潜水位之差即为该点潜水的埋藏深度，如图 5 - 4（a）所示，F 点潜水的埋藏深度等于 2m。

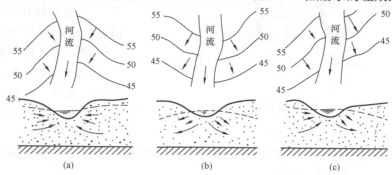

图 5 - 5　潜水与地表水之间的关系

4. 潜水与工程的关系

潜水的分布极广，与土木工程的关系也最为密切。潜水对建筑物的稳定性和施工均有影响。一方面，建筑物的地基最好选在潜水位深的地带或使基础浅埋，尽量避免水下施工；另一方面，潜水对施工有危害，宜用排水、降低水位、隔离等措施处理。

（三）承压水

1. 承压水的含义

充满于两个隔水层之间的含水层中承受水压力的地下水称为承压水（confined water）。其上部不透水层的底界面和下部不透水层的顶界面，分别称为隔水顶板和隔水底板。隔水顶板和隔水底板分别构成承压含水层的顶、底界面。当地下水充满承压含水层时，地下水在高水头补给的情况下，具有明显的承压特性，如果钻孔穿过承压含水层的上覆隔水层，水便会沿钻孔显著上升，甚至喷出地表。所以，承压水又常称为自流水。由于承压水具有这一特点，因而是良好的水源。承压水有时也会给地下工程、坝基稳定等造成很大困难。

2. 承压水的埋藏类型

承压水的形式主要取决于地质构造。形成承压水的地质构造主要是向斜构造和单斜构造。

（1）向斜构造。

向斜构造是承压水形成和埋藏最有利的地方。埋藏有承压水的向斜构造又称承压盆地或自流盆地。一个完整的自流盆地一般可分为三个区，即补给区、承压区和排泄区（图 5 - 6）。

补给区，含水层在自流盆地边缘出露于地表，它可接受大气降水和地表水的补给，所以称为承压水的补给区。在补给区，由于含水层之上并无隔水层覆盖，故地下水具有与潜水相似的性质。承压水压力水头的大小，在很大程度上取决于补给区出露地表的标高。

承压区，位于自流盆地的中部，是自流盆地的主体，分布面积较大。这里，地下水由于承受水头压力，当钻孔打穿隔水层顶板时，地下水即沿钻孔上升至一定高度，这个高度称为承压水位。承压水位至隔水层顶板底面的距离即为该处的压力水头。承压区压力水头的大小各处不一，取决于含水层隔水顶板与承压水位间的高差，隔水顶板的相对位置越低，压力水

头越高。当水头高出地面高程时，水便沿钻孔涌出地表，

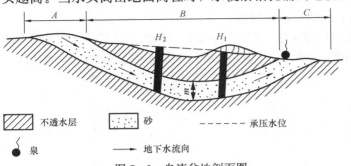

图 5-6　自流盆地剖面图
A—补给区；B—承压区；C—排泄区；
H_1—负水区；H_2—正水头；m—承压层厚度

这种压力水头称正水头；如果地面高程高于承压水位，则地下水只能上升到地面以下的一定高度，这种压力水头称负水头（图 5-6）。地面标高与承压水位的差值称地下水位埋深。承压水位高于地表的地区称做自流区，在此区，凡钻到承压含水层的钻孔都形成自流井，承压水沿钻孔上升喷出地表。将各点承压水位连成的面称承压水面。

排泄区，与承压区相连，高层较低，常位于低洼地区。承压水在此处或补给潜水含水层，或向流经其上的河流排泄，有时则直接出露地表形成泉水流走。

（2）单斜构造。

埋藏有承压水的单斜构造称为承压斜地或自流斜地。形成自流斜地的构造条件，可以是含水层下部被断层截断（图 5-7），也可以是含水层下部在某一深度尖灭，即岩性发生变化（图 5-8）。

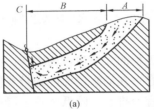
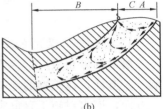

(a)　　　　　　　　　(b)

图 5-7　断层构造形成的承压斜地
(a) 断层导水；(b) 断层不导水
1—隔水层；2—含水层；3—地下水流向；4—导水断层；
5—不导水断层；6—泉；A—补给区；B—承压区；C—排泄区

承压斜地的透水层和隔水层相同分布时，地下水充满在两个隔水层之间的透水层中，形成承压水，这种情形常出现在倾斜的基岩中和第四纪松散堆积物组成的山前斜地中（图 5-9）。

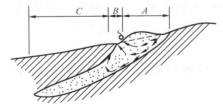
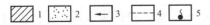

图 5-8　岩层尖灭形成的承压斜地
1—黏土层；2—砂层；3—地下水流向；
4—地下水位；5—泉；A—补给区；
B—排泄区；C—承压区

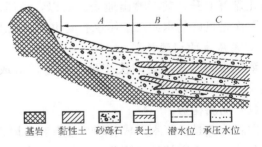

图 5-9　山前承压斜地示意图
A—只有潜水位区；B—潜水位与承压水位重合区；
C—承压水位高于潜水位区

3. 承压水的补给和排泄

承压水的上部由于有连续隔水层的覆盖，大气降水和地表水不能直接补给整个含水层，只有在含水层直接出露的补给区，方能接受大气降水或地表水的补给，所以承压水的分布区和补给区是不一致的，一般补给区远小于分布区。另一方面，由于受隔水层的覆盖，所以受

气候及其他水文因素的影响也较小，故其水量变化不大，且不易蒸发。因此，地下水的动态也是比较稳定的。此外，由于承压水具有水头压力，所以它不仅可以由补给区流向自流盆地或自流斜地的低处，而且可以由低处向上流至排泄区，并以上升泉的形式出露于地表，或者通过补给该区的潜水和地表水而得到排泄。

在接受补给或进行排泄时，承压含水层对水量增减的反应与潜水含水层不同。潜水获得补给时，随着水量增加，潜水位抬高，含水层厚度加大；进行排泄时，水量减少，水位下降，含水层厚度变薄。对于潜水来说，含水层中的水，不承受除大气压力以外的任何压力。承压含水层则不同，由于隔水顶底板的限制，水充满于含水层中呈承压状态，上覆岩土层的压力方向向下，含水层骨架的承载力及含水层中水的浮托力方向向上，方向相反的力彼此相等，保持平衡。当承压含水层接受补给时，水量增加，静水压力加大，含水层中的水对上覆岩土层的浮托力随之增大。此时，上覆岩土层的压力并未改变，为了达到新的平衡，含水层空隙扩大，将含水层骨架原来所承受的一部分上覆岩土层的压力转移给水来承受，从而测压水位上升，承压水头加大。由此可见，承压含水层在接受补给时，主要表现为测压水位上升，而含水层的厚度加大很不明显。增加的水量通过水的压密及空隙的扩大而储容于含水层之中。当然，如果承压含水层的顶底板为半隔水层，测压水位上升时，一部分水将由含水层通过半隔水层转移到相邻含水层中去。

因排泄而减少水量时，承压含水层的测压水位降低。这时，上覆岩土层的压力并无改变，为了恢复平衡，含水层空隙必须作相应的收缩，将水少承受的那部分压力转移给含水层骨架承受。当顶底板为半隔水层时，还将有一部分水由半隔水层转移到含水层中。

上面的说法并不仅仅是理论上的解释，完全可以从实际现象中得到证实。例如，铁道旁边的承压水井，在火车通过时可以看到井中水位上升，火车通过后，水位又恢复正常。这说明，由于火车的重量加大了对含水层的压力，含水层骨架压缩，从而使水承受了更多的压力。

承压水的水质变化很大，从淡水到含盐量很高的卤水都有。承压水的补给、径流、排泄条件越好，参加水循环越是积极，水质就越接近入渗的大气降水及地表水，为含盐量低的淡水。补给、径流、排泄条件越差，水循环越是缓慢，水与含水岩层接触时间越长，从岩层中溶解得到的盐类越多，水的含盐量就越高。有的承压水含水层，与外界几乎不发生联系，保留着经过浓缩的古海水，含盐量可以达到数百克/升。

4. 承压水的特征

(1) 承压水的重要特征是不具自由水面，并承受一定的静水压力。承压水承受的压力来自补给区的静水压力和上覆地层压力。由于上覆地层压力是恒定的，故承压水压力的变化与补给区水位变化有关。当接受补给水位上升时，静水压力增大。水对上覆地层的浮托力随之增大，从而承压水头增大，承压水位上升；反之，补给区水位下降，承压水位随之降低。

(2) 承压含水层的分布区与补给区不一致，常常是补给区远小于分布区，一般只通过补给区接受补给。

(3) 承压水的动态比较稳定，受气候影响较小。

(4) 承压水不易受地面污染。

5. 承压水面

承压水面即承压水的水压面，简称水压面。它与潜水面不同，潜水面是一实际存在的面，而承压水面是一个势面。水压面的深度并不反映承压水的埋藏深度。承压水面的形状在剖面上可以是倾斜直线，也可能是曲线型的。

承压水面在平面图上用承压水等水压线图表示。所谓等水压线图（pressure-surface map）就是承压水面上高程相等点的连线图［图 5 - 10 （a）］。如上所述，在承压区用钻孔揭露含水层时，承压水会上升到一定高度，承压水头系指从上覆隔水层顶板的底面到钻孔中承压水位的垂直距离。如果在承压区打许多钻孔，并把测得的承压水头绝对标高相等的点连接起来，即可得到承压水的等水压线图。等水压线图反映了打钻孔后该地区所能形成的等压水面，该等压水面所在的标高就是该处打钻孔后水头所能达到的高度。

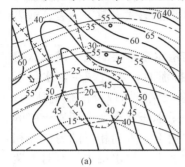
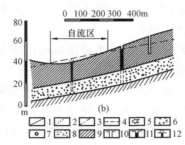

图 5 - 10 承压水等水压线图

(a) 等水压线图；(b) 水文地质剖面图

1—地形等高线；2—承压含水层顶板等高线；3—等水压线；
4—承压水位线；5—承压水流向；6—自流区；
7—井；8—含水层；9—隔水层；10—干井；
11—非自流井；12—自流井

等水压线图上必须附有地形等高线和顶板等高线。后者表明钻孔钻到什么深度能见到承压水（初见水位）。当深挖隧道、基坑或桥基时，如果穿透了承压水含水层的上覆隔水层，水就会大量涌出，给工程造成困难和危害。

根据等水压线图可以确定承压含水层的下列重要指标：

（1）承压水位距地表的深度。

（2）承压水头的大小。

（3）承压水的流向。

6. 承压水与工程的关系

规模大的承压含水层是很好的供水水源。承压水存在建筑物地基内时，由于它的承压力，开挖基坑可能使地基产生隆起和破坏。

（四）孔隙水

孔隙水（pore-space water or pore water）主要赋存于松散沉积物颗粒之间，是沉积物的组成部分。在特定沉积环境中形成的不同类型沉积物，受到不同水动力条件的制约，其空间分布、粒径与分选均各具特点，从而控制着赋存于其中的孔隙水的分布以及它与外界的联系。下面按沉积物的成因类型讨论孔隙水。

1. 洪积物（diluvium）中的孔隙水

洪流在出山口形成的洪积扇地貌反映了洪积物的沉积特征。洪积扇（diluvium fan）的顶部，多为砾石、卵石、漂石等，沉积物不显层理，或仅在其间所夹细粒层中显示层理；洪积扇的中部以砾、砂为主，并开始出现黏性土夹层，层理明显；洪积扇没入平原的部分，则为砂和黏性土的互层（图 5 - 11）。

洪积物的沉积特征决定了其中的地下水具有明显的分带现象。洪积扇顶部，十分有利于吸收降水及山区汇流的地表水，是洪积物中地下水的主要补给区。此带地势高、潜水埋藏深、岩土层透水性好、地形坡降大、地下径流强烈、蒸发微弱而溶滤强烈，故形成低矿化度水。此带称为潜水深埋带或盐分溶滤带。洪积扇中部，地形变缓、沉积物颗粒变细，岩层透水性变差，地下水径流受阻，潜水壅水而水位接近地表，形成泉和沼泽。径流途径加长，蒸发加强，水的矿化度增高。此带称为溢出带，或盐分过路带。现代洪积扇的前缘即止于此带，向下即没入平原之中。溢出带向下，潜水埋深又略增大，蒸发成为地下水的主要排泄方式，水的矿化度显著增大，在干旱地带土壤发生盐渍化。此带称为潜水下沉带或盐分堆积带。

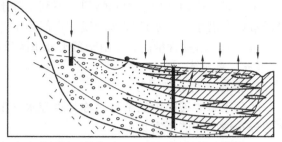

图 5-11 洪积扇水文地质示意剖面

1—基岩；2—砾石；3—砂；4—黏性土；5—潜水位；6—承压水侧压水位；7—地下水及地表水流向；8—降水补给；9—蒸发排泄；10—下降流；11—井，涂黑部分有水

大致由溢出带向下，黏性土与砂砾相间成层，深部出现承压水。承压水接受洪积扇顶部潜水的补给，并顺着含水层流向下游，最终上升泄入河、湖或海中。

2. 冲积物（alluvium）中的孔隙水

冲积物是经常性流水形成的沉积物。河流的上、中、下游沉积特征不同。河流的上游处于山区，卵砾石等粗粒物质及上覆的黏性土构成阶地，赋存潜水。雨季河水位常高于潜水位而补给后者，雨后潜水泄入河流。枯水期河流流量，实际上是地下水的排泄量。

河流的下游处于平原地区，地面坡降变缓，河流流速变小，河流以堆积作用为主，致使河床淤积变浅。随着河床不断淤积抬高，常常造成河流游动改道，形成许多埋藏及暴露的古河道，其中多沉积粉细砂。暴露于地表的古河道，在改道点与现代河流相联系而接受其补给，其余部位由于砂层透水性好，利于接受降水补给，水量丰富。古河道由于地势较高，潜水埋深大，蒸发较弱，故地下水水质良好。古河道两侧岩性变细、地势变低、潜水埋深变浅、蒸发变强、矿化度增大，在干旱地区多造成土壤盐渍化。

3. 湖积物（lacustrine sediment）中的孔隙水

湖积物属于静水沉积。颗粒分选良好，层理细密，岸边沉积粗粒物质，向湖心逐渐过渡为黏性土。这种沉积特点决定了除了古湖泊岸边的潜水含水层外，其湖心地带由于砂砾石层与黏性土层互层而多形成承压含水层。范围广大的湖积承压含水层，主要通过注入古湖泊的条带状古河道获得补给。

4. 滨海三角洲沉积物（littoral-delta sediment）中的孔隙水

河流注入海洋后流速顿减，且因其脱离河道束缚而流散，随着流速远离河口而降低，沉积物的颗粒粒径也变细，最终形成酷似洪积扇的三角洲。三角洲的形态结构可划分为三个部分：河口附近主要是砂，表面平缓，为三角洲平台；向外渐变为坡度较大的三角洲斜坡，主要由粉细砂组成；再向外为原始三角洲，沉积淤泥质黏土。滨海三角洲沉积一般均属半咸水沉积。虽然其中发育含水层，但是其中地下水的矿化度一般很高。

5. 黄土（loess）中的孔隙水

在各类黄土地貌单元中，黄土塬的地下水源条件较好。塬面较为宽阔，利于降水入渗，并使地下水排泄不致过快。地下水向四周散流，以泉的形式向边缘的沟谷底部排泄。地下水埋深在塬的中心约 20～30m，到塬边可深达 60～70m。

　　黄土梁、峁地区地形切割强烈，不利于降水入渗及地下水赋存，但梁、峁间的宽浅沟谷中经常赋存潜水，其水位埋深较浅，一般为十余米。

　　黄土中可溶盐含量高，且由于黄土分布区降水少，因此黄土中的地下水矿化度普遍较高。

（五）裂隙水

1. 裂隙水的含义

　　埋藏于基岩裂隙中的地下水称为裂隙水（fissure water）。岩石裂隙的发育情况决定地下水的分布情况和能否富集。

　　在裂隙发育的地方，含水丰富；裂隙不发育的地方，含水甚少。所以在同一构造单元或同一地段内，含水性和富水性有很大变化，形成裂隙水聚集的不均一性。

　　岩层中的裂隙常具有一定的方向性，即在某些方向上，裂隙的张开程度和连通性比较好，因而其导水性强，水力联系好，常成为地下水的主要径流通道；在另一些方向，裂隙闭合或连通性差，其导水性和水力联系也差，径流不通畅。因而，裂隙岩石的导水性具有明显的各向异性。

2. 裂隙水的埋藏类型

　　裂隙水是山区广泛分布的地下水的主要类型，根据埋藏情况，可将裂隙水划分为面状裂隙水、层间裂隙水和脉状裂隙水三种。

　　（1）面状裂隙水。

　　面状裂隙水埋藏在各种基岩表层的风化裂隙中，又称风化裂隙水（图 5 - 12）。其上部一般没有连续分布的隔水层，因此，它具有潜水的基本特征。但是，在某些古风化壳上覆盖有大面积的不透水层（如黏土）时，也可形成承压水。

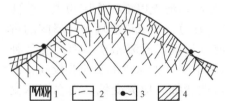

图 5 - 12　风化裂隙中的潜水
1—风化裂隙；2—地下水位；
3—泉；4—坡积层

　　风化裂隙含水和透水的强弱，随岩石的风化强度、风化层物质等因素的不同而各异。在全风化带及一些强风化带中，因富含黏土物质，含水性和透水性反而减弱。

　　面状裂隙水的水量随岩性不同、地形起伏而发生变化。例如，以砂岩为主的地段比以泥岩为主的地段，水量多一倍至几倍；而同一种岩石分布地区的分水岭地带比河谷附近的水量少得多。一般认为，微风化带的性质近似于不透水层，故常视其为面状裂隙水的下界。

　　（2）层间裂隙水。

　　埋藏在层状岩层的成岩裂隙和区域构造裂隙中的地下水称为层间裂隙水。其分布与一般岩层的分布一致，因而常有一定的成层性。在岩层出露的浅部，它可以形成潜水，当层间裂隙水被不透水层覆盖时，则形成承压水。

　　层间裂隙水在不同的部位和不同的方向上，因裂隙的密度、张开程度和连通性有差异，其透水性和涌水量有较大的差别，具有不均一的特点。

　　层间裂隙水的水质，主要受含水层埋藏深度控制。浅部的含水层，地下水处于积极交替带中，水质为 HCO_3^- 型；向下水交替减弱，逐渐过渡为 SO_4^{2-} 型；到深部为 Cl^- 型水，总矿化度随深度的增加而增高。

　　（3）脉状裂隙水。

脉状裂隙水埋藏于构造裂隙中，主要特征为：

1）沿断裂带成脉状分布，长度和深度远比宽度为大，具有一定的方向性；

2）可切穿不同时代、不同岩性的地层，并可通过不同的构造部位，因而导致含水带内地下水分布的不均匀性；

3）地下水的补给源较远，循环深度较大，水量、水位较稳定，有些地段具有承压性（图 5 - 13）。

脉状裂隙水一般水量比较丰富，常常是良好的供水水源，但对隧道工程往往造成危害，如产生突然涌水事故等。

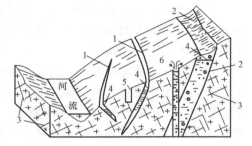

图 5 - 13　脉状承压水示意图
1—大裂隙；2—断层破碎带；3—闭合裂隙；
4—脉状承压水面；5—干孔；6—喷水孔

3. 裂隙水的富集条件

地下水富集区的形成，必须具备三个条件：

（1）有较多的储水空间；

（2）有充足的补给水源；

（3）有良好的汇水条件。

形成裂隙水富集的上述条件主要受岩性、构造、地貌等因素的影响。岩性不同，裂隙发育程度有差异，因而富水性不同。构造部位不同，裂隙发育程度有差异，因而导水性和富水性也不同。褶皱轴部的裂隙较其他部位发育，往往是富水的地方。断裂多次活动的部位，岩石破碎、裂隙发育，不利于地下水的富集。不同地貌部位，地下水的补给、汇聚条件不同，岩石裂隙发育程度不同，富水性不同。盆地、洼地、谷地常常构成富水的有利条件。

4. 裂隙水与工程关系

（1）建筑工程遇到裂隙水，会引起地区的地下水条件突然变化，发生涌水事故；

（2）裂隙水水量丰富，可作供水水源，山西汾河某城东为裂隙承压水，水头很大，可直接装管利用。

（六）岩溶水

1. 岩溶水的含义

储存和运动于可溶性岩石的溶蚀洞隙中的地下水称为岩溶水（karst water）。岩溶水按埋藏条件，可以是潜水，也可以是承压水。当碳酸盐大面积出露于地表时，岩溶较发育，常形成岩溶潜水和一些局部承压水。在岩溶地层与非可溶岩层呈互层时，岩溶地层中的孔洞被地下水充满，便形成岩溶承压水。

2. 岩溶水的特征

岩溶水在空间的分布变化很大，甚至比裂隙水更不均匀。有的地方，地下水汇集于溶洞孔道中，形成地下水很丰富的地区；而另一些地方，水可沿溶洞孔隙流走，形成在一定范围内严重缺水的现象。有的钻孔打到溶洞，涌水量可以很大，但是就在附近几米范围内的另一钻孔，没有打到溶洞时，可能完全无水。

岩溶水，由于流动条件的差异，其运动性质也截然不同。在大的孔洞中，岩溶水常呈无压水流；而在断面小的裂隙处，则呈有压水流，即在同一含水层中有压水流和无压水流可以并存。同时，在大断面的孔洞地段，地下水流速快，而出现紊流状态；在裂隙中渗流的水，由于阻力大，流速小而处于层流状态。此外，岩溶地区既存在一些与周围联系极差的孤立水流，也存在具有统一地下水面的岩溶水流。前者常出现在岩溶山地，后者主要出现在岩溶发育的河谷地带和岩溶平原。在一定条件下，两者也可同处于一个含水层。

岩溶水的补给来源主要是大气降水和地表水。在岩溶发育地区，特别是在可溶岩（如石灰岩）裸露地区，如地表岩溶十分发育，则岩溶含水层具有很大透水能力，这时几乎可将80%（一般为40%～50%）的大气降水迅速渗入补给地下水，致使地表严重缺水。

岩溶水可在岩溶裂隙中渗流，也可在溶洞中流动，由于岩溶水通过的溶蚀通道的断面变化很大，故岩溶水的径流特征往往在同一蓄水构造（或称水文地质单元）中，呈现出不同的特征，这些特征可归纳为：

（1）孤立水流与具有统一的地下水而并存，在可溶岩分布的山区。由于各岩溶通道的连通性差，通道中的水流常呈孤立水流出现，这些水流往往高出当地的具有统一的地下水面（区域水位）许多，呈悬挂岩溶水状态。在河谷地带和岩溶平原地区，由于岩溶溶蚀通道发育，通道间水力联系强，连通性好，一般都具有统一的地下水面（区域水位）。

（2）层流和紊流并存。岩溶水在裂隙中渗流，阻力大，流速慢，呈层流状态。而在断面大的溶洞中，阻力小，流速快，岩溶水呈紊流状态。所以同一地段不同部位，同一岩溶水流可以是紊流和层流并存。

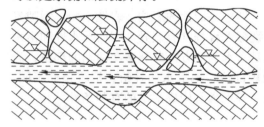

图 5-14 溶洞断面变化引起的水位高低不一

（3）有压水流与无压水流并存。同一岩溶水流可以在断面小的通道中呈有压流，而在断面大的溶洞中呈无压流；同时在断面大处水位高，在断面小处水位低（图 5-14）。

（4）明流与伏流并存。在岩溶地区，地表水流若遇到落水洞、溶洞和暗河时，河水会突然转入地下而成暗河。反之，巨大的暗河可突然涌出地表，成为地表水流。

岩溶水排泄的最大特征是排泄集中和排泄量大，排泄方式是以暗河形式排入河流，或以泉的方式排出地表。

岩溶水的动态特征是径流集中和交替迅速，对大气降水反应敏感，水位和流量变化幅度大。而岩溶承压水，其水位、流量相对较为稳定，因其补给区面积大，径流途径长含水层容积大，所以其动态受季节变化影响较小。

3. 岩溶水与工程关系

（1）岩溶水水量丰富，水质好，可作为大型供水水源。

（2）岩溶水分布地区易发生地面塌陷，给交通工程建设带来很大危害。

（3）建筑物地基有岩溶水活动，在施工中会突然涌水，且对建筑物的稳定性有很大影响，事先必须注意。

实践和理论证明，在岩溶地区进行地下工程和地面建筑工程，必须弄清岩溶的发育与分布规律，因为岩溶的发育致使建筑工程场区的工程地质条件大为恶化。

（七）泉

1. 泉的意义及一般特征

泉是地下水的天然露头。主要是地下水或含水层通道露出地表形成的，因此，泉是地下水的主要排泄方式之一。

泉反映了岩石富水性和地下水的分布、类型、水质、补给、径流、排泄条件和变化的一项重要标志，是可以直接用于工农业和生活供水的重要水源。因此泉是了解和研究地下水的重要依据之一。

泉是在一定的地形、地质和水文地质条件的结合下出现的（图 5-15）。在山区、丘陵区的沟谷中和山坡脚，泉的分布最为普遍。在平原地区则很难找到泉。

我国有很多著名的大泉。如山东济南是著名的"泉城"，云南洱源县有"泉县"之称，泉水都很丰富，供应城市用水。我国有不少的泉，其流量超过 $1m^3/s$，甚至达数十 m^3/s。水量丰富、动态稳定、水质适宜的泉，是宝贵的水源。有的还可以作为水电站的动力，如云南六郎洞水电站和四川磨房沟水电站等。

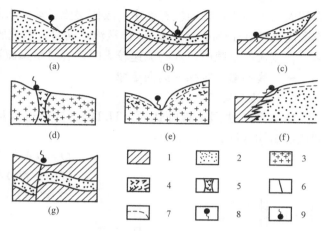

图 5-15　泉形成条件示意图

1—隔水岩层；2—透水岩层；3—坚硬岩石；4—风化岩石；5—岩脉；6—导水断层；7—地下水位；8—下降泉；9—上升泉

2. 泉的分类

根据补给源，泉可以分为三类：

（1）包气带泉。主要是上层滞水补给，水量小，季节变化大，动态不稳定。

（2）潜水泉。又称下降泉，主要靠潜水补给，动态较稳定，有季节性变化规律，按出露条件可分为侵蚀泉、接触泉、溢出泉等。当河谷、冲沟下向切割含水层时，地下水涌出地表便形成泉，这主要和侵蚀作用有关，故叫侵蚀泉。有时因地形切割含水层底板时，地下水被迫从两层接触处出露成泉，故叫接触泉。当岩石透水性变弱或由于隔水底板隆起，使地下水流动受阻，地下水便溢出地表成泉，这就是溢出泉。

（3）自流水泉。又叫上升泉，主要靠承压水补给，动态稳定，年变化不大，主要分布在自流盆地及自流斜地的排泄区和构造断裂带上。当承压含水层被断层切割，而且断层是张开的，地下水便沿着断层上升，在地形低洼处出露成泉，故称断层泉。因为沿着断层上升的泉，常常成群分布，也叫泉带。

泉的出露多在山麓、河谷、冲沟等地形低洼的地方，而平原地区出露较少，有时有些泉出露后，直接流入河水或湖水中，但水流清澈，这就是泉出露的标志。在干旱季节，周围草木枯黄，但在泉附近却绿草如茵。

第三节　地下水运动的基本规律

从广义角度讲，地下水的运动包括包气带水的运动和饱水带水的运动两大类。尽管包气带与饱水带具有十分密切的联系（例如饱水带往往是通过包气带接受大气降水补给的），但是在土木工程实践中，掌握饱水带重力水的运动规律具有更大的意义。

地下水在岩石空隙中的运动称为渗流或渗透（seepage flow）。发生渗流的区域称为渗流场。由于受到介质的阻滞，地下水流的运动比地表水缓慢。

在岩层空隙中渗流时，水的质点有秩序的、互不混杂地流动，称作层流运动（laminar flow）。在具狭小空隙的岩土（如砂、裂隙不大的基岩）中流动时，重力水受到介质的吸引力较大，水的质点排列较有秩序，故作层流运动。水的质点无秩序地、互相混杂地流动，称作紊流运动（turbulent flow）。作紊流运动时，水流所受阻力比层流状态大，消耗的能量较多。在宽大的空隙中，水的流速较大时，容易呈紊流运动。

一、线性渗透定律—达西定律

（一）达西定律表达式

1856年，法国工程师达西（H. Darcy）通过大量的试验，得到地下水线性渗透定律，即达西定律（Darcy's Law）：

$$Q = kAi \tag{5-1}$$

$$i = (H_1 - H_2)/L \tag{5-2}$$

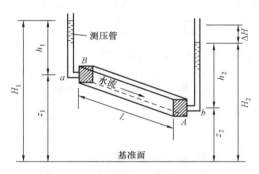

图 5-16　水力坡度含义图

式中　Q——单位时间内的渗透流量（出口处流量即为通过砂柱各断面的流量），m^3/d；

A——过水断面面积，m^2；

H_1——上游过水断面的水头，m；

H_2——下游过水断面的水头，m；

L——渗透途径（上下游过水断面的距离），m；

i——水力坡度，即水头差除以渗透途径，其含义见图 5-16；

k——渗透系数，m/d。

从水力学已知，通过某一断面的流量 Q 等于流速 v 与过水断面面积 A 的乘积，即

$$Q = Av \tag{5-3}$$

据此，达西定律也可以表达为另一种形式

$$v = ki \tag{5-4}$$

式中　v——渗透流速，m/d；其余各项意义同前。

水在砂土中流动时，达西公式是正确的，如试验所得图 5-17 中的曲线 I 所示。但是在某些黏性土中，这个公式就不正确。因为在黏性土中颗粒表面有不可忽视的结合水膜，因而阻塞或部分阻塞了水在孔隙的通过。试验表明，只有当水力坡度 i 大于某一值 i_b 时，黏土才具有透水性（图 5-17 中的曲线 II）。如果将曲线 II 在横坐标上的截距用 i'_b 表示（称为起始水力坡度），当 $i > i'_b$ 时，达西公式可适用。

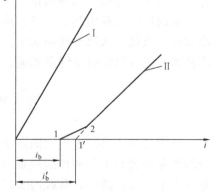

图 5-17　砂土和黏性土的渗透规律

（二）相关概念说明

1. 渗透速度（seepage velocity）

式（5-1）中的过水断面，包括岩土颗粒占据的面积及孔隙所占据的面积，而水流实际通过的过水断面面积是孔隙实际过水的面积 A'，即

$$A' = nA \tag{5-5}$$

式中　n——有效孔隙度。

由此可知，v并非实际流速，而是假设通过包括骨架与空隙在内的整个断面A流动时所具有的虚拟流速。

2. 水力坡度

水力坡度（hydraulic gradient）为沿渗透途径水头损失与相应渗透长度的比值。水质点在空隙中运动时，为了克服质点间的摩擦阻力，必须消耗机械能，从而出现水头损失。所以，水力坡度可以理解为水流通过单位长度渗透途径为克服摩擦阻力所耗失的机械能。从另一个角度，也可理解为驱动力。

3. 渗透系数

从达西定律$v=ki$可以看出，水力坡度i是无因次的。故渗透系数（coefficient of permeability）k的因次与渗透速度相同，一般采用 m/d 或 cm/s 为单位。令$i=1$，则$v=k$。意即渗透系数为水力坡度等于 1 时的渗流速度。水力坡度为定值，渗透系数越大，渗流速度就越大。渗流速度为一定值，渗透系数越大，水力

表 5 - 5		常见岩土的渗透系数值	
名称	渗透系数（m/d）	名　称	渗透系数（m/d）
黏土	＜0.005	均质中砂	35～50
粉质黏土	0.005～0.1	粗砂	20～50
粉土	0.1～0.25	圆砂	50～100
黄土	0.25～0.5	卵石	100～500
粉砂	0.5～1.0	无充填物的卵石	500～1000
细砂	1.0～5.0	稍有裂隙的岩石	20～60
中砂	5.0～20.0	裂隙多的岩石	＞60

坡度越小。由此可见，渗透系数可定量说明岩土的渗透性能。渗透系数越大，岩土的透水能力越强。k值可在室内做渗透试验测定或在野外做抽水试验测定。常见岩土的渗透系数值见表 5 - 5。

二、非线性渗透定律

地下水在较大的空隙中的运动，且其流速相当大时，呈紊流运动，此时的渗流服从哲才定律：

$$v = ki^{1/2} \qquad\qquad (5 - 6)$$

此时渗透流速v与水力坡度的平方根成正比。故称非线性渗透定律。

三、地下水的涌水量计算

在计算流向集水构筑物的地下水涌水量时，必须区分集水构筑物的类型。集水构筑物按构造形式可分为垂直的井、钻孔和水平的引水渠道、渗渠等。抽取潜水或承压水的垂直集水坑井分别称为潜水井或承压水井。潜水井和承压水井按其完整程度又可分为完整井及不完整井两种类型。完整井是井底达到了含水层下的不透水层，水只能通过井壁进入井内；不完整井是井底未达到含水层下的不透水层，水可从井底或井壁、井底同时进入井内。

土木工程中常遇到做层流运动的地下水在井、坑或渗渠中的涌水量计算问题，其具体公式很多，可参考有关水文地质手册。

第四节　地下水对土木工程建设的影响

地下水是地质环境的重要组成部分，且最为活跃。在许多情况下地质环境的变化常常是

由地下水的变化引起的。引起地下水变化的因素很多，可归纳为自然因素与人为因素两大类。自然因素主要指的是气候因素，如降水引起地下水的变化，涉及范围大，且是可预测的。引起地下水变化的人为因素是各种各样的，往往带有偶然性，局部发生，难以预测，对工程危害很大。

在土木工程建设中，地下水常起着重要作用。地下水对土木工程的不良影响主要有：某些地下水对混凝土产生腐蚀；降低地下水会使地面产生固结沉降；不合理的地下水流动会诱发某些土层出现流沙现象和机械潜蚀；地下水对位于水位以下岩石、土层和建筑物基础产生浮托作用等。

从广义角度讲，对土木工程有不良影响的地下水包括毛细水和重力水。下面就它们对土木工程的影响分别加以概述。

一、毛细水及对土木工程的影响

（一）毛细水的含义

分布在土粒内部间相互贯通的孔隙，可以看成是许多形状不一、直径互异、彼此连通的毛细管。由于受到水和空气分界处弯液面上产生的表面张力作用，土中自由水从地下水位通过土的细小通道逐渐上升，形成毛细管水，所以毛细管水不仅受到重力而且还受到表面张力的支配。

毛细管水上升高度和速度决定于土的孔隙大小和形状、粒径尺寸和水的表面张力等，可以用试验方法或经验公式确定。对同一土层，土中的毛细通道也是粗细不同的。所以，毛细管水的上升高度也不相同。

毛细水主要存在于直径为 0.5～0.002mm 大小的孔隙中。大于 0.5mm 孔隙中，一般以毛细边角水形式存在；小于 0.002mm 孔隙中，一般被结合水充满，无毛细水存在的可能。

（二）毛细水对土木工程的主要影响

（1）产生毛细压力。

毛细压力（capillary pressure）可用下式表示：

$$p_c = \frac{4\omega\cos\theta}{d} \tag{5-7}$$

式中　p_c——毛细压力，kPa；

　　　d——毛细管直径，m；

　　　ω——水的表面张力系数，10℃时，$\omega=0.073$N/m；

　　　θ——水浸润毛细管壁的接触角度，当 $\theta=0$℃时，认为毛细管壁是完全浸润的，当 $\theta<90°$ 时，表示水能浸润固体的表面，当 $\theta>90°$ 时，表示水不能浸润固体的表面。

对于砂性土特别是细砂、粉砂，由于毛细压力作用使砂性土具有一定的黏聚力（称假黏聚力）。

（2）毛细水对土中气体的分布与流通有一定影响，常常是导致产生封闭气体的原因。封闭气体可以增加土的弹性和减小土的渗透性。

（3）当地下水位埋深较浅时，由于毛细水上升，可以助长地基土的冰冻现象、致使地下室潮湿甚至危害房屋基础、破坏公路路面、促使土的沼泽化及盐渍化从而增强地下水对混凝土等建筑材料的腐蚀性。砂性土和黏性

表 5-6　　土的最大毛细水上升高度

（据西林—别克丘林，1958）

土名	粗砂	中砂	细砂	粉砂	黏性土
h_c (cm)	2～5	12～35	35～70	70～150	>200～400

土的毛细水最大上升高度见表5-6。

当土孔隙中局部存在毛细水时，毛细水的弯液面和土粒接触处的表面引力反作用于土粒上，使土粒之间由于这种毛细压力而挤紧，土因而具有微弱的黏聚力，称为毛细黏聚力。在施工现场常常可以看到稍湿状态的砂堆，能保持垂直陡壁达几十厘米高而不坍落，就是因为砂粒间具有毛细黏聚力的缘故。而在饱水的砂或干砂中，土粒之间的毛细黏聚力消失，原来的陡壁就变成斜坡，其天然坡面与水平面所形成的最大坡角称为砂土的自然坡度角。

（三）土木工程建设中注意的问题

由于毛细水的存在，工程上要注意如下两个问题：一是注意毛细上升水的上升高度和速度，因为毛细水的上升对于建筑物地下部分的防潮措施和地基土浸湿和冻胀等有重要影响；二是在干旱地区，地下水中的可溶盐随毛细水上升后不断蒸发，盐分便积聚于靠近地表处而形成盐渍土。

二、重力水对土木工程的影响

重力水是指自由水面以下，土颗粒电分子引力范围以外的水，是在重力或压力差作用下运动的自由水。重力水对土中应力状态和开挖基槽、基坑以及修筑地下构筑物时所应采取的排水、防水措施有重要的影响。例如，澳大利亚首都堪培拉，对城市发展起制约的地质条件是上部滞水层通常出现在山坡重力堆积层与浅的盆地中，它所造成的地下水渗出影响着住宅建筑的发展。在堪培拉南部，这个承压水头大致一直保持在地面以上3m左右，使这一地区道路需要经常维护和重建（图5-18）。

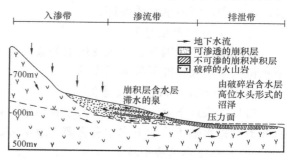

图5-18 地下水渗出对城市发展的影响

（一）潜水位上升引起的岩土工程问题

潜水位上升可以引起很多岩土工程问题，它包括：

（1）潜水位上升后，由于毛细水作用可能导致土壤次生沼泽化、盐渍化，改变岩土体物理力学性质，增强岩土和地下水对建筑材料的腐蚀。在寒冷地区，可助长岩土体的冻胀破坏。

（2）潜水位上升，原来干燥的岩土被水饱和、软化，降低岩土抗剪强度，可能诱发斜坡、岸边岩土体产生变形、滑移、崩塌失稳等不良地质现象。

（3）崩解性岩土、湿陷性黄土、盐渍岩土等遇水后，可能产生崩解、湿陷、软化，其岩土结构破坏，强度降低，压缩性增大。而膨胀性岩土遇水后则产生膨胀破坏。

（4）潜水位上升，可能使洞室淹没，还可能使建筑物基础上浮，危及安全。

（二）地下水位下降引起的岩土工程问题

1. 地面沉降

表5-7 降水与地面沉降（据孔宪立等，2001）

离降水井点距离（m）	3	5	10	20	31	41
地面沉降量（mm）	10	4.5	2.5	2	1	0

地下水是维持土体应力平衡和稳定状态的一个重要因素，大量抽取地下水，降低了含水层的水头压力，改变了土体结构，必然破坏土体原有的应力平衡和稳定状态，从而

导致地面沉降（ground subsidence）的发生。例如，上海康乐路十二层大楼，采用箱基，开挖深度为 5.5m，采用钢板桩外加井点降水，抽水 6 天后，各沉降观测点的沉降量见表 5-7。地面沉降的特征见第六章第五节内容。

2. 地面塌陷

地面塌陷是松散土层中所产生的突发性断裂陷落，多发生于岩溶地区，在非岩溶地区也能见到。地面塌陷多为人为局部改变地下水位引起的。如地面水渠或地下输水管道渗漏可使地下水位局部上升，基坑降水或矿山排水疏干引起地下水位局部下降。因此，在短距离内出现较大的水位差，水力坡度变大，增强了地下水的潜蚀能力，对地层进行冲蚀、掏空，形成地下洞穴，当穴顶失去平衡时便发生地面塌陷。

3. 海（咸）水入侵

近海地区的潜水或承压含水层往往与海水相连，在天然状态下，陆地的地下淡水向海洋排泄，含水层保持较高的水头，淡水与海水保持某种动态平衡，因而陆地淡水含水层能阻止海水入侵。如果大量开发陆地地下淡水，引起大面积地下水位下降，可能导致海水向地下水含水层入侵，使淡水水质变坏。

4. 地裂缝的产生与复活

近年来，在我国很多地区发现地裂缝，西安是地裂缝发育最严重的城市。据分析这是地下水位大面积大幅度下降而诱发的。

5. 地下水源枯竭、水质恶化

盲目开采地下水，当开采量大于补给量时，地下水资源会逐渐减少，以致枯竭，造成泉水断流、井水枯干、地下水中有害离子量增多、矿化度增高。

（三）地下水的渗透破坏

1. 流砂

流砂（quicksand）是地下水自下而上渗流时土产生流动的现象，它与地下水的动水压力有密切关系。当地下水的动水压力大于土粒的浮容重或地下水的水力坡度大于临界水力坡度时，使土颗粒之间的有效应力等于零，土颗粒悬浮于水中，随水一起流出就会产生流砂。这种情况的发生常是由于在地下水位以下开挖基坑、埋设地下管道、打井等工程活动而引起的，所以流砂是一种工程地质现象。易产生在细沙、粉砂、粉质黏土等土中。流砂在工程施工中能造成大量的土体流动，致使地表塌陷或建筑物的地基破坏，能给施工带来很大困难，或直接影响建筑工程及附近建筑物的稳定，如果在沉井施工中，产生严重流砂，此时沉井会突然下沉，无法用人力控制，以致沉井发生倾斜，甚至发生重大事故。

在可能产生流砂的地区，若其上面有一层厚度的土层，应尽量利用上面的土层作天然地基，也可用桩基穿过流沙，总之尽可能地避免开挖，如果必须开挖，可用以下方法处理流砂：

（1）人工降低地下水位。使地下水位降至可能产生流砂的地层以下，然后开挖。

（2）打板桩。在土中打入板桩，它一方面可以加固坑壁，同时增长了地下水的渗流路程以减小水力坡度。

（3）冻结法。用冷冻法使地下水结冰，然后开挖。

（4）水下挖掘。在基坑（或沉井）中用机械在水下挖掘，避免因排水而造成产生流砂的水头差，为了增加沙的稳定，也可向基坑中注水并同时进行挖掘。

此外，处理流砂的方法还有化学加固法、爆炸法及加重法等。在基槽开挖的过程中局部地段出现流砂时，立即抛入大块石等，可以克服流砂的活动。

2. 潜蚀

潜蚀（suffosion）作用可分为机械潜蚀和化学潜蚀两种。机械潜蚀是指土粒在地下水的动水压力作用下受到冲刷，将细粒冲走，使土的结构破坏，形成洞穴的作用；化学潜蚀是指地下水溶解水中的盐分，使土粒间的结合力和土的结构破坏，土粒被水带走，形成洞穴的作用。这两种作用一般是同时进行的。在地基土层内如具有地下水的潜蚀作用时，将会破坏地基土的强度，形成空洞，产生地表塌陷，影响建筑工程的稳定。在我国的黄土层及岩溶地区的土层中，常有潜蚀现象产生，修建建筑物时应予以注意。

防止岩土层中发生潜蚀破坏的有效措施，原则上可分为两大类：

一是改变地下水渗透的水动力条件，使地下水水力坡度小于临界水力坡度；

二是改善岩土性质，增强其抗渗能力。如对岩土层进行爆炸、压密、化学加固等，增加岩土的密实度，降低岩土层的渗透性。

3. 管涌

地基土在具有某种渗透速度的渗透水流作用下，其细小颗粒被冲走，岩土的孔隙逐渐增大，慢慢形成一种能穿越地基的细管状渗流通路，从而掏空地基或坝体，使地基或斜坡变形、失稳，此现象称为管涌（piping）。管涌通常是由于工程活动引起的。但是，在有地下水出露的斜坡、岸边或有地下水溢出的地表面也会发生。

在可能发生管涌的地层中修建水坝、挡土墙及基坑排水工程时，为防止管涌发生，设计时必须控制地下水溢出带的水力坡度，使其小于产生管涌的临界水力坡度。防止管涌最常用的方法与防止流砂的方法相同，主要是控制渗流、降低水力坡度、设置保护层、打板桩等。

（四）地下水的浮托作用

当建筑物基础底面位于地下水位以下时，地下水对基础底面产生静水压力，即产生浮托力。如果基础位于粉土、砂土、碎石土和节理裂隙发育的岩石地基上，则按地下水位100%计算浮托力；如果基础位于节理裂隙不发育的岩石地基上，则按地下水位50%计算浮托力；如果基础位于黏性土地基上，其浮托力较难确切地确定，应结合地区的实际经验考虑。

地下水不仅对建筑物基础产生浮托力，同样对其水位以下的岩体、土体产生浮托力。所以，在确定地基承载力设计值时，无论是基础底面以下土的天然重度或是基础底面以上土的加权平均重度，地下水位以下都取有效重度。

（五）承压水对基坑的作用

当基坑下伏有承压含水层时，开挖基坑减小了底部隔水层的厚度。当隔水层较薄经受不住承压水头压力作用时，承压水的水头压力会冲破基坑底板，这种工程地质现象称为基坑突涌。

为避免基坑突涌的发生，必须验算基坑底层的安全厚度 M。基坑底层厚度与承压水头压力的平衡关系式：

$$\gamma M = \gamma_w H \tag{5-8}$$

式中　γ、γ_w——分别为黏性土的重度和地下水的重度；

　　　　H——相对于含水层顶板的承压水头值；

　　　　M——基坑开挖后黏土层的厚度。

所以，基坑底部黏土层的厚度必须满足式（5-9），如图5-19所示。

$$M > \frac{\gamma_w}{\gamma} H \qquad (5-9)$$

如果 $M < \frac{\gamma_w}{\gamma} H$ 为防止基坑突涌，则必须对承压含水层进行预先排水，使其承压水头下降至基坑底能够承受的水头压力（图 5-20），而且，相对于含水层顶板的承压水头 H_w 必须满足式（5-10）：

$$H_w < \frac{\gamma}{\gamma_w} M \qquad (5-10)$$

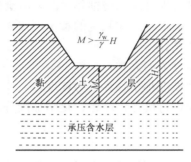
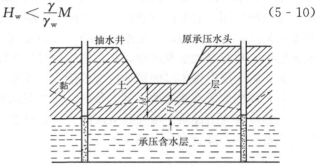

图 5-19　基坑底隔水层最小厚度　　　　图 5-20　防止基坑突涌的排水降压

（六）地下水对混凝土的侵蚀性

土木工程建筑物，如房屋及桥梁基础、地下洞室衬砌和边坡支挡建筑物等，都要长期与地下水相接触，地下水中各种化学成分与建筑物中的混凝土产生化学反应，使混凝土中某些物质被溶蚀，强度降低，结构遭到破坏；或者在混凝土中生成某种新的化合物，这些新化合物生成时体积膨胀，使混凝土开裂破坏。

1. 腐蚀类型

硅酸盐水泥遇水硬化，并且形成 $Ca(OH)_2$、水化硅酸钙 $CaOSiO_2 \cdot 12H_2O$、水化铝酸钙 $CaOAl_2O_3 \cdot 6H_2O$ 等，这些物质往往会受到地下水的腐蚀。地下水对建筑材料腐蚀类型分为三种：

（1）结晶类腐蚀。

如果地下水中 SO_4^{2-} 的含量超过规定值，那么 SO_4^{2-} 离子将与混凝土中的 $Ca(OH)_2$ 起反应，生成二水石膏结晶体 $CaSO_4 \cdot 2H_2O$，这种石膏再与水化铝酸钙 $CaOAl_2O_3 \cdot 6H_2O$ 发生化学反应，生成水化硫铝酸钙，这是一种铝和钙的复合硫酸盐，习惯上称为水泥杆菌。由于水泥杆菌结合了许多的结晶水，因而其体积比化合前增大很多，约为原体积的 221.86%，于是，在混凝土中产生很大的内应力，使混凝土的结构遭受破坏。

（2）分解类腐蚀。

地下水中含有 CO_2 和 HCO_3^-，CO_2 与混凝土中的 $Ca(OH)_2$ 作用，生成碳酸钙沉淀。

$$Ca(OH)_2 + CO_2 = CaCO_3 \downarrow + H_2O$$

由于 $CaCO_3$ 不溶于水，它可填充混凝土的孔隙，在混凝土周围形成一层保护膜，能防止 $Ca(OH)_2$ 的分解。但是，当地下水中的含量超过一定数值，而 HCO_3^- 离子的含量过低，则超量的 CO_2 再与 $CaCO_3$ 反应，生成重碳酸钙 $Ca(HCO_3)_2$ 并溶于水，即

$$CaCO_3 + CO_2 + H_2O \Leftrightarrow Ca^{2+} + 2HCO_3^-$$

上述这种反应是可逆的：当 CO_2 含量增加时，平衡被破坏，反应向右进行，固体 $CaCO_3$ 继续分解；当 CO_2 含量变少时，反应向左进行，固体 $CaCO_3$ 沉淀析出。如果 CO_2 和 HCO_3^-

的浓度平衡时，反应就停止。所以，当地下水中 CO_2 的含量超过平衡所需的数量时，混凝土中的 $CaCO_3$ 就被溶解而受腐蚀，这就是分解类腐蚀。我们将超过平衡浓度的 CO_2 叫侵蚀性 CO_2。地下水中侵蚀性 CO_2 越多，对混凝土的腐蚀越强。地下水流量、流速都很大时，CO_2 易补充，平衡难建立，因而腐蚀加快。另一方面，HCO_3^- 离子含量越高，对混凝土腐蚀性越弱。

如果地下水的酸度过大，即 pH 值小于某一数值，那么混凝土中的 $Ca(OH)_2$ 也要分解，特别是当反应生成物为易溶于水的氯化物时，对混凝土的分解腐蚀很强烈。

（3）结晶分解复合类腐蚀。

当地下水中 NH_4^+、NO_3^-、Cl^- 和 Mg^{2+} 离子的含量超过一定数值时，与混凝土中的 $Ca(OH)_2$ 发生反应，例如：

$$MgSO_4 + Ca(OH)_2 = Mg(OH)_2 + CaSO_4$$
$$MgCl_2 + Ca(OH)_2 = Mg(OH)_2 + CaCl_2$$

$Ca(OH)_2$ 与镁盐作用的生成物中，除 $Mg(OH)_2$ 不易溶解外，$CaCl_2$ 则易溶于水，并随之流失；硬石膏 $CaSO_4$ 一方面与混凝土中的水化铝酸钙反应生成水泥杆菌；另一方面，硬石膏遇水生成二水石膏。二水石膏在结晶时，体积膨胀，破坏混凝土的结构。

综上所述，地下水对混凝土建筑物的腐蚀是一项复杂的物理化学过程，在一定的工程地质与水文地质条件下，对建筑材料的耐久性影响很大。

2. 腐蚀性评价标准

根据各种化学腐蚀所引起的破坏作用，将 SO_4^{2-} 离子的含量归纳为结晶类腐蚀性的评价指标；将侵蚀性 CO_2、HCO_3^- 离子和 pH 值归纳为分解类腐蚀性的评价指标；而将 Mg^{2+}、NH_4^+、NO_3^-、Cl^-、SO_4^{2-} 离子的含量作为结晶分解类腐蚀性的评价指标。同时，在评价地下水对建筑结构材料的腐蚀性时必须结合建筑场地所属的环境类别。建筑场地根据气候区、土层透水性、干湿交替和冻融交替情况区分为三类环境，见表 5-8。

表 5-8 混凝土腐蚀的场地环境类别

环境类别	气候区	土层特性	干湿交替	冰冻区（段）
Ⅰ	高寒区 干旱区 半干旱区	直接临水，强透水土层中的地下水或湿润的强透水土层	有	混凝土不论在地面或地下，当受潮或浸水时，处于严重冰冻区（段）、冰冻区（段）或微冰冻区（段）
Ⅱ	高寒区 干旱区 半干旱区	弱透水土层中的地下水或湿润的强透水土层	有	混凝土不论在地面或地下，无干湿交替作用时，其腐蚀强度比有干湿交替作用时相对降低
	湿润区 半湿润区	直接临水，强透水土层中的地下水或湿润的强透水土层	有	
Ⅲ	各气候区	弱透水土层	无	不冻区（段）
备注	当竖井、隧洞、水坝等工程的混凝土结构一面与水（地下水或地表水）接触，另一面又暴露在大气中时，其场地环境分类应划分为Ⅰ类			

地下水对建筑材料腐蚀性评价标准见表 5-9～表 5-11。

表 5 - 9　　　　　　　　　　　　分解类腐蚀的评价标准

腐蚀等级	pH 值		侵蚀性 CO_2（mg·L^{-1}）		HCO_3^-（mmol·L^{-1}）
	A	B	A	B	A
无腐蚀性	>6.5	>5.0	<15	<30	>1.0
弱腐蚀性	6.5~5.0	5.0~4.0	15~30	30~60	1.0~0.5
中腐蚀性	5.0~4.0	4.0~3.5	30~60	6.0~100	<0.5
强腐蚀性	<0	<3.5	>60	>100	—
备　注	A——直接临水或强透水土层中的地下水或湿润的强透水土层 B——弱透水土层的地下水或湿润的弱透水土层				

表 5 - 10　　　　　　　　　　　　结晶类腐蚀评价标准

腐蚀等级	SO_4^{2-}——在水中含量（mg·L^{-1}）		
	Ⅰ类环境	Ⅱ类环境	Ⅲ类环境
无腐蚀性	<250	<500	<1500
弱腐蚀性	250~500	500~1500	1500~3000
中腐蚀性	500~1500	1500~3000	3000~6000
强腐蚀性	>1500	>3000	>6000

表 5 - 11　　　　　　　　　　　　结晶分解复合类腐蚀评价标准

腐蚀等级	Ⅰ类环境		Ⅱ类环境		Ⅲ类环境	
	$Mg^{2+}+NH_4^+$	$Cl^-+SO_4^{2-}+NO_3^-$	$Mg^{2+}+NH_4^+$	$Cl^-+SO_4^{2-}+NO_3^-$	$Mg^{2+}+NH_4^+$	$Cl^-+SO_4^{2-}+NO_3^-$
			（mg·L^{-1}）			
无腐蚀性	<1000	<3000	<2000	<5000	<3000	<10000
弱腐蚀性	1000~2000	3000~5000	2000~3000	5000~8000	3000~4000	10000~20000
中腐蚀性	2000~3000	5000~8000	3000~4000	8000~10000	4000~5000	20000~30000
强腐蚀性	>3000	>8000	>4000	>10000	>5000	>30000

关键概念

地下水　矿化度　包气带水　潜水　承压水　孔隙水　裂隙水　岩溶水　渗流或渗透水力坡度　流砂　潜蚀

思　考　题

1. 地下水的物理性质包括哪些内容？地下水的化学成分有哪些？
2. 为什么拌和混凝土不能用高矿化水？
3. 地下水按埋藏条件可分为哪几种类型？它们有何不同？试简述之。
4. 地下水按含水层空隙性质可以分为哪几种类型？它们有何不同？试简述之。
5. 试分别说明包气带水、潜水和承压水的形成条件及与工程的关系。
6. 根据埋藏情况裂隙水可分为哪几种类型？它们有何特征？
7. 达西定律的适用范围是什么？其渗流速度是真实速度吗？为什么？
8. 产生基坑突涌的原因是什么？
9. 地下水对土木工程的不良影响主要有哪些方面？
10. 地下水对建筑材料腐蚀类型与特征是什么？

第六章 对工程有害的不良地质现象

本章提要与学习目标

工程建设活动都是依存于一定的地质环境中，如地形地貌、岩土类型及其工程性质、地质构造、地下水等。但这些地质条件在自然地质作用和人类工程活动影响下会发生变化，产生各种地质现象，如岩石的风化、斜坡体的滑坡或崩塌、岩溶、地面沉降等，并对工程建设活动产生不同程度的不良影响。

通过本章的学习，要求能够了解崩塌、滑坡、泥石流、岩溶与土洞及地面沉降等不良地质现象的发生机理、影响因素，理解与掌握对工程建设的不良影响及预防措施。

在地壳表层，由于地质作用或人类活动所引起的地表和地下岩体的各种变形及运动，对工程建设具有危害性地质作用或现象，称为不良地质现象（undesirable geologic phenomena）。

因此，为减少灾害的发生，必须要研究不良地质现象的发生规律、影响因素、形成条件、发生机理以及对工程的影响，这样才能做出正确的评价和采取有效的预防措施。

第一节 崩 塌

一、概述

崩塌（dilapidation），是边坡破坏的一种形式，是指高、陡边坡的上部岩土体受裂隙切割，在重力作用下，突然脱离母岩，翻滚坠落的急剧破坏现象（图 6-1）。崩塌若产生在土体中，则称其为土崩，若产生在岩体中，则称为岩崩。规模巨大的崩塌称为山崩，小型崩塌则称为坠石。当崩塌发生在河流、湖泊或海岸上时则称为岸塌。

图 6-1 崩塌示意图

崩塌会使建筑物遭到破坏、公路和铁路被掩埋，崩塌有时还会使河流堵塞，常常造成严重的洪灾和其他地质灾害。我国西部尤其西南地区，如云南、四川、贵州、陕西、青海、甘肃、宁夏等省区，地形切割陡峻，地质构造复杂、岩土体支离破碎，加上西南地区降水量大且强烈、西北地区植被极不发育，因此崩塌发育强烈。例如 1987 年 9 月 17 日凌晨四川巫溪县城龙头山发生岩崩，摧毁一栋 6 层的宿舍、两家旅舍、居民房 29 余户，掩埋公路干线 70 余米，造成 122 人死亡。

二、崩塌发生条件及影响因素

（一）形成崩塌的内在条件

1. 边坡的坡度和坡面形态

崩塌的实例表明，坡度对崩塌的影响最为明显。一般情况下，当斜坡坡度达到 45°～50° 以上时，即有发生崩塌的可能；当斜坡的坡度达到 70° 时，就极易发生崩塌。如果坡面呈凸形坡，则其突出部分就易发生崩塌。

2. 岩石的性质

各类岩、土都可以形成崩塌，但不同类型所形成崩塌的规模大小不同。通常，岩性坚硬的各类岩浆岩、变质岩及沉积岩类的碳酸盐岩、石英砂岩、砂砾岩、结构密实的黄土等形成规模较大的崩塌，而页岩、泥灰岩等互层岩石及松散土层等往往以小型坠落和剥落为主。软硬岩石互层时，较软岩石易风化形成凹坡，坚硬岩层形成陡壁或突出成悬崖易发生崩塌（图 6-2）。

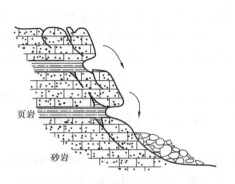 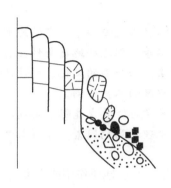

图 6-2 软硬互层坡体局部崩塌　　　　图 6-3 节理与崩塌

3. 地质构造条件

节理、断层发育的山坡，岩石破碎，岩块间的联结力弱，很容易发生崩塌，如图 6-3 所示。当岩层的倾向与山坡的坡向相同，岩层的倾角小于山坡的坡角时，常沿岩层的层面发生崩塌。

（二）诱发崩塌的外界因素

1. 气候条件

在日温差、年温差较大的干旱、半干旱地区，风化作用强烈，如兰新铁路一些新开挖的花岗岩路堑，仅四五年时间路堑边坡岩石就遭到强烈风化，形成崩塌。融雪、降雨特别是大雨、暴雨和长时间的连续降雨，使地表水渗入坡体，软化岩、土及其中软弱面，产生孔隙水压力等，从而诱发崩塌。

2. 地震

地震引起坡体晃动，破坏坡体平衡，从而诱发崩塌。一般烈度大于 7 度以上的地震都会诱发大量崩塌。例如 1970 年秘鲁境内的安第斯山附近发生一次大地震，当时从 5000～6000m 高山上倾泻下来的岩块和冰块等崩塌体，连抛带滚波及到 10km 以外。

3. 地表水的冲刷、浸泡

河流等地表水体不断地冲刷坡脚或浸泡坡脚、削弱坡体支撑或软化岩、土，降低坡体强度，也能诱发崩塌。

4. 不合理的人类活动

如开挖坡脚、地下采空、水库蓄水、泄水等改变坡体原始平衡状态的人类活动，都会诱发崩塌活动。

（三）实例分析

湖北省远安县境内盐池河磷矿灾难性山崩就是由于地下开采的影响造成上覆山体变形、开裂的人为动力因素。如图 6-4 所示，该地区造成山崩的原因分析如下：①岩层，为震旦纪块状白云岩及含磷矿层的薄至中厚层白云岩、白云质泥岩及砂质页岩，易产生塑性变形；②节理发育，岩层中发育两组垂直节理，使山顶白云岩三面临空；③人为因素，地下采矿平巷使地表沿两组垂直节理追踪发展张裂缝；④气候因素，1980 年 6 月连续两天大雨，水从地表渗入裂隙的侧向水压力作用和结构面抗剪强度的降低，亦是促进崩塌的主要因素。在崩塌发生前几天，Ⅰ号裂缝张开度达 77cm，水平位移速度最大达 25～30mm/d。在崩塌临近前，垂直位移速度达 1000mm/d 以上，最后导致发生体积 100 万 m³ 的崩塌，损失巨大。

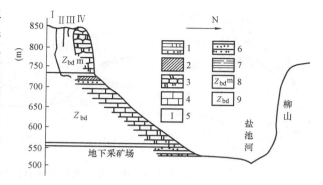

图 6-4 盐池河磷矿崩塌山体地质剖面图
1—灰黑色粉砂质页岩；2—磷矿层；3—厚层状白云岩；4—薄—中厚层白云岩；5—裂缝编号；6—白云质泥岩及砂质页岩；7—薄—中厚层板状白云岩；8—震旦系上统灯影组；9—震旦系上统陡山沱组

三、防治崩塌的工程措施

防治崩塌的措施包括削坡、清除危石、胶结岩石裂隙、引导地表水流等方法，防止岩石强度迅速变化和差异风化，避免斜坡进一步变形，以提高斜坡的稳定性。具体的方法有：

（1）削坡。爆破或打楔，将陡坡削缓并清除易坠的危石。

（2）镶补勾缝。水泥砂浆沟缝、裂隙内灌浆、片石填补空洞，防止裂隙、裂缝和空洞的进一步发展。

（3）排水。在崩塌地区上方修截水沟，以阻止水流流入裂隙。

（4）遮挡。筑明峒或御塌棚，遮挡斜坡上部的崩塌落石。这种措施经常用于中小型崩塌或人工边坡崩塌的防治中。

（5）护墙、护坡。在易风化剥落的边坡地段，修建护墙或在坡面上喷浆以防止边坡进一步风化，一般边坡均可采用。

（6）支挡。在软弱岩石出露处或不稳定的岩石下面，修筑挡土墙、支柱以支持上部岩石的重量。

第二节　滑　　坡

滑坡（landslide），一般是指在地下水、河流、人类工程活动、地震等因素的影响下，斜坡上的岩土体在重力作用下，沿地层中的薄弱面（或薄弱带）整体向下滑动的不良地质现象。滑坡是山区常见的地质灾害。规模大的滑坡一般是长期缓慢地往下滑动，其过程可延续几年甚至更长时间，其滑动速度在突变阶段才显著增大。大型的高速滑坡滑动速度可达每秒二十米以上，规模可达几千万立方米，甚至数亿立方米，常掩埋村庄、中断交通、堵塞河道，给工程建设带来极大危害。

一、滑坡的形态特征

为避免将工程建在滑坡体上，正确识别滑坡，了解滑坡的构造形态，非常重要。一个发

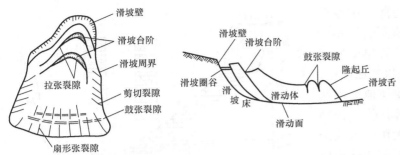

图 6-5 滑坡结构平面（左）及剖面（右）示意图

育完全的滑坡，其形态特征和内部构造如图6-5所示。其主要组成部分如下：

滑坡体：滑坡的整个滑动体，简称滑体。其内部大体仍保持原有的层位关系及结构构造特点。由于滑动，滑坡体的表面起伏不平，原有的树木倾斜，形成"醉汉林"、"马刀树"（图6-6、图6-7）。

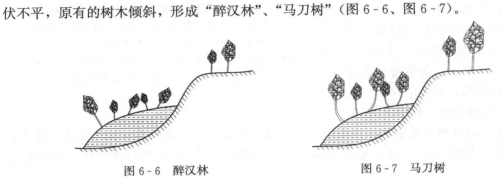

图 6-6 醉汉林　　　　图 6-7 马刀树

滑坡壁：滑坡体后缘与斜坡体脱离开后形成的弧形陡壁，平面上多成圈椅状。

滑坡床：滑坡体滑动时所依附的下伏不动的岩土体，简称滑床。

滑动面：滑坡体沿其滑动的面，称为滑动面。滑动面常呈不规则状、折线或圆弧状等。

滑动面（带）：滑坡体与滑坡床之间的分界面。出于滑动过程中滑坡体与滑坡床之间相对摩擦，滑动面附近的土石受到揉皱、碾磨作用，可形成厚数厘米至数米的滑动带。所以滑动面往往是有一定厚度的三度空间。根据岩土体性质和结构的不同，消动面的形状是多种多样的，大致可分为圆弧状、平面状和阶梯状等（图6-8）。一个多期活动的大滑坡体，往往有多个滑动面，一定要分清

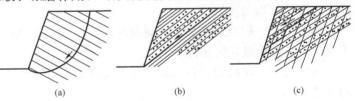

图 6-8 滑动面形状示意图
(a) 圆弧状滑动面；(b) 平面状滑动面；(c) 阶梯状滑动面

主滑面与次滑面、老滑面与新滑面，尤其要查清高程最低的那个滑动面。

滑坡舌：滑坡体前缘形如舌状的凸出部分。

滑坡台阶：滑坡体滑动时由于各段岩土体滑动速度的差异，在滑坡体表面形成的台阶状的错台。

滑坡周界：滑坡体和周围稳定的斜坡岩土体的分界线。滑坡周界圈定了滑坡的范围。

滑坡洼地：滑动时滑坡体与滑坡壁间拉开的沟槽或中间低四周高的封闭洼地。

滑坡裂隙：滑坡活动时在滑体及其边缘所产生的一系列裂缝。位于滑体上（后）部多呈弧形展布者称拉张裂缝；位于滑体中部两侧又常伴有羽毛状排列的裂缝称剪切裂缝；滑坡体前部因滑动受阻而隆起形成的张性裂缝称鼓胀裂缝；位于滑坡体中前部，尤其滑舌部呈放射

状展布者称扇形裂缝。

二、滑坡的分类

滑坡类型的划分可根据不同的原则，常用的分类方法有以下几种：

1. 根据组成滑坡的物质成分分类

根据组成滑坡的物质成分，可划分为堆积层滑坡、黄土滑坡、黏土滑坡、岩层滑坡。

2. 根据滑动面通过岩土体层面的情况分类

根据滑动面通过岩土体层面的情况可分为：均质滑坡、顺层滑坡、切层滑坡。在不明显的土或强风化岩层中，滑动面均匀、光滑，常呈圆柱状或曲面的滑坡为均质滑坡；顺层滑坡是沿岩层层面或软弱结构面发生滑动，滑动面常呈平坦阶梯面（图6-9）；切层滑坡多发生在坡面反倾向的非均质的层状岩层中，滑面顶部常陡直，形成滑坡台阶（图6-10）。

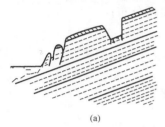 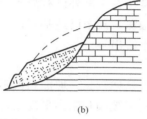 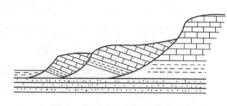

图6-9　顺层滑坡示意图
（a）沿岩层层面滑动；（b）沿坡积层与基岩交接面滑动

图6-10　切层滑坡示意图

3. 根据滑坡体的厚度分类

可划分为浅层滑坡（小于6m）、中层滑坡（6～20m）和深层滑坡（大于20m以上）。

4. 根据滑坡体的体积分类

可划分为小型滑坡（小于$3×10^4 m^3$）、中型滑坡（$3～50×10^4 m^3$）、大型滑坡（$50～300×10^4 m^3$）、特大型滑坡（大于$300×10^4 m^3$）。

5. 按滑动时力的作用分类

分为推引式和牵引式滑坡。因在斜坡上堆载或修建建筑物等，引起边坡上部岩土体先滑动而挤压下部岩土体变形一起滑动，称为推引式滑坡。由于坡脚受河流冲刷或人工开挖等不利因素影响，引起自下而上的依次下滑，为牵引式滑坡。

三、滑坡形成的地质条件和滑坡地带的地貌特征

（一）形成滑坡的地质条件

滑坡的形成受很多因素的影响，如斜坡体的岩土性质、地形地貌、气候条件、地表水的作用、地下水的作用、地震、人为因素等。但滑坡的产生和发展，主要受滑动面形成机制所制约，有以下几种情况：

（1）斜坡体上有较厚的残积、坡积土层或其他堆积层，其中软弱夹层或软弱结构面发育，且其物理力学性质具有遇水显著降低的特征时；

（2）斜坡体上有一定数量的第四纪松散堆积层，下卧基岩为不透水岩层，当基岩面倾角大于20°时；

（3）第四纪松散堆积层下的基岩为易于风化或遇水软化的岩层（如页岩、泥岩、泥灰岩等），岩层面有一定厚度的风化碎屑带，或容易形成风化碎屑带时；

（4）黏土层中网状裂隙发育，特别是裂隙中有灰白色亲水性较强的软弱黏土夹层时；

（5）地质构造复杂，岩层中风化破碎严重，岩层层面或节理面与斜坡倾向一致，岩层倾角由坡下向坡上逐渐变陡时；

（6）上部岩层透水性强，下部岩层透水性弱，在其接触面上成为地下水的强烈运动带时。

（二）根据滑坡体的地貌特征判断边坡的演变阶段

处于稳定阶段的滑坡体常有以下地貌特征：

（1）滑坡后壁较高，长满了树木，找不到擦痕，且十分稳定；

（2）滑坡平台宽、大且已夷平，土体密实无沉陷现象；

（3）滑坡前缘的斜坡较缓，土体密实，长满树木，无松散坍塌现象。前缘迎河部分有被河水冲刷过的迹象；

（4）目前的河水已远离滑坡舌部，甚至在舌部外已有漫滩、阶地分布；

（5）滑坡体两侧的自然冲刷沟切割很深，甚至已达基岩；

（6）滑坡体舌部的坡脚有清晰的泉水流出等。

不稳定的滑坡具有下列迹象：

（1）滑坡体表面总体坡度较陡，而且延伸较长，坡面高低不平；

（2）有滑坡平台，面积不大，且不向下缓倾和未夷平现象；

（3）滑坡表面有泉水、湿地，且有新生冲沟；

（4）滑坡体表面有不均匀沉陷的局部平台，参差不齐；

（5）滑坡前缘土石松散，小型坍塌时有发生，并面临河水冲刷的危险；

（6）滑坡体上无巨大直立树木。

与崩塌相比较，滑坡对斜坡的破坏不局限于斜坡前缘，也可涉及深层的破坏。滑床面可深入坡体内部，甚至到坡脚以下。滑坡的移动速度一般较为缓慢，但有很大差异，它主要取决于滑动面的力学性质、外营力作用强度以及斜坡岩土体的性质和结构特征等。当滑动面位于塑性较大的岩土中或沿着残余摩擦面滑动时，滑速往往缓慢；相反，当滑动面切过弹脆性岩体或沿着抗剪强度较大的结构面滑动时，可表现为突发而迅猛的滑动。滑坡有较大的水平位移。它在滑动过程中，虽也发生变形和解体。但一般仍能保持相对的完整性。所以根据上述特征，滑坡可与崩塌相区别。

四、滑坡实例分析

（一）矿区滑坡

白灰厂滑坡位于包头市石拐矿区召沟河床西侧，滑坡体沿召沟河床西侧展布，东西 300～370m，南北最大长度约 600m，总面积约 $1.6×10^5 m^2$，滑坡体体积近 $5.0×10^6 m^3$。白灰厂滑坡为该地区召沟大型古滑坡的一部分，自 1979 年底复活以来，滑坡体前缘向前滑动了约 30m 左右，覆盖淹埋公路 600 余米，毁民房 5000m²，并有可能堵塞召沟河床，使洪水改道，威胁东岸长汉沟的安全（图 6-11）。

1. 滑坡的地质、地貌条件

滑坡区地层为侏罗系砂岩、砂砾岩、油页岩，由于受 NNW 向构造应力的作用，岩体中存在十分发育的 NW 向及 NNE 向共轭剪节理及 NNW 向张节理，为滑坡提供了必要的岩体结构及构造条件。

白灰厂滑坡具有典型的滑坡地形，滑坡后缘为断壁陡坡，与之连接的是台地或凹地及小丘，而后又与陡坡、缓坡相接。滑坡体上马兰期黄土（Q_3）以不同角度整合于滑坡体砂岩岩层之上，其高程低于区域性黄土高程，说明古滑坡形成于 Q_3 形成以前。今日白灰厂滑坡仅是召沟古滑坡的部分复活。

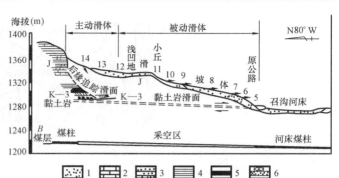

图 6-11　白灰厂滑坡剖面示意图

1—第四系；2—石灰岩；3—砂岩；4—页岩；5—煤层；6—油页岩

2. 滑坡特点

根据姚宝魁、孙玉科等专家的研究，白灰厂滑坡有以下特点：

（1）滑坡为顺层滑坡，软弱的黏土岩层为滑坡的滑面，证明滑动严格受岩体结构条件控制；

（2）滑面倾角很小，一般为 6°左右，由于倾角缓，滑动速率不大，滑坡复活期间月平均的最大滑动速度为 17mm/d；

（3）滑坡前部以水平位移为主，由前缘向后缘方向逐渐递减，后部以垂直位移为主；

（4）滑坡变形具明显的蠕动变形特点，滑坡前缘在滑坡复活期间平均每天向前滑出 10cm 左右；

（5）滑坡体后部近滑壁部分前主动滑体，由于倾角陡，在岩体自重作用下，为邻接的被动滑体提供一定的推力，故本滑坡为推移式滑坡。

3. 滑坡复活的原因

（1）由于软弱的黏土岩在含水量增高、开采煤层引起扰动等不良影响因素下强度的衰减；

（2）水文条件的变化，在 1979 年滑坡复活前几年平均雨量为 470mm，比历年高出 129mm；

（3）地下采矿使上覆岩体完整遭到显著破坏；

（4）滑坡前缘的切层开挖；

（5）地表生活用水及工业用水的渗入，在古滑体上修筑了不少民用住宅及供水管道。

（二）库区滑坡

意大利瓦依昂水库，坝高 265m，是当时世界上最高的双曲拱坝。该水库库岸由白垩系及侏罗系的石灰岩组成（图 6-12），其中有泥灰岩和夹泥层。河谷岸坡陡峭，节理发育。1960 年蓄水后，左岸岸坡岩体下滑，位移逐渐加快。

1963 年 10 月 9 日晚 10 时，当意大利瓦依昂水库管理人员及水库周围的村民开始就寝时，人类历史上一场罕见的水库灾难降临在这些无辜人的身上。晚 10 时 29 分，近 3 亿方的岩体从库区左岸托克山的一侧滑进了瓦依昂水库，它冲向右岸，并填满了整个水库，产生的 245m 高的涌浪翻过 276m 高的双曲拱坝，并冲向下游，席卷了下游五个村镇，使 2600 人丧生，在电厂工作的 60 名人员也无一幸存，造成了数亿美元的经济损失。

五、滑坡的防治措施

防治滑坡的工程措施很多，归纳起来分为三类：一是消除或减轻水的危害；二是改变滑坡体外形、设置抗滑建筑物；三是改善滑动带岩土性质。其主要工程措施简要分述如下：

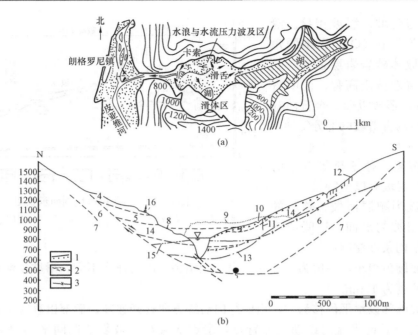

图 6-12　意大利瓦依昂水库滑坡示意图

(a) 平面图；(b) 剖面图

1—坡积冰积物；2—断层；3—主要滑动面；4—上白垩系；5—下白垩系；

6—道格组；7—里阿斯组；8—冰期内的河谷地面线；9—滑动后地面线；

10—地面坍塌带；11—1961 年钻孔；12—张开裂隙；13—水库蓄水前

地下水位；14—塔尔木组；15—1963 年地下水位；16—卡索镇

（一）消除或减轻水的危害

1. 排除地表水

排除地表水是整治滑坡不可缺少的辅助措施，而且应是首先采取并长期运用的措施，其目的在于拦截、排除地表水，避免地表水流入滑坡体内。主要工程措施有设置滑坡体外截水沟、滑坡体上地表水排水沟、做好滑坡区的绿化工作等。

2. 排除地下水

对于地下水，可疏而不可堵。其主要工程措施有：

（1）截水盲沟，用于拦截和旁引滑坡外围的地下水。

（2）支撑盲沟，兼具排水和支撑作用。

（3）仰斜孔群，用近于水平的钻孔把地下水引出。

此外还有盲洞、渗管、渗井、垂直钻孔等排除滑体内地下水的工程措施。

3. 防止河水、库水对滑坡体坡脚的冲刷

主要工程措施有：在滑坡上游严重冲刷地段修筑促使主流偏向对岸的丁坝；在滑坡前缘抛石、铺设石笼、修筑钢筋混凝土块排管，以使坡脚的土体免受河水冲刷。

（二）改变滑坡体外形、设置抗滑建筑物

1. 削坡减重

常用于治理处于"头重脚轻"状态而在前方又没有可靠抗滑地段的滑体，使滑体外形改善、重心降低，从而提高滑体稳定性。

2. 修筑支挡工程

因失去支撑而引起滑动的滑坡，或滑坡床陡、滑动可能较快的滑坡，采用修筑支挡工程的办法，可增加滑坡的重力平衡条件，使滑体迅速恢复稳定。支挡建筑物种类有抗滑片石垛、抗滑桩、抗滑挡墙等。

（三）改善滑动带岩土性质

一般采用焙烧法、爆破灌浆法等物理化学方法对滑坡进行整治。

由于滑坡成因复杂、影响因素多，因此常常需要上述几种方法同时使用、综合治理，方能达到目的。

第三节　泥　石　流

一、泥石流的定义

泥石流（debris flow），是介于流水和滑坡之间的一种灾害性地质现象。它是指在山区一些流域内，由于暴雨、冰雪融化等水源激发的，含有大量泥沙、石块的土、水、气混合流。泥石流中的固体碎屑物含量在15%～80%之间，因此比一般的洪水更具破坏力，是山区最重要的自然灾害。

泥石流广泛分布于世界各地，其中比较严重的有哥伦比亚、秘鲁、瑞士、中国和日本。我国泥石流发生频繁的地区主要集中在西藏、云南、四川、甘肃、陕西等地。

二、泥石流的类型

（一）按其物质组成划分

（1）泥石流。由大量黏性土和不均匀的砂、石块组成，具有一定的黏结性，常形成牢固的土石混合物。

（2）泥流。以黏性土为主，含少量的砂粒和石块，黏度大，呈稠泥状，这类泥石流主要分布在我国黄土高原上地区（图6-13）。

（3）水石流。由水和大小不等的砂粒、石块等粗颗粒物质组成的泥石流，细颗粒物质含量很少，且在运动过程中极易被冲刷掉，所以水石流的堆积物通常是粗大的固体物质。

（二）泥石流按其物质状态划分

（1）黏性泥石流。含大量黏性土的泥石流

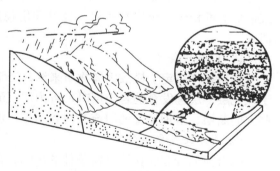

图6-13　泥流示意图

或泥流。其特征是：黏性大，固体物质含量占40%～60%，最高达80%，水不是搬运介质，而是组成物质；稠度大，石块呈悬浮状态，暴发突然，持续时间短，破坏力大。

（2）稀性泥石流。以水为主要成分，黏性土含量少，固体物质占10%～40%，有很大分散性。水为搬运介质，石块以滚动或跃移方式前进，具有强烈的下切作用。其堆积物在堆积区呈扇状散流，停积后似"石海"。

除此之外还有多种分类方法。如按泥石流的成因分类有冰川型泥石流、降雨型泥石流；按泥石流的沟谷的形态分类有河谷型泥石流、沟谷型泥石流、山坡型泥石流；按泥石流规模分类有大型泥石流、中型泥石流和小型泥石流；按泥石流发展阶段分类有发展期泥石流、旺盛期泥石流和衰退期泥石流等。

三、泥石流的形成条件

泥石流是泥、沙、石块与水体组合在一起，并沿一定的沟床运动的流动体，因此其形成就必须要具备三项条件：丰富的松散固体物质来源、一定的斜坡地形和沟谷以及能大量集中水流的地形、地质条件和水文气象条件，三者缺一不可。

（一）地形条件

典型泥石流的流域可划分为形成区、流通区和堆积区（图6-14）。

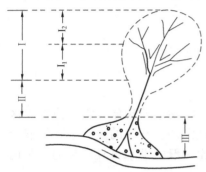

图6-14 泥石流流域分区示意图
Ⅰ—形成区（I₁—汇水动力区；
I₂—固体物质供给区）；
Ⅱ—流通区；Ⅲ—堆积区

1. 泥石流形成区

多为三面环山，一面出口的半圆形宽阔地段，周围山坡陡峻，多为30°～60°的陡坡。其面积大者可达数十平方公里。坡体往往光秃破碎，无植被覆盖，斜坡常被冲沟切割，且有崩塌、滑坡发育。这样的地形条件有利于汇集周围山坡上的水流和固体物质。

2. 泥石流流通区

泥石流流通区是泥石流搬运通过地段。多为狭窄而深切的峡谷或冲沟，谷壁陡峻而坡降较大，且多陡坎和跌水。泥石流进入本区后具有极强的冲刷能力，将沟床和沟壁上的土石冲刷下来携走。当流通区纵坡陡长而顺直时，泥石流流动通畅，可直泄而下，造成很大危害。

3. 泥石流堆积区

泥石流堆积区是为泥石流物质的停积场所，一般位于山口外或山间盆地边缘，地形较平缓之地。由于地形豁然开阔平坦，泥石流的动能急剧变小，最终停积下来，形成扇形、锥形或带形的堆积体，统称洪积扇。当洪积扇稳定而不再扩展时，泥石流对其破坏力缓减而至消失。

（二）地质条件

地质条件决定了松散固体物质来源。当汇水区和流通区分布有厚度很大、结构松软、易于风化层、层理发育的岩土层时，可为泥石流的发生提供丰富的固体物质来源；另外，在一些大的断层、节理发育的河流、沟谷两侧，泥石流分布密度大，活动频繁，危害最严重。

（三）水文气象条件

泥石流的分布明显受气候条件的影响。在气候干湿季节较明显、较暖、湿、局部暴雨强度大，冰雪融化快的地区，有利于岩石风化破碎，短期能汇集大量水流，因此泥石流爆发频繁。

（四）人为因素

人类的活动如滥伐山林、开矿筑路等，破坏地表植被，加速地表岩体风化，造成水土流失日益严重，泥石流爆发频率急剧增加。

四、泥石流的危害及防治措施

泥石流重度大、流速高、具有强大的能量，其危害程度比单一的滑坡和崩塌、洪水更为严重。

（一）泥石流对人类的危害

1. 毁坏房屋等设施，造成人员伤亡

泥石流最常见的危害之一就是冲进乡村、城镇，摧毁房屋、工厂，造成村毁人亡的灾难。例如 1985 年，哥伦比亚的鲁伊斯火山泥石流，以 50km/h 的速度冲击了近 3 万 km² 的土地，其中包括城镇、农村、田地，哥伦比亚的阿美罗城成为废墟，造成 2.5 万人死亡，15 万家畜死亡，13 万人无家可归，经济损失高达 50 亿美元。

2. 对公路、铁路的危害

泥石流可直接埋没车站、铁路、公路、摧毁路基、桥涵等设施，致使交通中断，还可引起正在运行的火车、汽车颠覆，造成重大的人身伤亡事故。有时泥石流汇入河流，引起河道大幅度变迁，间接毁坏公路、铁路及其他构筑物，甚至迫使道路改线，造成巨大经济损失。例如甘川公路 394km 处对岸的石门沟，1978 年 7 月暴发泥石流，堵塞白龙江，公路因此被淹 1km，白龙江改道使长约 2km 的路基变成了主流线，公路、护岸及渡槽全部被毁。该段线路自 1962 年以来，由于受对岸泥石流的影响已 3 次被迫改线。新中国成立以来，泥石流给我国铁路和公路造成了无法估计的巨大损失。

3. 对水电工程的危害

主要是冲毁水电站、引水渠道及过沟建筑物，淤埋水电站尾水渠，并淤积水库、磨蚀坝面等。

4. 对矿山的危害

主要是摧毁矿山及其设施、淤埋矿山坑道、伤害矿山人员、造成停工停产，甚至使矿山报废。

（二）泥石流的防治

在泥石流发育分布区，工矿、村镇、铁路、公路、桥梁、水库的选址等一定要在查明泥石流沟谷及其危害状况的情况下进行，尽量避开造成直接危害的地区与地段，例如泥石流沟谷的中、上游段及沟口，主支沟交汇部位的低平地，靠近河床的低缓阶地或坡脚处，河道弯道外侧等等。实在无法避开时，应考虑采取工程措施减轻和避免泥石流的危害。

1. 跨越措施

修建桥梁、涵洞，从泥石流沟上方跨越通过，让泥石流在其下方排泄，用以避防泥石流。这是铁道部门和公路交通部门为了保障交通安全常用的措施。

2. 穿过措施

修隧道、明硐和渡槽，从泥石流沟下方通过，而让泥石流从其上方排泄，这是铁路和公路通过泥石流地区的又一主要工程形式。

3. 防护措施

对泥石流地区的桥梁、隧道、路基及泥石流集中的山区变迁型河流的沿河线路或其他重要工程设施，作一定的防护建筑物，用以抵御或消除泥石流对主体建筑物的冲刷、冲击、侧蚀和淤埋等的危害。防护工程主要有护坡、挡墙、顺坝和丁坝等。

4. 排导措施

其作用是改善泥石流流势、增大桥梁等建筑物的泄洪能力，使泥石流按设计意图顺利排泄。排导工程包括导流堤、急流槽、束流堤等。

图 6-15 格栅坝

形成天然的石坝，以缓冲泥石流。

5. 拦挡措施

用以控制泥石流的固体物质和雨洪径流，削弱泥石流的流量、下泄总量和能量，以减少泥石流对下游经济建设工程的冲刷、撞击和淤埋等危害的工程措施。拦挡措施有：拦渣坝、储淤场、支挡工程、截洪工程等。泥石流的拦挡物主要是修在主沟内的各种坝。坝的高度一般在 5m 左右，可以构成"群坝"，也可以单独存在。坝的种类很多，其中有一种特殊类型的坝，即格栅坝（图 6-15）。这种坝是用钢构件和钢筋混凝土构件装配而成的形似栅状的建筑物。它能将稀性泥石流、水石流携带的大石块经格栅过滤停积下来。

第四节 岩溶和土洞

岩溶（karst）是指可溶性岩石，在地表水和地下水长期的作用下，形成的各种独特的地貌现象的总称，岩溶又称为喀斯特。土洞一般特指存在于岩溶地区可溶岩层之上的第四纪覆盖层中发育的空洞，是地表水和地下水对土层的冲蚀、掏空的结果。岩溶和土洞会给工程建设带来一系列的工程地质问题，如地基塌陷、水库渗漏、隧道突水等。因此在这些地区进行工程活动，必须要掌握其发育规律和形成机理，采取有效的预防措施。

一、岩溶的地貌特征

我国岩溶地貌分布十分广泛，主要集中于广西、云南、贵州等省区，如广西桂林的山美、石美，水美、洞美，云南的路南石林等闻名于世。

岩溶形态是可溶岩被溶蚀过程中的地质表现。可分为地表岩溶形态和地下岩溶形态。地表岩溶形态有溶沟（槽）、石芽、漏斗、溶蚀洼地、坡立谷、溶蚀平原等；地下岩溶形态有落水洞（井）、溶洞、暗河、天生桥等（图 6-16）。

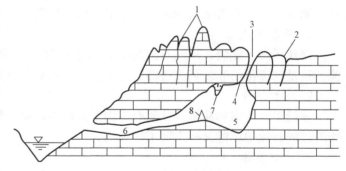

图 6-16 岩溶形态示意图
1—石林；2—溶沟；3—漏斗；4—落水洞；
5—溶洞；6—暗河；7—钟乳石；8—石笋

溶沟、溶芽：出露在地表的可溶性岩石，在大气降水和其他地表水的溶蚀、冲刷下，从最初的细小溶痕，发展到表面形成一些起伏不平的沟槽，溶沟之间的石脊称为石芽。在岩溶作用强烈地区，若遇到质纯巨厚的石灰岩，石芽间溶蚀出深沟，沟坡垂直，可形成高大的石林，如我国云南路南石林，其巨型石芽的相对高度可达 50m。

溶蚀漏斗：溶蚀漏斗是一种地表呈盆形、碟形的封闭凹地，是岩石在地表水溶蚀和冲刷作用下，并伴随塌陷作用而形成的。溶蚀漏斗的大小不一，直径从数米到数十米，大的可到数百米。

落水洞：落水洞又称为天坑、竖井，是垂直裂隙经溶蚀扩大，或地下河和溶洞顶部发生塌落而形成的，其深度可达数十米至数百米。落水洞能起到消潜地表水的作用，其下部多与溶洞或暗河连通。

溶洞：由于岩溶作用而在岩体内部形成的各种形状的地下洞穴，洞内多见石笋、钟乳石、石柱等各种溶蚀堆积物。

地下暗河：由于岩溶地下水汇集而形成的地下河道。地下暗河常与地面沟槽和漏斗、地下漏水洞相通，有集中的出口，有的地下河可行船。如江苏宜兴兴善卷洞内长达 125m 的地下河，可全年通舟。

此外，岩溶作用还可使某些地区形成单一的或组合的地貌形态，如岩溶台地、岩溶盆地、岩溶丘陵、岩溶平原、峰林、残丘、盲谷、峰丛—洼地、孤峰残丘—岩溶平原、岩溶丘陵—洼地等。

二、岩溶发育的基本条件

岩溶是水流对可溶性岩石进行溶蚀的结果，因此岩溶发育的基本条件可概括为以下四点：

（一）岩石是可溶的

这是岩溶发育的内因和基础。自然界中可溶性岩石有碳酸盐岩类（主要指石灰岩、白云岩、大理岩等）、硫酸岩盐类岩石（如石膏、芒硝等）和卤盐岩类岩石（如石盐）。这三种岩石中，碳酸盐类岩石分布最广，因此碳酸盐类岩石地区岩溶发育最典型、最普遍。

碳酸岩类岩石的成分和结构是影响岩溶发育的重要因素。岩石中所含方解石越多，含白云石、杂质越少，则溶蚀越强。其顺序为：石灰岩＞白云石灰岩＞灰质白云岩＞白云岩＞硅质灰岩＞泥灰岩。另外，岩石结构的差异也是影响溶蚀强度大小的重要因素，其溶蚀程度随颗粒大小、骨架的紧密程度、孔隙度的大小而变化。

（二）有溶蚀能力的水

有溶蚀能力的水是岩溶发育的外因和条件。水的溶蚀能力取决于水中侵蚀性 CO_2 或其他酸类如硝酸、硫酸的含量。含有侵蚀性 CO_2 的水对石灰岩的溶蚀作用过程，其化学反应式为

$$CaCO_3 + CO_2 + H_2O \Leftrightarrow Ca^{2+} + 2HCO_3^- \tag{6-1}$$

上式反应式可逆的，即当水中含有一定数量的 HCO_3^- 时，则要有相应数量的游离 CO_2 与其平衡，当水中游离 CO_2 含量增多时，反应式将向右进行，即发生 $CaCO_3$ 的溶蚀。这部分 CO_2 称为侵蚀性 CO_2。因此水中侵蚀性 CO_2 的含量越多，水的溶蚀能力越强。

（三）可溶岩具有透水性

这是保证岩溶作用向地壳内部发育的必要条件和途径。岩石的透水性主要取决于岩石原生孔隙和构造裂隙的发育程度。碳酸盐类岩石的孔隙度很小，且连通性很差，若仅靠孔隙透水，岩溶发育则很难进行。由于构造运动、风化作用在岩体内会产生各种构造裂隙，这就给地表水下潜、岩溶在地壳内部发育提供了良好条件，如断层破碎带、风化带、岩层的层理面处，岩溶发育尤为强烈。

（四）水流是循环交替的

这是岩溶不断发育的根本保证。在可溶性岩石地区，如果岩溶水补给充分，循环、交替强烈，不断提供新的侵蚀性 CO_2，岩溶就会不断进行，而且岩体中的渗透通道越来越大，水流的冲刷、侵蚀能力也越来越强；相反如果地下水流动缓慢，或处于静止状态，则岩溶发育迟缓，甚至处于停滞阶段。

三、岩溶发育分布的规律

1. 岩溶的发育随深度减弱并受局部侵蚀基准面的控制

地下水从地下分水岭向地表河谷流动，在河谷侵蚀基准面以下—即当地侵蚀基准面以下，地下水的运动、溶蚀能力和循环交替也随深度的增加而减弱，另一方面岩石的裂隙随深度增加也逐步减少，所以岩溶的发育明显有随深度的增加而减弱的趋势。但在一个较大的地区范围，由于地形的切割，可能存在有若干个不同深度的岩溶侵蚀基准面，这时岩溶可根据各自的地下径流范围发育成若干个受控于局部岩溶侵蚀基准面的地下岩溶管道系统，也可能因更低的基准面而袭夺较高基准面原先汇集的地下井流，产生新的更大的岩溶管道系统，原来的河谷则变为干谷。

2. 岩溶的发育的成层性

由于地壳运动常常处于间歇性上升或下降，岩溶往往有多层溶洞。当地壳上升时，岩溶侵蚀基准面相对下降，地下会进行垂向溶蚀，从而产生垂直管道、漏斗、漏水洞；当地壳上升到一定阶段处于相对稳定时期时，地下水则向河谷方向运动，从而发育近水平的廊道，入地下河。因此如果地壳反复上升或下降，就可在厚层可溶岩地区，形成多层的溶洞（图 6-17）。

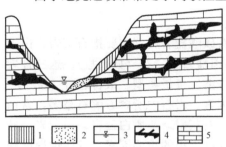

图 6-17 岩溶成层分布示意图
1—坡积物；2—砂；3—河水位；
4—溶洞；5—石灰岩

3. 岩溶发展的地带性和多带性

在不同的气候带内，岩溶的发育特征是不同的。以我国为例，亚热带广西的碳酸盐岩溶蚀量为每年 $0.12\sim0.3mm$；而暖温带的河北只有每年 $0.02\sim0.03mm$。所以南方的岩溶地貌比北方发育。按气候带划分岩溶类型主要有：热带岩溶、亚热带岩溶、温带岩溶、高寒气候带岩溶、干旱区岩溶、海岸岩溶等。

同其他自然现象一样，岩溶的发育也要经历幼年期、壮年期、老年期。在幼年期，岩溶的形态以石芽、溶沟等地表形态为主，在早壮年期岩溶发育向地下发展，漏斗和落水洞、干谷、盲谷、溶蚀洼地广泛分布，大部分地表水转化为地下水，晚壮年期，地下岩溶洞进一步扩大，溶洞和暗河顶部坍塌，地下水又变为地表水，形成峰林等；最后进入晚年期，地表水流又广泛发育，形成溶蚀平原、孤峰、残丘，岩溶逐步走向消亡。因此当今所见到的岩溶形态，都是经过多次旋回，即多代性，是不同时期岩溶形态的叠加。

四、土洞

土洞的形成主要是潜蚀作用的结果。潜蚀是指地表水或地下水对土体进行溶蚀或冲刷的作用。潜蚀分为机械潜蚀和溶滤潜蚀。如果土体内不含有可溶成分，则地下水流仅将细小颗粒从土体中带走，这种作用称为机械潜蚀；如果土体内含有可溶性成分，例如黄土中含有碳酸盐、硫酸盐等物质，地下水流将先将这些可溶成分溶解，然后将细小颗粒冲刷作走，这种潜蚀称为溶滤潜蚀。

土洞按其形成原因可分为以下两种：

1. 地表水形成的土洞

这是地表水沿土层中裂隙或生物洞穴下渗过程中逐渐冲蚀、掏空而形成的土洞。土层中的裂隙和洞穴为地表水渗入土层提供了通道，如果土层底部有排泄水流和土粒的良好通道，则这些地区土洞发育强烈。如上覆土层的岩溶地区，土层底部岩溶发育是排泄水流的良好通道，水不断地向下潜蚀，逐渐在土体内部形成了一条不规则的渗水通道，在水力作用下，不断将崩散的土粒带走，产生土洞，直至顶板破坏，形成地表塌陷。

2. 地下水形成的土洞

当地下水在岩溶地区基岩和上覆土层的交接面附近活动时，将使其间的土体湿化、崩解或潜蚀掏空而形成土洞。当土洞不断被潜蚀、冲刷，由于洞体进一步扩大并向上发展，当上覆土层在自重作用下无法自承时，就发生塌落，形成碟形、盆形、竖井状的凹地。

五、岩溶与土洞的工程地质问题

岩溶和土洞会给工程建设活动带来一系列不利的影响，其表现有如下几个方面：

1. 岩溶地区的渗漏问题

在岩溶地区修建水库，往往由于地表与地下、库区与邻谷、低地的岩溶形态相通而漏失严重，甚至难以成库蓄水。水库渗漏还常给周围地区造成危害，如引起地下水位抬升（破坏建筑、造成土地盐渍化和沼泽化、形成冷浸田等）、地表积水、形成岩溶暗河等，经济损失很大。在我国水库渗漏问题以广西、贵州、山西等岩溶发育区最为严重。

2. 地基的稳定性问题

岩溶的存在使地基岩土体强度降低，增大了岩石的透水性；另外因石芽、溶沟、溶槽的存在，使基岩参差不平，起伏不均匀，这就造成了地基的不均匀沉陷，或桩基的不可靠支撑而导致上部结构的破坏。洞穴顶板的坍塌，会导致基础悬空，结构开裂，因此地基中若存在浅层溶洞和土洞，则必须评价洞穴顶板的稳定性。

岩溶对地基稳定的影响，主要表现在以下五个方面：

第一，未根据场地内岩溶发育和分布的条件，结合建设要求趋优避劣、合理布局而酿成事故。如广西玉林电厂，由于在厂区西面竖井式溶洞中抽水，当水位降深至10m时，地面塌陷130多处，以致主厂房设备基础倾斜，水池漏水、仓库开裂，办公楼不均匀下沉，说明因取水建筑物布置不合理，酿成事故。相反，贵昆铁路骂支段，原线路方案为少占农田，选择了工程量小，站坪条件好的北线方案，但勘察中发现20余条网状洞穴、洞内坍塌严重，将对线路施工和营运造成危害；故改为南线方案，由非碳酸盐岩中绕行，从而保证了线路的安全畅通。

第二，常因岩溶基岩面崎岖不平，其间并有土层分布，致使地基沉陷不均匀；或因桩柱支撑不可靠而导致上部结构破坏（图6-18）。例如云南安宁三聚磷酸钠厂，场地位于石芽隐现的岩溶地区，主要厂房黄磷车间在桩基施工时，就曾因石芽高低错落，大小不一，且中间充填第四系红土，为使桩端落在基岩上，不致产生挠折或不可靠支撑状况，而遇到很大困难。在这样的地区，为使基础不因地基一部分为土、一部分为基岩而产生不均匀沉陷，可将石芽顶端铲除，通过换土来调整地基的变形量或如广东凡口矿的压风机厂房，在清除覆盖土层后，仍有深的溶沟、溶槽，地基面高低不平条件下，为避免产生不均匀沉陷，采用厚

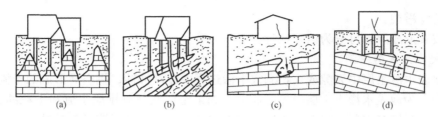

图 6 - 18　岩溶地基不均匀沉降和桩

柱不可靠支撑示意图（据史如平等，1994）

（a）、（b）水平与倾斜的可溶岩基岩面崎岖不平桩柱挠曲、桩端支撑

不可靠产生不均匀沉陷；（c）基岩面附近溶洞上土层坍塌产生结构开裂；

（d）倾斜岩溶基岩面因荷载产生层面滑移、结构开裂

1.2m 的钢筋混凝土大平板作基础，将 9m×36m 的机房放置其上，效果良好。

　　第三，地下洞穴顶板坍塌，导致基础悬空、结构开裂。当有这种可能时，则应根据基础下洞穴所处的位置、形态和大小，验算洞穴顶板的稳定或对基础的形式作合理的调整与设计。如山西霍县电厂，场区岩溶发育，虽然通过勘察，根据岩溶的发育和分布规律对工程建设进行了合理布局，但主厂房下仍有高 8.50~13.50m、宽约 20~30m、顶板厚 8~15m 的洞穴无法避开。为此，在定性评价的基础上还进行了地基应力有限单元定量分析及模型试验，均说明溶洞顶板在设计荷重下是不稳定的。鉴于此，在基础设计和施工中采取了填塞、跨越、调整梁柱、支顶等方法，最后方建成投产。

　　第四，因基础范围附近有洞穴或垂直溶隙、致使地基岩石受力后，沿层面产生向洞隙方向的滑移 ［图 6 - 18（d）］。

　　第五，在工程条件下，如荷载的长期作用，地表水的下渗以及地下水动力条件的改变，会造成新的不稳定因素。如成昆铁路安宁附近，路堑施工中发现其下有长、宽、高为 10m×9m×8m 的溶洞，仅作了一般回填；营运后，由于长期荷载的作用，仍不断下沉，7 次中断行车，9 次长期慢行，并在附近又发现多处陷坑和溶洞，至今尚未根治。

　　因此，在岩溶与土洞地区的地基稳定分析应考虑三个问题：

　　第一，溶洞和土洞分布密度和发育情况，建筑物场地和地基的选择应避开溶洞和土洞分布密度很密并且溶洞或土洞的发育处在地下水交替最积极的循环带内，洞径较大，顶板薄，并且裂隙发育地带。

　　第二，溶洞和土洞的埋深对地基稳定性影响，一般认为，溶洞特别是土洞如埋置很浅，则溶洞的顶板可能不稳定，甚至会发生地表塌落。

　　第三，抽水对土洞和溶洞顶板稳定的影响，一般认为，在有溶洞或土洞的场地，特别是土洞大片分布，如果进行地下水的抽取，由于地下水位大幅度下降，使保持多年的水位均衡遭到急剧破坏，大大减弱地下水对土层的浮托力，此外，由于抽水时加大了地下水的循环，动水压力会破坏一些土洞顶板的平衡，因而引起一些土洞顶板的破坏和地表塌陷。

　　3. 地下洞室围岩稳定和涌水问题

　　在地下工程中，如果洞室附近有较大洞穴、暗河存在时，则可引起塌陷或基础悬空、突水等，并伴随涌泥、涌砂等现象，造成生命财产的损失。

　　六、岩溶与土洞地基的防治措施

　　在岩溶地区进行工程活动时，应首先设法避开有危险的岩溶和土洞区，实在不能避开

时，再考虑采取工程措施。

1. 疏导

为降低地下水的水位及水压力，对岩溶水宜以疏导为主，不宜堵塞；对自然降水和其他地表水应防止下渗，采取截排水措施，将水引导他处排泄。

2. 跨越

对于岩溶较为发育地基，且岩溶顶板较薄的地段，长度大于 10m，地下水较为丰富，宜采用平板、梁式基础等方案跨越。

3. 加固

为防止基底溶洞或土洞的坍塌及岩溶渗透，采用加固方法，对于有溶洞洞穴分布地段，岩溶径大、洞内施工条件好，采用浆砌片石支墙、支柱及码砌片石垛加固处理；对于深而少的溶洞不能用洞内加固方法时，采取钢筋混凝土盖板加固处理。

4. 灌浆

对于封闭的比较小的溶洞，采取注浆措施，提供成孔条件穿过溶洞。如洞内无填充物或填充物不满，则采取先填充碎石或干砂，然后注浆；若充填物呈松散或软塑状态时，直接注浆固结即可；若充填物已固结呈硬塑状态时，则可以直接冲孔，施工时须加强泥浆护壁。

第五节　地面沉降与地面塌陷

一、地面沉降

（一）地面沉降的含义与危害

地面沉降（ground subsidence），是由于自然因素和人为因素引起的区域性地表海拔降低的现象，是一种缓变的地质灾害。长期大幅度的地面沉降对城市基础设施、人民的生活和生产构成严重威胁。如上海市是我国地面沉降现象最早、影响最大、危害最严重的城市，在地面沉降最严重时期，平均年沉降量达到 100mm，造成江水倒灌、建筑物地基破坏、地下管线断裂，城市的排水系统能力下降，地面严重积水，码头、仓库受淹、桥下净空减小等一系列严重灾害。

我国地面沉降活动始于 20 世纪 20 年代，但当时只限于沿海个别城市，50 年代以后明显发展，70 年代急剧发展，成为影响人民生活、妨碍城市建设的重要环境问题。中国目前发生地面沉降活动的城市达 70 余个，明显成灾有 30 余个，最大沉降量已达 2.6m，这些沉降城市有的孤立存在，有的密集成群或继续相连，形成广阔地面沉降区域或沉降带，目前沉降带有 6 条，即：沈阳—营口；天津—沧州—德州—滨州—东营—潍坊；徐州—商丘—开封—郑州—上海；上海—无锡—常州—镇江；太原—侯马—运城—西安；宜兰—台北—台中—云林—嘉义—屏东。

从世界范围来看，大约从 19 世纪初起，世界上一些工业迅速发展，因而大量开发利用地下水的大城市和一些石油开采区陆续发现地面沉陷现象。美国长滩市威明顿油田最为强烈，最大沉降速率为 71cm/a，总沉降量高达 9m，美国加州的圣华金流域、墨西哥的墨西哥城以及日本的东京等地因开发抽汲地下水引起的地面沉陷最为突出。所有这类地面沉降现象都是发生在未固结或半结固的沉积层分布区，是因过量地抽汲沉积层中的流体而产生的。由于分布广泛，发展迅速，所以地面沉降已经成为现代许多大城市的重要公害问题，它对当地的工业生产、市政建设、交通运输以及人民生活都有很大的影响，有时还会造成巨大损失。

地面沉降所造成的危害，总的看起来有如下方面：

（1）许多沿海城市，由于地面沉降的发展，已有部分地区的地面标高降低到低于或接近于海平面高程，以致这些地区经常遭受海水的侵袭。有些地区甚至长期积水，对当地人民的生活和生产产生严重的威胁。为了防止这类洪水灾害，经常需要付出高昂的代价来加高地面和修建防洪墙或护岸堤。

（2）一些港口城市，由于码头、堤岸的沉降而丧失或降低了港湾设施的能力。

（3）桥墩下沉，桥梁净空减小，影响水上交通。

（4）在一些地面沉降强烈的地区，伴随地面垂直沉陷而发生的较大水平位移，往往会对许多地面和地下构筑物造成巨大危害。作用在土层中的巨大剪力，使该区地表的路面、铁轨、桥墩和大型建筑物的墙、支柱或格架以及油井和其他管道等，遭到严重的破坏。

（5）在地面沉降区还有一些较为常见的现象，如深井管上升、井台破坏，高楼脱空、桥墩的不均匀下沉等，这些现象虽然不至于造成大的危害，但也会给市政建设的各方面带来一定影响。

（二）地面沉降的影响因素

导致地面沉降的主要影响因素可分为自然因素和人为因素：

1. 自然因素

导致地面沉降的自然因素包括近代沉积地层的天然固结、海平面的相对上升引起的地面沉降，另外地质构造运动如地震的冲击作用也会引起地面沉降。对于自然因素引起的地面沉降，目前人类还难以控制。

2. 人为因素

导致地面沉降的人为因素很多，如过量抽汲地下液体及表层排水、地下深处固体矿藏的开采、岩溶地区的塌陷、地面静、动荷载等都可导致地面沉降。对于地面沉降的原因，目前国际上普遍认为，过量抽取地下液体，尤其地下水，地下水位大幅度下降，引起储集层内液压降低，从而导致土层压缩，是地面沉降最常见的原因。

（三）地下水位下降引起地面沉降的机理

当从承压含水层中抽取一部分地下水后，孔隙水压力减小，承压水位下降，而上覆土层应力是个定量，分别由土粒骨架和孔隙水承受，因此为保持平衡，土粒骨架传递应力即有效应力将相应增加。有效应力的增量既作用于含水层也作用于上覆土层，将导致含水层和上覆土层发生固结、压缩而产生地面沉降。由于土性不同，上覆土层和含水层的固结压缩特性是不一样的。首先砂类土层释水固结瞬时完成，而黏性土的透水性要比砂类土小很多，因此黏性土层的释水固结过程要滞后一段时间，另外，砂类土释水压密为弹性变形，所引起的地面沉降是暂时性的，当含水层获得水量补充后，孔隙水压力增大，承压水位上升，有效应力相对减小，将使含水层回弹。因为黏性土层释水压密是塑性变形，含水层获得补充后变形不能恢复，因此黏性土层的固结压密是地面沉降的主要原因。

从上海市的地面沉降量与地下水水位和开采量的历史观测资料，可明显看到地面沉降和地下水开采量和水位降深变化的一致性（图6-19）。

（四）控制地面沉降的措施

1. 合理控制开采地下水

当地下水开采量小于补给量时，地下水位下降一般都会稳定在某一个深度，但如果大规模开采地下水，开采量明显超过含水层最大允许开采量时，形成大范围的降落漏斗，则很难恢复，如北京地区供水主要依靠地下水，由于多年的盲目开采，每年开采量超过补给量30％以上，全市已出现多个地下水降落漏斗，并都有继续发展趋势。因此为了控制和防止地面沉降，各国从20世纪60年代起，制定了各种政策、法令，合理限制对地下水开采，这些措施使得许多地面沉降现象大大缓和。例如在我国天津市，从1986年引滦入津工程正式通水开始，对中心市区和塘沽区实施了以封停地下水井为主要措施的地面沉降控制计划。根据取用地下水引发地面沉降的危

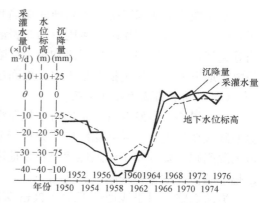

图6-19　上海市历年地下水开采量、地下水位和地面沉降的速率关系图

险度和地下水的开发利用程度，天津市划分了地下水禁采区、过渡禁采区和限采区，不同规划区采取不同管理措施。对禁采区，严禁以各种形式开采地下水，现有机井必须封停；对过渡禁采区，在南水北调通水前，逐渐减少地下水开采量，不得兴建新的地下取水工程，待水源解决后，全部封停地下水井；对限采区，将有限度地开采地下水，严格核定取水指针，保证地下水采补平衡。经过20年的控沉计划的实施，到1996年，天津市区及邻近郊区440km² 范围内，从1981年的841眼地下水机井，年开采量9167万 m³，减少到204眼机井，年开采量2640多万立方米，使中心城区沉降量稳定控制在每年10～15mm水平，改变了19世纪80年代接近每年100mm的急剧沉降的历史。

2. 对地下水进行人工补给

又称地下水人工回灌，就是通过各种人工入渗措施，把各种地表水源补充到含水层内。实践证明，人工回灌方法是控制地面沉降的一种有效措施，例如上海市经过人工补给地下水工作，将过去最大年平均沉降量近百毫米，减为目前平均近几个毫米的微量下沉。

进行人工补给的基本条件是：要有利用进行人工补给的水文地质条件，包括适宜的储水构造、储水层有较大的厚度、透水性强，并不含有锰、铁、硫等有害化学物质，要有良好的入渗条件、有充足的补给来源，另外要保证人工补给不会引起其他不良的水文地质和工程地质现象，如土壤盐渍化等。

人工补给地下水的方法包括地面渗水补给法和管井注入法两大类。

3. 岩溶地区地面沉降的防治措施

在岩溶或采矿地区为防止由于塌陷而引起的地面沉降，采取的措施是以防为主，并结合充填。对已造成岩溶塌陷的地区，可采取开挖后充填低渗透性土料并夯实，以减少渗透性，阻止水流的入渗。

二、地面塌陷

（一）地面塌陷的概念与类型

地面塌陷是地面垂直变形破坏的一种形式，它的出现是由于地下地质环境中存在着天然洞穴或人工采掘活动所留下的矿洞、巷道或采空区而引起的，其地面表现形式是局部范围内地表岩土体的开裂、不均匀下沉和突然陷落。地面塌陷的平面范围与地下采空区的面积、有效闭合量或洞穴容量等量值有关，一般可由几平方米到几平方公里或更大一些。

地面塌陷按成因可分为天然地面塌陷和人为地面塌陷两类。如果地面塌陷发生在岩溶地区，则称为岩溶地面塌陷，否则，为非岩溶地面塌陷，如黄土塌陷、火山熔岩塌陷和冻土塌陷等类型。岩溶塌陷、采空塌陷和黄土塌陷是地面塌陷常见的三种类型。人为地面塌陷主要是由于地下采矿、过量抽取地下水、地面超载或振动而诱发形成的。

（二）地下塌陷的发育情况

地面塌陷分布发育有一定的时空规律性。岩溶塌陷主要分布于岩溶强烈及中等发育的覆盖型碳酸盐岩地区，采空塌陷广泛分布于矿山及其周围地区，其中又以煤矿塌陷最为突出，黄土湿陷则主要分布于湿陷性黄土发育地区。在时间上，随着近年来的经济发展，地面塌陷也越来越多，危害越来越大。

岩溶塌陷，对于浅埋地下 10～30m 深度的可溶性碳酸盐类岩石，如其上为第四系黄土、红土、黏性土、砂类土所覆盖，浅埋的碳酸盐类岩石中储存着丰富的地下水，因开采矿产疏干地下水，以及作为供水水源开采利用，往往使上部土层失去自然应力的平衡，导致地面发生沉陷、塌陷和地裂等地质灾害。中国发生地面岩溶塌陷的地区较多，从南到北，从东到西，都有发生。目前已见于除北京、天津、上海、河南、甘肃、宁夏、新疆以外的 24 个省区。另外，华南岩溶多且强，华北相对少且弱一些。全国岩溶塌陷总数约 2841 处，塌陷坑 33192 个，塌陷面积 332.28km^2，每年造成的经济损失达 10 亿元左右。

采空塌陷，采空塌陷是由于开采矿产，使地下产生空洞，改变了岩土体的应力状态，造成岩土体失稳塌陷。我国黑龙江、山西、安徽、江苏、山东等省是采空塌陷的严重发育区，几乎在我国的采煤、采矿区均有出现。据不完全统计，在我国 20 个省区内，共发生采空塌陷 180 处以上，塌坑超过 1595 个，塌陷面积大于 1500km^2。全国因采煤地表发生沉陷、坍塌面积 38 万 hm^2，其中有 240 余处最为严重。如淮北矿区塌陷面积 1.2×10^4 hm^2、开滦 1.1×10^4 hm^2、阳泉 0.6×10^4 hm^2、焦作 0.52×10^4 hm^2、徐州 0.5×10^4 hm^2、平顶山 0.3×10^4 hm^2、铜川 0.3×10^4 hm^2，地下采煤形成沉陷塌陷，不仅对地表造成破坏，而且直接威胁矿区范围内城市交通、邮电、水利设施安全。

黄土湿陷是由于湿陷性黄土遇水浸润后而发生的陷落现象。黄土湿陷在我国主要见于河北、青海、陕西、甘肃、宁夏、河南、山西、黑龙江等 8 个黄土分布省区，塌陷面积仅河南省就达 4.53km^2。

（三）地面塌陷区进行工程建设应注意的问题与地面塌陷的处理方法

1. 地面塌陷区进行工程建设应注意的问题

（1）建筑场地应选择在地势较高的地段；

（2）建筑场地应选择在地下水最高水位低于基岩面的地段；

（3）建筑场地应与抽、排水点有一定的距离，建筑物应设置在降落漏斗半径之外。

2. 地面塌陷的处理方法

对塌陷坑一般进行回填处理，回填方法有：

（1）对影响建筑设施或大量充水的塌陷坑，应根据具体情况进行特殊处理，一般是清理至基岩，封住溶洞口，再填土石。

（2）对不易积水地段的塌陷坑，当没有基岩出露时，采用黏土回填夯实，高出地面 0.3～0.5m；当有基岩出露并见溶洞口时，可先用大块石堵塞洞口，再用黏土压实。

（3）对河床地段的塌陷坑，若数量少，亦可采用上述方法进行回填，若数量多时，应根据具体情况考虑对河流采取局部改道的方法处理。

关键概念

不良地质现象　崩塌　滑坡　泥石流　岩溶　土洞　地面沉降　地面塌陷

<h2 align="center">思　考　题</h2>

1. 崩塌发生条件及影响因素是什么？

2. 滑坡的形态特征怎样？

3. 滑坡类型有哪些？

4. 崩塌、滑坡、泥石流有何区别？它们是如何发生的？如何防治？

5. 泥石流的类型是怎样划分的？

6. 岩溶的形态要素怎样？

7. 岩溶和土洞的形成机理是怎样的？它们会给工程活动带来哪些不良影响？如何进行防治？

8. 分析岩溶、土洞对地基稳定性的影响。

9. 产生地面沉降的因素有哪些？地面沉降会带来哪些危害？如何采取防治措施？

10. 地面塌陷的发育情况怎样？

11. 地面塌陷区进行工程建设应注意的问题是什么？

第二篇　地基土工程地质特征

第七章　土的工程性质与野外鉴别

本章提要与学习目标

土是各种矿物颗粒的松散集合体。在天然状态下，土为三相物质组成，即土是由固体颗粒、水和空气三相所组成。本章主要讨论土的物质组成以及定性、定量描述其物质组成的方法，包括土的组成、土的结构构造、土的三相指标、无黏性土的密实度、黏性土的物理特征、土的压实原理、土的工程分类与野外鉴别等。这些内容不仅与土的力学性质发生联系，也可以评价土的工程性质，是学习土力学原理和基础工程设计与施工技术，以及解决土的工程技术问题所必需的基本知识。

通过本章的学习，要求了解土的工程性质，掌握土的形成机理与土的分类方法，并对土的野外鉴别有一个全面的了解。

第一节　土　的　形　成

一、土的含义与来源

在土木工程中，土（soil）是指覆盖在地表上碎散的、没有胶结或胶结很弱的颗粒堆积物。

在自然界，土的形成过程是十分复杂的。根据它们的来源，可分为两大类，即无机土和有机土。无机土是地球表面的整体岩石在大气中经受长期的风化作用而破碎后，形成形状不同、大小不一的颗粒受各种自然力的作用，在各种不同的自然环境下堆积下来形成的土。有机土是在沼泽地，由植物完全或部分分解的堆积物，它具有高压缩性和低强度，应该力求避免作为建筑物地基。天然土绝大多数是无机土，所以通常说土是岩石风化的产物。

这里所说的风化包括物理风化和化学风化。物理风化是指岩石和土的粗颗粒受各种气候因素的影响，如温度的昼夜季节变化，降水、风、冬季水的冻结等原因，导致体积胀缩而发生裂缝，或者在运动过程中因碰撞和摩擦而破碎，于是岩体逐渐变成碎块和细小的颗粒。物理风化后的土可以当成只是颗粒大小上量的变化。但是这种量变的积累结果使原来的大块岩体获得了新的性质，变成了碎散的颗粒。化学风化是指母岩表面和碎散的颗粒受环境因素的作用而改变其矿物的化学成分。形成新的矿物，也称次生矿物。环境因素如水、空气以及溶解在水中的氧气和碳酸气等。化学风化常见的反应有水解作用、水化作用、氧化作用，其他还有溶解作用、碳酸化作用等。物理风化和化学风化经常是同时进行而且是互相加剧发展的进程。因此，任何一种天然土通常既是物理风化的产物，又有化学风化的产物。

二、土的搬运与沉积

由于其搬运和堆积方式的不同，又可分为残积土和运积土两大类。

残积土是指母岩表层经风化作用破碎成为岩屑或细小颗粒后，未经搬运，仍残留在原地的堆积物。它的特征是颗粒表面粗糙、多棱角、粗细不均、无层理。

运积土是指风化所形成的土颗粒，经受流水、风、冰川等动力搬运离开原地的堆积物。其特点是颗粒经过滚动和相互摩擦具有一定的浑圆度，即颗粒因摩擦作用而变圆滑。在沉积过程中因受水流等自然力的分选作用而形成颗粒粗细不同的层次，粗颗粒下沉快，细颗粒下沉慢而形成不同粗细的土层。

运积土根据搬运的动力不同，又可分为如下几类：

坡积土，是指残积土受重力和短期性水流（如雨水和雪水）的作用，被挟带到山坡或坡脚处聚集起来的堆积物。其特征是堆积体内土粒粗细不同，性质很不均匀。

洪积土，是残积土和坡积土受洪水冲刷，挟带到山麓处沉积的堆积物。其特征是具有一定的分选性。搬运距离近的沉积颗粒较粗，力学性质较好；远的则颗粒较细，力学性质较差。

冲积土，是指由于江、河水流搬运所形成的沉积物。分布在山谷、河谷和冲积平原上的土都属于冲积土。这类土由于经过较长距离的搬运，浑圆度和分选性都更为明显。常形成砂层和黏性土层交叠的地层。

湖泊沼泽沉积土，是在极为缓慢水流或静水条件下沉积形成的堆积物。这种土的特征除了含有细微的颗粒外，常伴有由生物化学作用所形成的有机物的存在，成为具有特殊性质的淤泥或淤泥质土，其工程性质一般都较差。

海相沉积土，是由水流挟带到大海沉积起来的堆积物，其特征是颗粒细，表层土质松软，工程性质较差。

冰积土，是由冰川或冰水挟带搬运所形成的沉积物，其特征是颗粒粗细变化较大，土质也不均匀。

风积土，是由风力搬运形成的堆积物。其特征是颗粒均匀，往往堆积层很厚而不具层理。我国西北的黄土就是典型的风积土。

堆积下来的土，在很长的地质年代中发生复杂的物理化学变化，逐渐压密、岩化。最终又形成岩石，就是沉积岩或变质岩。因此，在自然界中，岩石不断风化破碎形成土，而土又不断压密、岩化而变成岩石。这一循环过程，永无止境地重复进行着。

工程上遇到的大多数土都是在第四纪地质历史时期内所形成的。第四纪地质年代的土又可划分为更新世和全新世两类。其中在人类文化期以来所沉积的土称为新近代沉积土。

三、土的基本特性

从土的形成可以看出，土具有如下三个基本特性：

碎散性，自然界中的土绝大多数是岩石风化作用的结果。由于物理风化作用，使岩体崩解、碎裂成岩块、岩屑，使原来的大块岩体获得了新的性质，变成了碎散的颗粒。颗粒之间存在着大量的孔隙，可以透水和透气，土的这一特性就是碎散性。

三相性，自然界的土，一般都是由固相、液相和气相三部分组成。固相部分主要是土粒，有时还有粒间胶结物和有机质，它们构成土的骨架；液相部分为水及其溶解物；气相部分为空气和其他气体。这是土的第二个基本特性——三相性。

自然变异性，在自然界中，土的物理风化和化学风化时刻都在进行，而且相互加强。由于形成过程的自然条件不同，自然界的土也就多种多样。同一场地，不同深度处土的性质也不一样，甚至同一位置的土，其性质还往往随方向而异。例如沉积土往往竖直方向的透水性小，水平方向的透水性大。因此，土是自然界漫长的地质年代内所形成的性质复杂、不均匀、各向异性且随时间而在不断变化的材料。

第二节 土 的 组 成

如前所述，土是由固体颗粒、水和气体所组成的三相体系。当土骨架的孔隙完全被水充满时，这种土称为饱和土；有时一部分被水占据，另一部分被气体占据，称为非饱和土；有时可能完全充满气体，就称为干土。这三种组成部分本身的性质和它们之间的比例关系和相互作用决定了土的物理力学性质。

一、土的固相

土的固相是土的主体，决定着土的性质，是一种土区别于另一种土的依据。根据土颗粒大小和矿物成分把土划分为黏性土和无黏性土两大类，这两类土的变形性质、强度性质和渗透性质有极明显的差别。

土中的固体颗粒（土粒）大小、形状、矿物成分及其组成情况是决定土的物理性质的重要因素。

（一）土粒粒组及粒组划分

土颗粒大小不同，其性质也不同。例如粗颗粒的砾石，具有很大的透水性，完全没有黏性和可塑性；而细颗粒的黏土则透水性很小，黏性和可塑性较大。颗粒大小通常以粒径表示。所谓粒组（fraction），就是某一级粒径的变化范围，或者为相邻两分界粒径之间性质相近的土粒。

在自然界中，土常是由多种粒组所组成。对粒组的划分，各个国家，甚至一个国家的各个部门有不同的规定。从 20 世纪 70 年代末到 80 年代末这十年中，我国的粒组划分标准出现了一些变化。《岩土工程勘察规范》（GB 50021—2001）在编制过程中经过充分论证，将砂粒粒组与粉粒粒组的界限从 0.05mm 改为 0.075mm。我国上述规范采用的粒组划分标准见表 7-1。《土的工程分类标准》（GBJ 145—1990）在砂粒粒组和粉粒粒组的界限上取与上述规范相同的标准，但将卵石粒组和砾石粒组界限改为 60mm，其粒组划分标准见表 7-2。

表 7-1　　　　　　　　　　粒组划分标准（GB 50021—2001）

粒组名称	粒组范围（mm）	粒组名称	粒组范围（mm）
漂石（块石）粒组	＞200	砂粒粒组	0.075～2
卵石（碎石）粒组	20～200	粉粒粒组	0.005～0.075
砾石粒组	2～20	黏粒粒组	＜0.005

表 7-2　　粒组划分（GBJ 145—1990）

粒组统称	粒组名称		粒组范围（mm）
巨粒	漂石（块石）粒组		＞200
	卵石（碎石）粒组		200～60
粗粒	砾粒	粗砾	60～20
		细砾	20～2
		砂粒	2～0.075
细粒	粉粒		0.075～0.005
	黏粒		＜0.005

（二）粒度成分及表示方法

1. 粒度成分及分析方法

土的粒度成分，是指土中各种不同粒组的相对含量（以干土质量的百分比表示），它可以描述土中不同粒径土粒的分布特征。

工程中实用的粒度成分分析方法有筛分法和水分法两种：

筛分法，适用于粗粒土（颗粒大于 0.1mm

或 0.074mm，按筛的规格而定）。它是利用一套孔径大小不同的筛子，将事先称过重的烘干土样过筛，称留在各筛上的土重，然后计算相应的百分数，这和建筑材料的粒径级配筛分试验是一样的。

水分法，适用于细粒土（粒径小于 0.1mm 或 0.074mm）的土。该方法是根据斯托克斯（stokes）定理，即球状的细颗粒在水中的下沉速度与颗粒直径的平方成正比，来确定各粒组相对含量的方法。因此可以利用粗颗粒下沉速度快、细颗粒下沉速度慢的原理，把颗粒按下沉速度进行粗细分组。基于这种原理，实验室常用比重计进行颗粒分析，称为比重计法。该法的原理说明和操作方法，可参阅土工试验操作规程或土工实验指示书，本章不予详述。

2. 粒度成分表示方法

常用的粒度成分表示方法有三种，即表格法、累计曲线法和三角坐标法。

表格法：是以列表形式直接表达各粒组的相对含量，是一种十分方便的粒度成分分类方法。

累计曲线法（grain-size accumulation curve）：是一种图示方法，由于混合土中所含粒组的粒径往往相差几千、几万倍甚至更大，且细粒土的含量对土的性质影响很大，必须较为详细表示。因此，粒径的坐标常取为对数坐标。累计曲线的横坐标表示土颗粒的直径，以 mm 表示；纵坐标为小于某粒径土的相对含量，用百分比表示，见图 7-1。

三角坐标法：也是一种图示法，它利用等边三角形内任意一点至三个边（h_1、h_2、h_3）的垂直距离的总和恒等于三角形之高 H 的原理，用来表示组成土的三个粒组的相对

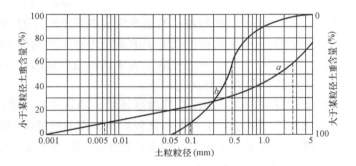

图 7-1　土的粒径级配累计曲线

含量，即图中的三个垂直距离可以确定一点的位置。三角坐标法只适用于划分为三个粒组的情况。例如，当把黏性土划分为砂土、粉土和黏土粒组时，就可以用图 7-2 所示的三角坐标图来表示。

上述三种方法的特点和适用条件如下：表格法，能清楚地用数量说明土样的各粒组含量，但对于大量土样之间的比较就显得过于冗长，且无直观概念，使用比较困难；累计曲线法能用一条曲线表示一种土的粒度成分，而且可以在一张图上同时表示多种土的粒度成分，能直观地比较其级配状况；三角坐标法能用一点表示一种土的粒度成分，在一张图上能同时表示许多种土的粒度成分，便于进行土料的级配设计，同时，由于三角坐标图中不同区域表示土的不同组成，因而还可以用来确定按粒度成分分类的土名。工程上可根据使用要求

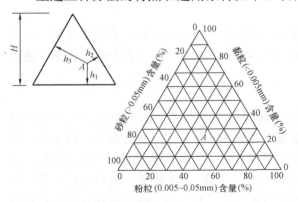

图 7-2　三角坐标图

选用不同的方法，也可以在不同的场合选用不同的方法。

3. 粒径级配曲线的应用

土的粒径级配累计曲线是土工上最常用的曲线，从这曲线可以直接了解土的粗细、粒径分布的均匀程度和级配的优劣。粒径级配曲线的用途具体表现在如下两个方面：

（1）观察土的组成情况。

从累计曲线中可以查得土的粒组范围及各粒组的相对含量，可用于粗粒土的分类并大致估计土的工程性质。

（2）研究颗粒分布的均匀程度。

根据累计曲线的陡缓可以研究颗粒分布的均匀程度。土颗粒级配是否良好的判别常用不均匀系数 C_u（coefficient of uniformity）和曲率系数 C_c 两个指标来分别描述级配曲线的坡度和形状。

$$C_u = \frac{d_{60}}{d_{10}} \tag{7-1}$$

$$C_c = \frac{(d_{30})^2}{d_{60} \cdot d_{10}} \tag{7-2}$$

式中　d_{10}——小于此种粒径的土的质量占总土质量的 10%，也称有效粒径；

　　　d_{30}——小于此种粒径的土的质量占总土质量的 30%；

　　　d_{60}——小于此种粒径的土的质量占总质量的 60%，也称为控制粒径。

土的级配是否良好判定如下：

级配良好的土：级配曲线坡度平缓，曲线光顺，能同时满足 $C_u \geq 5$ 及 $C_c = 1\sim3$ 的条件；

级配不良的土：土粒大小比较均匀，即曲线坡度较陡的土或土虽较不均匀，但土粒大小不连续的土都属于级配不良的土，即不能同时满足 $C_u \geq 5$ 及 $C_c = 1\sim3$ 的两个条件。

（三）土中矿物成分

土粒的矿物成分主要决定于母岩的成分及其所经受的风化作用。土粒的矿物成分分两大类：一类是原生矿物，常见的如石英、长石和云母等，它是由岩石经过物理风化生成的。粗的土颗粒常是由一种或几种原生矿物颗粒所组成，很细的岩粉也仍然属于原生矿物。另一类是次生矿物，它是由原生矿物经过化学风化后所形成的新矿物，其成分与母岩完全不相同。土中的次生矿物主要的是黏土矿物。此外还有一些无定形的氧化物胶体（Al_2O_3、Fe_2O_3）和可溶性盐类（$CaCO_3$、$CaSO_4$、$NaCl$ 等）。

不同的矿物成分对土的性质有着不同的影响，其中以细粒组的矿物成分尤为重要。黏土矿物具有与原生矿物很不相同的特性，它对黏性土性质的影响很大。下面对黏土矿物的性质作一简要介绍。

1. 黏土矿物的晶体结构

黏土矿物的颗粒很微小，在电子显微镜下观察到的形状为鳞片状或片状，经 X 射线分析证明，其内部具有层状晶体构造。黏土矿物基本是由两种原子层（称为晶片）构成的，即由硅片和铝片构成的晶包所组叠而成：一种是硅氧晶片，它的基本单元是硅—氧四面体，它是由一个居中的硅离子和四个在角点的氧离子所构成，如图 7-3 所示，由六个硅—氧四面体组成一个硅片，硅片底面的氧离子被相邻两个硅离子所共有。另一种是铝氢氧晶片，它的基本单元则是铝—氢氧八面体，它是由一个铝离子和六个氢氧离子所构成，如图 7-3 所示。

四个八面体组成一个铝片，每个氢氧离子都被相邻两个铝离子所共有。

2. 黏土矿物的分类及其特性

黏土矿物依硅片和铝片的组叠形式的不同，可以分成高岭石、伊利石和蒙特石三种类型。

蒙脱石（Al_2O_3：·$4SiO_2$·nH_2O）。晶层结构是由两个硅片中间夹一个铝片所构成，如图 7-4（a）所示，称为 2：1 的三层结构。晶层之间是 O^{2-} 对 O^{2-} 的连接，联结力很弱，水很容易进入晶层之间。每一颗粒能组叠的晶层数较少。颗粒大小约为 $0.1\sim1.0\mu$（$1\mu=0.0011mm$），厚约 $0.001\sim0.01\mu$。因此，蒙脱石的主要特征是颗粒细微，具有显著的吸水膨胀、失水收缩的特性，或者说亲水能力强。

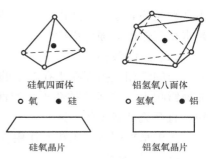

硅氧四面体　　　铝氢氧八面体
○ 氧　● 硅　　　○ 氢氧　● 铝

硅氧晶片　　　铝氢氧晶片

图 7-3　黏土矿物晶片示意图

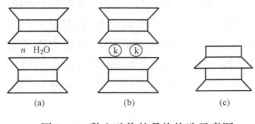

图 7-4　黏土矿物的晶格构造示意图
(a) 蒙脱石；(b) 伊里石；(c) 高岭石

伊里石（K_2O·$3Al_2O_3$·$6SiO_2$·$2H_2O$）是云母在碱性介质中风化的产物。它与蒙脱石相似，是由两层硅片夹一层铝片所形成的三层结构，但晶层之间有钾离子连接，如图 7-4（b）所示。连接强度弱于高岭石而高于蒙脱石，其特征也介于两者之间。

高岭石（Al_2O_3·$2SiO_2$·$2H_2O$）其晶层结构是由一个硅片和一个铝片上下组叠而成，如图 7-4（c）所示。这种晶体结构称为 1：1 的两层结构。两层结构的最大特点是晶层之间通过 O^{2-} 与 OH^{1-} 相互联结，称为氢键联结。氢键的联结力较强，致使晶格不能自由活动。水难以进入晶格之间，是一种遇水较为稳定的黏土矿物。因为晶层之间的联结力较强，能组叠很多晶层，多达百个以上，成为一个颗粒。颗粒大小约 $0.3\sim3\mu$，厚约 $0.03\sim1\mu$。所以高岭石的主要特征是颗粒较粗，不容易吸水膨胀，失水收缩，或者说亲水能力差。

（四）土粒形状与比表面积

1. 土粒形状及对工程性质的影响

土粒的形状与土的矿物成分有关，也与土的形成条件及地质历史有关。土粒形状是多种多样的，原生矿物一般颗粒粗，呈粒状，即三个方向的尺度基本上同一数量级；次生矿物颗粒细微，多呈片状或针状。

土粒形状对土的密实度和土的强度有显著影响。例如，棱角状的颗粒互相嵌挤咬合形成比较稳定的结构，强度较高；磨圆度好的颗粒之间容易滑动，土体的稳定性比较差。

2. 比表面积

土颗粒越细，形状越扁平，则表面积与质量之比值愈大。单位质量土颗粒所拥有的表面积称为比表面积 A_s，即

$$A_s = \frac{\sum A}{m} \tag{7-3}$$

式中　$\sum A$——全部土颗粒的表面积之和，m^2；

　　　m——土的质量，g。

比表面积是代表黏性土特征的一个很重要的指标。如前所述，黏土颗粒的带电性质都发

生在颗粒的表面上，所以，对于黏性土，比表面积的大小直接反应土颗粒与四周介质，特别是水相互作用的强烈程度。

二、土的液相

土的液相是指存在于孔隙中的水，是组成土的第二种主要成分。土中水的含量和性质明显地影响土（尤其是黏性土）的性质，例如增加黏性土中的水可使土的状态由坚硬变为可塑，直至流动状态的土浆。

土中水根据水与土相互作用程度的强弱可以分为结合水和自由水两大类。

（一）结合水

结合水（bound water），是指附着于土粒表面的水，受颗粒表面电场作用力吸引而包围在颗粒四周，不传递静水压力，不能任意流动的水，其冰点低于零度。

如前所述，黏土颗粒在水介质中表现出带电的特性，在其四周形成电场。水分子是极性分子，正负电荷分布在分子两端。在电场范围内，水中的阳离子和极性水分子被吸引在颗粒的四周，定向排列，如图 7-5 所示。最靠近颗粒表面的水分子所受电场的作用力很大，可以达到 1000MPa。随着远离颗粒表面，作用力很快衰减，直至电场以外不受电场力所作用。结合水因离颗粒表面远近不同，受电场作用力的大小不一样，可以分成强结合水和弱结合水两类。

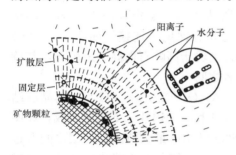

图 7-5　固体颗粒与水分子间电分子力的相互作用

1. 强结合水

紧靠于颗粒表面的水分子，所受电场的作用力很大，几乎完全固定排列，丧失液体的特性而接近于固体，完全不能移动，这层水称为强结合水。其特征是：没有溶解盐类的能力，不能传递静水压力，只有吸热变成蒸汽时才能移动；只含强结合水的土表现为固态；强结合水的冰点低于 0℃很多，密度要比自由水大，具有蠕变性。

2. 弱结合水

弱结合水是指强结合水以外，电场作用范围以内的水。弱结合水也受颗粒表面电荷所吸引而定向排列于颗粒四周，但电场作用力随远离颗粒而减弱。这层水不是接近于固态而是一种黏滞水膜。其特征是：不能传递静水压力，受力时能由水膜较厚处缓慢转移到水膜较薄处，也可以因电场引力从一个土粒的周围转移到另一个颗粒的周围；土中含弱结合水时，土是半固态至可塑态。弱结合水的存在是黏性土在某一含水量范围内表现出可塑性的原因。

（二）自由水

自由水（free water），是指不受颗粒电场引力作用的水。其水分子无定向排列现象，它与普通水无异，受重力支配，能传递静水压力并具有溶解能力。自由水又可分为毛细水和重力水两类，其特征见第五章第四节。

三、土的气相

土的气相是指充填在土中的孔隙中的气体，包括与大气连通和不连通两类。

与大气流通的气体对土的工程性质没有多大影响，它的成分与空气相似，当土受到外力作用时，这种气体很快从孔隙中挤出；密闭的气体对土的工程性质有很大影响，密闭气体的成分可能是空气、水汽或天然气。在压力作用下密闭气体可被压缩或溶解于水中，而当压力减少时，气泡会恢复原状或重新游离出来。

所以，土中封闭气体的存在对土的性质有一定的影响，可使土的渗透性减小，弹性增大，并能拖延土受压缩后变形随时间的发展过程。含气体的土称为非饱和土，非饱和土的工程性质研究已经成为土力学的一个新的分支。

四、土的结构和构造

（一）土的结构

土的结构是指土粒单元的大小、形状、相互排列及联结关系等因素形成的综合特征。

土的结构是在成土的过程中逐渐形成的，它反映了土的成分、成因及年代对土的工程性质的影响。例如，西北黄土的大孔隙结构是在干旱的气候条件下形成的，而西南的红黏土是在湿热的气候条件下形成的。这两种土虽然都是大孔隙，但成因不同，土粒间的胶结物质不同，工程性质也就截然不同。土的结构对土的工程性质有重要影响，但到目前为止，还没有提出满意的定量方法来描述土的结构。

1. 土的结构类型

土的结构按其颗粒排列和联结，可分为三种基本类型：单粒结构、蜂窝结构和絮状结构（图7-6）。

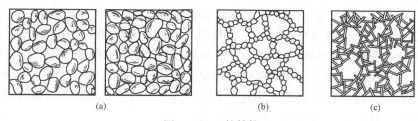

图7-6　土的结构
（a）单粒结构；（b）蜂窝结构；（c）絮凝结构

（1）单粒结构

单粒结构是碎石土和砂土的结构特征。其特点如下：土粒间没有联结存在或联结非常微弱，可以忽略不计；土粒间存在点与点的接触；随着沉积条件的不同，可形成密实的或疏松的状态；单粒结构的紧密程度取决于矿物成分、颗粒形状、粒度成分及级配的均匀程度。

呈疏松状态单粒结构的土，在荷载作用下特别是在振动荷载作用下会趋向密实，土粒移向更稳定的位置，同时产生较大的变形；呈密实状态单粒结构的土在剪应力作用下会发生剪胀，即体积膨胀，密度变松。

（2）蜂窝结构

蜂窝结构是以粉粒为主的土的结构特征。据研究，粒径在 $0.02\sim0.002$mm 左右的土粒在水中沉积时，基本上是以单个土粒下沉，当碰上已沉积的土粒时，由于它们之间的相互引力大于其重力，因此土粒就停留在最初的接触点上不再下沉，形成具有很大孔隙的蜂窝状结构。

（3）絮状结构（絮凝结构）

絮状结构是黏土颗粒特有的结构。悬浮在水中的黏土颗粒当介质发生变化时，土粒互相聚合，以边—边、面—边的接触方式形成絮状物下沉，沉积为大孔隙的絮状结构。

2. 土的结构的次生变化

土的结构形成以后，当外界条件变化时，土的结构会发生变化。引起土的结构发生变化的外界条件通常有如下几个方面：

土层在上覆土层作用下压密固结时，结构会趋于更紧密排列；

卸载时土体的膨胀（如钻探取土时土样的膨胀或基坑开挖时基坑的隆起）会松动土的结构；

当土层失水干缩或介质发生变化时，盐类结晶胶结能增强土粒间的联结；

在外力作用下，如施工时对土的扰动或剪应力的长期作用，会弱化土的结构破坏土粒原来的排列方式和土粒间的联结，使絮状结构变为平行的重塑结构，降低土的强度，增大压缩性。

因此，在外界条件发生变化时，土的原生结构会发生次生变化，进而影响到土的工程性质。这就要求我们在取土试验或施工过程中，都必须尽量减少对土的扰动，避免破坏土的原状结构。

（二）土的构造

土的构造是指同一土层中，土颗粒之间相互关系的特征。土的构造最主要的特征是成层性，即层理构造，另一重要特征是裂隙性。常见的土的构造有如下几种形式：

层状构造：土层由不同颜色、不同粒径的土组成层理，常见有水平层理构造和交错层理构造，平原地区的层理通常是水平方向。层状构造是细粒土的一个重要特征。

分散构造：土层中土粒分布均匀，性质相近，如砂、卵石层即为分散构造。

结核状构造：在细粒土中掺有粗颗粒或各种结核，如含礓石的粉质黏土、含砾石的冰碛黏土等均属结核状构造，其工程性质取决于细粒土部分。

裂隙状构造：土体中有很多不连续的小裂隙，如黄土的柱状裂隙。裂隙的存在大大降低土体的强度和稳定性，增大透水性，对工程不利。

第三节　土的物理性质及其指标

一、土的三相比例指标

土是三相体系，因而不能用一个单一的指标来说明三相间量的比例。土的三相组成部分的质量和体积之间的比例关系，随着各种条件的变化而改变，例如地下水位的升高或降低，都将改变土中水的含量；经过压实的土，其孔隙体积将减少，这些变化都可以通过相应指标的具体数字反映出来。

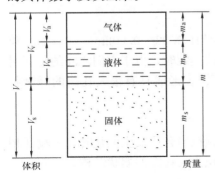

图 7 - 7　三相草图

表示土的三相组成比例关系的指标，称为土的三相比例指标。三相比例指标反映了土的干燥与潮湿、疏松与紧密，是评价土的工程性质最基本的物理性质指标，也是岩土工程勘察报告中不可缺少的基本内容。

（一）土的三相草图与三相指标定义

为了使这个问题形象化，以获得清楚的概念，在土力学中通常用三相草图来表示土的三相组成，如图7-7所示。在三相图的左侧，表示三相组成的体积；在三相图的右侧，则表示三相组成的质量。

图中符号的意义如下：

V——土的总体积；

V_v——土的孔隙部分体积；

V_s——土的固体颗粒实体的体积；

V_w——水的体积；

V_a——气体体积；

m——土的总质量；

m_w——水的质量；

m_s——固体颗粒质量。

在上述的这些量中，独立的有 V_s、V_w、V_a、m_w、m_s 五个量。$1cm^3$ 水的质量等于 $1g$，故在数值上 $V_w = m_w$。

（二）土的三个基本物理试验与指标

为了确定三相草图诸量的大小。通常做三个基本物理性质试验。它们是：土的密度试验、土粒比重试验和土的含水量试验。

1. 土的密度（density）

定义：土单位体积的质量，单位为 g/cm^3。

表达式：
$$\rho = \frac{m}{V} \tag{7-4}$$

测定方法：一般用"环刀法"测定，用一个圆环刀（刀刃向下）放在削平的原状土样面上，徐徐削去外围的土，边削边压，使保持天然状态的土样压满环刀内，称得环刀内的土样质量，求得它与环刀容积之比值即为密度。

常见值：$1.60 \sim 2.20 g/cm^3$。

工程中还常用重度 γ 来表示类似的概念。土的重度定义为单位体积土的重量，是重力的函数，以 kN/m^3 计。它与土的密度有如下的关系：
$$\gamma = \rho \times g = 9.8\rho \tag{7-5}$$
式中 g 为重力加速度，$g = 9.81m/s^2$，工程上有时为计算方便，取 $g = 10m/s^2$。

2. 土的比重（specific gravity）

定义：土粒质量与同体积纯蒸馏水在 4℃时的质量之比。

表达式：
$$d_s = \frac{m_s}{V_s} \cdot \frac{1}{\rho_{wl}} = \frac{\rho_s}{\rho_{wl}} \tag{7-6}$$
式中　ρ_s——土粒密度，g/cm^3；

ρ_{wl}——4℃时纯蒸馏水的密度，等于 $1g/cm^3$ 或 $1t/m^3$，故实用上，土粒比重在数值上等于土粒密度，但前者是无量纲数。

测定方法：在实验室内用比重瓶法测定，适用于粒径小于 5mm 或含少量 5mm 颗粒的土。原理是将颗粒放入盛有一定水位的比重瓶中，排开的水量即为实验的体积，土粒质量可用精密天平测得。若土中含大量的可溶盐类有机质胶粒时，则可用中性液体，如煤油、汽油、甲苯和二甲苯，此时必须用排气法排气。

常见值：土粒比重决定于土的矿物成分，它的数值一般为 $2.6 \sim 2.8$；有机质为 $2.4 \sim 2.5$；泥炭土为 $1.5 \sim 1.8$。同一种类的土，其比重变化幅度很小，通常可按经验数值选用，一般土粒比重参考值见表 7-3。

表 7 - 3   **土 粒 比 重 参 考 值**

土的名称	砂 土	粉 土	粉质黏土	黏 土
土粒比重	2.65~2.69	2.70~2.71	2.72~2.73	2.74~2.76

3. 土的含水量（water content）

定义：土中水的质量与土粒质量之比，以百分数计。

表达式：
$$W = \frac{m_w}{m_s} \times 100\% \tag{7-7}$$

测定方法：一般用"烘干法"测定。先称小块原状土样的湿土质量，然后置于烘箱内维持 $100\sim105℃$ 烘至恒重，再称干土质量，湿、干土质量之差与干土质量的比值，就是土的含水量。

常见值：砂土为 $0\sim40\%$；黏性土为 $20\%\sim60\%$。黏性土的含水量越高，其压缩性越大，强度越低。

（三）其他物理性质指标

除上述三个基本物理指标外，工程上为了便于表示三相含量的某些特征，还定义如下几种指标。

1. 反映土松密程度的指标

（1）土的孔隙比 e（void ratio）

定义：土中孔隙体积与土粒体积之比。

表达式：
$$e = \frac{V_v}{V_s} \tag{7-8}$$

常见值：砂土为 $0.5\sim1.0$；黏性土为 $0.5\sim1.2$。

工程应用：是一个重要的物理性质指标，可以用来评价天然土层的密实程度。一般 $e<0.6$ 的土是密实的低压缩性土，$e>1.0$ 的土是疏松的高压缩性土。

（2）土的孔隙率 n（%）（void porosity）

定义：土中孔隙所占体积与总体积之比，以百分数表示。

表达式：
$$n = \frac{V_v}{V} \times 100\% \tag{7-9}$$

常见值：$30\%\sim50\%$

孔隙比和孔隙率都是用以表示孔隙体积含量的概念，二者之间可以用下式互换。

$$n = \frac{e}{1+e} \tag{7-10}$$

2. 反映土中含水程度的指标

（1）含水量（略）

（2）土的饱和度 S_r（degree of saturation）

定义：土中被水充满的孔隙体积与孔隙总体积之比，以百分数计。

表达式：
$$S_r = \frac{V_w}{V_v} \times 100\% \tag{7-11}$$

常见值：$0\sim1$。完全干土，$S_r=0$；完全饱和土，$S_r=1$。

工程应用：砂土以饱和度作为湿度划分的标准，见表 7-4。

表 7 - 4 砂类土湿度状态的划分

砂土湿度状态	稍　湿	很　湿	饱　和
饱和度 S_r（%）	$S_r \leqslant 50$	$50 < S_r \leqslant 80$	$S_r > 80$

3. 特定条件下土的重度与密度

（1）干重度 γ_d（kN/m³）与干密度 ρ_d（g/cm³）

干重度（dry unit weight）：土粒重力与总体积之比，即

$$\gamma_d = \frac{W_s}{V} \tag{7 - 12}$$

干密度（dry density）：土粒质量与总体积之比，即

$$\rho_d = \frac{m_s}{V} \tag{7 - 13}$$

工程应用：干密度反映出单位体积内土粒质量，也就反映出土的松密程度。故在填土过程中（如填筑堤坝）用以评定填土的松密，以控制填土的施工质量。

（2）饱和重度 γ_{sat}（kN/m³）与饱和密度 ρ_{sat}（g/cm³）

饱和重度（saturated unit weight）：孔隙中全部充满水的总重力与总体积之比，即饱和度为 100% 时土的重力密度，表达式为

$$\gamma_{sat} = \frac{W_s + V_v \gamma_w}{V} \tag{7 - 14}$$

饱和密度（saturated density）：土中孔隙完全被水充满时的密度，其表达式为

$$\rho_{sat} = \frac{m_s + V_v \rho_w}{V} \tag{7 - 15}$$

如果土的天然条件下即为饱和土，则 $\gamma = \gamma_{sat}$。

（3）有效重度 γ'（kN/m³）与有效密度 ρ'（g/cm³）

有效重度（buoyant unit weight，submerged unit weight）：又称浮重度，是土体淹没在水下时的有效重力与总体积之比，表达式为

$$\gamma' = \frac{W_s - V_s \gamma_w}{V} \tag{7 - 16}$$

饱和密度（saturated density）：又称浮密度，是土粒质量与同体积水的质量之差与总体积之比，即

$$\rho' = \frac{m_s - V_s \rho_w}{V} \tag{7 - 17}$$

饱和重度与有效重度存在如下关系：

$$\gamma' = \gamma_{sat} - \gamma_w \tag{7 - 18}$$

上述几种重度在数值上有如下关系：

$$\gamma_{sat} \geqslant \gamma \geqslant \gamma_d > \gamma'$$

（四）指标的换算问题

由上所述，表示三相量的比例关系的指标一共有九个，即 ρ、ds、W、e、Sr、γ_d、γ_{sat} 和 γ'。通常由实验室测定 ρ、ds 和 W 以后，其余六个物理性质指标可以通过三相草图换算而得。当我们研究这些量的相对比例关系时，总是取某一定数量的土体来分析。例如取 $V =$

$1cm^3$，或 $m=1g$，或 $V_s=1cm^3$ 等，因此又可以消去一个未知量，使计算简便。所以，三相草图是土力学中用以计算三相量比例关系的一种简单而又很有用的工具。

表 7-5 是根据测定的三个基本指标，即密度 ρ、土粒比重 d_s 和含水量 W 计算其他指标的换算公式，这些公式容易从三相草图推算得到。

表 7-5 常用的三相比例指标之间的换算公式

换算指标	用试验指标换算的公式	用其他指标计算的公式
孔隙比 e	$e=\dfrac{\gamma_s(1+W)}{\gamma}-1$	$e=\dfrac{\gamma_s}{\gamma_d}-1 \qquad e=\dfrac{Wd_s}{S_r}$
孔隙率 n	$n=\dfrac{\gamma}{\gamma_s(1+W)}$	$n=\dfrac{e}{1+e}$
干重度 γ_d	$\gamma_d=\dfrac{\gamma}{1+W}$	$\gamma_d=\dfrac{\gamma_s}{1+e}$
饱和重度 γ_{sat}	$\gamma_{sat}=\dfrac{\gamma(\gamma_s-\gamma_w)}{\gamma_s(1+W)}+\gamma_w$	$\gamma_{sat}=\dfrac{d_s+e}{1+e}\gamma_w$
有效重度 γ'		$\gamma'=\gamma_{sat}-\gamma_w$
饱和度 S_r	$S_r=\dfrac{\gamma\gamma_s W}{\gamma_w[\gamma_s(1+W)-\gamma]}$	$S_r=\dfrac{Wd_s}{e}$

注 表中土粒重度 γ_s 为土粒密度（比重）与重力加速度的乘积，单位为 kN/m^3。

二、无黏性土物理状态指标

所谓物理状态，对于无黏性土是指土的密实程度，对于黏性土则是指土的软硬程度或称为土的稠度。下面首先分析无黏性土的密实度。

土的密实度通常指单位体积中固体颗粒的含量。土颗粒含量多，土就密实，土颗粒含量少，土就越疏松。从这一角度分析，在上述三相比例指标中，干密度 ρ_d 和孔隙比 e（或孔隙率 n）都是表示土的密实度的指标，但这种用固体含量表示密实度的方法有其明显的缺点，主要是这种表示方法没有考虑到粒径级配这一重要因素的影响。粒径级配不同的砂土即使具有相同的孔隙比，但由于颗粒大小不同，颗粒排列不同，所处的密实状态也会不同。因此，工程上常用下述方法表明无黏性土所处的密实状态。

（一）相对密实度

相对密实度（相对密度，density index，relative density），是采用将现场土的孔隙比 e 与该种土所能达到最密时的孔隙比 e_{min} 和最松时的孔隙比 e_{max} 相对比的办法，来表示孔隙比为 e 时土的密实度，这一指标用 D_r 表示，即

$$D_r=\frac{e_{max}-e}{e_{max}-e_{min}} \tag{7-19}$$

式中　e——现场土的孔隙比；

e_{max}——土的最大孔隙比，测定方法是将松散的风干土样通过长颈漏斗轻轻地倒入容器，避免重力冲击，求得土的最小干密度再经换算得到（详见"土工试验规程"）；

e_{min}——土的最小孔隙比，测定方法是将松散的风干土装在金属容器内，按规定方法振动和锤击，直至密度不再提高，求得最大干重度后经换算得到（详见"土工试验规程"）。

当 $D_r=0$ 时，$e=e_{max}$，表示土处于最松状态；当 $D_r=1.0$ 时，$e=e_{min}$，表示土处于最紧

密状态。根据相对密实度 D_r 判定无黏性土密实度的标准是：

$$D_r \leqslant 0.33 \qquad 疏松$$
$$0.33 < D_r \leqslant 0.67 \qquad 中密$$
$$D_r > 0.67 \qquad 密实$$

（二）标准贯入试验

用相对密实度表示砂土密实度时，可综合地反映土粒级配、土粒形状和结构等因素，从理论上讲也是比较合理的。但由于测定砂土的最大孔隙比和最小孔隙比试验方法的缺陷，同时也由于很难在地下水位以下的砂层中取得原状砂样，天然状态的 e 值不易确定，这就使得相对密实度的应用受到限制。因此，工程实践中通常用标准贯入击数来划分砂土的密实度。

标准贯入试验是用规定的锤重（63.5kg）和落距（76cm）把标准贯入器（带有刃口的对口管，外径 50mm，内径 35mm）打入土中，记录贯入一定深度（30cm）所需的锤击数 N 值的原位测试方法。标准贯入试验的贯入锤击数反映了土层的松密和软硬程度，是一种简便的测试手段。《岩土工程勘察规范》（GB 50021—2001）规定砂土的密实度应根据标准贯入锤击数按表7-6的规定划分为密实、中密、稍密和松散四种状态。

表7-6　按标准贯入锤击数 N 值确定砂土密实度

N 值	密实度
$N \leqslant 10$	松散
$10 < N \leqslant 15$	稍密
$15 < N \leqslant 30$	中密
$N > 30$	密实

三、黏性土物理状态指标与物理特征

（一）黏性土的稠度状态与界限含水量

黏性土最主要的物理状态特征是它的稠度。稠度是指土的软硬程度或土对外力引起变形或破坏的抵抗能力。

1. 黏性土的稠度状态

含水量变化时，可使黏性土具有不同的稠度状态。含水量很大时，土表现为黏滞流动状态；随着含水量的减少，土浆变稠，逐渐变为可塑状态；含水量再减少，土就进入半固体（半固态）再而成为固体（固态）。

上述状态的变化，反映了土粒与水相互作用的结果。当土中含水量较大，土粒被自由水隔开，土就处于液态；当水分减少到多数土粒为弱结合水隔开时，土粒在外力作用下相互错动时，颗粒间的联结并不丧失，土处于可塑状态。此时土被认为具有可塑性，可塑性是指土体在一定条件（含水量等）下受外力作用时形状可以发生变化，但不产生裂缝，外力移去后，仍能保持既得形状的特性。当水分再减少，弱结合水水膜变薄，黏滞性增大，土即向半固态转化。当土中主要含强结合水时，则土处于固态，这时，土的体积不再随含水量的减少而压缩。

2. 黏性土的界限含水量

稠度状态之间的转变界限叫稠度界限。最早提出这种界限是瑞典农学家阿太堡（A·Atterberg，1911），故也称阿太堡界限。用含水量表示，故又称界限含水量。

工程上常用的稠度界限有液性界限 W_l 和塑性界限 W_p。

液性界限（W_l）简称液限（liquid limit），相当于土从塑性状态转变为液性状态时的含

水量。这时，土中水的形态除结合水外，已有相当数量的自由水。

塑性界限（W_p）简称塑限（plastic limit），相当于土从半固体状态转变为塑性状态时的含水量。这时土中水的形态大约是强结合水含量达到最大时。

在实验室内，液限 W_l 用液限仪测定，塑限 W_p 则用搓条法测定。目前也有用联合测定仪一起测定液限和塑限的（详见"土工实验规程"）。但是，所有这些测定方法仍然是根据观察土的某种含水量下是否"流动"或者是否"可塑"，而不是真正根据土中水的形态来划分的。实际上，土中水的形态，定性区分比较容易，定量划分则颇为困难。目前尚不能够定量地以结合水膜的厚度来确定液限或塑限。从这个意义上说，液限和塑限与其说是一种理论标准，不如说是人为确定的一种标准。尽管如此，并不妨碍人们去认识细粒土随着含水量的增加，可以从固态或半固态变为塑态再变为液态，而实测的塑限和液限则是一种近似的定量分界含水量。

缩限（W_s）（shrinkage limit），是半固态与固态的界限含水量，是用已知质量与体积的饱和土样，先晾干，再烘至全干，测定烘干后土质量与体积，假定干土可完全为水充满时的含水量。

（二）塑性指数与液性指数

1. 塑性指数

塑性是许多物体的一种特性，塑性的基本特征是：物体在外力作用下，可被塑造成任何形态，而整体性不破坏，即不产生裂隙；外力除去后，物体能保持变形后的形态，而不恢复原状。黏性土在含水量处于一定范围内时表现出塑性。可塑性是黏性土区别于砂土的重要特征。

黏性土可塑性的大小用土处在塑性状态的含水量变化范围来衡量，从液限到塑限含水量的变化范围愈大，土的可塑性愈好。把液限与塑限的差值（去掉百分号）称为塑性指数 I_p（plasticity index），即

$$I_p = W_l - W_p \qquad (7-20)$$

例如，某土样，测得 $W_l = 45\%$，$W_p = 30\%$，则 $I_p = W_l - W_p = 45 - 30 = 15$，习惯上直接称塑性指数为 15，但不可以说塑性指数为 0.15。

黏性土的可塑性是与黏粒表面引力有关的一个现象。黏粒含量越多，土的比表面积越大，塑性指数就越大。亲水性大的矿物（如蒙脱石）的含量增加，塑性指数也就相应地增加。所以，塑性指数能综合反映土的矿物成分和颗粒大小的影响。

由于塑性指数在一定程度上综合反映了影响黏性土特征的各种重要因素，因此，在工程上常按塑性指数对黏性土进行分类。黏性土按塑性指数 I_p 值可划分为黏土和粉质黏土。

2. 液性指数

土的天然含水量在一定程度上也说明土的软硬与干湿状况。但是，仅有含水量的绝对数值却不能说明土处在什么状态，例如，有几个含水量相同的土样，若它们的塑限、液限不同，则这些土样所处的状态就可能不同。因此黏性土的稠度状态需要一个表征土的天然含水量与界限含水量之间相对关系的指标，即液性指数 I_l 来加以判定。

液性指数 I_l（liquidity index），是黏性土天然含水量与塑限的差值和塑性指数之比，即

$$I_l = \frac{W - W_p}{W_l - W_p} = \frac{W - W_p}{I_p} \qquad (7-21)$$

可塑状态的土的液性指数在 0 到 1 之间，液性指数越大，表示土越软；液性指数大于 1 的土处于流动状态；小于 0 的土处于固体状态或半固体状态。《岩土工程勘察规范》（GB 50021—2001）规定黏性土的状态应根据液性指数 I_l 分为坚硬、硬塑、可塑、软塑和流塑，并应符合表 7-7 的规定。

表 7-7　　　　　　　　　　　　　　黏性土软硬状态的划分

状　态	坚　硬	硬　塑	可　塑	软　塑	流　塑
液性指数	$I_l \leqslant 0$	$0 < I_l \leqslant 0.25$	$0.25 < I_l \leqslant 0.75$	$0.75 < I_l \leqslant 1.0$	$I_l > 1.0$

液性指数固然可以反映土所处的状态，但值得注意的是，塑限和液限都是用重塑土膏测定的，没有反映土的原状结构的影响。保持原状结构的土即使天然含水量大于液限，但仍有一定的强度，并不呈流动的性质，可称为潜流状态。这就是说，虽然原状土并不流动，但一旦天然结构被破坏，强度立即丧失而出现流动的性质。因此，用上述标准判断重塑土的软硬状态是合适的，但对原状土就偏于保守。

（三）反映黏性土结构特性的两种性质

1. 黏性土的灵敏度

土的结构形成后就获得某种强度，且结构强度随时间而增长。在含水量不变化的条件下，将原状土捏碎，重新按原来的密度制备成重塑土样。由于原状结构彻底破坏，重塑土样的强度较之原状土样将有明显降低。土的结构性对强度的这种影响，一般用灵敏度来衡量。

土的灵敏度（degree of sensitivity），是指原状土样的单轴抗压强度（或称无侧限抗压强度）与重塑土样的单轴抗压强度之比，用 S_t 表示，即

$$S_t = q_u / q_u'　　　　　　　　　　　　（7-22）$$

式中　q_u——原状土样的无侧限抗压强度；

q_u'——重塑土样的无侧限抗压强度。

显然，结构性越强的土，灵敏度 S_t 越大。表 7-8 表示黏性土根据灵敏度的分类。土的灵敏度越高，其结构性越强，受扰动后土的强度降低就越多，所以在基础施工时，应注意保护基槽，尽量减少土结构的扰动。

表 7-8　　　　　　　　　　　　　　黏性土按灵敏度分类

黏性土分类	不灵敏	低灵敏	中等灵敏	灵　敏	很灵敏	流　动
S_t	1	1~2	2~4	4~8	8~16	>16

2. 黏性土的触变性

与灵敏度密切相关的另一种特性是触变性。当黏性土的结构受到扰动时，土的强度就降低，但静置一段时间，土的强度又逐渐增长，这种性质称为土的触变性。这是由于土粒、离子和水分子体系随时间而趋于新的平衡状态之故。例如，在黏性土中打预制桩，桩周土的结构受破坏，强度降低，使桩容易打入。当打桩停止后，土的一部分强度恢复，使桩的承载力提高。

（四）黏性土的胶体性质及对工程性质的影响

1. 黏性土的胶体性质

黏粒细小，比表面积大，是胶体分散体系的分散相。它与水溶液相互作用后，可使土具

有一系列胶体化学特性，这些性质主要表现在如下方面：

（1）黏性土的电动特性

1809年莫斯科大学列伊斯（Reuss）教授完成一项很有趣的试验。他把黏土膏放在一个玻璃器皿中，将两个无底的玻璃筒插入黏土膏中，向筒中注入相同深度的清水，并将两个电极分别放入两个筒内的清水中，然后将直流电源与电极连接。通电后即可发现放阳极的筒中，水面下降，水逐渐变浑；放阴极的筒中水面逐渐上升。这种现象说明在电场中，土中的黏土颗粒泳向阳极，而水则渗向阴极。前者称为电泳，后者称为电渗。这两种现象是同时发生的，称土的电动特性。

实验说明，黏土颗粒是带负电的。其带电的原因通常认为由于次生二氧化硅的水化解离作用、黏土颗粒边缘的破键作用以及晶格内部的同晶替代作用综合作用的结果。

（2）黏粒表面水化膜的特性

黏性土与其他土不同，含有相当数量的结合水，在黏粒周围形成一层水化膜。水化膜中的水与自由水不同，具有一定的黏滞性。越是靠近黏粒表面，水分子排列越紧密，黏滞性越大，弹性和抗压强度也大；远离黏粒的水分子越易分离，水化膜越厚，黏滞性及强度越弱。

水化膜的厚度主要决定于结合水的多寡。弱结合水含量越多，水化膜越厚，黏滞性及强度越小，土颗粒间越易于活动。因此，黏性土的强度与变形，取决于土中水化膜的厚薄。

当土粒表面与水溶液相互作用达到平衡时，在土粒周围形成一定的电场，电场的强度随距离而衰减，衰减的快慢取决于土粒表面的静电引力和布朗运动扩散力相互作用的结果。在最靠近土粒表面的地方静电引力最强，将极性水分子和水化离子紧紧地吸附在土粒表面，形成吸附层，吸附层中的强结合水因处于强大表面引力作用下而失去一般水的特征；在土粒表面处，阳离子的浓度最大，随着离土粒表面距离的加大，阳离子的浓度逐渐降低，直至达到孔隙中水溶液的正常浓度为止，这个范围叫扩散层。扩散层中的离子电荷与土粒表面电荷相反，因此亦称为反离子层。土粒表面的负电荷与反离子层合起来称为双电层。扩散层中结合水具有活动性而造成黏性土可塑性，双电层中水化膜厚度增减引起土的膨胀与收缩。

（3）黏粒的凝聚与胶溶

凝聚与胶溶是十分重要的胶体性质，对黏性土的工程性质有很大的影响。凝聚与胶溶是土粒间引力和斥力相互作用的结果。土颗粒在水溶液中相互结合的作用称凝聚（又称聚沉），土颗粒在水溶液中相互分离的作用称为胶溶（又称稳定）。

引力和斥力同时存在，当互相平衡以后的净作用力为斥力时土粒互相排斥，处于胶溶状态，形成的结构称为平行结构；当净作用力为引力，则土粒互相吸引，产生凝聚，形成絮状结构。当介质的pH值改变时或者改变了离子成分和浓度时，都会改变胶体的状态，从胶溶向凝聚转化，或者发生相反的变化。例如，增大离子浓度可以使土由原来的分散状态转变为凝聚状态。按照凝聚能力的大小，可以把土中可能存在的阳离子排列成下列顺序：

$$Al^{+3} > Fe^{+3} > H^{+1} > Ca^{+2} > Mg^{+2} > K^{+1} > Na^{+1}$$

可以看出，除了氢离子是例外，一般是离子价数愈高，凝聚能力愈强。一种离子能把其他离子驱出反离子层而自己进入反离子层的现象称为离子交换。凝聚能力强的离子，交换能力也愈强，因此上述顺序也是离子交换能力从强到弱的顺序。

（4）土的触变与陈化

在胶体化学中，某些胶体体系在动力（振动、搅拌、超声波、电流等外力）作用下常产生液化或由凝聚状态过渡到胶溶或悬浮状态；当此外力作用停止后，又重新凝结，这种现象叫触变。如上所述，黏性土也具有触变特性，尤其是含水量高、结构分散的淤泥质软土及淤泥等易于触变，因为这类土的微结构为蜂窝状结构，蜂窝中含有大量的结合水，结构连接弱。在振动力作用下，部分结合水转化为自由水，使土的结构破坏，颗粒间失去连接而液化。当外力停止后，部分自由水又向结合水转化，使颗粒间连接逐渐恢复。因此，当土中黏粒含量高，黏土矿物亲水性大，含水量高时土就易发生触变。

具有触变性的土，经过一定时间后就失去液化能力，失去原有的触变性。这种变化是不可逆的，叫做"陈化"。黏性土的"陈化"不限于某些触变性土，例如，有的黏粒，从无定形逐渐变为结晶状态；有的土从分散性很高转变为分散性很低，即使细颗粒变为粗颗粒，这样亲水性也就降低了；有的则由于脱水而体积缩小，这些都是黏性土的胶体体系发生陈化的结果。

2. 黏性土的胶体性质对工程性质的影响

（1）土在形成过程中的胶体物理化学现象

土的结构和构造、土的物理力学性质都与土在形成过程中的胶体物理化学作用有关，而这种作用是土的成分、环境介质相互影响的结果。例如当江河夹带着泥沙进入大海的时候，由于介质中 pH 值改变，产生凝聚反应，悬浮在水中的细土粒互相靠拢，形成絮状物下沉，在河口沉积成具有絮状结构的淤泥或淤泥质土。在盐渍化过程中，由于水分蒸发、盐分聚集，钠离子浓度急剧增大，形成盐渍土。盐渍土不仅危害农业，而且也是工程性质非常差的土。

（2）对黏性土可塑性的影响

可塑性是黏性土区别于砂土的重要特征，亦是黏性土分类的依据。黏土颗粒表面上的物理化学作用越强烈，扩散层的厚度越厚，土的可塑性也越大。因此影响土的表面物理化学作用的因素，如矿物成分、土粒的大小、水溶液的成分与浓度等都对土的可塑性有影响。

（3）对土的触变性的影响

如上所述，黏性土亦有触变性，泥浆或土膏的凝聚和胶溶过程在温度和湿度不变的条件下亦几乎是完全可逆的，但具有原状结构的黏性土则不完全相同：在土的形成过程中生成的原状结构强度在受到扰动时被破坏，在静置一定时间以后强度能部分恢复，但不会完全恢复到原来的强度，这种触变性是不完全可逆的。因此必须在钻探取土、施工开挖过程中注意保护土的结构不受扰动，一旦破坏了土的原状结构，强度降低且不可能恢复到天然强度。

（4）黏性土的胀缩性

黏性土的胀缩性是指黏性土吸水膨胀，失水收缩这种在含水量变化时体积变化的性质，胀缩性的大小取决于黏土矿物的成分与含量，也取决于溶液离子的成分与浓度。高岭石的饱和吸水率只有干土质量的 90% 左右，钙蒙脱石的吸水率约为 300%，而钠蒙脱石的吸水率高达 700% 左右。可见，黏性土的胀缩性与矿物成分及离子成分密切有关。对膨胀和收缩的量危及工程安全的土，必须注意判别和处理。

3. 在工程实践中的应用

在岩土工程界不但把土的胶体性质作为分析、预测及改善黏性土的工程地质性质的理论基础，而且也在生产实践中利用这一特性改善土的性质，解决工程中的一些实际问题。

（1）触变性质的利用

　　在工程实践中，常利用土的触变现象提高钻探及打桩的施工效率，或利用触变压密，提高桩的承载力，例如在沉井下沉或顶管顶进过程中，为了减小施工时的阻力，在井、管壁和土体之间注入用含蒙脱石为主的膨润土制备的触变泥浆，施工时在动力作用下泥浆呈胶溶状态，阻力很小；但施工结束以后由于强度的触变恢复，使沉井或顶管与土之间的摩阻力又能得到恢复，保证了结构的稳定性。

　　（2）离子交换性质的利用

　　在公路工程中，利用土的离子交换规律。采用在土中掺加高价电解质的方法稳定土，以改善黏性土的工程性质。例如，用石灰稳定土就是利用石灰中的钙离子去置换土中的低价钠离子，产生凝聚以提高土的水稳定性。

　　在土工试验中，为了制备可供粒度成分分析用的悬液，常在悬液中加一些氨水或偏磷酸钠等分散剂，使土粒周围的扩散层增厚以破坏粒团结构，并保持悬液的胶溶状态。

　　（3）电渗、电泳规律的利用

　　利用土的电渗规律，通过施加直流电场将黏土里的水分集中到阴极管附近，然后排除以降低黏土层中地下水位的方法称为电渗降水。同时用作阳极的铁棒或铝棒在电场作用下产生电解，提高了溶液中高价的铁离子或铝离子浓度以置换低价离子，产生凝聚以达到提高强度的目的，这种加固土的方法称为电动铁（铝）化法；如在阴极管中注入水玻璃，在阳极管中注入氯化钙溶液。在电场作用下带负电荷的硅酸（水玻璃水解后的产物）离子渗向阳极，带正电荷的钙离子渗向阴极，两种离子在土中相遇，生成新的硅酸盐填充土的孔隙并把土粒胶结起来，同时钙离子也能置换土中的低价离子使黏性土得到加固，这种方法称为电动硅化法。黏性土的电动现象还可用于电渗沉桩，即利用正在下沉的桩作负极，使向负极电渗的水流降低桩的摩擦阻力，以提高施工效率。

　　（4）路基冻胀的机理分析

　　北方路基的冻胀和翻浆是道路工程的严重病害。土体发生冻胀的机理，主要是由于土层在冻结时周围未冻区土中水分向冻结区迁移和集聚的结果。由于结合水的过冷现象，即使地温在零度以下，结合水仍然处于液体状态，成为水分向冰晶体补充的通道；冰晶体附近的结合水膜因失水而使离子浓度增大，与未冻结区的结合水膜中原来的离子浓度构成浓度差，浓度差形成的渗附压力驱使水化离子从离子浓度低处向高处渗流，源源不断地从未冻结区向冻结区补充水分。只要地下水位比较高且从地下水面至冻结区之间存在毛细通道，便具备了冻胀的地质条件，负温持续的时间愈长，冻胀就愈严重。对冻胀机理的正确分析为预防冻胀病害提供了理论依据和有针对性的处理方法。

第四节　土的力学性质及其指标

　　建筑物的建造使地基土中原有的应力状态发生变化，从而引起地基变形，出现基础沉降；当建筑荷载过大，地基会发生大的塑性变形，甚至地基失稳。而决定地基变形以至失稳危险性的主要因素除上部荷载的性质、大小、分布面积与形状及时间因素等条件外，还在于地基土的力学性质，它主要包括土的变形和强度特性。

　　由于建筑物荷载差异和地基不均匀等原因，基础各部分的沉降或多或少总是不均匀的，使得上部结构之中相应地产生额外的应力和变形。基础不均匀沉降超过了一定的限度，将导致建筑物的开裂、歪斜甚至破坏，例如砖墙出现裂缝、吊车出现卡轨或滑轨、高耸构筑物的倾斜、机器转轴的偏斜以及与建筑物连接管道的断裂等。因此，研究地基变形和强度问题，对于保证建筑物的正常使用和经济、牢固等，都具有很大的实际意义。

对土的变形和强度性质，必须从土的应力与应变的基本关系出发来研究。根据土样的单轴压缩试验资料，当应力很小时土的应力—应变关系曲线就不是一条直线了（图 7-8），就是说，土的变形具有明显的非线性特征。然而，考虑到一般建筑物荷载作用下地基中应力的变化范围（应力增量 $\Delta\sigma$）还不是很大，如果用一条割线来近似地代替相应的曲线段，其误差可能不超过实用的允许范围。这样，就可以把土看成是一种线性变形体。而土的强度峰值则是按其应变不超过某个界限的相应应力值确定的。

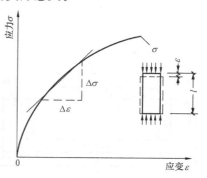

图 7-8　土的应力—应变关系曲线

天然地基一般由成层土组成，还可能具有尖灭和透镜体等交错纹理的构造，即使是同一厚层土，其变形和强度性质也随深度而变。因此，地基土的非均质性是很显著的。但目前在一般工程中计算地基变形和强度的方法，都还是先把地基土看成是均质体，再利用某些假设条件，最后结合建筑经验加以修正的办法进行。

一、土的压缩性及其指标

（一）基本概念

土在压力作用下体积缩小的特性称为土的压缩性（compressibility）。试验研究表明，在一般压力（100～600kPa）作用下，土粒和水的压缩与土的总压缩量之比是很微小的，因此完全可以忽略不计，所以把土的压缩看作为土中孔隙体积的减小。此时，土粒调整位置，重新排列，相互挤紧。饱和土压缩时，随着孔隙体积的减少，土中孔隙水则被排出。

在荷载作用下，透水性大的饱和无黏性土，其压缩过程在短时间内就可以结束。然而，黏性土的透水性低，饱和黏性土中的水分只能慢慢排出，因此其压缩稳定所需的时间要比砂土长得多。土的压缩随时间而增长的过程，称为土的固结。饱和软黏性土的固结变形往往需要几年甚至几十年的时间才能完成，因此必须考虑变形与时间的关系，以便控制施工加荷速率，确定建筑物的使用安全措施；有时地基各点由于土质不同或荷载差异，还需考虑地基沉降过程中某一时间的沉降差异。所以，对于饱和软黏性土而言，土的固结问题是十分重要的。

计算地基沉降量时，必须取得土的压缩性指标，无论用室内试验或原位试验来测定它，应该力求试验条件与土的天然状态及其在外荷作用下的实际应力条件相适应。在一般工程中，常用不允许土样产生侧向变形（完全侧限条件）的室内压缩试验来测定土的压缩性指标，其试验条件虽未能完全符合土的实际工作情况，但有其实用价值。

（二）室内压缩试验和压缩性指标

室内压缩试验是用金属环刀切取保持天然结构的原状土样，并置于圆筒形压缩容器（图 7-9）的刚性护环内，土样上下各垫有一块透水石，土样受压后土中水可以自由排出。由于金属环刀和刚性护环的限制，土样在压力作用下只可能发生竖向压缩，而无侧向变形。土样在天然状态下或经人工饱和后，进行逐级加压固结，即可测定各级压力 p 作用下土样压缩稳定后的孔隙比变化。则土的孔隙比 e 与相应压力 p 的关系曲线，即土的压缩曲线，如图 7-10 所示。

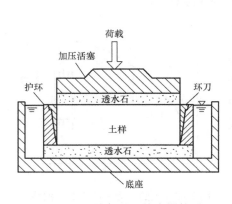

图 7-9 压缩仪的压缩容器简图

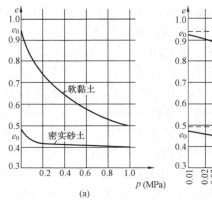
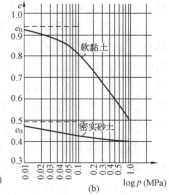

图 7-10 土的压缩曲线

(a) $e—p$ 曲线；(b) $e—\log p$ 曲线

压缩曲线按工程需要及试验条件，可用两种方式绘制，一种是采用普通直角坐标绘制的 $e—p$ 曲线，[图 7-10（a）]，在常规试验中，一般按 $p=0.05$、0.1、0.2、0.3、0.4MPa 五级加荷；另一种的横坐标则取 p 的常用对数取值，即采用半对数直角坐标绘制成 $e—\log p$ 曲线 [图 7-10（b）]，试验时以较小的压力开始，采取小增量多级加荷，并加到较大的荷载（例如 $1\sim1.6$MPa）为止。

1. 土的压缩系数和压缩指数

压缩性不同的土，其 $e—p$ 曲线的形状是不一样的。曲线越陡，说明随着压力的增加，土孔隙比的减小越显著，因而土的压缩性越高。所以，曲线上任一点的切线斜率 a 就表示了相应于压力 p 作用下土的压缩性，故称 a 为压缩系数（coefficient of compressibility）。

$$a = -\frac{d_e}{d_p} \tag{7-23}$$

式（7-23）中负号表示随着压力 p 的增加，e 逐渐减小。图 7-10（a）表示同一种土的压缩系数不是一个常数，而是随着所取压力变化范围的不同而改变的。实用上，一般研究土中某点由原来的自重应力 p_1 增加到外荷作用下的土中应力 p_2（自重应力与附加应力之和）这一压力间隔所表征的压缩性。如图 7-11 所示，设压力由 p_1 增至 p_2，相应孔隙比由 e_1 减小到 e_2，则与应力增量 $\Delta p = p_2 - p_1$ 对应的孔隙比变化为 $\Delta e = e_1 - e_2$。此时，土的压缩性可用图中割 M_1M_2 的斜率表示。设割线与横坐标的夹角为 α，则

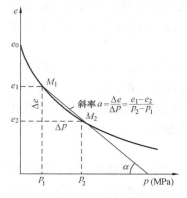

图 7-11 $e—p$ 曲线以确定压缩系数

$$a = \tan\alpha = \frac{\Delta e}{\Delta p} = \frac{e_1 - e_2}{p_2 - p_1} \tag{7-24}$$

式中 a——土的压缩系数，MPa^{-1}；

p_1——一般是指地基某深度处土中竖向自重应力，MPa；

p_2——地基某深度处土中自重应力与附加应力之

和，MPa；

e_1——相应于 p_1 作用下压缩稳定后的孔隙比；

e_2——相应于 p_2 作用下压缩稳定后的孔隙比。

压缩系数愈大，表明在同一压力变化范围内土的孔隙比减小得愈多，也就是土的压缩性愈大。为了便于应用和比较，并考虑到一般建筑物地基通常受到的压力范围，一般采用压力间隔由 $p_1＝0.1$MPa 增加到 $p_2＝0.2$MPa 时所得的压缩系数 a_{1-2} 来评定土的压缩性：

$a_{1-2}<0.1$MPa^{-1}时，属低压缩性土；

$0.1\leqslant a_{1-2}<0.5$MPa^{-1}时，属中压缩性土；

$a_{1-2}\geqslant 0.5$MPa^{-1}时，属高压缩性土。

土的 $e—p$ 曲线改绘成半对数压缩曲线 $e—\log p$ 曲线时，它的后段接近直线（图 7-12）。其斜率 C_c 为

$$C_c = \frac{e_1-e_2}{\log p_2 - \log p_1} = (e_1-e_2)/\log\frac{p_2}{p_1} \qquad (7-25)$$

式中　C_c——土的压缩指数（compression index）。

其他符号意义同式（7-24）。

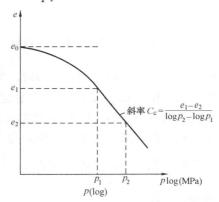

图 7-12　以 $e—\log p$ 曲线求压缩指数 C_c

同压缩系数一样，压缩指数值 C_c 越大，土的压缩性越高。从图 7-12 可见 C_c 与 a 不同，它在直线段范围内并不随压力而变，试验时要求斜率确定准确，否则出入很大。低压缩性土的值一般小于 0.2，值大于 0.4 一般属于高压缩性土。采用 $e—\log p$ 曲线可分析研究应力历史对土的压缩性的影响，这对重要建筑物的沉降计算具有现实意义。

2. 压缩模量

根据 $e—p$ 曲线，可以求算另一个压缩性指标——压缩模量 E_s（modulus of compressibility）。它的定义是土在完全侧限条件下的竖向附加压应力与相应的应变增量之比值。土的压缩模量 E_s 的计算式可由其定义导得

$$E_s = \frac{\Delta p}{\Delta \varepsilon} = \frac{p_2-p_1}{\dfrac{e_1-e_2}{1+e_1}} = \frac{1+e_1}{a} \qquad (7-26)$$

式中　E_s——土的压缩模量，MPa；

　a、e_1——意义同式（7-24）。

土的压缩模量 E_s 是以另一种方式表示土的压缩性指标，它与压缩系数 a 成反比，即 E_s 越小土的压缩性越高。为便于比较和应用，通常采用压力间隔 $p_1＝0.1$MPa 和 $p_2＝0.2$MPa 所得的压缩模量 $E_{s(1-2)}$，则式（7-26）改为

$$E_{s(1-2)} = \frac{1+e_1}{a_{1-2}} \qquad (7-27)$$

式中　$E_{s(1-2)}$——相应于压力间隔为 $0.1\sim0.2$MPa 时土的压缩模量，MPa；

　a_{1-2}——压力间隔为 $0.1\sim0.2$MPa 时土的压缩系数；

　e_1——压力为 0.1MPa 时的孔隙比。

二、土的抗剪强度及其指标

土的强度问题是土的力学性质的基本问题之一。在工程实践中，土的强度问题涉及地基承载力，路堤、土坝的边坡和天然土坡的稳定性以

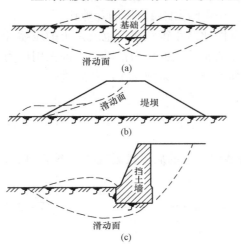

图 7-13 土的强度破坏的工程类型

及土作为工程结构物的环境时，作用于结构物上的土压力和山岩压力等问题，如图 7-13 所示。土体在通常应力状态下的破坏，表现为塑性破坏，或称剪切破坏。即在土的自重或外荷载作用下，在土体中某一个曲面上产生的剪应力值达到了土对剪切破坏的极限抗力（这个极限抗力称为土的抗剪强度，shear strength），于是土体沿着该曲面发生相对滑移，土体失稳。所以，土的强度问题实质上是土的抗剪强度问题。

（一）无黏性土的抗剪强度

测定土抗剪强度最简单的方法是直接剪切试验。图 7-14 为直接剪切仪示意图，该仪器的主要部分由固定的上盒和活动的下盒组成，试样放在盒内上下两块透水石之间。试验时，先通过压板加法向力 P，然后在下盒施加水平力 T，使它发生水平位移而使试样沿上下盒之间的水平面上受剪切直至破坏。设在一定法向力 P 作用下，土样到达剪切破坏的水平作用力为 T，若试样的水平截面积为 F，则正压应力 $\sigma = \dfrac{P}{F}$，此时，土的抗剪强度 $\tau = \dfrac{T}{F}$。

试验时，通常用四个相同的试样，使它们

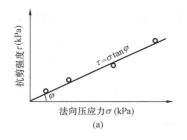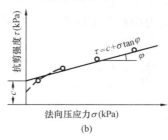

图 7-15 抗剪强度与正压应力之间的关系

（a）无黏性土；（b）黏性土

图 7-14 直接剪切仪示意图

分别在不同的正压应力 σ 作用下剪切破坏，得出相应的抗剪强度 τ_1、τ_2、τ_3、τ_4，将试验结果绘成如图 7-15 所示的抗剪强度与正压应力关系曲线。无黏性土的试验结果表明，它是通过坐标原点而与横坐标成 φ 角的直线 [图 7-15（a）]。因此，抗剪强度与正压应力之间的关系可用以下直线方程表示：

$$\tau = \sigma \tan\varphi \tag{7-28}$$

式中　τ——土的抗剪强度，kPa；

　　　σ——作用于剪切面上的正压应力，kPa；

　　　φ——土的内摩擦角。

由式（7-28）可知，无黏性土的抗剪强度不但决定于内摩擦角的大小，而且还随正应

力的增加而增加，而内摩擦角的大小与无黏性土的密实度、土颗粒大小、形状、粗糙度和矿物成分以及粒径级配的好坏程度等因素都有关，无黏性土的密实度愈大、土颗粒愈大，形状愈不规则、表面愈粗糙、级配愈好，则内摩擦角愈大。此外，无黏性土的含水量对 φ 角的影响是水分在较粗颗粒之间起滑润作用，使摩阻力降低。

（二）黏性土的抗剪强度

在一定排水条件下，对黏性土试样进行剪切试验，其结果如图 7-15（b）所示。试验结果表明，黏性土的正压应力与抗剪强度之间基本上仍成直线关系，但不通过原点，其方程可写为

$$\tau = c + \sigma\tan\varphi \tag{7-29}$$

式中 c——土的内聚力（或称为黏聚力），kPa；

其他符号意义同前。

表达土的抗剪强度特性一般规律的式（7-28）和式（7-29）是库仑（Coulomb）在 1773 年提出的，故称为抗剪强度的库仑定律。在一定试验条件下得出的内聚力 c 和内摩擦角 φ 一般能反映土抗剪强度的大小，故称 c 和 φ 为土的抗剪强度指标。过去对式（7-28）和式（7-29）的一种比较简单的说明是：无黏性土的试验结果 $c=0$，是因为它无黏聚性；黏性土的试验结果出现 c，将 c 理解为黏聚力。

经过长期的试验，人们已认识到，土的抗剪强度指标 c 和 φ 是随试验时的若干条件而变的，其中最重要的是试验时的排水条件，也就是说，同一种土在不同排水条件下进行试验，可以得出不同的 c、φ 值。因此，也有将 c 称为"视黏聚力"，意思是它表面上看来好像是内聚力，其实不能真正代表黏性土的内聚力；而只能代表黏性土抗剪强度的一部分，是在一定试验条件下得出的 $\tau-\sigma$ 关系线在 τ 轴上的截距，同样，φ 也只是由试验结果得出的 $\tau-\sigma$ 关系线的倾斜角，不能真正代表粒间的内摩擦角。然而，由于按库仑定律建立的概念在应用上比较方便，许多分析方法也都建立在这种概念的基础上，故在工程上仍沿用至今。

三、关于土的动力特性

前面所述为土体在静荷载作用下的压缩性和抗剪强度等力学性质问题，而在震动或机器基础等的振动作用下，土体会发生一系列不同于静力作用下的物理力学现象。一般而言，土体在动荷载作用下抗剪强度将有所降低，并且往往产生附加变形。

土体在动荷载作用下抗剪强度降低及变形增大的幅度除决定于土的类别和状态等特性外，还与动荷载的振幅、频率及震动（或振动）加速度有关。

第五节 地基土的工程分类与野外鉴别

土的工程分类是地基基础勘察与设计的前提，一个正确的设计必须建立在对土的正确评价的基础上，而土的工程分类正是工程勘察评价的基本内容。因此土的工程分类是岩土工程界普遍关心的问题之一，也是勘察、设计规范的首要内容，在 20 世纪 80 年代到 90 年代制订的一批规范发展和丰富了土的分类系统，我国的岩土分类学研究达到了一个新的水平。

20 世纪初期，瑞典土壤学家阿太堡（A. Atterberg）提出了土的粒组划分方法和土的液限、塑限的测定方法，为近代土分类系统的形成奠定了基础。到 40 年代末、50 年代初，土的工程分类已逐步成熟，形成了不同的分类体系。当前，我国使用的土名和土的分类法并不

统一，各个部门使用各自制定的规范，各个规范中所做的规定也不完全一样，国际上的情况也是如此，各个国家有自己一套或几套规定。

制定土的工程分类方法时，应选用最能反映土的工程性质且又便于测定的指标作为分类的依据，分类体系应逻辑严密且又简明实用。但由于各类工程的特点不同，分类依据的侧重面也就不同，因而形成了服务于不同工程类型的分类，例如，我国建筑、水利、港工、公路各专业对土都有不同的分类方法，这样对同样的土，如果采用不同的规范分类，定出的土名可能会有差别，所以在使用规范时必须充分注意这个问题。

一、土的分类体系

土的分类，其主要任务是根据分类的用途和土的各种性质的差异将其划分为一定的类别。土的合理分类具有很大的实际意义，例如根据分类名称可以大致判断土的工程特性、评价土作为建筑材料的适宜性以及结合其他指标来确定地基的承载力等。

土的分类方法很多，不同部门根据其用途采用各自的分类方法。在建筑工程中，土是作为地基以承受建筑物的荷载，因此着眼于土的工程性质，特别是强度与变形特性，及其与地质成因的关系进行分类。

土的工程分类系统，目前在国内主要有两种：

（1）建筑工程系统分类。它是以原状样作为基本对象，侧重于土作为建筑地基和环境来考虑，在对土的分类时除了考虑土的组成外，很注重土的天然结构性，即土的粒间连接性质和强度。例如我国国家标准《建筑地基基础设计规范》（GB 50007—2011）和《岩土工程勘察规范（2009 年版）》（GB 50021—2001）的分类。

（2）材料系统的分类。它是以扰动土作为基本对象，侧重于将土作为建筑材料，用于路堤、土坝和填土地基等工程，对土的分类以土的组成为主，不考虑土的天然结构性。例如我国国家标准《土的分类标准》（GBJ 145—1990）。

二、土的工程分类

目前我们应用较多的工程分类主要有上面所说的国家标准《建筑地基基础设计规范》（GB 50007—2011）和《岩土工程勘察规范（2009 年版）》（GB 50021—2001）的分类。

该分类体系的主要特点是，在考虑划分标准时，注重土的天然结构连接的性质和强度，始终与土的主要工程特性——变形与强度特征紧密联系。因此，首先考虑了按堆积年代和地质成因划分，同时将一些在特殊条件下形成并具有特殊工程特性的区域性特殊土与普通土区别开来。在以上基础上，总体再按颗粒级配或塑性指数分为碎石土、砂土、粉土和黏性土四大类，并结合堆积年代、成因和某些特殊性质综合定名。

这种分类方法简单明确，实用性和科学性较强，多年来已被我国各工程界所熟悉，并进行了广泛的应用。其划分原则和标准分述如下：

（一）按堆积年代分类

土按堆积年代可划分为以下三类：

老堆积土：第四纪晚更新世 Q_3 以及以前堆积的土层，一般呈超固结状态，具有较高的强度和较低的压缩性。

一般堆积土：第四纪全新世堆积的土层（文化期以前 Q_4）堆积的黏性土。

新近堆积土：文化期以来新近堆积的土层 Q_4，一般呈欠固结状态，结构强度较低。

（二）按地质成因分类

按地质成因划分：可分为残积土、坡积土、洪积土、冲积土、湖积土、海积土、冰碛土及冰水沉积土和风积土。

（三）按有机质含量分类

按土中的有机质含量，可将土分为无机土、有机土、泥炭质土和泥炭，见表7-9。

表7-9　　　　　　　　　　　　　土按有机质含量分类

分类名称	有机质含量 W_u（%）	现场鉴别特征	说　　明
无机土	$W_u < 5\%$		
有机质土	$5\% \leqslant W_u \leqslant 10\%$	灰、黑色，有光泽，味臭，除腐殖质外尚含少量未完全分解的动植物体，浸水后水面出现气泡，干燥后体积收缩	1. 如现场能鉴别有机质土或有地区经验时，可不做有机质含量测定； 2. 当 $W > W_c$、$1.0 \leqslant e < 1.5$ 时称淤泥质土； 3. 当 $W > W_c$、$e \geqslant 1.5$ 时称淤泥
泥炭质土	$10\% < W_u \leqslant 60\%$	深灰或黑色，有腥臭味，能看到未完全分解的动植物结构，遇水体胀，易崩解，有植物残渣浮于水中，干缩现象明显	根据地区特点和需要可按 W_u 细分为弱泥炭质土（$10\% < W_u \leqslant 25\%$）；中泥炭质土（$25\% < W_u \leqslant 40\%$）；弱泥炭质土（$40\% < W_u \leqslant 60\%$）
泥炭	$W_u > 60\%$	除有泥炭质土特性外，结构松散，土质很轻，暗无光泽，干缩现象明显	

注　有机质含量 W_u 按烧失量试验确定。

（四）特殊土及其分类

特殊土，是指在特定的地理环境或人为条件下形成的特殊性质的土，它的分布有明显的区域性，并具有特殊的工程特性。特殊土包括软土、湿陷性土、红黏土、膨胀土、多年冻土、混合土、人工填土、盐渍土、污染土等。特殊土的成因及工程地质特性在第八章第二节做详细介绍。

（五）土按颗粒级配和塑性指数分类

土按颗粒级配和塑性指数分为碎石土、砂土、粉土和黏性土。

碎石土：粒径大于2mm的颗粒含量超过全重50%的土。根据颗粒级配和颗粒形状可按表7-10分为漂石、块石、卵石、碎石、圆砾和角砾。

表7-10　　　　　　　　　　　　　碎　石　土　分　类

土的名称	颗　粒　形　状	颗　粒　级　配
漂石	圆形及亚圆形为主	粒径大于200mm的颗粒超过全重50%
块石	棱角形为主	
卵石	圆形及亚圆形为主	粒径大于20mm的颗粒超过全重50%
碎石	棱角形为主	
圆砾	圆形及亚圆形为主	粒径大于2mm的颗粒超过全重50%
角砾	棱角形为主	

注　分类时应根据粒组含量栏从上到下以最先符合者确定。

砂土：粒径大于 2mm 的颗粒含量不超过全重 50%，且粒径大于 0.075mm 的颗粒含量超过全重 50%的土。根据颗粒级配可按表 7-11 将砂土分为砾砂、粗砂、中砂、细砂和粉砂。

表 7-11　　　　　　　　　　砂 土 分 类

土的名称	颗 粒 级 配	土的名称	颗 粒 级 配
砾砂	粒径大于 2mm 的颗粒占全重 25%～50%	细砂	粒径大于 0.075mm 的颗粒超过全重 85%
粗砂	粒径大于 0.5mm 的颗粒超过全重 50%	粉砂	粒径大于 0.075mm 的颗粒超过全重 50%
中砂	粒径大于 0.25mm 的颗粒超过全重 50%		

注　分类时应根据粒组含量栏从上到下以最先符合者确定。

粉土：粒径大于 0.075mm 的颗粒含量超过全重 50%，且塑性指数小于或等于 10 的土。根据颗粒级配（黏粒含量）可按表 7-12 将砂土分为砂质粉土和黏质粉土。

黏性土：塑性指数大于 10 的土，根据塑性指数 I_p 按表 7-13 分为粉质黏土和黏土。

表 7-12　　　　粉 土 分 类

土的名称	颗 粒 级 配
砂质粉土	粒径小于 0.005mm 的颗粒含量不超过全重 10%
黏质粉土	粒径小于 0.005mm 的颗粒含量超过全重 10%

表 7-13　　　黏 性 土 分 类

土的名称	塑性指数
粉质黏土	$10 < I_p \leqslant 17$
黏土	$I_p > 17$

注　确定塑性指数 I_p 时，液限以 76g 圆锥仪沉入土样中深度 10mm 为准。

三、土的野外鉴别

野外鉴别地基土要求快速，又无仪器设备，主要凭感觉和经验。对碎、卵石土密实程度的野外鉴别见表 7-14；砂土的野外鉴别见表 7-15；黏性土、粉土的野外鉴别见表 7-16；新近堆积土的野外鉴别见表 7-17；土的主要成因类型的鉴定标准见表 7-18。

表 7-14　　　　　　　　　　碎、卵石土密实程度的野外鉴别

密实度	骨架颗粒含量和排列	可 挖 性	可 钻 性
密实	骨架颗粒含量大于全重的 70%，呈交错排列，连续接触	锹镐挖掘困难。用撬棍方法松动；井壁一般较稳定	钻进极困难；冲击钻探时，钻杆、吊锤跳动剧烈；孔壁较稳定
中密	骨架颗粒含量大于全重的 60%～70%，呈交错排列，连续接触	锹镐可挖掘；井壁有掉块现象，从井壁取出大颗粒处，能保持颗粒凹面形状	钻进较困难；冲击钻探时，钻杆、吊锤跳动不剧烈；孔壁有坍塌现象
稍密	骨架颗粒含量小于全重的 60%，排列混乱，大部分不接触	锹可挖掘；井壁易坍塌，从井壁取出大颗粒后，砂性土立即坍落	钻进较容易；冲击钻探时，钻杆、吊锤稍有跳动；孔壁易坍塌

注　碎石土的密实度，应按列表中各项特征综合确定。

表 7-15　　　　　　　　　　砂 土 的 野 外 鉴 别

鉴别特征	砾 砂	粗 砂	中 砂	细 砂	粉 砂
观察颗粒粗细	约有 1/4 以上颗粒比荞麦或高粱粒（2mm）大	约有一半以上颗粒比小米粒(0.5mm)大	约有一半以上颗粒与砂糖或白菜籽（>0.25mm）近似	大部分颗粒与粗玉米粉（>0.1）近似	大部分颗粒与细玉米粉（<0.1）近似

续表

鉴别特征	砾 砂	粗 砂	中 砂	细 砂	粉 砂
干燥时状态	颗粒完全分散	颗粒完全分散，个别胶结	颗粒部分分散，部分胶结，胶结部分一碰即散	颗粒大部分分散，少量胶结，胶结部分稍加碰撞即散	颗粒少部分分散，大部分胶结（稍加压即能分散）
湿润时用手拍后的状态	表面无变化	表面无变化	表面偶有水印	表面偶有水印（翻浆）	表面有翻浆现象
黏着程度	无黏着感	无黏着感	无黏着感	偶有轻微黏着感	有轻微黏着感

表 7 - 16　　　　　　　　　　　　　黏性土、粉土的野外鉴别

鉴别方法	分　　类		
	黏　　土	粉质黏土	粉　　土
	塑性指数 $I_p > 17$	塑性指数 $10 < I_p \leqslant 17$	塑性指数 $I_p \leqslant 10$
湿润时用刀切	切面非常光滑，刀刃有黏腻的阻力	稍有光滑面，切面规则	无光滑面，切面比较粗糙
用手捻摸的感觉	湿土用手捻摸有滑腻感，当水分较大时极易黏手，感觉不到有颗粒的存在	仔细捻摸能感觉到有细颗粒，稍有滑腻感，有黏滞感	感觉有细颗粒存在或感觉粗糙，有轻微黏滞感或无黏滞感
黏着程度	湿土极易黏着物体（包括金属与玻璃），干燥后不易剥去，用水反复洗才能去掉	能黏着物体，干燥后较易剥掉	一般不黏着物体，干燥后一碰就掉
湿土搓条情况	能搓成小于 0.5mm 的土条（长度不小于手掌），手持一端不致断裂	能搓成 0.5～2mm 的土条	能搓成 2～3mm 的土条
干土的性质	坚硬，类似陶器碎片，用锤击方可打碎，不易击成粉末	用锤击易碎，用手难捏碎	用手很易捏碎

表 7 - 17　　　　　　　　　　　　　新近堆积土的野外鉴别

堆积环境	颜　色	结构性	含　有　物
河漫滩、山前洪、冲积扇（锥）的表层，古河道、已填塞的湖、塘、沟、谷和河道泛滥区	较深而暗，呈褐、暗黄或灰色，含有机质较多时带灰黑色	结构性差，用手扰动原状土样时极易变软，塑性较低的土还有振动析水现象	在完整的剖面中无颗粒状核体，但可能含有圆形及亚圆形钙质结合体或贝壳等，在城镇附近可能含有少量碎砖、瓦片、陶瓷、铜币或朽木等人类活动的遗物

表 7 - 18　　　　　　　　　　　　　土的主要成因类型的鉴定标准

成因类型	堆积方式及条件	堆积物特征
残积	岩石经风化作用而残留在原地的碎屑堆积物	碎屑物由地表向深处由细变粗，其成分与母岩有关，一般不具层理，碎块呈棱角状，土质不均，具有较大孔隙，厚度在山丘顶部较薄

续表

成因类型	堆积方式及条件	堆积物特征
坡积或崩积	风化碎屑物由雨水或融雪水沿斜坡搬运及由本身的重力作用堆积在斜坡上或坡脚处而成	碎屑物从坡上往下逐渐变细，分选性差，层理不明显，厚度变化较大，厚度在斜坡较陡处较薄，坡脚地段较厚
洪积	由暂时性洪流将山区或高地的大量风化碎屑物携带至沟口或平缓地带堆积而成	颗粒具有一定的分选性，但往往大小混杂，碎屑多呈亚棱角状，洪积扇顶部颗粒较粗，层理紊乱呈交错状，透镜体及夹层较多，边缘处颗粒细，层理清楚
冲积	由长期的地表水流搬运，在河流阶地冲积平原，三角洲地带堆积而成	颗粒在河流上游较粗，向下逐渐变细，分选性及磨圆度均好，层理清楚，除牛轭湖及某些河床相沉积处外厚度较稳定
淤积	在静水或缓慢的流水环境中沉积，并伴有生物化学作用而成	颗粒以粉粒、黏粒为主，且含有一定数量的有机质或岩类，一般土质松软，有时为淤泥质黏性土、粉土及粉砂互层，具清晰的薄层理
冰水沉积和冰碛	有冰川或冰川融化的冰下水进行搬运堆积而成	颗粒以巨大块石、碎石、砂、粉土、黏性土混合而成，一般分选型极差，无层理，但为冰水沉积时，常具斜层理，颗粒呈棱角状，巨大石块上有冰川擦痕
风积	在干旱气候条件下，碎屑物被风吹扬，降落堆积而成	颗粒主要由粉粒或砂粒组成，土质均匀，质纯，孔隙大，结构松散

关键概念

土　残积土　运积土　颗粒级配　不均匀系数　土的结构　土的构造　相对密实度　塑性指数　液性指数　土的灵敏度　土的压缩性　压缩系数　压缩指数　压缩模量　土的抗剪强度　特殊土

思 考 题

1. 试比较下列各对土粒粒组的异同点：

(1) 块石颗粒与圆砾颗粒；

(2) 碎石颗粒与粉粒；

(3) 砂粒与黏粒。

2. 对粗粒土和细粒土各采用什么颗粒分析方法？

3. 不均匀系数 C_u 的意义何在？

4. 试比较土中各类水的特征，并分析它们对土的工程性质的影响。

5. 进行土的三相指标计算必须已知几个指标？为什么？

6. 土的三相比例指标有哪些？哪些可由实验直接测定？如何测定？

7. 说明土的 γ、γ_{sat}、γ'、γ_d 的物理概念，并比较 γ、γ_{sat}、γ'、γ_d 的数值的大小。

8. 两种土当其含水量相同时，其饱和度是否也相同？为什么？

9. 下列物理性质指标中，哪几项对黏性土有意义，哪几项对无黏性土有意义？

a　粒径级配；b　相对密度；c　塑性指数；d　液性指数

10. 试分析土的矿物成分和环境条件的变化对土的结构和工程性质的影响。

11. 比较孔隙比和相对密实度这两个指标作为砂土密实度评价指标的优点和缺点。

12. 既然可用含水量表示土中含水的多少，为什么还要引入液性指数来评价黏性土的软硬程度？

13. 塑性指数的数值大小与颗粒粗细有何关系？塑性指数大的土，具有哪些特点？何谓液性指数？如何应用液性指数来评价土的工程性质？液性指数大于 1 的黏性土，为什么还有一定的承载能力？

14. 比较砂粒粒组和黏粒粒组对土的物理性质的影响。

15. 黏性土的胶体性质有何工程意义。

16. 土根据地质成因分为几种类型？

17. 土按颗粒级配或塑性指数分为几种类型土？

18. 在野外如何进行土的鉴别？

计　算　题

1. 某原状土样，经试验测得天然密度 $\rho = 1.67 \text{g/cm}^3$，含水量 $W = 12.9\%$，土粒比重 $d_s = 2.67$，试求孔隙比 e、孔隙率 n 和饱和度 S_r。

2. 用体积为 50cm^3 的环刀，取得原状土样的质量为 95g，将此湿样烘干后，质量为 75g，经比重试验得 $d_s = 2.68$。试求该土的天然含水量 W、密度 ρ、孔隙比 e、孔隙率 n 及饱和度 S_r。

3. 某饱和砂土，测得其含水量 $W = 25\%$，颗粒比重为 2.65。试求其重度 γ，干重度 γ_d 及孔隙比 e。

4. 已知某黏性土的液限为 41%，塑限为 22%，饱和度为 0.98，孔隙比为 1.55，土的密度为 2.75。试计算塑性指数、液性指数及确定黏性土的状态。

5. 完全饱和的土样含水量为 30%，液限为 29%，塑限为 17%，试按塑性指数分类法定名，并确定其状态。

第八章　土的工程地质特征

本章提要与学习目标

　　自然界的土，由于形成的年代、作用和环境不同以及形成后经历的变化过程不同，各具有不同的物质组成和结构特征，具有不同的工程地质性质。按其物质组成和结构连接的基本特征，可划分为一般土和特殊土两大类。本章先学习一般土的工程地质特征，而后分别叙述几种特殊土的工程地质特征。

　　通过本章的学习，要求了解一般土的工程地质特征，理解特殊土的类型与特征，掌握特殊土在工程设计与施工中注意的工程地质问题。

第一节　一般土的工程地质特征

　　一般土按粒度成分特点，常分为巨粒土和含巨粒土、粗粒土以及细粒土三大类，其中粗粒土又分为砾类土和砂类土两类。前两大类土的粒间一般无连接或只具有微弱的水连接，因不具有黏性，故又称无黏性土。细粒土一般含有较多的黏粒，具有结合水连接所产生的黏性，故又称为黏性土。巨粒土和粗粒土的工程地质性质主要取决于粒度成分和土粒排列的松密情况，这些成分和结构特征直接决定着土的孔隙性、透水性和力学性质。细粒土的性质主要取决于粒间连接特性（稠度状态）和密实度，而这些都与土中黏粒含量、矿物亲水性及水和土粒相互作用有关。

　　表8-1综合列出了粗粒土和细粒土的工程地质特征，并分别列出砾类土、砂类土、黏性土的工程地质特征。

表 8 - 1　　　　　　　　　　　　一般类型土的工程地质特征

特　征	粗　粒　土		细　粒　土		
土的类型	砾类土	砂类土	粉　土	粉质黏土	黏　土
主要矿物成分	岩屑和残余矿物，亲水性弱		次生矿物，有机物，亲水性强		
孔隙水类型	重力水	重力水，毛细水	结合水为主，毛细水、重力水为次		
连接类型	无	无或毛细水连接	结合水连接为主，有时有胶结连接		
结构排列形式	单 粒 结 构		团 聚 结 构		
孔隙大小	很大	大	细小		
孔隙率 n（%）	33～38	35～45	38～43	40～45	45～50
孔隙比 e	0.5～0.6	0.55～0.80	0.60～0.75	0.67～0.80	0.75～1.0
含水率 W（%）	10～20	15～30	20～30	20～35	25～45
密度 ρ（g/cm³）	1.9～2.1	1.8～2.0	1.7～1.9	1.75～1.95	1.8～2.0
土粒密度 d_s（g/cm³）	2.65～2.75	2.65～2.70	2.65～2.70	2.68～2.72	2.72～2.76

续表

土的类型 特　征	粗　粒　土		细　粒　土		
	砾类土	砂类土	粉　土	粉质黏土	黏　土
塑性指数 I_p		<1	1～7	7～17	>17
液限 W_l(%)			20～27	27～37	37～55
塑限 W_p(%)			17～20	17～23	20～27
膨胀和收缩量		不明显	很小	小	很大
水中崩解		散开	很快	慢	较慢
毛细水上升高度(m)	极小	<1	1.0～1.5	1.5～4	4～5
渗透系数 k(m/d)	>50	50～0.5	0.5～1.0	0.1～0.001	<0.001
透水性	极强	强	中等	弱或不透水	
压缩性	低	低	中等	中等～高压缩	
压缩过程	快	快	较快	慢	极慢
内聚力 c(10^5Pa)	不定	接近于 0	0.05～0.2	0.1～0.4	0.1～0.6
内摩擦角 φ(°)	35～45	28～40	18～28	18～24	8～20
对土性质起决定作用的因素	粒度成分和密度		连接(稠度)和密度		

一、砾类土的工程地质特征

砾类土又称卵砾土，颗粒粗大，主要由岩石碎屑或石英、长石等原生矿物组成，呈单粒结构及块石状和假斑状构造，具有孔隙大、透水性强、压缩性低、抗剪强度大的特点。但它与黏土的含量及孔隙中填充物性质和数量有关。典型的流水沉积的砾石类土，分选较好，孔隙中充填少量砂粒，透水性强，压缩性很低，抗剪强度大。基岩风化碎石和山坡堆积碎石类土，分选较差，孔隙中充填大量砂粒和粉、黏粒等细小颗粒，透水性相对较弱，内摩擦角较小，抗剪强度较低，压缩性稍大。总的来说，砾类土一般构成良好地基，但由于透水性强，常使基坑涌水，大量坝基、渠道渗漏。

二、砂类土的工程地质特征

砂类土也称砂土，一般颗粒较大，主要由石英、长石、云母等原生矿物组成。一般没有连接，呈单粒结构及伪层状构造，并有透水性强、压缩性低、压缩速度快、内摩擦角较大、抗剪强度较高等特点，但均与砂粒大小和密度有关。通常中粗砂土的上述特征明显，且一般构成良好地基，为较好的建筑材料，但可能产生涌水或渗漏。粉细砂土的工程性质相对差，特别是饱水粉、细砂土受振动后易液化。

在野外鉴定砂土种类时，应同时观察研究砂土的结构、构造特征和垂直、水平方向的变化情况。当采取原状砂样有困难时，应在野外现场大致测定其天然容重和含水量。

三、黏性土的工程地质特性

黏性土中黏粒含量较多，常含亲水性较强的黏土矿物，具有水胶连接和团聚结构，有时有结晶连接，孔隙微小而多。常因含水量不同呈固态、塑态和流态等不同稠度状态，压缩速度小而压缩量大，抗剪强度主要取决于黏聚力，内摩擦角较小。

黏性土的工程地质性质主要取决于其连接和密实度，即与其黏粒含量、稠度、孔隙比有关。常因黏粒含量增多，黏性土的塑性、胀缩性、透水性、压缩性和抗剪强度等有明显变化。从粉质黏土到黏土，其塑性指数、胀缩量、黏聚力渐大，而渗透系数和内摩擦角则渐小。稠度影响最大，近流态和软塑态的土，有较高压缩性，较低抗剪强度；而固态或硬塑态的土，则压缩性较低，抗剪强度较高。黏性土是工程最常用的土料。

黏性土的研究，通常以原状样的室内试验为主，以野外鉴定为辅。其主要的物理指标有含水量、相对密度、重度、干重度、孔隙率、孔隙比、饱和度、液性指数和塑性指数，其主要的力学性质指标有压缩指标（压缩系数、压缩模量）以及抗剪强度指标（黏聚力、内摩擦角）。

第二节　特殊土的工程地质特征

特殊土（special soil），是指某些具有特殊物质成分与结构，而且工程地质性质也比较特殊的土。我国幅员辽阔，地质条件复杂，有些土类由于地质、地理环境、气候条件、物质成分及次生变化等原因而各具有与一般土类显著不同的特殊工程性质，当其作为建筑场地、地基及建筑环境时，如果不针对其特殊的特点而采取相应的治理措施，就会造成工程事故。

特殊土的分布，都有其一定的规律，表现一定的区域性。例如，湿陷性黄土主要分布于西北、华北等干旱、半干旱气候区；红黏土主要分布于西南亚热带湿热气候区；膨胀土主要分布于南方和中南地区；多年冻土主要分布于我国高纬度、高海拔的地区。本节主要阐述我国淤泥类土、黄土、红黏土、膨胀土、冻土及人工填土的分布、特征及其工程地质特征。

一、淤泥类土

（一）淤泥类土的含义

淤泥类土又称软土类土或有机类土，是第四纪后期于沿海地区的滨海相、泻湖相、三角洲相和溺谷相，内陆平原或山区的湖相和冲积洪积沼泽相等静水或非常缓慢的流水环境中沉积，并经生物化学作用形成的饱和软黏性土。它富含有机质，天然含水量 W 大于液限 W_l，天然孔隙比 e 大于或等于 1.0。其中：

当 $e \geqslant 1.5$ 时，称淤泥（muck）；

当 $1.5 > e \geqslant 1.5$ 时，称淤泥质土（mucky soil），它是淤泥与一般黏性土的过渡类型；

当土中有机质含量 $\geqslant 5\%$，而 $\leqslant 10\%$ 时，称有机质土；当有机质含量 $> 10\%$，$\leqslant 60\%$ 以及 $> 60\%$ 者，分别称为泥炭质土和泥炭。泥炭是未充分分解的植物遗体堆积而成的一种高有机土，呈深褐—黑色，其含水量极高，压缩性很大且不均匀，往往以夹层或透镜体构造存在于一般黏性土或淤泥质土层中，对工程极为不利。

（二）淤泥类土的成因与分布

淤泥类土一般是在静水或缓慢流水环境中有微生物参与作用的条件下沉积形成的。在我国沿海地区、内陆平原、山区盆地及山前谷地，分布有各种淤泥类土。沿海沉积的淤泥类土，分布广，厚度大，土质疏松软弱，大致可有四种成因类型：

（1）泻湖相沉积。主要分布在浙江温州、宁波等地。地层较单一，厚度大，分布范围广，常形成海滨平原。

（2）溺谷相沉积。主要分布在福州市闽江口地区。表层为耕土或人工填土，以及较薄的（2～5m）致密黏土或粉质黏土，以下便为厚 5～15m 的高压缩性、低强度的淤泥类土。

（3）滨海相沉积。主要分布在天津的塘沽新港和江苏连云港等地区。表层为 3～5m 厚的褐黄色粉质黏土，以下便为厚达数十米的淤泥类土，常夹有由黏土和粉砂交错形成细微带状构造的粉砂薄层或透镜体。

（4）三角洲相沉积。主要分布在长江三角洲、珠江三角洲等地区，属海陆相交替沉积，软土层分布宽阔，厚度均匀稳定，因海流与波浪作用，分选程度较差，多交错斜层理或不规则透镜体夹层。

内陆和山区湖盆地沉积的淤泥类土，分布零星，厚度较小，性质变化大。主要有三类：

（1）湖相沉积，主要分布于滇池、洞庭湖、洪泽湖、太湖等地区。颗粒微细均匀，富含有机质，层较厚（一般 10～20m，个别超过 20m），不夹或很少夹砂层，常有厚度不等的泥炭夹层或透镜体。

（2）河流漫滩相沉积，主要分布在长江、松花江中下游河谷附近。淤泥类土常夹于上层粉土、粉质黏土之中，呈袋状或透镜体，产状厚度变化大，一般厚度小于 10m，下层常为砂层。这种淤泥类土为局部淤积，成分、厚度和性质变化较大。

（3）牛轭湖相沉积，与湖相沉积相近，但分布较窄，且常有泥炭夹层，一般呈透镜体埋藏于一般冲积层之下。

山前谷地沉积有一类"山地型"淤泥类土，其分布、厚度及性质等变化均很大。它主要由当地泥灰岩、页岩、泥岩风化产物和地表有机物质，由水流搬运沉积于原始地形低洼处，经长期水泡软化及微生物作用而成。成因类型以坡洪积、湖积和冲积为主，主要分布于冲沟、谷地、河流阶地和各种洼地里，分布面积不大，厚度相差悬殊。通常冲积相土层很薄，土质较好；湖相土层中常有较厚的泥炭层，土质常比平原湖相还差；坡洪积最常见，性质介于前二者之间。

（三）淤泥类土的组成与结构特征

淤泥类土的组成与结构特征是由其生成环境决定的。由于它形成于水流不畅通、饱和缺氧的静水盆地，这类土主要由黏粒和粉粒等细小颗粒组成。淤泥的黏粒含量较高，一般达 30%～60%。黏粒的矿物成分以水云母和蒙脱石为主，有机质含量一般为 5%～10%，最大达 17%～25%。这些黏土矿物和有机质颗粒表面带有大量负电荷，与水分子作用非常强烈，因而在其颗粒外围形成很厚的结合水膜，且在沉积过程中由于粒间静电引力和分子引力作用，形成絮状和蜂窝状结构，所以淤泥类土含大量的结合水，并由于存在一定强度的粒间连接而具有显著的结构性。

（四）淤泥类土的物理力学特性

淤泥类土是在特定的环境中形成的，以及具有上述特殊的粒度、矿物组成和结构特征，这便决定了它某些特殊的物理力学特性：

1. 高含水量和高孔隙比

淤泥类土的天然含水量总是大于液限。据统计，我国淤泥类土孔隙比常见值为 1.0～2.0，最大达 3～4。天然含水量一般为 50%～70%，甚至更大，山区软土有时高达 200%。其饱和度一般都超过 95%。因而天然含水量与其天然孔隙比呈直线变化关系。其原状土常处于软塑状态，扰动土则呈流动状态。淤泥类土的如此高含水量和高孔隙比特征是决定其压缩性和抗剪强度的重要因素。

2. 渗透性低

淤泥类土的透水性极弱，其渗透系数一般为 $1\times10^{-6}\sim1\times10^{-8}\,cm/s$，而大部分滨海相和三角洲相软土地区，由于该土层中夹有数量不等的薄层或极薄层粉、细砂、粉土等，故在水平方向的渗透性较垂直方向要大得多。

3. 高压缩性

淤泥类土属高压缩性土，其压缩系数一般为 $0.7\sim1.5\,MPa^{-1}$，最大达 $4.5\,MPa^{-1}$（例如渤海海域），它随土的液限和天然含水量的增大而增高。

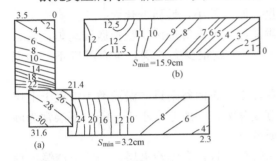

图 8-1　某办公楼地基差异沉降（据孔宪立等，2001）
(a) 福州某办公楼差异沉降等值线图（中部四层两侧三层混合结构，各部位地基条件大致相同）；
(b) 某医学院学生宿舍差异沉降等值线图（三层混合结构，地基条件同上）图中"0"点即 S_{min}

由于该类土具有上述高含水量、低渗透性及高压缩性等特性，因此，就其土质本身的因素（还有上部结构的荷重、基础面积和形状、加荷速度、施工条件等因素）而言，该类土在建筑荷载作用下的变形有如下特征：

（1）变形大而不均匀

在相同建筑荷载及其分布面积与形式条件下，软土地基的变形量比一般黏性土地基要大几倍至十几倍。因此上部荷重的差异和复杂的体型都会引起严重的差异沉降和倾斜，如图 8-1 所示福州市某单位办公楼的差异沉降达 10 倍多，而即使在同一荷重及简单平面形式下，其差异沉降也有可能达到 50% 以上。

（2）变形稳定历时长

因淤泥类土的渗透性很弱，水分不易排出，故使建筑物沉降稳定历时较长。例如沿海闽、浙一带这种软黏土地基上的大部分建筑物在建成约 5 年之久的时间后，往往仍保持着每年 1cm 左右的沉降速率，其中有些建筑物则每年下沉 3～4cm。

4. 抗剪强度低

淤泥类土抗剪强度很低，且与加荷速度和排水固结条件有关，通常在不排水条件下三轴快剪试验所得的抗剪强度值小，$\varphi\approx0$，$c<20\,kPa$，直剪试验摩擦角一般 $2°\sim5°$，c 值为 $10\sim15\,kPa$。排水条件下，抗剪强度随固结程度增大而增大。固结快剪所得值可达 $10°\sim15°$，c 值在 $20\,kPa$ 左右。因此工程施工应注意加荷速度，特别是开始阶段加荷不能过大。

5. 较显著的触变性和蠕变性

由于淤泥类土的结构性在其强度的形成中占据相当重要的地位，则触变性也是它的一个突出的性质。我国东南沿海地区的三角洲相及滨海—泻湖相淤泥类土的灵敏度一般在 4～10 之间，个别达 13～15。

淤泥类土的蠕变性是比较明显的。在长期恒定应力作用下，淤泥类土将产生缓慢的剪切变形，并导致抗剪强度的衰减在固结沉降完成之后，软土还可能继续产生可观的次固结沉降。上海等地许多工程的现场实测结果表明：当土中孔隙水压力完全消散后，建筑物还继续沉降。

（五）淤泥质类土作为地基的工程地质问题及防治措施

由于淤泥质类土具有压缩性高、强度低等特性，因此变形问题是淤泥质类土地基的一个主要问题，表现为建筑物的沉降量大而不均匀、沉降速率大以及沉降稳定历时较长等特点。

淤泥质类土地基上建筑物的沉降量通常是比较大的，特别是当地基上的压力超过比例界限值或施工时土被扰动。据统计，一般的三层房屋沉降量为 15～20cm；四层以上变化很大，为 20～50cm；其中五、六层的有的大于 60cm。对于有吊车的一般工业厂房，其沉降量约为 20～40cm，而大型构筑物，如水池、料仓、储气柜、油罐等，其沉降量一般都大于 50cm，甚至超过 100cm。除了沉降量大外，如上部结构荷载差异大、建筑物体型复杂以及土层均匀性差时，大面积地面堆载、相邻建筑物的影响等，都会引起很大的不均匀沉降。即使在荷载均匀及简单平面形式下，沉降差也有可能超过总沉降量的 50%。

沉降速率大，是淤泥质类土地基的又一特点，如果作用在地基上的荷载过大，加荷速率过快，则可能出现等速沉降或加速沉降的现象，导致地基的破坏。此外，由于淤泥质类土的渗透性低，淤泥质类土地基上的建筑物沉降稳定历时较长，在深厚的软黏土层上的建筑物，其沉降有时可延续十多年甚至数十年之久。除了排水固结沉降需要较长时间，淤泥质类土的次固结沉降亦十分显著。

山区淤泥质类土下常存在有倾斜基岩或其他坚硬地层倾斜面，且坡度大于 10% 时，这对建筑物来说是一个隐患，除造成不均匀沉降外，还可能由于在建筑物荷载作用下倾斜基岩面上淤泥质类土蠕变滑移，导致地基失稳。其影响程度的大小，视埋藏的位置及其倾斜程度而定，遇到这种情况时，除考虑变形外，尚应考虑地基稳定性问题。

淤泥质类土地基的不均匀沉降，是造成建筑物开裂损坏或严重影响使用等工程事故的主要原因，必须引起充分注意，但人们从反复的生产实践和科学实验中，对淤泥质类土地基上建筑物的设计与施工等方面已积累了许多经验，只要设计、施工以及使用得当，在软土地基上成功修建建筑物是完全可能的。

例如，某地冲填土地基上一大型油罐，如图 8-2 所示。表土层为 4～5m 厚的冲填土，下层为 20 余米厚的淤泥质类土。据载荷试验得冲填土的承载力为 50kPa。油罐容积为 20000m³，直径为 40.6m，高度为 15.89m，基底压力达 17.3kN/m²，远远超过了地基的容许承载力。油罐中心点的计算沉降量为 2m，底板边缘的计算沉降约为中心点的一半。为解决地基承载力不足及减少使用阶段的沉降，利用油罐建成后试水阶段的水重

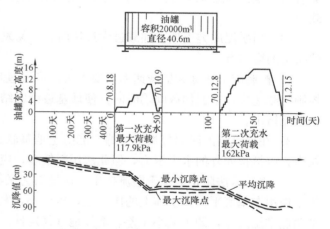

图 8-2 淤泥质类土地基上 20000m³ 油罐充水预压试验

作为荷载，对地基进行预压加固，并在底板下设砂垫层以利排水。为控制加荷速率，在底板四周设沉降观测点及量测土中孔隙压力变化的装置，按实测的孔隙压力变化及沉降稳定情况来控制油罐加载速率。待半数以上沉降观测点的沉降速率小于 5mm/昼夜时，才进行下一级充水。前后进行了两次充水预压，预压期间的沉降为 96cm（中心点），几乎达计算沉降的一半。投产使用后情况良好。这个成功的经验说明，掌握了软土的强度和变形特性，是可以成功地利用来作为建筑物的天然地基的。

　　在淤泥质类土地基上修建建筑物时，应考虑上部结构与地基的共同工作。我国沿海一带软土地区，许多工程实践表明，考虑上部结构和地基的共同工作是一项十分成功的经验。如果仅从上部结构或地基单方面采取措施，往往不能获得既可靠又经济的效果，必须对建筑体型、荷载情况、结构类型和地质条件等进行综合分析，确定应采取的建筑措施、结构措施和地基处理方法，这样就可以减少软土地基上建筑物的不均匀沉降。现在对淤泥质类土地基设计中经常采取的一些措施介绍如下：

　　（1）对于表层有密实土层（软土硬壳层）时，应充分利用作为天然地基的持力层，"轻基浅埋"是我国淤泥质类土地区总结出来的好经验。

　　（2）减少建筑物作用于地基的压力，如采用轻型结构、轻质墙体、空心构件、设置地下室或半地下室等。具体措施有下列几种方法：

　　1）对 3～6 层民用建筑采用薄筏基础，筏厚为 20～30cm。上部结构采用轻型结构，每层平均荷载为 $10kN/m^2$，则基底压力大约为 $40～70kN/m^2$。利用软土上部的"硬壳"层作为基础的持力层，可以减少施工期间对淤泥质类土的扰动。

　　2）采用箱型基础。利用箱型基础排出的土重，减小地基的附加压力，同时还可利用箱型基础本身的刚度减小地基的不均匀变形。

　　（3）当建筑物对变形要求较高时，采用较小的地基承载力。

　　（4）铺设砂垫层。一方面可以减小作用在淤泥质类土上的附加压力，减少建筑物沉降；另一方面有利于淤泥质类土中水分的排除，缩短土层固结时间，使建筑物沉降较快地达到稳定。

　　（5）采用砂井、砂井预压、电渗法等促使土层排水固结，以提高地基承载力。当黏土中夹有薄砂层或互层时，更有利于采用砂井预压加固的办法来减小土的压缩性，提高地基承载力。

　　（6）当淤泥质类土地基加载过大过快时，容易发生地基土塑流挤出的现象，防止软土塑流挤出的措施有：

　　1）控制施工速度和加载速率不要太快。可通过现场加载试验进行观测，根据沉降情况控制加载速率，掌握加载间隔时间，使地基逐渐固结，强度逐渐提高，这样可使地基土不发生塑流挤出。

　　2）在建筑物的四周打板桩围墙，能防止地基软土挤出。板桩应有足够的刚度和锁口抗拉力，以抵抗向外的水平压力，但此法用料较多，应用不广。

　　3）用反压法防止地基土塑流挤出。这是因为淤泥质类土是否会发生塑流挤出，主要取决于作用在基底平面处土体上的压力差，压差小，发生塑流挤出的可能性也就减小。如在基础两侧堆土反压，即可减小压差，增加地基稳定性。

　　（7）遇有局部软土和暗埋的塘、浜、沟、谷、洞等情况，应查清其范围，根据具体情况，采取基础局部深埋、换土垫层、短桩、基础梁跨越等办法处理。

　　（8）施工时，应注意对软土基坑的保护、减少扰动。

　　（9）当一个建筑群中有不同形式的建筑物时，应当从沉降观点去考虑其相互影响及其对地面下一系列管道设施的影响。

　　（10）同一建筑物有不同结构形式时必须妥善处理（尤其在地震区），对不同的基础形式，上部结构必须断开。因为在地震中，软土上各类基础的附加下沉量是不同的。

（11）对建筑物附近有大面积堆载或相邻建筑物过近，可采用桩基。

（12）在建筑物附近或建筑物内开挖深基坑时，应考虑边坡稳定及降水所引起的问题。

（13）在建筑物附近不宜采用深井取水，必要时应通过计算确定深井的位置及限制抽井采取回灌的措施。

总之，淤泥质类土地基的变形和强度问题都是工程中必须十分注意的，尤其是变形问题，过大的沉降及不均匀沉降造成了淤泥质类土地区大量的工程事故。因此，在淤泥质类土地区进行设计与施工建筑物和构筑物时，必须从地基、建筑、结构、施工、使用等各方面全面地综合考虑，采取相应的措施，减小地基的不均匀沉降，保证建筑物的安全和正常使用。

二、黄土与湿陷性黄土

（一）基本概念

湿陷性黄土是我国一种主要的、分布较广的区域性土。研究湿陷性黄土的分布、特征与防治对于黄土地区的工程建设有重要意义。

黄土（loess），是第四纪干旱和半干旱气候条件下形成的一种特殊沉积物。黄土有如下基本特征：颜色多呈黄色、淡灰黄色或褐黄色；颗粒组成以粉土粒（其中尤以粗粉土粒，粒径为 0.05～0.01mm）为主，约占 60%～70%，粒度大小较均匀，黏粒含量较少，一般仅占 10%～20%；含碳酸盐、硫酸盐及少量易溶盐；含水量小，一般仅 8%～20%；孔隙比大，一般在 1.0 左右，且具有肉眼可见的大孔隙；具有垂直节理，常呈现直立的天然边坡。

黄土按其成因可分为原生黄土和次生黄土。一般认为，具有上述特征，没有层理的风成黄土为原生黄土；原生黄土经过水流冲刷、搬运和重新沉积而形成的为次生黄土。次生黄土有坡积、洪积、冲积、坡积—洪积、冲积—洪积及冰水沉积等多种类型。次生黄土的结构强度一般较原生黄土为低，而湿陷性较高，一般不完全具备上述黄土特征，具有层理，并含有较多的砂粒以至细砾，故也称为黄土状土。

黄土和黄土状土在天然含水量时一般呈坚硬或硬塑状态，具有较高的强度和低的或中等压缩性，但遇水浸湿后，有的即使在其自重作用下也会产生剧烈而大量的沉陷（称为湿陷性），强度也随之迅速降低；而有些地区的黄土却不发生湿陷。可见，同是黄土，但遇水浸湿后的反应却有很大差别。

天然黄土在上覆土的自重压力作用下，或在上覆土的自重压力与附加压力共同作用下，受水浸湿后土的结构迅速破坏而显著附加下沉的，称为湿陷性黄土（collapsible loess）。否则，称为非湿陷性黄土。而非湿陷性黄土的工程性质接近一般黏性土，因此，分析、判断黄土是否属于湿陷性的、其湿陷性强弱程度、地基湿陷类型和湿陷等级，是黄土地区工程勘察与评价的核心问题。

（二）湿陷性黄土的分布

黄土的分布很广，面积约 $63\times10^4\text{km}^2$，其中湿陷性黄土约占 3/4，遍及甘、陕、晋的大部分地区以及豫、宁、冀等部分地区。此外，新疆和鲁、辽等地也有局部分布。由于各地的地理、地质和气候条件的差别，湿陷性黄土的组成成分、分布地带、沉积厚度、湿陷特征和物理力学性质也因地而异，其湿陷性由西北向东南逐渐减弱，厚度变薄。

表 8-2 是根据《湿陷性黄土地区建筑规范》（GB 50025—2004）按我国湿陷性黄土的工程地质特征，提出了"中国湿陷性黄土工程地质分区略图和参考表"，共划分出七个地区，目的是在工程建设中能考虑到各地区黄土性质的差异，便于因地制宜地搞好工程建设。

表 8 - 2　　　　　　　　　**各地区湿陷性黄土的工程地质特征**

分　区	湿陷性黄土的工程地质特征简述
陇西地区 Ⅰ	自重湿陷性黄土分布很广，湿陷性黄土层厚度通常大于 10m，地基湿陷等级多为Ⅲ、Ⅳ级，湿陷性敏感，对工程建设的危害性大
陇东陕北地区 Ⅱ	自重湿陷性黄土分布广泛，湿陷性黄土层厚度通常大于 10m，地基湿陷等级一般为Ⅲ、Ⅳ级，湿陷性较敏感，对工程建设的危害性较大
关中地区 Ⅲ	低阶地多属非自重湿陷性黄土，高阶地和黄土原多属自重湿陷性黄土。湿陷性黄土层厚度：在渭北高原一般大于 10m；在渭河流域两岸多为 5～10m；秦岭北麓地带有的小于 5m。地基湿陷等级一般为Ⅱ、Ⅲ级，自重湿陷性黄土层一般埋藏较深，湿陷发生较迟缓。在自重湿陷性黄土分布地区，对工程建设有一定的危害性；在非自重湿陷性黄土分布地区，对工程建设的危害性小
山西地区 Ⅳ	低阶地多属自重湿陷性黄土，高阶地（包括山麓堆积）多属自重湿陷性黄土，湿陷性黄土层厚度多为 5～10m，个别地段小于 5m 或大于 10m，地基湿陷等级一般为Ⅱ、Ⅲ级。在低阶地新近堆积黄土 Q_4^2 分布较普遍，土的结构松散，压缩性较高，在自重湿陷性黄土分布地区，对工程建设有一定的危害性；在非自重湿陷性黄土分布区，对工程建设的危害性较小
河南地区 Ⅴ	一般为非自重湿陷性黄土，湿陷性黄土层厚度一般小于 5m，土的结构较密实，压缩性较低，对工程建设危害性不大
冀鲁地区 Ⅵ	一般为非自重湿陷性黄土。湿陷性黄土层厚度一般小于 5m，局部地段为 5～10m，地基湿陷等级一般为Ⅰ级，土的结构密实，压缩性低。在黄土边缘地带及鲁山北麓的局部地段，湿陷性黄土层薄，含水量高，湿陷系数小，地基湿陷等级为Ⅰ级或不具湿陷性
北部边缘地区 Ⅶ	为非自重湿陷性黄土，湿陷性黄土层厚度一般小于 5m，地基湿陷等级为Ⅰ、Ⅱ级，土的压缩性低。土中含砂量较多，湿陷性黄土分布不连续

（三）黄土湿陷性的形成与影响因素

1. 黄土湿陷性的形成原因

对黄土湿陷的原因和机理的各种不同论点，可以归纳为内因和外因两个方面。研究表明，黄土的结构特征及其物质组成是产生湿陷的内在因素；而水的浸润和压力作用是产生湿陷的外部条件。

黄土的结构是在形成黄土的整个历史过程中造成的，干旱和半干旱的气候是黄土形成的必要条件。季节性的短期降雨把松散的粉粒黏聚起来，而长期的干旱气候又使土中水分不断蒸发，于是，少量的水分连同溶于其中的盐类便集中在粗粉粒的接触点处。可溶盐类逐渐浓缩沉淀而成为胶结物。随着含水量的减少土粒彼此靠近，颗粒间的分子引力以及结合水和毛细水的连接力也逐渐加大，这些因素都增强了土粒之间抵抗滑移的能力，阻止了土体的自重压密，形成了以粗粉粒为主体骨架的多孔隙结构（图 8-3）。

黄土结构中零星分布着较大砂粒，附于砂粒和粗粉粒表面的细粉粒和黏粒等胶体以及大量集合于大颗粒接触点处的各种可溶盐和水分子形成胶结性连接，从而构成了矿物颗粒的集合体。周边有几个颗粒包围着的孔隙就是肉眼可见的大孔隙。当

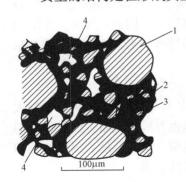

图 8-3　黄土结构示意图
1—砂粒；2—粗粉粒；3—胶结物；4—大孔隙

黄土受水浸湿时，结合水膜增厚楔入颗粒之间，于是，结合水连接消失，盐类溶于水中，骨架强度随之降低，土体在上覆土层的自重压力或在自重压力与附加压力共同作用下，其结构迅速破坏，土粒向大孔滑移，粒间孔隙减少，从而导致大量的附加沉陷。这就是黄土湿陷现象的内在过程。

2. 黄土湿陷性的影响因素

黄土湿陷性强弱与其微结构特征、颗粒组成、化学成分等因素有关，在同一地区，土的湿陷性又与其天然孔隙比和天然含水量有关，并取决于浸水程度和压力大小。

根据对黄土和微结构的研究，黄土中骨架颗粒的大小、含量和胶结物的聚集形式，对于黄土湿陷性的强弱有重要影响。骨架颗粒愈多，彼此接触，则粒间孔隙大，胶结物含量较少，成薄膜状包围颗粒，粒间连接脆弱，因而湿陷性愈强；相反，骨架颗粒较细，胶结物丰富，颗粒被完全胶结，则粒间连接牢固，结构致密，湿陷性弱或无湿陷性。

黄土中黏土粒的含量愈多，并均匀分布在骨架颗粒之间，则具有较大的胶结作用，土的湿陷性愈弱。

黄土中的盐类，如以较难溶解的碳酸钙为主而具有胶结作用时，湿陷性减弱，而石膏及易溶盐含量愈大，土的湿陷性愈强。

影响黄土湿陷性的主要物理性质指标为天然孔隙比和天然含水量。当其他条件相同时，黄土的天然孔隙比愈大，则湿陷性愈强。实际资料表明，西安地区的黄土，如 $e<0.9$，则一般不具湿陷性或湿陷性很小；兰州地区的黄土，如 $e<0.86$，则湿陷性一般不明显。黄土的湿陷性随其天然含水量的增加而减弱。

在一定的天然孔隙比和天然含水量情况下，黄土的湿陷变形量将随浸湿程度和压力的增加而增大，但当压力增加到某一个定值以后，湿陷量却又随着压力的增加而减少。

黄土的湿陷性从根本上与其堆积年代和成因有密切关系。我国黄土按形成年代的早晚，有老黄土和新黄土之分。黄土形成年代愈久，由于盐分溶滤较充分，固结成岩程度大，大孔结构退化，土质愈趋密实，强度高而压缩性小，湿陷性减弱甚至不具湿陷性。反之，形成年代愈短，其特性正好相反（表8-3）。这充分反映了我国黄土的地层年代划分及其湿陷性特征。按成因而言，风成的原生黄土及暂时性流水作用形成的洪积、坡积黄土均具有大的孔隙性，且可溶盐未及充分溶滤，故均具有较大的湿陷性，而冲积黄土一般湿陷性较小或无湿陷性。

表8-3　　　　　　　　　　黄土的地层划分

时　代		地 层 名 称		说 明
全新世 Q₄	Q_4^2	—	新近堆积黄土	一般有湿陷性 常具有高压缩性
	Q_4^1	—	一般湿陷性黄土	有湿陷性
晚更新世 Q₃		马兰黄土		
中更新世 Q₂		离石黄土	—	一般无湿陷性
早更新世 Q₁		午城黄土	—	

此外，对于同一堆积年代和成因的黄土的湿陷性强烈程度还与其所处环境条件有关。如在地貌上的分水岭地区、地下水位深度愈大的地区的黄土，湿陷性愈大；埋藏深度愈小而土层厚度愈大的，湿陷影响愈强烈。

（四）湿陷性黄土的地基评价

在湿陷性黄土地区进行工程建设，正确评价地基的湿陷性，具有重大实际意义。黄土地基的湿陷性评价一般包括下述三方面内容：判定地基土是湿陷性的还是非湿陷性的，据此确定湿陷性黄土层的总厚度及其在平面上的分布范围；如果是湿陷性黄土，还要判定场地是自重湿陷性的还是非自重湿陷性的，在其他条件都相同的情况下，自重湿陷性黄土地基受水浸湿后的浸湿事故较非自重湿陷性黄土地基更为严重；判定湿陷性黄土地基的湿陷等级，也就是在规定的压力作用下，建筑物地基充分浸水时的湿陷变形，它近似地反映了地基的湿陷程度。

1. 黄土湿陷性的判定

（1）按湿陷系数 δ_s 划分

判别黄土是否具有湿陷性，可根据室内压缩试验，在一定压力下测定的湿陷系数 δ_s 来判定。湿陷系数 δ_s 是指天然土样单位厚度的湿陷量，应按下式计算：

$$\delta_s = \frac{h_p - h'_p}{h_0} \tag{8-1}$$

式中　h_p——保持天然湿度和结构的土样，加压至一定压力时，下沉稳定后的厚度，cm；

　　　　h'_p——上述加压稳定后的土样，在浸水作用下，下沉稳定后的厚度，cm；

　　　　h_0——土样的原始厚度，cm。

判定：当 $\delta_s < 0.015$ 时，为非湿陷性黄土；

　　　　　$\delta_s \geqslant 0.015$ 时，为湿陷性黄土。

《湿陷性黄土地区建筑规范》（GB 50025—2004）采用 0.015 作为划分湿陷性与非湿陷性黄土的界限值，是根据大量室内试验、野外测试和建筑物实际调查综合考虑确定的。关于测定湿陷系数的压力，规范规定，自基础底面算起（如基底标高不确定时，自地面下 1.5m 算起），10m 内的土层应用 200kPa，10m 以下至非湿陷性土层顶面，应用其上覆土的饱和自重压力（当大于 300kPa 时，仍用 300kPa）。但当基底压力大于 300kPa 时，宜按实际压力测定的湿陷系数值判定黄土的湿陷性。

（2）按自重湿陷系数 δ_{zs} 划分

湿陷性黄土可分为自重湿陷性和非自重湿陷性黄土两种类型。湿陷性黄土受水浸湿后，在其自重压力下发生湿陷性的，称为自重湿陷性黄土；而在其自重压力和附加压力共同作用下才发生湿陷的，称为非自重湿陷性黄土。

划分自重湿陷性黄土和非自重湿陷性黄土，应按室内浸水压缩试验在上覆土的饱和自重压力下测定的自重湿陷系数 δ_{zs} 进行判定。

自重湿陷系数应按下式计算：

$$\delta_{zs} = \frac{h_z - h'_z}{h_0} \tag{8-2}$$

式中　h_z——保持天然湿度和结构的土样，加压至土的饱和自重压力时，下沉稳定后的厚度，cm；

　　　　h'_z——上述加压稳定后的土样，在浸水作用下，下沉稳定后的厚度，cm；

　　　　h_0——土样的原始厚度，cm。

判定：当 $\delta_{zs} < 0.015$ 时，为非自重湿陷性黄土；

$\delta_{zs} \geqslant 0.015$ 时，为自重湿陷性黄土。

将湿陷性黄土划分为自重湿陷性黄土和非自重湿陷性黄土对工程建筑的影响具有明显的现实意义。例如，在自重湿陷性黄土地区修筑渠道初次放水时就产生地面下沉，两岸出现与渠道平行的裂缝；管道漏水后由于自重湿陷可导致管道折断；路基受水后由于自重湿陷而发生局部严重坍塌；地基土的自重湿陷往往使建筑物发生很大裂缝或使砖墙倾斜，甚至使一些很轻的建筑物也受到破坏。而在非自重湿陷性黄土地区这种现象极少见。所以，在这两种不同湿陷性黄土地区建筑房屋，采取的地基设计、地基处理、防护措施及施工要求等方面均有很大差别。

2. 湿陷类型的划分

工程实践表明，自重湿陷性黄土场地的湿陷事故较多，而且对建筑物的危害较大，因此，正确划分建筑场地的湿陷类型是非常重要的。

划分建筑场地的湿陷类型，目前有两种方法：一是按计算自重湿陷量 Δ_{zs} 划分，有时还需要结合场地地貌、地质条件和当地建筑经验综合判定；二是按实测自重湿陷量 Δ'_{zs} 划分。

（1）按浸水试验实测自重湿陷量划分

在工程现场挖掘深 0.5m，边长或直径不小于 10m 的试坑，进行浸水，可直接测出自重湿陷性黄土地基的实际自重湿陷量 Δ'_{zs}。

当实测或计算自重湿限量小于或等于 7cm 时，定为非自重湿陷性黄土场地；

当实测或计算自重湿限量大于 7cm 时，定为自重湿陷性黄土场地。

以 7cm 作为判断建筑场地湿陷类型的界限值是根据自重湿陷性黄土地区的建筑物调查资料确定的。现场试坑浸水判别建筑场地湿陷类型的方法虽然比较直接反映现场情况，但由于耗水量较多，浸水时间较长（一个月以上），有时不具备浸水试验条件，有的受工期限制，故只有对新建地区的甲、乙类重要的建筑工程才宜进行，而对一般工程只用计算自重湿陷量判定。

（2）按计算自重湿陷量划分

计算自重湿陷量 Δ_{zs} 应根据不同深度土样的自重湿陷系数 δ_{zs}，按下式计算：

$$\Delta_{zs} = \beta_0 \sum_{i=1}^{n} \delta_{zsi} h_i \qquad (8-3)$$

式中　δ_{zsi}——第 i 层土在上覆土饱和（$S_r > 0.85$）自重压力下的自重湿陷系数；

　　　h_i——第 i 层土的厚度，cm；

　　　β_0——因地区土质而异的修正系数，是为了使计算自重湿陷量尽量接近实测自重湿陷量，对陇西地区 β_0 值可取 1.5，对陇东、陕北地区可取 1.2，对关中地区可取 0.7，对其他地区可取 0.5。

计算自重湿陷量 Δ_{zs} 的累计，应自天然地面（当挖、填方的厚度和面积较大时，自设计地面）算起，至其下全部湿陷性黄土层的底面为止，其中自重湿陷系数 δ_{zs} 小于 0.015 的土层不累计。

用计算自重湿陷量确定建筑场地的湿陷类型比较简便，不受现场条件限制，缺点是土样易受扰动，尤其地层不均匀时，试验误差较大。

3. 湿陷等级的划分

湿陷性黄土地基湿陷的强烈程度，以按分级湿陷量划分的湿陷等级表示。湿陷等级高，地基受水浸湿时可能发生的湿陷变形大，对建筑物的危害性也较严重；湿陷性等级低，地基受水浸湿时可能发生的湿陷变形小，对建筑物的危害也较轻。分级湿陷量的大小取决于基础底面下各黄土层的湿陷性质（即湿陷系数），并与累计湿陷量的计算深度有关。因此，对不同的湿陷等级，则首先要解决可能被水浸湿和产生湿陷的湿陷性黄土层的厚度以及湿陷等级界限值的合理确定。

按《湿陷性黄土地区建筑规范》（GB50025—2004），湿陷性黄土地基受水浸湿饱和至下沉稳定为止的总湿陷量Δ_s的计算式为

$$\Delta_s = \sum_{i=1}^{n} \beta \delta_{si} h_i \qquad (8-4)$$

式中　δ_{si}——第i层土的湿陷系数；

h_i——第i层土的厚度，cm；

β——考虑地基土的侧向挤出和浸水几率等因素的修正系数，基底下5m（或压缩层）深度内，取1.5，5m以下在非自重湿陷性黄土场地可不计算，在自重湿陷性黄土场地，可按计算自重湿陷量Δ_{zs}的式8-3的β_0值取值。

总湿陷量应自基础底面（初步勘察时，自地面下1.5m）算起；在非自重湿陷性黄土场地，累计至基底下5m（或压缩层）深度；在自重湿陷性黄土场地，对甲、乙类建筑，应按穿透湿陷性土层的取土勘探点，累计至非湿陷性土层顶面；对丙、丁类建筑，当基底下的湿陷性土层的厚度大于10m时，累计深度可根据工程所在地区确定，但陇西、陇东、陕北地区不应小于15m，其他地区不应小于10m，其中湿陷系数δ_s或自重湿陷系数δ_{zs}小于0.015的土层不应累计。

湿陷性黄土地基的湿陷等级，应根据基底下各土层累计的总湿陷量Δ_s和计算自重湿陷量Δ_{zs}的大小等因素按表8-4判定。

表8-4　　　　　　　　　　　湿陷性黄土地基的湿陷等级

总湿陷量Δ_s（cm）／湿陷类型	非自重湿陷性场地	自重湿陷性场地		
		计算自重湿陷量（cm）		
	$\Delta_{zs} \leq 7$	$7 < \Delta_{zs} < 35$	$\Delta_{zs} > 35$
$\Delta_s < 30$	Ⅰ（轻微）	Ⅱ（中等）	—
$30 < \Delta_s < 60$	Ⅱ（中等）	Ⅱ或Ⅲ	Ⅲ（严重）
$\Delta_s > 60$	—	Ⅲ（严重）	Ⅳ（很严重）

注　1. 当总湿陷量$30cm < \Delta_s < 50cm$，计算自重湿陷量$7cm < \Delta_{zs} < 30cm$时，可判为Ⅱ级。

2. 当总湿陷量$\Delta_s > 50cm$，计算自重湿陷量$\Delta_{zs} > 30cm$时，可判为Ⅲ级。

（五）湿陷性黄土的改良与处理

湿陷性黄土地基的变形包括压缩变形和湿陷变形两种。压缩变形是在土的天然含水量下由于建筑物的荷载所引起，随时间增长而逐渐衰减，并很快趋于稳定（一般在建筑物竣工后半年到一年间）。当基底压力不超过地基土的容许承载力时，地基的压缩变形很小，大都在其上部结构的容许变形值范围以内，不会影响建筑物的安全和正常使用。湿陷变形是由于地基被水浸湿所引起的一种附加变形，往往是局部和突然发生的，而且很不均匀，对建筑物的

破坏性较大，危害性较严重。因此，在湿陷性黄土地区，为了确保建筑物的安全和正常使用，必须对湿陷性黄土进行改良和处理。

在湿陷性黄土地区，国内外采用的地基处理方法有重锤表层夯实、强夯、垫层、挤密桩、热处理、预浸水、水下爆破、化学加固和桩基础等。我国又以重锤夯实、土（或灰土）垫层、土（或灰土）桩挤密和桩基础用得较多，经验也较丰富。强夯法近年来也得到了推广，其他方法用得很少，或者还未用过。化学加固法多用于湿陷事故的处理。下面介绍几种常用的处理湿陷性黄土地基的方法。

1. 灰土垫层

灰土垫层是处理湿陷性黄土地基的传统方法，它具有一定的胶凝强度和水稳定性，在基础压力作用下以一定的刚性角（$\varphi \approx 34°$）向外扩散应力，因而常做刚性基础的底脚。如能保证施工质量，承载力可达 $300 \sim 400kPa$（较天然地基提高 $2 \sim 3$ 倍）。灰土垫层的厚度一般为 $1 \sim 3m$，有时其下改用素土垫层（约 $1/3 \sim 2/3$ 垫层厚度），以节约造价。若湿陷性黄土层或其他软弱土层不厚，且有较好的下卧层时，采用灰土垫层可获得良好的经济效益和技术效益。

2. 重锤表层夯实

重锤表层夯实是在基坑（槽）内的基础底面标高以上待夯实的天然土层上进行。它与土垫层相比，可少挖土方工程量，而且不需回填，其夯实土层和土垫层作用基本相同。

重锤表层夯实适用于处理饱和度不大于 60% 的湿陷性黄土地基。一般采用 $2.5 \sim 3t$ 的重锤，落距 $4 \sim 4.5m$，可以消除基底下 $1.2 \sim 1.75m$ 的黄土湿陷性。在夯实层范围内，土的物理力学性质获得显著改善：平均干重度明显增大，压缩性降低，湿陷性消除，透水性减弱，承载力提高。非自重湿陷性黄土地基，其湿陷起始压力值较大，当用重锤处理部分湿陷性黄土层后，即可减少甚至消除地基的湿陷变形。因此，在非自重湿陷性黄土场地采用重锤表层夯实的优越性更为明显。河南三门峡某印刷厂的漂染车间，湿陷性黄土层的厚度为 $14m$，属 Ⅱ 级非自重湿陷性黄土地基，有大量的生产用水，地面直接受水浸湿。为此，采用了重锤表层夯实处理地基，有效夯实深度为 $1.75m$。建成投产已 20 余年，基本没有因地基受水浸湿而发生湿陷事故，保证了建筑物的安全和正常使用。

3. 强夯法

强夯法是将 $8 \sim 40t$ 的重锤（最重的达 $200t$）起吊到 $10 \sim 20m$ 高处（最大的达 $40m$）而后自由下落，对土进行强力夯实，以提高其强度，降低其压缩性和消除其湿陷性。它是在重锤夯实的基础上发展起来的一种新的地基处理方法。从 1979 年以来，在我国应用越来越广泛，其施工简单，效率高，工期短，但施工时振动和噪声较大。

强夯法处理土层厚度一般用梅纳提出的估算公式：

$$Z = a \sqrt{QH} \qquad (8-5)$$

式中 Z——消除湿陷土层的厚度，m；

Q——夯锤重力，kN；

H——夯锤落距，m；

a——因土质而异的修正系数，一般取 $0.3 \sim 0.5$，土的含水量适中时取大值，其他情况可取小值。

　　4. 灰土挤密桩

　　灰土挤密桩是处理大厚度湿陷性黄土地基的方法之一，灰土挤密桩的作用是挤密桩周围的土体，降低或消除成桩深度内地基土的湿陷性，提高承载力。实践证明，经灰土挤密桩处理后的地基，具有较高的承载力和较小的变形量，适用于处理新近堆积黄土和湿陷性黄土地基，处理深度可达 $5\sim15m$，处理后复合地基的标准承载力可达 $150\sim250kPa$，压缩模量 $E_s=25\sim36kPa$。

　　灰土挤密桩一般适用于加固地下水位以上湿陷性黄土地基。地基土的含水量是灰土挤密桩加固效果的关键，以控制到最优含水量为佳。桩间距应控制在 $2.0\sim3.0d$（桩径）范围。

　　5. 灌注桩和预制桩

　　湿陷性黄土地区采用桩基础的目的，是将桩穿过湿陷性黄土层，落在其下坚实的非湿陷性土层中，以便安全支承从上部结构传来的荷载。按施工方法可分为打入式钢筋混凝土预制桩和就地浇灌的钢筋混凝土灌注桩。在选择桩的类型时，除考虑场地的湿陷类型、湿陷性黄土层厚度和持力层土的物理力学性质和容许承载力外，还要考虑地下水位、施工现场与已有建筑物的距离、地下管网的分布情况以及施工条件等。

　　根据我国湿陷性黄土地区采用桩基础十几年来的工程实践证明，桩基础虽增加了钢材和水泥用量，造价较高，但安全可靠，能确保地基受水浸湿时不发生湿陷事故。因此，对于荷载大或地基受水浸湿可能性大的主要建筑物，采用桩基础是合理的。

　　6. 化学加固法

　　化学加固法是将一种或多种化学溶液，通过注液管，以外加压力或自流方式轮番注入土中，溶液本身或溶液与土中化学成分产生化学反应，生成凝胶，将松散的土粒或土粒集合体胶结成为整体，从而提高土的强度，消除湿陷性，降低透水性。在建筑物地基处理、地下构筑物（如隧道、矿井）和水坝地基的防渗、堵漏工程中应用较多。

　　注入浆液的材料主要有：硅酸钠（又称水玻璃）、氯化钙、氢氧化钠、铝酸钠、丙烯酰胺、铬木素纸浆废液以及水泥浆等。由于有些化学溶液成本太高，只在矿井、水坝或铁路隧道工程中采用，在建筑工程部门采用的主要是水玻璃、氢氧化钠等溶液。

　　除上述几种方法外，预浸水、热加固、水下爆破、电火花加固等，也曾用于湿陷性黄土地基的处理。

　　三、膨胀土

　　（一）膨胀土的分布与研究意义

　　膨胀土（expansive soil），是指含有大量的强亲水性黏土矿物成分，具有显著的吸水膨胀和失水收缩且胀缩变形往复可逆，其自由膨胀率大于或等于 40% 的黏性土。

　　膨胀土在我国的分布较广，我国是世界上膨胀土分布广、面积大的国家之一，据现有资料在广西、云南、湖北、河南、安徽、四川、河北、山东、陕西、浙江、江苏、贵州和广东等地均有不同范围的分布。按其成因大体有残积—坡积、湖积、冲积—洪积和冰水沉积等四个类型，其中以残、坡积型和湖积型者胀缩性最强。从形成年代看，一般为上更新统（Q_3）及其以前形成的土层。从分布的气候条件看，在亚热带气候区的云南、广西等地的膨胀土与全国其他温带地区相比较，胀缩性明显强烈。

　　膨胀土一般强度较高，压缩性低，易被误认为较好的天然地基，可是当土体受水浸湿和失水干燥后，土体具有膨胀和收缩特性。在膨胀土地区进行工程建筑，如果不采取必要的设计和施工措施，会导致大批建筑物的开裂和损坏，并往往造成坡地建筑场地崩塌、滑坡、地裂等严重的不稳定因素。

（二）膨胀土的工程地质特征

1. 膨胀土现场工程地质特征

（1）地形、地貌特征

膨胀土多分布于Ⅱ级以上的河谷阶地或山前丘陵地区，个别处于Ⅰ级阶地。在微地貌方面有如下共同特征：呈垄岗式低丘，浅而宽的沟谷，地形坡度平缓，无明显的自然陡坎；人工地貌，如沟渠、坟墓、土坑等很快被夷平，或出现剥落、"鸡爪冲沟"；在池塘、库岸、河溪边坡地段常有大量坍塌或小滑坡发生；旱季地表出现地裂，长数米至数百米，宽数厘米至数十厘米，深数米，特点是多沿地形等高线延伸，雨季闭合。

（2）土质特征

颜色：呈黄、黄褐、灰白、花斑（杂色）和棕红等色。

多为高分散的黏土颗粒组成，常有铁锰质及钙质结核等零星包含物，结构致密细腻。一般呈坚硬—硬塑状态，但雨天浸水剧烈变软。

近地表部位常有不规则的网状裂隙。裂隙面光滑，呈蜡状或油脂光泽，时有擦痕或水迹，并有灰白色黏土（主要为蒙脱石或伊里石矿物）充填，在地表部位常因失水而张开，雨季又会因浸水而重新闭合。

2. 膨胀土的物理、力学及胀缩性指标

（1）黏粒含量多达 35%～85%。其中粒径 <0.002mm 的胶粒含量一般在 30%～40% 范围，液限一般为 40%～50%，塑性指数多在 22～35 之间。

（2）天然含水量接近或略小于塑限，常年不同季节变化幅度为 3%～6%。故一般呈坚硬或硬塑状态。

（3）天然孔隙比小，变化范围常在 0.50～0.80 之间。云南的较大为 0.7～1.20。同时，其天然孔隙比随土体湿度的增减而变化，即土体增湿膨胀，孔隙比变大；土体失水收缩，孔隙比变小。

（4）自由膨胀量一般超过 40%，也有超过 100% 的。

各地膨胀土的膨胀率、膨胀力和收缩率等指标的试验结果的差异很大。例如就膨胀力而言，同一地点同一层土的膨胀力在河南平顶山可以从 6kPa 到 550kPa，一般值也在 30～250kPa；云南蒙自为 10～220kPa，一般值在 10～80kPa。同样，关于收缩率值，平顶山从 2.7% 到 8%，蒙自从 4% 到 15%。这是因为这些试验是在天然含水量的条件下进行的，而同一地区土的天然含水量随季节及其环境条件而变化。实验证明，当膨胀土的天然含水量小于其最佳含水量（或塑限）之后，每减少 3%～5%，其膨胀力可增大数倍，收缩率则大为减小。

（5）关于膨胀土的强度和压缩性

膨胀土在天然条件下一般处于硬塑或坚硬状态，强度较高，压缩性较低，但这种土往往由于干缩、裂隙发育呈现不规则网状与条带状结构，破坏了土体的整体性，降低承载力，并可使土体丧失稳定性。这一点，特别对浅基础、重荷载的情况，不能单纯从"平衡膨胀力"的角度，或小块试样的强度考虑膨胀土地基的整体强度问题。

同时，当膨胀土的含水量剧烈增大（例如由于地表浸水或地下水位上升）或土的原状结构被扰动时，土体强度会骤然降低，压缩性增高。这显然是由于土的内摩擦角和内聚力都相应减小及结构强度破坏的缘故。已有的国内外技术资料表明，膨胀土被浸湿后，其抗剪强度将降低 1/3～2/3。而由于结构破坏，将使其抗剪强度减小 2/3～3/4，压缩系数增高 1/4～2/3。

（三）膨胀土的判别与膨胀潜势分析

1. 膨胀土的判别

膨胀土的判别是解决膨胀土问题的前提。因为只有确认了膨胀土及其胀缩性等级，才可能有针对性地研究，确定需要采取的防治措施。

膨胀土的判别方法，应采用现场调查、与室内物理性质和胀缩特性试验指标鉴定相结合的原则。即首先必须根据土体及其埋藏、分布条件的工程地质特征和建于同一地貌单元的已有建筑物的变形、开裂情况作初步判断；然后再根据试验指标进一步验证，综合判别。

凡具有前述土体的工程地质特征以及已有建筑物变形、开裂特征的场地，且土的自由膨胀率大于或等于 40％的土，应判定为膨胀土。

如何判别膨胀土，国内外有许多不同的标准，主要都是围绕着土的胀缩因素去综合考虑。膨胀土的综合判别标准见表 8-5。

表 8-5　　　　　　　　　　　　膨胀土的某些判定标准

指标名称	自由膨胀率（％）	液限（％）	活动性指标	压密指数（K_d）	缩限（％）	体缩率（％）	膨胀率（无荷载）（％）
界限值	>40	>40	>0.5	>0.5	<12	>10	>4

注　$K_d = (e_L - e) / (e_L - e_p)$，式中 e_L, e_p, e 分别为液限、塑限和天然状态的孔隙比。

表 8-6　　　膨胀土的膨胀潜势类别

自由膨胀率 δ_{ef}（％）	膨胀潜势
$40 \leq \delta_{ef} < 65$	弱
$65 \leq \delta_{ef} < 90$	中
$\delta_{ef} \geq 90$	强

2. 膨胀土的膨胀潜势

我国《膨胀土地区建筑技术规范》对膨胀土的膨胀潜势按其自由膨胀率分为三类见表 8-6。

（四）影响膨胀土胀缩变形的主要因素

1. 影响土体胀缩变形的主要内在因素

（1）矿物成分

膨胀土主要由蒙脱石、伊利石等强亲水性矿物组成。蒙脱石矿物亲水性更强，具有既易吸水又易失水的强烈活动性。伊利石亲水性比蒙脱石低，但也有较高的活动性。蒙脱石矿物吸附外来的阳离子的类型对土的胀缩性也有影响，如吸附钠离子（钠蒙脱石）就具有特别强烈的胀缩性。

（2）黏粒的含量

由于黏土颗粒细小，比面积大，因而具有很大的表面能，对水分子和水中阳离子的吸附能力强。因此，土中黏粒含量愈多，则土的胀缩性愈强。

（3）土的初始密度和含水量

土的胀缩表现于土的体积变化。对于含有一定数量的蒙脱石和伊利石的黏土来说，当其在同样的天然含水量条件下浸水，天然孔隙比愈小，土的膨胀愈大，而收缩愈小。反之，孔隙比愈大，收缩愈大。因此，在一定条件下，土的天然孔隙比（密实状态）是影响胀缩变形的一个重要因素。此外，土中原有的含水量与土体膨胀所需的含水量相差愈大时，则遇水后土的膨胀愈大，而失水后土的收缩愈小。

（4）土的结构强度

结构强度愈大，土体抵制胀缩变形的能力也愈大。当土的结构受到破坏以后，土的胀缩性随之增强。

2. 影响土体胀缩变形的主要外部因素

（1）气候条件

从现有的资料分析，膨胀土分布地区年降雨量的大部分一般集中在雨季，继之是延续较长的旱季。如建筑场地潜水位较低，则表层膨胀土受大气影响，土中水分处于剧烈的变动之中。在雨季，土中水分增加，在干旱季节则减少。房屋建造后，室外土层受季节性气候影响较大。因此，基础的室内外两侧土的胀缩变形有明显差别，有时甚至外缩内胀，致使建筑物受到反复的不均匀变形的影响，从而导致建筑物的开裂。

据野外实测资料表明，季节性气候变化对地基土中水分的影响随深度的增加而递减。因此，确定建筑物所在地区的大气影响深度对防治膨胀土的危害具有实际意义。

（2）地形地貌条件

如在丘陵区和山前区，不同地形和高程地段地基土的初始状态及其受水蒸发条件不同，因此，地基土产生胀缩变形的程度也各不相同。凡建在高旷地段膨胀土层上的单层浅基建筑物裂缝最多，而建在低洼处、附近有水田水塘的单层房屋裂缝就少。这是由于高旷地带蒸发条件好，地基土容易干缩，而低洼地带土中水分不易散失，且有补给源，湿度较能保持相对稳定的缘故。

（3）日照、通风的影响

膨胀土地区地基上建筑物的开裂情况的许多调查资料表明：房屋向阳面，即南、西、东，尤其是南、西两面开裂较多，背阳面即北面开裂很少，甚至没有。

（4）建筑物周围树木的影响

在炎热和干旱地区，建筑物周围的阔叶树（特别是不落叶的桉树）对建筑物的胀缩变形造成不利影响。尤其在旱季，当无地下水或地表水补给时，由于树根的吸水作用，会使土中的含水量减少，更加剧了地基土的干缩变形，使近旁有成排树木的房屋产生裂缝。

（5）局部渗水的影响

对于天然湿度较低的膨胀土，当建筑物内、外有局部水源补给（如水管漏水、雨水和施工用水未及时排除）时，必然会增大地基胀缩变形的差异。

另外，在膨胀土地基上建造冷库或高温构筑物如无隔热措施，也会因不均匀胀缩变形而开裂。

（五）膨胀土地基的稳定性问题

位于坡地场地上的建筑物地基，在下列情况下，其地基设计除按变形控制外，尚应验算地基的稳定性：有较大的挖填方地段；边坡坡度多大于 14°；房屋基础离坡间距离较小；坡肩土体裂隙发育或有产生地裂的可能性；有时坡度虽然较小，但遇顺坡向层状构造土层，仍有顺层滑动的可能。

在坡地上建造建筑时，除一般验算坡体的稳定性外，尤需考虑坡体的水平移动和坡体内土的含水量变化对建筑物的影响。这种影响主要来自下列方面：挖填方过大时，土体原来的含水量会发生变化；由于平整场地破坏了原有地貌、自然排水系统和原来植被，土中含水量将因蒸发而大量减少，土体强烈干缩，如遇降雨，局部土体又会发生大量膨胀；沿坡面及坡肩附近的土层受多向蒸发作用，大气影响深度将远大于离坡肩较远的土层；坡比较陡时，旱季会出现裂缝、崩塌，降雨后，雨水顺裂缝渗入坡体，则可能出现浅层滑动，久旱之后的降雨，往往造成坡体滑动。

所以，治理山区地基边坡的经验是，在修建建筑物前，必须采取先治坡的措施。治坡包括排除地面水和地下水、设置支挡和设置护坡三个方面。护坡对膨胀土边坡的作用不仅是防止冲刷，更重要的是保持坡体内含水量的稳定。

（六）膨胀土地基的改良方法

选择膨胀土地基的改良方法，必须研究膨胀土膨胀性的影响因素。根据上述研究，影响膨胀土膨胀性的主要因素是：膨胀性黏土矿物的含量、类型及其吸附的交换阳离子类型，膨胀性黏土矿物含量越高，它吸附交换阳离子价数越低，膨胀性越强；土中孔隙溶液中阳离子的浓度，孔隙溶液中阳离子的浓度越高，膨胀性越低；土的结构，主要与颗粒间的连接方式有关，若颗粒间的连接为水稳定性的同相连接和胶结连接，则结合水膜的楔入力无法破坏这种连接，因此土体便不产生膨胀，这种稳定性的连接，在土中占的比例越高，土体膨胀性越低。改变上述影响因素的任一项，都可以起到降低膨胀性的改良作用。

依据加入的改良材料与膨胀土反应与否，可将改良方法分为两大类：一是物理改良方法，即掺入的改良材料不与膨胀土反应，仅是靠掺入量的多少来降低膨胀土中膨胀性物质所占比例的改良方法，如掺入砂、卵石、粉煤灰等；二是化学改良方法，即掺入的改良材料与膨胀土产生一些化学反应，通过这些反应来消除膨胀性，提高土的强度，如在土中掺入石灰、水泥等。

石灰是最常用的改良膨胀土的材料，其改良机理是石灰借助于与膨胀土产生如下反应：石灰提供了大量的 Ca^{2+} 离子与膨胀土黏土矿物吸附的交换阳离子 K^+、Na^+ 等进行交换，使其吸附的阳离子价数增高，因而膨胀性降低；$Ca(OH)_2$ 与土中游离氧化物（SiO_2、Al_2O_3、Fe_2O_3）反应生成不溶于水的胶结物（$CaSiO_3$、$Ca_2Al_2O_4$ 等）对颗粒起胶结作用，但这种反应必须在 pH 值大于 12.078 的强碱环境下才能发生，这是石灰掺入量的一个控制条件；剩余未反应的石灰与空气中的 CO_2 反应生成 $CaCO_3$，起胶结作用。此外，$Ca(OH)_2$ 还使孔隙溶液中离子 Ca^{2+} 浓度增大，进一步抑制膨胀土的膨胀性。石灰最佳掺量范围应进行试验确定。南昆铁路膨胀土经试验证明，其最佳掺量是 13%。

粉煤灰是煤燃烧后产生的一种由 CaO、SiO_2、Al_2O_3 等氧化物组成的非晶态集合体。它与土不发生反应，它对膨胀土的改良只是物理改良。

氨基改性树脂等高分子材料也可以对膨胀土进行改良，其原理是：利用非水化阳离子置换黏土矿物颗粒表面吸附的水化阳离子，使黏土颗粒亲水能力降低，起到改良膨胀土的作用。利用大分子离子化合物将黏土矿物颗粒包裹连接起来，形成一个防水的包膜层，使土与水隔离而使土丧失膨胀性，强度和水稳定性增高。

南昆铁路膨胀土改良经试验证明，用石灰、二灰（石灰加粉煤灰）和氨基改性树脂改良弱膨胀性红土是可行的。石灰的最佳掺量是 13%，二灰的最佳掺量是 10% 的石灰、20% 的粉煤灰，氨基改性树脂是 5%。这三种改良方案中以石灰改良最经济，以二灰改良效果最好。

四、红黏土

（一）红黏土的特征、分布与研究意义

红黏土（adamic earth），是指在亚热带湿热气候条件下，碳酸盐类岩石及其间夹的其他岩石，经红土化作用形成的高塑性黏土。红黏土一般呈褐红、棕红等颜色，液限大于 50%。经流水再搬运后仍保留其基本特征，液限大于 45% 的坡、洪积黏土，称为次生红黏土，在相同物理指标情况下，其力学性能低于红黏土。红黏土及次生红黏土广泛分布于我国的云贵高原、四川东部、广西、粤北及鄂西、湘西等地区的低山、丘陵地带顶部和山间盆地、洼地、缓坡及坡脚地段。黔、桂、滇等地古溶蚀地面上堆积的红黏土层，由于基岩起伏变化及风化深度的不同，造成其厚度变化极不均匀，常见为 5～8m，最薄为 0.5m，最厚为 20m。在水平方向常见咫尺之隔，厚度相差达 10m 之巨。土层中常有石芽、溶洞或土洞分布其间，给地基勘察、设计工作造成困难。

红黏土的一般特点是天然含水量和孔隙比很大，但其强度高、压缩性低，工程性能良好，它的物理力学性质具有独特的变化规律，不能用其他地区的、其他黏性土的物理、力学性质相关关系来评价红黏土的工程性能。

（二）红黏土的成分、物理力学特征及其变化规律

1. 红黏土的组成成分

由于红黏土系碳酸盐类以及其他类岩石的风化后期产物，母岩中的较活动性的成分 SO_4^{2-}、Ca^{2+}、Na^+、K^+ 等经长期风化淋滤作用相继流失，SiO_2 部分流失，此时地表多集聚含水铁铝氧化物及硅酸盐矿物，并继而脱水变为氧化铁铝 Fe_2O_3 和 Al_2O_3 或 $Al(OH)_3$。使土染成褐红至砖红色。因此，红黏土的矿物成分除含有一定数量的石英颗粒外，大量的黏土颗粒则主要为多水高岭石、水云母类、胶体 SiO_2 及赤铁矿、三水铝土矿等组成，不含或极少含有机质。

其中多水高岭石的性质与高岭石基本相同，它具有不活动的结晶格架，当被浸湿时，晶格间距极少改变，故与水结合能力很弱。而三水铝土矿、赤铁矿、石胶体二氧化硅等铝、铁、硅氧化物，也都是不溶于水的矿物，它们的性质比多水高岭石更稳定。

红黏土颗粒周围的吸附阳离子成分也以水化程度很弱的 Fe^{3+}、Al^{3+} 为主。

红黏土的粒度较均匀，呈高分散性。黏粒含量一般为 60%～70%，最大达 80%。

2. 红黏土的一般物理力学特性

（1）天然的含水量高，一般为 40%～60%，高达 90%。

（2）密度小，天然孔隙比一般为 1.4～1.7，最高 2.0，具有大孔性。

（3）高塑性。液限一般为 60%～80%，高达 110%；塑限一般为 40%～60%，高达 90%；塑性指数一般为 20～50。

（4）由于塑限很高，所以尽管天然含水量高，一般仍处于坚硬或可塑状态，液性指数一般小于 0.25。但是其饱和度一般在 90% 以上，因此，甚至坚硬黏土也处于饱水状态。

（5）一般呈现较高的强度和较低的压缩性，固结快剪内摩擦角 $\varphi=8°～18°$，内聚力 $c=40～90kPa$，压缩系数 $a_{2-3}=0.1～0.4MPa^{-1}$，变形模量 $E_0=10～30MPa$，最高可达 50MPa，载荷试验比例界限 $p_0=200～300kPa$。

（6）不具有湿陷性，原状土浸水后膨胀量很小（<2%），但失水后收缩剧烈。原状土体积收缩率为 25%，而扰动土可达 40%～50%。不具有湿陷性的原因，主要在于其生成环境

及其相应的组成物质和坚固的粒间连接特性。

红黏土的天然含水量高，孔隙比很大，但却具有较高的力学强度和较低的压缩性。

红黏土呈现高孔隙性首先在于其颗粒组成的高分散性，是黏粒含量特别多和组成这些细小黏粒的含水铁铝硅氧化物在地表高温条件下很快失水而相互凝聚胶结，从而较好地保存了它的絮状结构的结果。而红黏土之所以有较高的强度，主要是因为这些铁、铝、硅氧化物颗粒本身性质稳定及互相胶结所造成的。特别是在风化后期，有些氧化物的胶体颗粒会变成结晶的铁、铝、硅氧化物，而且它们是抗水的、不可逆的，故其粒间连接强度更大。另外，由于红黏土颗粒周围吸附阳离子成分主要为 Fe^{3+}、Al^{3+}，这些铁、铝化的颗粒外围的结合水膜很薄，也加强了其粒间的连接强度。

红黏土的天然含水量很高，也是由于其高分散性，表面能很大，因而吸附大量水分子的结果。故这种土中孔隙是被结合水，并且主要是被强结合水（吸着水）所充填。强结合水，由于受土颗粒的吸附力很大，分子排列很密，具有很大的黏滞性和抗剪强度。土的塑限 ω_p 值很高。因此，红黏土的天然含水量虽然很高，且处于饱和状态，但它的天然含水量一般只接近其塑限值，故使之具有较高的强度和较低的压缩性。

同时，另一个重要因素是由于分布地区环境地表温度高，又处于明显的地壳上升阶段，对于一般分布在山坡、山岭或坡脚地势较高地段的红黏土，其地表水和地下水的排泄条件好，使土的天然含水量也只接近于塑限，而与其液限的差值很大（达 $30\%\sim50\%$），必然使土体处于坚硬或可塑状态，呈现较好的力学性能。

3. 红黏土的物理力学性质变化范围及其规律性

从各地区已有资料可知，红黏土本身的物理力学性质指标又有相当大的变化范围，以贵州省的红黏土为例，其天然含水量的变化范围达 $25\%\sim88\%$，天然孔隙比 $0.7\sim2.4$，液限 $36\sim125$，塑性指数 $18\sim75$，液性指数 $0.45\sim1.4$，内摩擦角 $2°\sim31°$，内聚力 $10\sim140kPa$，变形模量 $4\sim36MPa$。其物理力学性质变化如此之大，承载力自然会有显著的差别。貌似均一的红黏土，其工程性能的变化却十分复杂，这也是红黏土的一个重要特点。因此，为了作出正确的工程地质评价，仅仅掌握红黏土的一般特点是不够的，还必须弄清决定其物理力学性质的因素，掌握其变化规律。

（1）在沿深度方向，随着深度的加大，其天然含水量、孔隙比和压缩性都有较大的增高，状态由坚硬、硬塑可变为可塑、软塑以至流塑状态，因而强度则大幅度降低。如图 8-4 所示。1m 处的内聚力为 190kPa，到 11m 则降为 9kPa，只及 1m 处的 1/20。

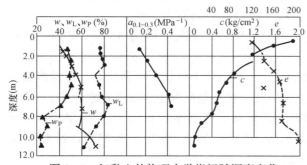

图 8-4 红黏土的物理力学指标随深度变化
（据建研院）西南所 1966，图中内聚力 c 值
据三轴快剪所得，$\varphi=0$

红黏土的天然含水量及孔隙比从上往下得以增大的原因，一方面系地表水往下渗滤过程中，靠近地表部分易受蒸发，愈往深部则愈易集聚保存下来，另一方面可能直接受下部基岩裂缝水的补给及毛细作用所致。

（2）在水平方向，随着地形地貌及下伏基岩的起伏变化，红黏土的物理力学指标，也有明显的差别。在地势较高的部位，由于排水条件好，其天然含水量、孔隙比和压缩性均较低，强度较高，而地势较低处则相反。在地势低洼地带，由于经常积水，即使上部土层，其强度也大为降低。

在古岩溶面或风化面上堆积的红黏土，由于其下伏基岩顶面起伏很大，造成红黏土厚度急剧变化（如前所述）。同时，处于溶沟、溶槽洼部的红黏土因易于积水，一般呈软塑至流塑状态。因此，在地形或基岩面起伏较大的地段，红黏土的物理力学性质在水平方向也是很不均匀的。

（3）平面分布上次生坡积红黏土和红黏土的差别也较显著，如黔西某地不同成因类型红黏土的物理力学性质统计资料表明：

原生残积红黏土土质致密，含水比 $\frac{w}{w_L}$ 一般小于 0.7，自然边坡角一般大于 40°，直剪快剪 c、φ 平均值分别可达 35kPa 与 16°30′，相应算得 $p_{1/4}$ 达 240kPa。

次生坡积红黏土颜色较浅，其物理性质与残积土有时相近，但较松散，结构强度较差，故雨、旱季土质变化较大。其含水比一般为 0.7~0.8，自然边坡角远小于 30°，强度指标较残积土有明显降低：直剪快剪 c，φ 平均值各为 30kPa 和 9°10′，$p_{1/4}$＝170kPa。

（4）裂缝对红黏土强度和稳定性的影响。红黏土具有较小的吸水膨胀性，但具有强烈的失水收缩性。故裂隙发育也是红黏土的一大特征。

坚硬、硬可塑状态的红黏土，在近地表部位或边坡地带，往往裂隙发育，土体内保存许多光滑的裂隙面。这种土体的单独土块强度很高，但是裂隙破坏了土体的整体性和连续性，使土体强度显著降低，试样沿裂隙面成脆性破坏。当地基承受较大水平荷载、基础埋置过浅、外侧地面倾斜或有临空面等情况时，对地基的稳定性有很大影响。并且裂隙发育对边坡和基槽稳定与土洞形成等有直接或间接的关系。

（三）确定红黏土地基承载力的几个原则问题

（1）在确定红黏土地基承载力时，应按地区的不同、随埋深变化的湿度和上部结构情况分别确定。因为各地区的地质地理条件有一定的差异，使得即使同一省内各地（如水城与贵阳、贵阳与遵义等）同一成因和埋藏条件下的红黏土的地基承载力也有所不同。

（2）为了有效地利用红黏土作为天然地基，针对其强度具有随深度递减的特征，在无冻胀影响地区、无特殊地质地貌条件和无特殊使用要求的情况下，基础宜尽量浅埋，把上层坚硬或硬可塑状态的土层作为地基的持力层，既可充分利用表层红黏土的承载能力，又可节约基础材料，便于施工。

同时，根据红黏土大气影响带的野外实测结果，雨季同旱季相比，土的含水量变化深度最大为 60cm。在 40cm 以下，含水量的变化不超过 3％。而实际基础下大气影响带深度要比野外暴露地区为小。因此，基础浅埋也不致由于地基土受大气变化影响而产生附加变形和强度问题。

（3）红黏土一般强度高，压缩性低，对于一般建筑物，地基承载力往往由地基强度控制，而不考虑地基变形。但从贵州地区的情况来看，由于地形和基岩面起伏往往造成在同一建筑地基上各部分红黏土厚度和性质很不均匀，从而形成过大的差异沉降，往往是天然地基上建筑物产生裂缝的主要原因。在这种情况下，按变形计算地基对于合理地利用地基强度，正确反映上部结构及使用要求具有特别重要的意义，特别对五层以上建筑物及重要建筑物应按变形计算地基。同时，还须根据地基、基础与上部结构共同作用原理，适当配合以加强上部结构刚度的措施，提高建筑物对不均匀沉降的适应能力。

（4）不论按强度还是按变形考虑地基承载力，必须考虑红黏土物理力学性质指标的垂直向变化，划分土质单元，分层统计、确定设计参数，按多层地基进行计算。

五、盐渍土

通常将地表不深的土层中，平均易溶盐含量大于 0.5％的土，称为盐渍土（saline soil、salty soil）。盐渍土在干旱、半干旱地区均有分布。我国盐渍土主要分布在江苏北部、河北、河南、山西、松辽平原西部和北部，以及西北和内蒙古等省区。

盐渍土的形成及所含盐的成分和数量，与当地地形地貌、气候、地下水的埋深及矿化度、土壤性质和人为活动有关，当土中粉粒含量高、盐分来源充分、地下水矿化度较高且埋深小、毛细水能达地表或接近地表、气候较干燥（旱季长、雨季短）、蒸发强烈而风多、年平均降雨量小于年蒸发量时，便可能形成盐渍土。

盐渍土按地理分布看，有滨海型、冲积平原型及内陆型；按所含盐类，可分为氯盐、硫酸盐、碳酸盐等盐渍土。

氯盐类盐渍土主要含 $NaCl$、KCl、$CaCl_2$、$MgCl_2$ 等，其溶解度很大（330～750g/L），易随渗流迁移。具强烈的吸湿性，有保持一定水分的能力，结晶时体积并不膨胀。干燥时强度高，压缩性小，作填筑土料易压实。但吸水潮湿后，氯盐易溶，使土有很大塑性和压缩性，强度大大降低。故氯盐类盐渍土又称"湿盐土"。

硫酸盐类盐渍土，主要含 Na_2SO_4 和 $MgSO_4$，其溶解度也很大（110～350g/L），结晶时具有结合一定量水分子的能力。因此遇水体积膨胀，失水干燥则体积缩小。故硫酸盐类盐渍土又常称为"松胀盐土"。

碳酸盐类盐渍土主要含 $NaHCO_3$、Na_2CO_3，其溶解度也较大（如 Na_2CO_3 为 215g/L），其水溶液具碱性反应。由于含钠离子较多，吸附作用强，黏粒易形成较厚水化膜，体积膨胀。干燥时紧密坚硬，强度较高；而潮湿时具有很大的亲水性、塑性、膨胀性和压缩性；不易排水，很难干燥。碳酸盐类盐渍土具有明显碱性反应，故又称"碱土"。

盐渍土工程地质性质与所含盐分及其数量关系密切。氯盐为主的土中易溶盐含量小于0.05％（其他盐渍土小于 0.30％），对土的性质影响较小；超过此量时，对土性质影响较明显。当含盐量超过了 3％时，土的工程地质性质主要取决于盐类的种类和数量。一般讲，土中含盐量愈高，土的液、塑限愈低，夯实最佳密度愈小。盐渍土的强度和变形与含水量关系密切。通常干燥状态的盐渍土具有较高的强度和较小的变形。被水浸湿后，因盐分溶解，土被溶蚀，致使土的强度降低，压缩变形增大。

六、冻土

冻土又称含冰土（frozen earth），系温度低于零度并含有固态水的土。温度升高，水中冰融，称为融土，所含水分比其冻结前增加很多。土中水的冻结与融化是土温降低与升高的反映，是土体热动态变化导致土中水物理状态的变化。冻土与融土是对立的统一，它在一定的气候条件下相互转化。

地球表层不断有辐射、对流和传导等多种形式热交换的过程，促使表层土体吸热或散热。气温在一年中逐月变化，一定深度以内的土层温度也逐月变化。冬季时，地表向大气散热，土便逐渐冷却。冷却温度低于零度，土中自由水和毛细水便冻结成冰；温度继续降低至－20℃～－28℃以下，土中弱结合水和强结合水亦冻结成冰，并将土粒胶结起来，形成冻土。夏季时，大气圈向地表辐射热能。若地表一年中吸热量大于散热量，冬季所形成的冻土全部融完，形成季节冻土。反之，冬季所形成的冻土在夏季不能全部融化而仍残留一部分。长期出现地表每年散热大于吸热情况，则下一年冬天，此残余冻土层便继续加厚。久而久之，形成较厚的多年冻土层。我国境内的多年冻土，一般厚1~20m，最厚可达60m。

冻土与其他土的主要区别在于"冻"。土的冻结过程，不但是土中原有水的冻结，还有尚未冻结的土层中水向冻结土层迁移而冻结。下部未冻结土层中水在毛细作用下，向上部冻结土层不断迁移而富集，并冻结成冰。还有结合水膜从厚处向薄处的迁移。毛细水冻结后不再迁移，而结合水的冰点较低些，在零度以下时仍可迁移。水的迁移主要是结合水迁移，故黏性土冻胀明显；粉质黏性土渗透性较强，毛细水能及时补给，水更易富集、冻胀。地下水埋藏较浅，毛细水将源源不断补给，土的冻胀明显；相反，土冻胀不明显。土体热动态与当地气候条件有关，所以各地冻土情况不同。有的地区，有冻结时间长达百年以上的冻土，称为"永久冻土"。冬季冻结，春季融化，冻结与融化具有季节性的冻土，称为"季节冻土"，我国东北、华北及西南地区均有分布。冻融只发生在表层一定深度，而下部土层温度终年低于零度而不融，这种多年（三年以上）冻结而不融化的冻土，称为"多年冻土"。我国黑龙江省和内蒙古的大小兴安岭一带及海拔较高的青藏高原，均有分布。

冻土常由土粒、冰、水和气体四相构成复杂的综合体，比一般三相土有更复杂的工程地质性质。冻结时，土中水结冰膨胀，土体增大，土层隆起；融化时，土中冰融化成水，土体缩小，土层沉降。这样冻胀隆起和融化沉降，引起建筑物的变形和破坏，称为"冻害"。

土具冻胀性，冻胀产生很大冻胀力。如建筑物重量和外加锚固力不能克服地基土的冻胀力，建筑物便被抬高。地基土往往不均匀，冻结程度也便不一致，这便可能使建筑物各部分被抬高的程度不同，产生不均匀变形，超过允许值，建筑物就被破坏。这种冻胀性破坏，是季节冻土区建筑物的主要冻害。不同地区土的冻胀程度不同，其大小一般用冻胀率来表示。冻胀率系指土冻胀后膨胀的体积与冻胀前体积的百分比。冻胀率愈大，土的冻胀性愈强。按土的冻胀率，可将土划分为四类：

（1）不冻胀土。冻胀率小于1%。大多碎石类土和砂类土属之，黏性土处于坚硬状态有无地下水补给也属之。这类土在冻胀或融化后，变形较小，对建筑物基本无危害。

（2）弱冻胀土。冻胀率为1.0%~3.5%。黏性土天然含水量小于塑限，有地下水补给，或天然含水量虽大于塑限而小于塑限加5，无地下水补给，均属之。这类土一般无冰夹层，冻结或融化后土的性质变化不大，导致地表隆起或下沉不明显；最不利可能产生地表细小裂缝，但不影响建筑物安全。

（3）冻胀土。冻胀率为3.5%~6%。这类土的原始含水量和孔隙比都较大，天然含水量比塑限大5%~9%，冻结时水分迁移明显，土中形成冰夹层，地表有明显隆起；融化时土的结构扰动，含水很多，融沉变形明显。砌置深度过浅的建筑物，可能产生裂缝而损坏。冻结深度较大地区，对非采暖房还会因切向冻胀力而产生变形。

（4）强冻胀土。冻胀率大于6%。土的天然含水量大于塑限加9，冻结时水分迁移明显，土中形成较多冰夹层，地表有明显隆起，融化时土的结构常被扰动，甚至处于流态，下沉明显，对浅埋的建筑物产生严重破坏。

土具融沉性，即冻土中冰融成水后，在外部荷载所产生的超静水压力作用下，水沿孔隙逐渐挤出而孔隙体积逐渐缩小所产生沉降变形的性质。建筑物各部分地基土的土质、水文地质和冻胀条件有差异，多年冻土层中冰的发育程度便不同。有的赋存厚冰层，有的发育薄冰层与整体状冻土成互层，有呈包裹体状冰，有的仅在土粒间发育冰晶。因此，冻土融化后的性质也就各异，导致建筑物各部分的沉降变不均匀。这种不均匀沉降超过允许值，便造成建筑物因融沉而破坏。因融化下沉而造成建筑物破坏，是多年冻土地区建筑物破坏的主要原因。

七、填土

（一）填土分布概况与研究意义

填土（fill），是一定的地质、地貌和社会历史条件下，由于人类活动而堆填的土。由于我国幅员辽阔，历史悠久，因此在我国大多数古老城市的地表面，广泛覆盖着各种类别的填土层。这种填土层无论从堆填方式、组成成分、分布特征及其工程性质等方面，均表现出一定的复杂性。各地区填土的分布和物质组成特征，在一定程度上可反映出城市地形、地貌变迁及发展历史，例如在我国的上海、天津、杭州、宁波、福州等地，填土分布和特征都各有其特点。

上海地区多暗浜、暗塘、暗井，常用素土和垃圾回填，回填前没有清除水草，含有大量腐殖质。在黄浦江沿岸，则多分布由水力冲填泥砂形成的冲填土。

浙江杭州、宁波等地由于城市的发展，建筑物的变迁，地表以碎砖瓦砾等建筑垃圾为主填积而成，一般厚度2～3m，个别地方厚达4～5m。

天津的旧城区和海河两岸一般表层都有填土，主要成分有素土、瓦砾炉碴、炉灰、煤灰等杂物，有些地区是几种杂土混合填成。

福建福州市填土分布较普遍，厚度1～5m，表层多为瓦砾填土，其瓦砾含量不一，如以瓦砾为主的称瓦砾层，如以黏性土为主称瓦砾填土。瓦砾填土层下部常见一种黏土质填土。在傍山地带则分布一种高挖低填、未经夯实堆积在斜坡上的黏性土，当地称其为松填土，经过夯实的称为夯填土。

在一般的岩土工程勘察与设计工作中，如何正确评价、利用和处理填土层，将直接影响到基本建设的经济效益和环境效益。在我国二十世纪三四十年代以前，对填土常不分情况一律采取挖除换土，或采用其他人工地基，大大增加了工程造价，并给环境条件带来麻烦。到50年代，随着我国国民经济的发展，在利用表层填土作为天然地基方面取得不少好经验，这些经验已逐步反映在一些地区的地基设计规范或技术条例中。在几经修订的《建筑地基基础设计规范》中，对于填土的分类及评价都有了不同程度的反映。

根据国内外资料，对填土的分类与评价主要是考虑其堆积方式、年限、组成物质和密实度等几个因素。关于按密实度划分问题，由于填土本身的复杂性，目前尚无统一的标准。在国内有些地区和单位曾用钎探或其他动力触探的方法判定杂填土的密实程度及其均匀性，有关经验资料尚待进一步积累、总结研究。

（二）填土的工程分类

填土根据其组成物质和堆填方式形成的工程性质的差异，划分为素填土、杂填土和冲填土三类。

1. 素填土

素填土为由碎石、砂土、粉土或黏性土等一种或几种材料组成的填土，其中不含杂质或杂质很少。按其组成物质分为碎石素填土、砂性素填土、粉性素填土和黏性素填土。填土经分层压实者，称为压实填土。

在一些古老的城市中，由于地形的起伏或有沟、塘存在，在历史上已将这些低洼地段用较均一的素土进行了回填；在地形起伏较大的山区或丘陵地带建设中，平整场地的结果，必然出现大量的填方地段，利用填方地段作为建筑场地不但可以节约用地，降低造价，而且也往往是工程实践中难以避免的问题。过去，由于经验不足，在填方地区的工程，有时不论填方质量一律将基础穿过填土层而砌置在较好的天然土层上，大大增加了工程造价，延长了施工时间。但也有的工程由于对填土质量不够重视，结果因填土变形而造成地坪严重开裂或设备基础倾斜，影响了生产，花费了大量处理费用。为了解决这个问题，近30年来，建工、冶金、铁道系统的有关单位，采取了适当控制、提高填土质量的方法，不但保证了地坪和设备基础的质量，而且利用分层压实的填土作地基，建成了具有30t、50t吊车的单层工业厂房、振动荷载较大的大型设备基础、铁路桥梁等重要工程和其他建筑，并进行了相应的试验研究，积累了较多的经验。

2. 杂填土

杂填土为含有大量杂物的填土。按其组成物质成分和特征分为如下类型：

(1) 建筑垃圾土。主要为碎砖、瓦砾、朽木等建筑垃圾夹土石组成，有机质含量较少；

(2) 工业废料土。由工业废渣、废料，诸如矿渣，煤渣、电石渣等夹少量土石组成；

(3) 生活垃圾土。由居民生活中抛弃的废物，诸如炉灰、菜皮、陶瓷片等杂物加土类组成。一般含有有机质和未分解的腐殖质较多，组成物质混杂、松散。

对以上各类杂填土的大量实验研究认为，以生活垃圾和腐蚀性及易变性工业废料为主要成分的杂填土，一般不宜作为建筑物地基；对以建筑垃圾或一般工业废料为主要组成的杂填土，采用适当（简单、易行、收效好）的措施进行处理后可作为一般建筑物地基；当其均匀性和密实度较好，能满足建筑物对地基承载力要求时，可不做处理直接利用。

3. 冲填土

冲填土（亦称吹填土），系由水力冲填泥砂形成的沉积土，即在整理和疏浚江河航道时，有计划地用挖泥船，通过泥浆泵将泥砂夹大量水分，吹送至江河两岸而形成的一种填土。在我国长江、上海黄浦江、广州珠江两岸，都分布有不同性质的冲填土。

（三）填土的工程地质问题

1. 素填土的工程地质问题

(1) 素填土的工程性质取决于它的密实度和均匀性。在堆填过程中，未经人工压实者，一般密实度较差，但堆积时间长，由于土的自重压密作用，也能达到一定密实度。如堆填时间超过10年的黏性土，超过5年的粉土，超过2年的砂土，均具有一定的密实度和强度，可以作为一般建筑物的天然地基。

(2) 素填土地基的不均匀性，反映在同一建筑场地内，填土的各指标（干重度、强度、压缩模量）一般均具有较大的分散性，因而防止建筑物不均匀沉降问题是利用填土地基的关键。

(3) 对于压实填土应保证压实质量，保证其密实度。

2. 杂填土的工程地质问题

(1) 不均匀性。杂填土的不均匀性表现在颗粒成分、密实度和平面分布及厚度的不均匀性。杂填土颗粒成分复杂，有天然土的颗粒、有碎砖、瓦片、石块以及人类生产、生活所抛弃的各种垃圾，而且有些成分是不稳定的，如某些岩石碎块的风化，或炉渣的崩解以及有机质的腐烂等。另外，对杂填土地基的变形问题，还应考虑颗粒本身强度，如炉碴之类工业垃圾，颗粒本身多孔质弱，在不很高的压力下即可能破碎；而含大量瓦片的杂填土，除瓦片间空隙很大可压密外，当压力达到一定程度时，往往由于瓦片的破坏而引起建筑物的沉陷。

由于杂填土颗粒成分复杂，排列无规律，而瓦砾、石块、炉碴间常有较大空隙，且充填程度不一，造成杂填土密实程度的特殊不均匀性。

杂填土的分布和厚度往往变化悬殊，但杂填土的分布和厚度变化一般与填积前的原始地形密切相关。

（2）工程性质随堆填时间而变化。堆填时间愈久，则土愈密实，其有机质含量相对减少，堆填时间较短的杂填土往往在自重的作用下沉降尚未稳定。杂填土在自重下的沉降稳定速度决定于其组成颗粒大小、级配、填土厚度、降雨及地下水情况。一般认为，填龄达五年左右其性质才逐渐趋于稳定，承载力则随填龄增大而提高。

（3）由于杂填土形成时间短，结构松散，干或稍湿的杂填土一般具有浸水湿陷，这是杂填土地区雨后地基下沉和局部积水引起房屋裂缝的主要原因。

（4）含腐殖质及水化物问题。以生活垃圾为主的填土，其中腐殖质的含量常较高，随着有机质的腐化，地基的沉降将增大；以工业残渣为主的填土，要注意其中可能含有水化物，因而遇水后容易发生膨胀和崩解，使填土的强度迅速降低，地基产生严重的不均匀变形。

3. 冲填土的工程地质问题

由于冲填土的形成方式特殊，因而具有不同于其他类填土的工程特性：

（1）冲填土的颗粒组成和分布规律与所冲填泥砂的来源及冲填时的水力条件有着密切的关系。在大多数情况下，冲填的物质是黏土和粉砂，在吹填的入口处，沉积的土粒较粗，顺出口处方向则逐渐变细。如果为多次冲填而成，由于泥砂的来源有所变化，则更加造成在纵横方向上的不均匀性，土层多呈透镜体状或薄层状构造。

（2）冲填土的含水量大，透水性较弱，排水固结差，一般呈软塑或流塑状态。特别是当黏粒含量较多时，水分不易排出，土体形成初期呈流塑状态，后来土层表面虽经蒸发干缩龟裂；但下面土层仍处于流塑状态，稍加扰动即发生触变现象。因此冲填土多属未完成自重固结的高压缩性的软土。而在愈近于外围方向，组成土粒愈细，排水固结愈差。

（3）冲填土一般比同类自然沉积饱和土的强度低，压缩性高。冲填土的工程性质与其颗粒组成、均匀性、排水固结条件以及冲填形成的时间均有密切关系。对于含砂量较多的冲填土，它的固结情况和力学性质较好，对于含黏土颗粒较多的冲填土，评估其地基的变形和承载力时，应考虑欠固结的影响，对于桩基则应考虑桩侧负摩擦力的影响。

八、污染土

（一）污染土及其外观特征

污染土（contaminated soil），是指由于外来的污染物质侵入土体而改变了原生性状的土。污染土的定名可以在土的原分类定名前冠以"污染"二字，如污染中砂、污染黏土等。污染土的外观特征如下：

（1）污染土经污染腐蚀后，往往会变色变软，其状态由硬塑或可塑变为软塑，有的变为流塑。污染土的颜色也与正常土不同，有的呈黑色、褐色、灰色等，有的呈棕红、杏红，有铁锈斑点。

（2）建筑物地基内的土层被污染后，颗粒分散，表面粗糙，甚至出现局部空穴，建筑物本身也出现不均匀沉降。

（3）地下水质呈黑色或其他不正常颜色，有特殊气味。

（二）污染物的种类及来源

地基土的污染主要由于在工厂生产过程中，某些对土有腐蚀作用的废渣、废液渗漏进入地基，引起地基土发生化学变化。这些污染物主要有酸、碱、煤焦油、石灰渣等。污染源主要有制造酸碱的工厂、石油化纤厂、煤气工厂、污水处理厂以及燃料库和某些轻工业工厂，如印染、造纸、制革企业等。此外，还有金属矿、冶炼厂、铸钢厂、弹药库等场地的地基土也可能受到污染。

（三）地基土腐蚀作用的过程

（1）当土被污染时，首先是土颗粒间的胶结盐类被溶蚀，胶结强度被破坏，盐类在水作用下溶解流失，土孔隙比和压缩性增大，抗剪强度降低。

（2）土颗粒本身的腐蚀，在腐蚀后形成的新物质在土的孔隙中产生相变结晶而膨胀，并逐渐溶蚀或分裂碎化成小颗粒，新生成含结晶水的盐类，在干燥条件下，体积增大而膨胀，浸水收缩，经反复交替作用，土质受到破坏。

（3）地基土遇酸碱等腐蚀性物质，与土中的盐类形成离子交换，从而改变土的性质。

（四）地基土的腐蚀现象及对地基的危害实例

地基土经污染腐蚀后出现如下两种变形特征：

一是使地基土的结构破坏而形成沉陷变形，如腐蚀的产物为易溶盐，在地下水中流失或使土变成稀泥。南京某厂硝酸厂房的硝酸贮槽基础，因地基受强烈腐蚀而下沉严重。吉林某厂浓硝酸成品酸泵房，生产不到四年，因地基腐蚀造成基础下沉，以致拆毁重建。某工厂建厂前地下水的 pH 值为 6～7，数年后 pH 值降低到 3，由于土粒结构被破坏，变成疏松多孔，使地基产生不均匀变形，造成其软化装置倾斜。某厂的酸库因硫酸渗入土内产生强烈作用（pH＜1），使墙基、地坪下的土变成稀泥；另一工厂也因强碱渗漏，受侵蚀的地基产生不均匀变形，引起喷射炉体倾斜。

污染的另一种破坏是引起地基土的膨胀，腐蚀后的生成物具有结晶膨胀性质，如氢氧化钠厂房、生石灰埋入地基内等。太原某厂的苯酸厂房碱液部的框架柱、梁因地基受碱液腐蚀而膨胀，引起基础上升而开裂。该厂电解车间碱液槽边的排架柱，也因地基腐蚀而抬起，造成吊车梁不平和屋面排水反向。

太原矿山机器厂金工车间，由于在室内地坪下回填了掺有大量白云质生石灰块的杂土，几年后地下水位上升至基底附近，生石灰块产生强烈化学反应，形成巨大膨胀压力，使长40m、宽 6～7m 的车间地坪严重隆起达 58cm，机器严重倾斜，经多次调整都未解决问题。地坪附近的墙体严重开裂，个别柱基也被抬起而拉裂。

西北某厂镍电解厂房，地基为卵石混砂的戈壁土，生产十年后，地基受硫酸溶液腐蚀，发生猛烈膨胀，地面隆起，最大抬升高度 80cm，柱基被抬起，厂房裂缝严重，经取样测定腐蚀前后易溶盐含量的变化，自然戈壁土含量为 0.14％，腐蚀后土内易溶盐含量，自地表至 3m 深度（即 0、1、2、3m）分别为 23.63％、19.68％、11.12％、7.64％，变化巨大。

（五）污染前后土物理力学性质变化

污染物质通过多种途径进入地基土后，并不断积累，如果超过土的自净能力，就会引起污染，造成地基土的组成、结构和功能发生变化。地基土中污染物质主要有无机污染物，如重金属汞、镉、铜、锌、铬等，非金属砷、硒等，放射性元素铯、锶等；有机污染物，如酚、氰化物、石油、有机性洗涤剂。此外，城市污水和医院污水中还有一些有害微生物。

地基土受污染后，土的性质会发生很大变化。受污染土的基本性质有两种不同的研究目的：一是为了保健和农业目的；二是为了工程的目的。前者以卫生为出发点，偏重于对土壤肥力和人的健康有关的有毒的微量元素方面；后者是从工程的安全出发，主要着重由于腐蚀引起的地基土工程特性的变化。前者虽不是岩土工程师的主要任务，但常常是作为岩土工程师进行防护设计的一种标准和要求。

上海某化工厂地基土受侵蚀前后，土的工程性质变化十分明显，见表 8-7、表 8-8。某电解锌厂房地基土腐蚀前后变化见表 8-9。

表 8-7　　　　　　　　　　　　　　上海某化工厂酸化土的工程特性对比

土　名	酸化鉴别	酸 化 指 标			工 程 性 质			
		易溶盐含量（%）	酸碱度（pH 值）	SO_4^-（%）	天然重度 r（kN/m³）	压缩模量 E_s（MPa）	抗剪强度（kPa）	承载力 f_a（kPa）
Na 伊利土类粉质黏土（硬塑）	未酸化	0.10	6.5~7.0（中性）	0.03	20.1	12.1	182	304
	弱酸化	0.35	5.7（微酸性）	0.14	20.1	11.0	169	298
	中等酸化	1.40	4.91（强酸性）	0.80	20.0	11.0	168	295
	强酸化	3.78	4（极强酸性）	2.30	20.0	10.9	168	295

表 8-8　　　　　　　　　　　　　　土的物理力学性质指标比较

类别	含水量 W（%）	重度 r（kN/m³）	干重度 r_d（kN/m³）	孔隙比 e	饱和度 S_r（%）	抗剪强度		压缩系数 a_{1-2}（MPa⁻¹）	压缩模量 E_s（MPa）	承载力 f_a（kPa）
						内聚力 C（kPa）	内摩擦角 φ（°）			
A	27.9	19.1	15.0	0.81	93	5	20.5	0.30	5.87	73
B	38.5	18.2	13.1	1.06	98	6	16.5	0.35	5.43	64
C	+10.6%	−5.0%	−13%	+31%	+5%	+20%	−20%	+17%	−7.5%	−12%

注　A—未侵蚀土；B—侵蚀土；C—增减变化。

表 8-9　　　　　　　　　　　　　　某电解锌厂房地基土腐蚀前后变化

	含水量 W（%）	重度 r（kN/m³）	饱和度 S_r（%）	孔隙比 e	液限 W_L（%）	塑性指数 I_p	液性指数 I_L	压缩系数 a（MPa⁻¹）
1955 年探井平均值	31.55	18.6	92.9	0.814	33.4	18.26	0.649	0.33
1964 年探井平均值	32.5	18.4	89.2	1.025	40.37	19.25	0.595	0.615
增减变化	+3%	−1.1%	−4%	+9%	+5.1%	+5.4%	−8.3%	+86.3%

（六）污染土的防治处理措施

（1）换土措施。将已被污染的土清除，换填未污染的土，或者采用耐酸性腐蚀的砂或砾作回填材料，作砂桩或砾石桩。但对挖出来的污染土尚应及时处理，或找地方储存，或原位隔离，总之不能随意弃置，以免造成新的污染。

（2）采用桩基或水泥搅拌等加固以穿透污染土层，但就对混凝土桩身采取相应的防腐蚀措施。

（3）在金属结构物的表面用涂料层与腐蚀介质隔离的方法进行防护。在加涂层前应清除金属表面的氧化皮、铁锈、油脂、杂漆等物质或喷涂金属锌。涂料要求与金属有较强的黏结性，防水、耐热、绝缘、化学稳定性高，有较好的机械强度和韧性。钢铝结构防护用涂料有油沥青、氯化橡胶、环氧树脂等。

（4）采取防护措施，尽量减少腐蚀介质泄漏到地基中去，使地基土的腐蚀减少到最低限度。如使地面废水沟、排水沟、散水坡经常保持畅通，必要时还可采取完全隔离污染源的措施。

（5）根据土的性质，采取适当的加固措施和防止再次污染措施。

关键概念

淤泥　淤泥质土　湿陷性黄土　膨胀土　红黏土　盐渍土　冻土　素填土　杂填土　冲填土　污染土

思　考　题

1. 分析砾石类土、砂类土、黏性土的工程地质特征？
2. 淤泥类土的物理力学特性表现在哪些方面？
3. 分析黄土湿陷性的原因。
4. 黄土的湿陷性如何判别？
5. 黄土湿陷性的影响因素是什么？
6. 处理湿陷性黄土地基的方法有哪些？
7. 分析膨胀土的工程地质特征。
8. 膨胀土如何判别？
9. 影响土体胀缩变形的主要因素有哪些？
10. 如何对膨胀土地基进行改良？
11. 红黏土物理力学性质变化有何规律性？
12. 按土的冻胀率，冻土分类如何？
13. 填土根据其物质组成和堆填方式分为哪三种类型？
14. 素填土应注意哪些工程地质问题？
15. 什么是杂填土？在利用杂填土作为地基时应注意哪些工程地质问题？
16. 分析污染土的外观特征。
17. 地基土经污染腐蚀后有何变形特征？

第三篇　工程地质问题分析

第九章　工程活动中的主要工程地质问题

本章提要与学习目标

人类所从事的工程活动，如城市建设工程、水利水电工程、采矿工程、隧道与地下工程、道路工程和海岸工程等，在工程建设的前期规划阶段、施工阶段以及工程运营阶段都会遇到许多与这些工程相关的工程地质问题。从大的方面来讲，这些问题主要有与区域稳定性有关的工程地质问题、与斜坡岩（土）体稳定性有关的工程地质问题、与地下水渗流有关的工程地质问题和与侵蚀淤积有关的工程地质问题。

本章从上述四个方面对人类工程活动所遇到的工程地质问题进行了阐述。

通过本章的学习，期望对这些工程地质问题的特性与工程预防措施有一定的了解和掌握。

第一节　与区域稳定性有关的工程地质问题

一、概述

区域稳定性（regional stability），系指工程建设地区的现今地壳，由于天然或工程因素引起地应力变化，主要产生构造、火山、地震、地面沉降等活动所造成具有区域性地壳表层位移和破坏的程度。为保证建筑物的安全与正常运营，工程场地应尽可能选择在区域稳定性较好的地方，尽量避开区域地壳表层位移明显和破坏严重的地带，所以在研究建筑地区工程地质条件的基础上，首先分析其地质构造发育历史及近期构造活动的情况，了解其有无火山及其活动程度，从而预测判断与之有关的地震活动。

一个地区的区域稳定性，大都可以直接通过这个地区的构造、火山及地震作用形成的地壳表层的位移和破坏反映出来。这里所指的区域性地壳表层的位移和破坏，主要包括现代发生发展的地壳升降、翘起、褶皱和断裂现象；还有区域性有规律分布的物理地质作用，如大面积的岩崩、滑坡、砂土液化、黏土塑流和地面沉降等。这些区域稳定性效应对工程的安全与正常运营都有一定的影响，但影响程度不同。由于一般的新构造运动，如升降、翘起和褶皱等，都是在较长的地质年代或大范围内进行的，易于避免它们对工程的直接影响；而活断层与地震活动等，往往会对建筑物构成严重的威胁甚至造成灾难性的破坏，这些活动均与一个地区的地应力变化有关。

二、地应力

地应力（ground stress），是地壳岩体内在天然状态条件下所具有的内应力。地应力是许多物理地质作用的动力，使断层形成褶皱、断裂，发生地震，而且随着工程建筑规模和深度的加大，地应力也愈加直接影响工程稳定性。因此，土木工程工作者在进行工程地质勘探时，就应该对工程地区的地应力问题做出定性或定量的评价和论证，对较重要的工程地段，还应该进行充分的地应力测量工作。

（一）地应力的分类

地壳中地应力作有规律展布的空间成为地应力场，是地球上最大的应力场之一。1971年在加拿大召开的岩石力学讨论会上，对地应力作了划分（图9-1）。把未经人为扰动的岩体内天然状态的应力称为"天然应力"或"初始应力"；人类在从事工程活动时，在天然应力场内，因挖除部分岩土体或增加建筑物而引起的应力，称为"感生应力"或"次生应力"。而对天然应力场起主导作用的，是自重应力和构造应力。

1. 自重应力

在重力场作用下生产的应力为自重应力。在地表近于水平的情况下，重力场在岩体内的某一任意点上造成相当于上覆岩层重量的铅直应力（σ_v）为（图9-2）：

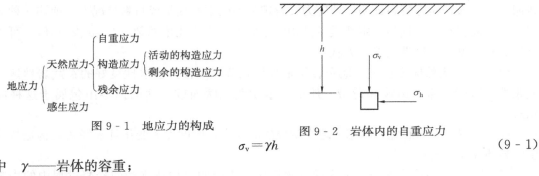

图9-1　地应力的构成

图9-2　岩体内的自重应力

$$\sigma_v = \gamma h \tag{9-1}$$

式中　γ——岩体的容重；

　　　h——该点的埋深。

由于泊松效应（弹性体在正向压力下会产生侧向膨胀的现象），岩体受铅直应力作用而产生的水平侧向应力（σ_h）为

$$\sigma_h = \frac{\mu}{1-\mu}\sigma_v = k\sigma_v \tag{9-2}$$

式中　μ——岩体的泊松比；

　　　k——岩体的侧压力系数。

岩体不同，其泊松比也不同，故重力场中地壳内各点水平应力一般不同。位于地壳内不太深处的岩体，其泊松比约为0.2，故铅直应力往往大于水平应力。因此，地面呈水平的半无限弹性岩体的自重应力的主平面是铅直的和水平的。在地表下较深部位，岩体侧压力系数趋近于1，这样地壳深处岩体往往接近于静水压力状态。

2. 构造应力

地壳运动在岩体内造成的应力为构造应力，又可以分为活动的和剩余的两类。活动的构造应力，即狭义的地应力，是地壳内现在正在积聚的，能够导致岩层变形和破坏的应力。这种构造应力与区域稳定性和岩体的稳定性均有密切的关系。剩余的构造应力是古构造运动残留下来的应力。不管是哪种构造应力，它们都以弹性应变能的形式储存在强烈挤压带或活动构造体系内的岩体之中。当地应力增大并超过这里的岩体强度或岩体中原有断裂的阻抗力时，便可能引起岩体蠕滑，或突然破裂而发生地震。许多地区岩体中的构造应力很大并远远超过其自重应力，处于主要地位。

3. 残余应力

承载岩体遭受卸荷和部分卸荷时，岩体中某些组分的膨胀回弹趋势部分地受到其他组分的约束，于是就在岩体结构内形成残余的拉、压应力自相平衡的应力系统，此即为残余应力。

（二）地应力的分布状态

关于地壳岩体内某一点应力的天然状态，主要有三种观点。一种是"静水压力式"分布的观点，它是瑞士地质学家海姆（Heim）于 1905～1912 年间提出的，它认为岩体内的三个方向的主应力值近乎相等；其次是"铅直应力为主"的观点，在地质历史上未遭受构造变动且无明显新构造运动的沉积岩地区，它基本符合实际；第三种是"水平应力为主"的观点，它由我国地质学的先驱李四光于 20 世纪 20 年代提出。

地壳岩体中任一点的地应力状态、地壳空间和地壳组成材料，都是作用在地壳上的全部地质作用的结果。如果以上述某一种观点概括整个地壳岩体中的天然应力状态，仍然得不到普遍承认。大量实际资料证明，地应力在特定的地壳空间或组成材料情况下，前述三种应力状态均可能存在。根据与一定地质条件相联系的天然应力比值系数（$\lambda = \sigma_h / \sigma_v$）值，可以区分出四种典型的地区性天然应力状态。

（1）$\lambda = 0$ 天然应力状态。地壳表层垂直柱状节理发育且透水性良好的玄武岩地区、某些张性构造断裂带、边坡卸荷带、地形严重切割且两面或三面的孤零山包属于这种应力状态。

（2）$0 < \lambda < 1$ 天然应力状态。地壳浅部的沉积岩、厚度无大变化且未经明显构造扰动的坚硬岩体属于这种应力状态。

（3）$\lambda = 1$ 天然应力状态。地壳深部塑性区、未经明显构造扰动的冷凝过程中的岩浆岩体地区属于这种应力状态。

（4）$\lambda > 1$ 天然应力状态。地壳浅部存在明显构造应力场的地区，如强烈挤压褶皱带和新构造活动区等，属于这种应力状态。

（三）地应力的地质标志

一个地区的地应力高低和最大主应力方向在地质上是有征兆的，即存在高地应力地区、低地应力地区和最大主应力方向的地质标志。

1. 高、低地应力地区的地质标志

高、低地应力地区的地质标志见表 9 - 1。

表 9 - 1　　　　　高地应力地区和低地应力地区的地质标志（据孙广忠，1996）

序号	高地应力地区的地质标志	低地应力地区的地质标志
1	围岩产生岩爆、剥离	围岩松动、塌方、掉块
2	收敛变形大	围岩渗水
3	软弱夹层挤出（吐舌头）	节理面内有夹泥
4	饼状岩芯	岩脉内岩块松动、强风化
5	水下开挖无渗水	断层或节理面内有次生矿物呈晶簇、孔洞等
6	开挖过程中有瓦斯突出	

2. 最大主应力方向的地质标志

（1）一个地区现存地应力的最大主应力方向大体上与该地区最强烈的一期构造作用的方

向一致；

（2）如果一个地区的泉水出露方向是有规律的话，则泉水逸出的方向与地应力最大主应力方向一致；

（3）夹泥节理方向大体上与地应力最大主应力方向一致；

（4）探洞和隧洞渗漏水出水节理方向多与地应力最大主应力方向一致；

（5）开挖竖井时，竖井内有时出现井壁岩体沿着岩体内软弱结构面错动，其错动方向平行于地应力最大主应力方向；

（6）高地应力地区打钻孔时，孔壁常常出现围岩剥离现象，两壁围岩剥离连线方向与地应力最大主应力方向一致；

（7）钻孔内采取定向岩芯进行岩组分析得到的最大主应力方向，多与该地区地应力最大主应力方向一致。

三、活断层的工程地质问题

（一）活断层的概念

活断层（active fault），是指目前还在持续活动的断层，或在历史时期或近期地质时期活动过、极可能在不远的将来重新活动的断层。关于"近期地质时期"的看法，有人认为只限于全新世之内（即最近 11000a），有人则限于最近 35000a（以 C^{14} 确定绝对年龄的可靠上限）之内，更有人限于晚更新世（最近 100000a 或 500000a）之内。所谓"不久的将来"，一般指重要建筑物（如大坝、原子能电站等）的使用年限（约为 100～200a）之内。

活断层一般是沿已有断层产生错动，它常常发生在现代地应力场活跃的地方，可以直接涉及第四纪疏松土层。为工程目的研究活断层，主要在于其活动特性及对建筑物影响的研究。

（二）活断层的特性

活断层的特性可以从它的类型、规模、错动速率及活动频率等来描述。

1. 活断层的类型和活动方式

按构造应力状态及两盘相对位移的性质，可以将活断层划分为地质上熟悉的三种类型：平移断层、正断层和逆断层，其中平移断层最为常见。

按断裂的主次关系又可以将断层分为主断层、分支断层和次级断层（图 9-3）。次级断层从平面上看来与主断层无关，实际上在剖面上它仍属主断层的分支，对于逆断层来说主要产生在上升盘，对于正断层来说主要产生在下降盘，而对于平移断层来说则很少有次级断层产生。

活断层活动的两种基本方式是黏滑与稳滑。黏滑错动是间断性突然性发生的。在一定时间段内断层的两盘就如同黏在一起（锁固起来），不产生或仅有极其微弱的相互错动，一旦应力达到锁固段的强度极限，较大幅度的相互错动就在瞬时之内突然发生，锁固期间积蓄起来的弹性应变能也就突然释放出来而发生较强地震。这种瞬间发生的强烈错动间断的、周期性的发生，沿这种断层就有周期性的地震活动。稳

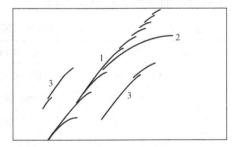

图 9-3　主断层及次级断层示意图
1—主断层；2—分支断层；3—次级断层

（蠕）滑的错动是持续地平稳地发生的。由于断层两盘岩体强度低，或由于断层带内有软弱

充填物或有高孔隙水压力，在受力过程中就会持续不断的相互错动而不能锁固以积蓄应变能，这种方式活动的断层仅伴有小震或无地震活动。有些断层则兼有黏滑与蠕滑。

2. 活断层的规模和活动速率

活断层的长度和断距是表征活断层规模的重要数据。通常用强震导致的地面破裂（地震断层或地表错断）的长度（L）和伴随地震产生的一次突然错断的最大位移位（D）表示。地震地表错断长度自小于 1 公里至数百公里，最大位移自几十厘米至十余米。一般说来地震震级愈大，震源深度愈浅，则地表错断就愈长。大于 7.5 级的浅源地震均伴有地表错断，而小于 5.5 级的地震则除个别特例外均无地表错断。同样震级的地震则由于震源深度不同或锁固段岩体强度不同而地表断裂的长度各不相同。一般认为，地面上产生的最长地震地表断裂，可以代表地震震源断层的长度。而地震震源断层长度与震级大小是正相关的。

活断层的活动速率是断层活动型强弱的重要指标。世界范围统计资料表明，活断层活动速率一般为每年不足 1 毫米到几毫米，最强的也仅有几十毫米。根据活断层的滑动速率，可将活断层分为活动强度不同的级别。表 9-2 和表 9-3 分别为日本和我国根据活断层滑动速率对活断层进行的分级。

表 9-2　　　　　日本活断层分级

活断层等级	平均滑动速率 s（mm/a）
AA	>10
A	1~10
B	0.1~1
C	0.01~0.1
D	<0.01

表 9-3　　　　　　　　　　　　我国活断层分级

级　别	A	B	C	D
速率 R（mm/a）	100>R>10	10>R>1	1>R>0.1	R<0.1
强烈程度	特别强烈	强烈	中等	弱
M_{max}	>8.0	7.0~8.0	6.0~7.0	<6.0

3. 活断层的活动频率

活断层的活动方式以黏滑为主时，两次突然错动之间的时间间隔就是地震重复周期。确定活断层突发事件的重复周期可以通过某一断层多次古地震事件及其年代数据来进行。相邻两次发震之间的时间即为重复周期，此方法称为古地震法。表 9-4 为用古地震法获得的我国部分活断层的大震重复周期。

表 9-4　　　　　　　我国部分活断层的大震重复周期（据罗国煜，1992）

活断层名称	最近一次地震名称（年）	重复周期	震级	参考文献
新疆喀什河断裂	新疆尼勒克地震（1812）	2000a~2500a	8.0	冯先岳（1987）
山西霍山山前断裂	山西洪洞地震（1303）	5000a 左右	8.0	孟宪梁等（1985）
宁夏海原南西华山北麓断裂	海原地震（1920）	约 1600a	8.5	程绍平等（1984）
河北唐山	唐山地震（1976）	约 7500a	7.8	王挺梅等（1984）
四川鲜水河断裂	四川炉霍地震（1973）	约 50a	7.9	
郯庐断裂中南段	郯城地震（1668）	3500a	8.5	林伟凡等（1987）

（三）活断层的野外识别

一个地区里，很难找一块完整无缺的岩体，断层多有分布，到目前为止还没有见到没有一条断层的坝址。古老断层是一个地区或场地的缺陷，而活断层更因它的可能活动会直接破坏一个地区或场地的稳定，甚至造成建筑物的破坏。因此在实际工作中，应该尽全力把活断层与一般断层区别开来。

（1）沿断层往往错断、拉裂或扭动全新世以来的最新地层（图 9-4）。特别自人类历史以来所形成的岩层，如黄土层、残积层、坡积层、河床砂砾石层、河漫滩沉积层等，被错断、拉裂或扭动，是活断层的确凿证据。

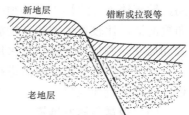

图 9-4　新地层被活断层错断或拉裂示意图

（2）地表疏松土层出现大面积有规律分布的地裂缝，其总体延展方向又与基底断层的方向大体一致，这是基底活断层的有力证据。

（3）古老岩层与全新世以后最新岩层成断层接触，或者其断层上覆全新世以来最新岩层又沿该断层线发生变形，该断层就是活断层。

（4）沿断层破碎带中物质，一般疏松未胶结；最新充填物质，发生牵引变形或擦痕。

（5）活断层穿切现代地表，往往造成地形突变。水系上可使溪流同步转折；山嘴处可能形成三角断崖；河床纵剖面上可能形成瀑布（除岩性差别的影响）、急滩，以及漫滩阶地高程或类型的不连续；山口处可错断冲、洪积扇。

（6）河谷常与断层一致，断层往往被河床冲积层所覆盖。如果断层在全新世活动，就会使河谷一岸阶地缺失或两岸的阶地不对称，同一级阶地在一岸低而另一岸高；两侧地貌特征也会很不协调，一侧上升为高山陡崖，另一侧下降为平缓丘陵。

（7）活断层有时错断古建筑物，如万里长城、古城堡和古墓等。

（8）活断层附近常常伴有较频繁的地震活动，有时也会有火山活动。

（9）活断层往往显示出重力、地热、射线等物理异常现象。

（10）活断层位移，可直接监测。

（四）活断层在时空分布上的不均匀性

活断层在全新世期间的活动在全世界范围内都表现出明显的时空不均匀性。

在时间上的不均匀性主要表现在活动强度随时间有较大的变化，某一时间段活动强烈而另一时间段则活动微弱，因此突然错动事件在某一时间段就显得十分密集而在另一时间段则相对稀疏得多。似乎是这些事件群集发生在某一时间段内。

在空间上的不均匀性主要表现在不同大地构造区内断层活动强度显著不同，同一断层的不同分支或不同段落也有显著差异。随时间的延续，这些活动区或活动段落又会变为活动微弱或不活动，而另外一些微弱活动或不活动的区段又转化为强烈活动区段，表现为强烈活动区段发生了迁移。

查明活断层活动性的时空不均匀性，研究古地震事件的群集期（活跃期）和平静期的交替以及划分活动性不同的区段，并判定其迁移过程，才能较准确地判定强震复发间隔，为地震危险性分析提供合理参数。只有这样才能提高区域稳定性评价、地震危险性评估及概率分析水平。

（五）活断层区建筑物的设计原则

如果一个地区活断层较集中，并形成若干条活动断裂交会带，则该地区的稳定性就会很差。在这种地区进行建筑，就必须很好地进行区域稳定性评价，以提供规划设计部门考虑。

建筑场地选择一般应避开活动断裂带，特别是重要的建筑物更不能跨越在活断层上。铁路、输水线路等线性工程必须跨越活断层时应尽量避开主断层。有的工程非要在活断层附近布置的话，比较重大的建筑物放在断层的下盘较为妥善。此外，可选择合适的建筑物结构形式和尺寸，例如水工建筑宜采用土坝。

有活断层的建筑场地需进行危险性分区评价，以便根据各区危险性大小和建筑物的重要程度合理配置建筑物。

四、地震与诱发地震

地震是地壳表部岩层中弹性波传播所引起的震动，是地壳运动的一种特殊形式。地震按其成因可分为构造地震、火山地震和陷落地震。绝大多数地震与地壳构造活动带弹性应变能积聚后突然释放有关，这类地震称之为构造地震，约占地震总数的 90%。它分布广、强度大，往往给人类带来巨大灾害。火山喷发也能引起地震，称之为火山地震，约占地震总数的 7%。它的强度较弱，影响范围较小。岩溶陷落或陨石坠落也能引起地震，称之为陷落地震，约占地震总数的 3%。它为数极小，且很微弱。因此从工程地质观点看，研究区域稳定性应着重研究构造地震。地震的特征见第一章第二节。

人为活动也可以诱发地震。人类工程活动，如深井注水、石油开发、矿山开采及水库修建等，往往影响地层荷载的调整，改变原有水文地质条件，加剧地下水纵深循环的动力作用，促进晚近构造应力场的变化，导致这些地区频繁发生地震。这些由于人类工程活动导致发生的地震，统称之为"人为诱发地震"，简称"诱发地震"（induced earthquake）。

在上述诱发地震当中，水库诱发地震更被人们重视。水库地震的成因，目前看法很不一致。有人认为由水库蓄水的荷载作用，有人认为由水库蓄水增高地壳中岩体的孔隙水压力作用，有人认为水库蓄水是水库地震的主导因素，有人则认为水库蓄水只起到诱发作用。水库发震的条件，也是错综复杂的，还没有完全得到确切的阐明。根据分析研究认为，它主要与水库地区的地质条件、水库蓄水以及地应力特征有关。

水库地震易于发生的条件如下：

（1）具有较高积聚应变能性能的岩石，存在接近于岩体发生弹脆性破坏或断裂错动极限的地应力场。

（2）存在活动性断裂或易于发展为活动性断裂的构造条件。

（3）具有适宜的水文地质条件，如岩体透水、导水，以及深部地下水的水位或承压水水头较低等。

（4）具备较大库容，库区位于有高角度深大断裂的中、新生代断陷盆地之中，并有潜在正断型地应力状态，为荷载诱发型水库地震条件。

（5）具备较大的坝高和原来较低的深部地下水水位和承压水水头，库区具有适宜的新活动性断裂体系，在近期内应力释放不强烈的地区之中，呈潜在平断型地应力状态，为孔隙水压力诱发型水库地震条件。

（6）地壳岩体很软弱或断裂极为发育且岩体破碎的天然地震区，虽然可有水库地震，但震级一般不高。

五、砂土液化

（一）概述

粒间无内聚力的松散砂体，主要靠粒间摩擦力维持本身的稳定性和承受外力。当受到振动时，粒间剪力使砂粒间产生滑移，改变排列状态。如果砂土原处于非紧密排列状态，就会有变为紧密排列状态的趋势，如果砂的孔隙是饱水的，要变密实就需要从孔隙中排出一部分水，如砂粒很细则整个砂体渗透性不良，瞬时振动变形需要从孔隙中排出的水来不及排出于砂体之外，结果必然使砂体中空隙水压力上升，砂粒之间的有效正应力就随之而降低，当空隙水压力上升到使砂粒间有效正应力降为零时，砂粒就会悬浮于水中，砂体也就完全丧失了强度和承载能力，这就是砂土液化（sand liquation）。这种砂水悬浮液在上覆土层压力作用下，可能冲破土层薄弱部位喷到地表，这就是喷水冒砂现象（图 9-5）。

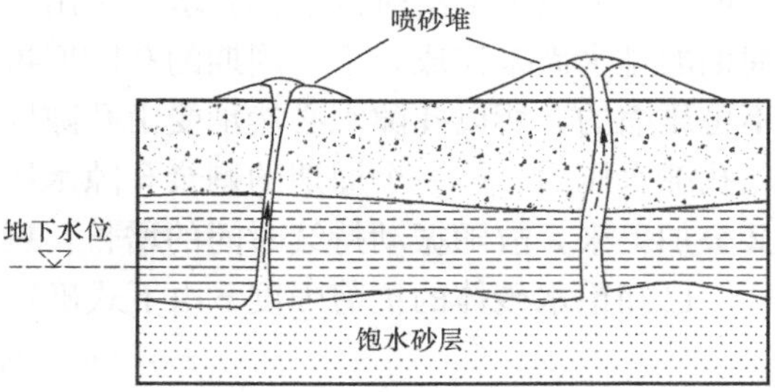

图 9-5　喷水冒砂现象示意图

可导致砂土液化的振动有机械振动和地震。机械振动引起的液化限于个别地基或个别场地范围内，而地震导致的砂土液化则往往是区域性的。

砂土液化引起的破坏主要有以下四种：

（1）涌砂。涌出的砂掩盖农田，压死农作物，使沃土盐碱化、砂碛化，同时造成河床、渠道、井筒等淤塞，使农业灌溉设施受到严重损害。

（2）地基失效。随粒间有效正应力的降低，地基土层的承载能力也迅速下降，直至砂体呈悬浮状态时地基的承载能力完全丧失。建于这类地基上的建筑物就会产生强烈沉陷、倾倒以至倒塌。

（3）滑塌。由于下伏砂层或敏感黏土层震动液化和流动，可引起大规模滑坡。

（4）地面沉降及地面塌陷。饱水疏松砂因振动而变密，地面也随之而下沉，低平的滨海湖平原可因下沉而受到海湖及洪水的浸淹，使之不适于作为建筑物地基。

砂土液化及其引起的破坏具有很强的区域性，且往往不与极震区重合，有时距震中很远，而震中区并不一定有大范围砂土液化。所以，它是一定地震烈度在特定地质环境下造成的一种区域稳定问题，是地震小区划和震害预测的一个重要内容。研究这类问题的形成机制，判定其产生条件和建立预测标志，对城市规划、建筑场地选择以及液化区建筑物防护措施的选定，都具有极其重大的意义。

（二）砂土液化机制

砂土地震液化机制远比一般振动液化为复杂。有些研究者认为，它包括先后相继发生的振动液化和渗流液化两种过程。

1. 振动液化

砂土受振动时，每个颗粒都受到其值等于振动加速度与颗粒质量乘积的惯性力的反复作用。由于颗粒间没有内聚力或内聚力很小，在惯性力周期性反复作用下，各颗粒就都处于运动状态，它们之间必然产生相互错动并调整其相互位置，以便降低其总势能最终达到最稳定状态。如振动前砂体处于紧密排列状态，经震动后砂粒的排列和砂体的孔隙度不会有很大变化，如振动前砂土处于疏松排列状态，则每个颗粒都具有比紧密排列高得多的势能，在振动加速度的反复荷载作用下，必然逐步加密，以期最终成为最稳定的紧密状态。

如果砂土位于地下水位以上的包气带中，由于空气可压缩又易于排出，通过气体的迅速排出立即可以完成这种调整与变密过程，此时只有砂土体积缩小而出现的"震陷"现象，不会液化。如果砂土位于地下水位以下的饱水带，情况就完全不同，此时要变密就必须排水。地层的振动频率大约为 1～2 周/秒，在这种急速变化的周期性荷载作用下，伴随每一次振动周期产生的空隙度瞬时减小都要求排挤出一些水，如砂的渗透性不良，排水不通畅，则前一周期的排水尚未完成，下一周期的孔隙度再减小又产生了。应排出的水不能排出，而水又是不可压缩的，所以孔隙水必然承受由孔隙度减小而产生的挤压力，这就是剩余孔隙水压力或超孔隙水压力。前一个周期的剩余孔隙水压尚未消散，下一周期产生的新的剩余孔隙水压力又叠加上来，故随振动持续时间的增长，剩余孔隙水压会不断累积而增大。

已知饱水砂体的抗剪强度 τ 由下式确定：

$$\tau = (\sigma - p_w)\tan\varphi = \sigma_0 \tan\varphi \tag{9-3}$$

式中：p_w 为孔隙水压力；σ_0 为有效正应力。

在地震前外力全部由砂骨架承担，此时孔隙水压力称中性压力，只承担本身压力即静水压力。令此时的孔隙水压力为 p_{w0}，振动过程中的剩余孔隙水压力为 Δp_w，则振动前砂的抗剪强度为

$$\tau = (\sigma - p_{w0})\tan\varphi \tag{9-4}$$

振动时砂的抗剪强度为

$$\tau = [\sigma - (p_{w0} + \Delta p_w)]\tan\varphi \tag{9-5}$$

随 Δp_w 累积性增大，最终 $p_{w0} + \Delta p_w = \sigma$，此时砂土的抗剪强度降为零，完全不能承受外荷载而达到液化状态。

2. 渗流液化

砂土经振动液化之后，这时某一点的空隙水压力不仅有振动前的静水压力 p_{w0}，还有由于砂粒不相接触悬浮于水中以致全部骨架压力转化而成的剩余空隙水压力 p_{wc}。此时该点的总空隙水压力 p_w 应为

$$p_w = p_{w0} + p_{wc} \tag{9-6}$$

为简化起见，假定砂层无限延伸，地下水面位于地表面，则在一定深度 Z 处

$$p_{w0} = \gamma_w Z \tag{9-7}$$

$$p_{wc} = (\gamma - \gamma_w)Z \tag{9-8}$$

则

$$p_w = p_{w0} + p_{wc} = \gamma_w Z + (\gamma - \gamma_w)Z = \gamma Z \tag{9-9}$$

式中：γ 和 γ_w 分别为土和水的容重。

地震前和地震液化后的空隙水压图形及测压水位如图 9-6 所示。从图可以明显看出，震前空隙水压呈静水压力分布，不同深度处测压水位相同，没有任何水头差。振动液化形成剩余空隙水压力以后，不同深度处的测压水位就不再相等了，随深度增加测压水位增高。任意深度两点 Z_2 和 Z_1 之间的水头差 h 可以从下式求出：

$$\gamma_w h = (\gamma - \gamma_w)Z_2 - (\gamma - \gamma_w)Z_1 \tag{9-10}$$

则

$$h = \frac{(\gamma - \gamma_w)(Z_2 - Z_1)}{\gamma_w} \tag{9-11}$$

这两点之间的水力梯度 J 为

$$J = \frac{h}{Z_2 - Z_1} = \frac{\gamma - \gamma_w}{\gamma_w} \qquad (9-12)$$

此水力梯度恰好等于渗流液化的临界梯度，处于这个水力梯度，砂粒就在自下而上的渗流中失去重量，产生渗流液化。

和振动液化联系起来，整个过程则是：饱水砂土在强烈地震作用下先产生振动液化，使孔隙水压力迅速上升，产生上下水头差和孔隙水自下而上的运动，动水压力推动砂粒向悬浮状态转化，形成渗流液化使砂层变松。

（三）砂土液化的形成条件及判别

从砂土地震液化机制的讨论中可以得出，砂土层本身和地震这两方面具备一定条件才能产生砂土液化。砂土层本身方面一般认为砂土的成分、结构以及

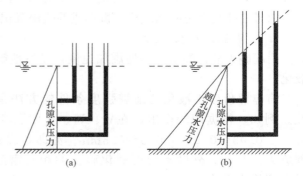

图 9-6　地震液化前后砂土中的水压力图形及测压水位图
（据华北勘察院，1977）
（a）地震前；（b）地震后

饱水砂层的埋藏条件这几个方面需具备一定条件才易于液化。这里需要指出的是，凡具备上述易于液化的条件而又在广大区域内产出的砂土层，往往具有特定的成因和时代特征。地震方面主要是地震的强烈程度和持续时间。

1. 砂土特性和饱水砂层埋藏条件及成因时代特征

对地层液化的产生具有决定性作用的，是砂土在地震时易于形成较高的剩余孔隙水压力。高的剩余孔隙水压力形成的必要条件，一是地震时砂土必须有明显的体积缩小从而产生孔隙水的排水；二是向砂土外的排水滞后于砂体的振动变密，即砂体的渗透性能不良，不利于剩余孔隙水压力的迅速消散，于是随荷载循环的增加孔隙水压力因不断累积而升高。

在讨论液化机制的一节中已经指出，当孔隙水压力大于砂粒间有效应力时才产生液化，而根据土力学原理可知，土粒间有效应力由土的自重压力决定，位于地下水位以上的土内某一深度 Z 处的自重压力 P_Z 为

$$P_Z = \gamma Z \qquad (9-13)$$

式中：γ 为土的重度。

如地下水埋深为 h，Z 位于地下水位以下，由于地下水位以下土的悬浮减重，Z 处自重压力则应按下式计算：

$$P_Z = \gamma h + (\gamma - \gamma_w)(Z - h) \qquad (9-14)$$

如地下水位位于地表，即 $h=0$，则

$$P_Z = (\gamma - \gamma_w)Z \qquad (9-15)$$

显然，最后一种情况自重压力随深度的增加最小，亦即直接在地表出露的饱水砂层最易于液化。而液化的发展也总是由接近地表处逐步向深处发展。如液化达某一深度 Z_1，则 Z_1 以上通过骨架传递的有效应力即由于液化而降为零，于是液化又由 Z_1 向更深处发展而达 Z_2 直到砂粒间的侧向压力足以限制液化产生为止。显然，如果饱水砂层埋藏较深，以至上覆土层的盖重足以抑制地下水面附近产生液化，液化也就不会向深处发展。

饱水砂层埋藏条件包括地下水埋深及砂层上的非液化黏性土层厚度这两类条件。地下水埋深愈浅，非液化盖层愈薄，则愈易液化。

具备上述的颗粒细、结构疏松、上覆非液化盖层薄和地下水埋深浅等条件，而又广泛分布的砂体，主要是近代河口三角洲砂体和近期河床堆积砂体，其中河口三角洲砂体是造成区域性砂土液化的主要砂体。已有的大区域砂土地震液化实例，主要形成于河口三角洲砂体内。而且往往是有史时期或全新世形成的疏松沉积物。

2. 地震强度及持续时间

引起砂土液化的动力是地震加速度，显然地震愈强、加速度愈大，则愈容易引起砂土液化。

简单评价砂土液化的地震强度条件的方法是按不同烈度评价某种砂土液化的可能性。例如，根据观测得出，在Ⅶ、Ⅷ、Ⅸ度烈度区可能液化的砂土的 D_{50} 分别为 $0.05\sim0.15$、$0.03\sim0.2$、$0.015\sim0.5$mm。亦即地震烈度愈高，可液化的砂土的平均粒径范围愈大。又如，烈度不同可液化砂土的相对密度值也不同，烈度愈高可液化砂土的相对密度值也愈大。

确切评价砂土液化的地震强度条件需实测出地层的最大地面加速度，计算在地下某一深度处由于地震而产生的实际剪应力，再用以判定该深度处的砂土层能否液化。

3. 砂土地震液化的判别

在地质条件、地震强度及持续时间两方面都有可能产生砂土液化的地方，工程地质勘察时就需要判定某一地点、某一深度处砂土层液化的可能性。通常的判别程序是先按地震条件、地质条件、埋藏条件、土质条件的一些限界指标进行初步判别，经初步判别为不液化的场地就可以不再进行进一步的判别工作，以节省勘察工作量。判别为液化的场地则应进一步通过现场测试、剪应力对比或地震反应分析等方法进行定量判别。各种判别指出可能性之后，还应进一步判定后果的严重程度，通常是用液化指数划分液化的严重程度，以便为设防措施提供依据。

（四）砂土液化的防护措施

在可能受到强烈地震影响的河口三角洲、冲积平原或古河床上进行建筑设计时，必须采取防地层液化的措施。这些措施可分为选择良好场地、采用人工改良地基或选用合适的基础形式及砌置深度。抗液化措施应根据判定的液化等级（表9-5）及建筑物的类别进行选择（表9-6）。

表9-5 液化地基的液化等级

液化等级	地面喷水冒砂情况	对建筑物的危害程度
轻微	地面无喷水冒砂或仅在洼地、河边有零星喷冒点	液化危害性小，一般不致明显的震害
中等	喷水冒砂可能性很大，从轻微到严重都有，但多数属于中等喷冒	液化危害性较大，可造成不均匀沉陷和开裂，有时不均匀沉陷可达200mm
严重	一般喷水冒砂都很严重，地面变形很明显	液化危害性大，一般可产生大于200mm的不均匀沉陷，高重心结构可能产生不允许的倾斜

表 9-6　　　　　　　　　　　　　抗液化措施选择原则

建筑类别	地 基 液 化 等 级		
	轻　微	中　等	严　重
甲　类	特　殊　考　虑		
乙　类	[B] 或 [C]	[A] 或 [B+C]	[A]
丙　类	[C] 或 [D]	[C] 或其他更高措施	[A] 或 [B+C]
丁　类	[D]	[D]	[C] 或其他更高措施

注　A 为全部消除地基液化沉陷的措施，为采用桩基、深基础、深层处理至液化深度以下或挖除全部液化层；
　　B 为部分消除地基液化沉陷的措施，如处理或挖除部分液化土层；
　　C 为基础结构和上部结构的构造措施，一般包括减小或适应不均匀沉陷的构造措施；
　　D 为可不采取措施。

1. 选择良好场地

应尽量避免将未经处理的液化土层作为地基持力层，故应选表层非液化盖层厚度大、地下水埋藏深度大的地区作为建筑场地。计算上覆非液化盖层和不饱水砂层的自重压力，如其值接近或等于液化层的临界盖重，则属符合要求的场地。避免滑塌危害，地表地形平缓，液化砂层下伏底板岩土体平坦无坡度者为宜。选择液化均匀且轻微的地段，液化层厚度均一较不均一的为好。

2. 人工改良地基

采取措施消除液化可能性或限制其液化程度。主要有增加盖重、换土、增加可液化砂土层密实程度和加速空隙水压力消散等措施。其中增加砂层密实程度的方法有爆炸振密法、强夯与碾压和水冲振捣回填碎石桩法（振冲法）等。消散剩余空隙水压力的方法有排渗法和围封法等。

3. 基础形式的选择

在有液化可能性的地基上建筑，不能将建筑物置于地表或深埋于可液化深度范围之内。如采用桩基宜用较深的支承桩基或管柱基础，浅摩擦桩的震害是严重的（图 9-7）。层数较少的建筑物可采用筏片基础，并尽量使荷重分布均匀，以便地基液化时仅产生整体均匀下沉，这样就可以避免采用昂贵的桩基。建于液化地基上的桥梁，往往因墩台强烈沉陷造成桥墩折断，最好以选用管柱基础为宜。

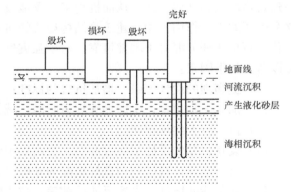

图 9-7　液化地基上各种基础结构建筑物得到震害情况
（据守屋喜久夫，1978）

六、工程建设中考虑区域稳定性的原则

地壳浅部是工程建设的地方，这里的稳定性总是影响工程建筑物的安全、可靠与正常营运。工程场地应尽可能选择在区域稳定性良好的地区或地带。为此，便必须进行大量工程地质研究工作。

在一个地区进行区域稳定性分析，应做好如下工作：

第一，应调查研究区域地质，特别是区域构造及地应力环境；弄清地区地质构造条件和现代地应力场的基本特征，特别查明最新构造体系、构造带和区域最大主压应力的方向和活动特征。

第二，缜密地研究地震的历史、震级、烈度、震中分布、震源深度、发震机制，以及地震活动规律等；有些地区，要重视诱发地震的研究。此外对个别地区，还应着重分析火山以及地热、温泉等的活动和衰亡特点、隐伏情况和分布特征。

第三，要研究由于构造、地震及火山活动所产生的那些区域稳定性效应，如地壳升降、褶皱和活断层，以及区域性有规律分布的物理地质现象（岩崩、滑坡、砂土液化、黏土塑流、地面不均匀沉降等）。

第四，区域稳定性分区研究。在上述研究基础上，便可进行区域稳定性分区，划分出不稳定的地区、地带、地段及地点。不稳定地点包括现代强烈活动及构造应力集中处，历史上强震震中按其活动周期于50～100年内可能重复活动处，不稳定地区、地带、地段的相互组合、交会、重叠处。烈度6度以上地区可划为不稳定区；震级6级以上震中带可划为不稳定带；有明显晚近活动的地方可划为不稳定地段。

应该说明，不稳定地区、地带、地段中，仍然可以存在有次一级的不稳定的，甚至是稳定的地带、地段或地点。凡未划定为危险地区而划归于不稳定的地区、地带、地段、地点，其中有孤立于这种高烈度、大位移、多破坏的区内的低烈度、小位移、少破坏的范围，可划归为"安全岛"。工程建设的场地和地基，更应该选择在这些区域稳定性好的地方。在可能出现火山的地区，工程场地或地基则应与其圆形活动构造区，火山灰降落圈，保持一定的距离；在晚近构造活动地带，工程场地或地基则应避开活断层的影响；在构造地震地区，工程场地或地基则应避开极震区，而采取与等震线椭圆短轴方向平行的建设布局方案。

当工程场地或地基已经给定在区域稳定性差的地区，便应根据上述研究，考虑选择适当的建筑物基础和结构型式，从而抗衡工程场地或地基中可能出现的活断层、地震力和地表位移和破坏的不利作用。相应建筑物结构型式的研究，水工上已有实际经验。为适应坝基断层位移，石坝比任何混凝土坝都可靠。对于强震区有活断层的情况下，土石坝结构上的设计，可以考虑如下因素：

（1）提高坝的设计等级，增加抗震的标准；

（2）加大大坝顶宽，也即加大坝体断面，减少裂隙发生的威胁；

（3）留出较大的坝顶超高；

（4）设置较厚的反滤层或过滤层、控制集中渗漏；

（5）反滤层或过滤层利用良好级配的砂砾料；

（6）坝基活断层处，设置反滤层铺盖，防止断层泥的渗透破坏。

此外，有些设计师还主张预留与地质缺陷相对应的沉降位移缝，容许建筑物适当的变位；为减少或避免地震力的破坏，可对建筑物构件本身的材料、形状、尺寸以及其端部连接条件给以调整，使建筑物与地震的振动周期保持较大差值；在一定条件下，也可以加固地基或改善地基的性质。

对修建在不稳定地点的已建的工程建筑物，为减轻或避免区域不稳定的威胁，在可能的条件下，大体只有在三方面进行一些工作：①加固建筑物结构的整体性；②加强地基密实、强度或整体性；③必须严密监测工程场地、地基和建筑物的位移和破坏特征，以减轻损失或避免灾害。

第二节　与斜坡岩（土）体稳定性有关的工程地质问题

一、概述

天然斜坡或人工边坡形成过程中，岩（土）体内部原有的应力状态将随着过程的进行而发生变化，引起应力的重分布和应力集中等效应。斜坡岩体为适应这种新的应力状态，将发生不同形式和不同规模的变形与破坏，使斜坡日趋变缓。这是推动斜坡演变的内在原因。在各种自然或人为的内、外营力作用下，斜坡的外形、内部结构以及应力状态都在不断变化。这些内、外动力环境，则是推动斜坡发展变化的外部因素。斜坡在演变过程中，可出现不同形式、不同规模的变形与破坏，如滑坡、崩塌等。

斜坡岩（土）体稳定性的工程地质分析涉及两个方面的任务。一方面要对斜坡的稳定性作出评价和预测，另一方面要为设计合理的人工边坡以及制定有效整治措施提供依据。这两方面任务的实现，都必须阐明斜坡是否具有产生危害性变形与破坏的可能性，以及变形破坏的方式和规模。要设计一个稳定而又经济合理的边坡，也应以边坡在运营期间不发生危害性的变形和破坏为准则。所以斜坡稳定性的工程地质分析，应从研究斜坡变形和破坏的规律入手，对斜坡的演变全过程开展系统的研究。

二、斜坡的应力分布特征及影响因素

斜坡形成前，岩土体中应力场为原始应力状态。开挖成坡后，坡体质点便向坡面方向移动，应力重新调整，发生明显的应力重分布现象。根据已有的光弹试验资料，可以看出应力分布的一些特点：

（1）坡体中主应力方向发生明显偏转。坡面附近的最大主应力与坡面近于平行，其最小主应力与坡面近于正交（图9-8）坡体下部出现近乎水平方向的剪应力，且总趋势是由内向外增强，愈近坡脚处愈强。向坡体内部逐渐恢复到原始应力状态。

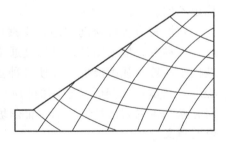

图9-8　斜坡主应力迹线示意图

（2）坡体中产生应力集中现象。坡脚附近形成明显的应力集中带；坡角愈陡，集中愈明显。坡脚应力集中带的主要特点是最大主应力与最小主应力的应力差达到最大值，出现最大的剪应力集中，形成一最大剪应力增高带。

（3）坡面的岩土体由于侧向压力近于零，实际上变为两向受力状态；而向坡体内部逐步地变为三向受力状态。

（4）坡面或坡顶的某些部位，由于水平应力明显降低而可能出现拉应力，形成张力带。

实际上，斜坡应力分布远比上述复杂，它还受多种因素的影响。斜坡形成后，其应力分布还要受原始应力状态、坡形和岩土体结构特征的影响。

三、斜坡的变形与破坏

斜坡形成过程中，其原始应力重新分布，岩土体原有平衡状态便相应发生变化。在此新的应力条件下，坡体将发生程度不同的局部或整体的变形与破坏，以达新的平衡。自斜坡形

成开始，坡体便处于不断发展变化的总趋势中，首先变形，逐步发展为破坏。斜坡变形与破坏的发展过程，可以是漫长的，如天然斜坡的发展演化；也可以是短暂的，如人工边坡的形成与变化。斜坡变形与破坏的发生条件和影响因素相当复杂，但它主要取决于坡体本身所具有的应力特征和坡体抵抗变形与破坏能力的大小。这两者相互关系和发展变化，是斜坡演变的内在矛盾。可见，坡体中由于应力分异所出现的应力集中带，又有抵抗变形与破坏能力较低的结构面，并当它在空间上构成不利于稳定的组合型式时，则是以上矛盾发展变化的焦点。

斜坡变形与破坏是斜坡演化变形的两大形式，前者以按坡体中未出现贯通性破坏面为特征；后者是在坡体中已形成贯通性的破坏面，并由此以一定加速度发生位移为标志。变形与破坏是一个发展的连续过程，其间存在着量与质的转化关系。因此，必须研究斜坡变形与破坏的整个过程，并重视这一演变过程中变形的研究。这对于定性地揭示坡体应力与结构强度的矛盾关系，鉴定现有条件下坡体的稳定状况，预测斜坡破坏的可能程度，都有重要意义。

（一）斜坡变形

斜坡变形以坡体未出现贯通性的破坏面为特点，但在坡体各个局部、特别在坡面附近也可能出现一定程度的破裂与错动，而从整体看，并未产生活动破坏。它表现为松动和蠕动。

1. 松动

斜坡形成初始阶段，坡体表部往往出现一系列与坡向近于平行的陡倾角张开裂隙，被这种裂隙切割的岩体便向临空方向松开、移动。这种过程和现象称为松动。它是一种斜坡卸荷回弹的过程和现象。

存在于坡体的这种松动裂隙，可以是应力重分布中新生的，但大多是沿原有的陡倾角裂隙发育而成。它仅有张开而无明显的相对滑动，张开程度及分布密度由坡面向深处逐渐减小。当保证坡体应力不再增加和结构强度不再降低的条件下，斜坡变形不会剧烈发展，坡体稳定不致破坏。

斜坡常有各种松动裂隙，实践中把发育有松动裂隙的坡体部位，称为斜坡卸荷带；在此，可称为斜坡松动带。其深度通常用坡面线与松动带内侧界线之间的水平间距来度量。斜坡松动使坡体强度降低，又使各种营力因素更易深入坡体，加大坡体内各种营力因素的活跃程度，它是斜坡变形与破坏的初始表现。所以，划分松动带（卸荷带）、确定松动带范围、研究松动带内岩体特征，对论证斜坡稳定性，特别在确定开挖深度或灌浆范围方面，都具有重要意义。

斜坡松动带的深度除与坡体本身的结构特征有关外，主要受坡形和坡体原始应力状态控制。显然，坡度愈高、愈陡，地应力愈强，斜坡松动裂隙便愈发育，松动带深度也便愈大。

2. 蠕动

斜坡岩土体在以自重应力为主的坡体应力长期作用下、向临空方向的缓慢而持续的变形，称为斜坡蠕动。研究表明，蠕动的形成机制为岩土的粒间滑动（塑性变形），或沿岩石裂纹微错，或由岩体中一系列裂隙扩展所致。它是在应力长期作用下，岩土体内部一种缓慢的调整性形变，实际上是趋于破坏的一个演变过程。坡体中由自重应力引起的剪应力与岩土体长期抗剪强度相比很低时，斜坡只能减速蠕动；只有当应力值接近或超过岩土体长期抗剪强度时，斜坡才能加速蠕动。因此，斜坡最终破坏，总要经过一定的过程，或短暂，或时间漫长。斜坡蠕动大致可分为表层蠕动和深层蠕动两种基本类型。

（二）斜坡破坏

斜坡中出现了与外界连续贯通的破坏面，被分割的坡体便以一定加速度滑移或崩落，脱离母体，称为斜坡破坏。

天然斜坡的形成过程往往比较缓慢，而坡体中应力的变化和附加荷载的出现可能很迅速，斜坡破坏便可能出现不同情况。当迅速形成的坡体应力已超过岩土体极限强度，足以形成贯通性破坏面时，斜坡破坏便急剧发生，松动及蠕动变形的时间很短暂；反之，若坡体应力小于岩土体极限强度而大于长期强度时，斜坡破坏前总要经过一段较长时间的松动及蠕动变形过程。此外，自然营力对斜坡破坏的影响很大。某些营力（如地震力、孔隙水压力）突然加剧，可使一些原来并未明显松动及蠕动变形迹象的斜坡，也会突然破坏。斜坡破坏的形式很多，主要有崩塌、滑坡、泥石流等，具体特征见第六章相关内容。

四、斜坡稳定性的影响因素

斜坡在自然环境中不断遭到各种内外营力因素（包括人为活动）的作用。这些营力因素影响斜坡稳定性，有的是可逆的，有的是不可逆的。实践证明，尽管对斜坡稳定性影响的自然营力因素很多，但在一定环境条件下，必有一个或几个是主要的，起决定性作用的，即主导营力因素。在弄清斜坡产生的地质基础之后，就应该全力掌握这种主导营力因素及其发展变化。这样，对于分析斜坡稳定与采取防治措施有重要意义。

（一）改变斜坡外形，引起坡体应力分布的变化

河流、水库及湖海的冲刷和掏刷，使岸坡外形发生变化。当侵蚀切露坡体底部的软弱结构面，使坡体处于临空状态，或侵蚀切露坡体下伏软弱层的顶面，使坡体失去原有平衡状态，最后导致破坏（图9-9）。

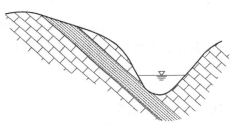

图9-9　侵蚀岸坡

人工削坡未考虑岩体结构特点、切露了控制斜坡稳定的主要软弱结构面，形成或扩大了临空面，使坡体失去支撑，会导致斜坡的变形与破坏。施工程序不当，坡顶开挖进度慢而坡脚开挖进度快，加陡斜坡或形成倒坡，使坡脚应力集中增大，也常导致斜坡的变形与破坏。

（二）改变斜坡岩土体的力学性质，使坡体强度发生变化

风化作用使坡体强度减小，斜坡稳定性大大降低，促进斜坡变形与破坏。实践证明，坡体岩土体风化愈深，斜坡稳定性愈差，稳定坡角愈小。研究风化作用对斜坡稳定影响时，必须注意岩土体抗风化能力和风化条件的差异，从而预测其发展趋势，采取正确的防护措施。

斜坡变形与破坏大都发生在雨季或雨后，有的发生在水库蓄水和渠道放水之后，有的则发生在施工、排水不当的情况下。这些都说明水对斜坡稳定性的影响是十分显著的。水的浸湿作用对斜坡稳定性的危害大而普遍，尤当斜坡岩土体亲水性较强或由易溶矿物组成时，如含易溶盐类黏土质页岩、钙质页岩、凝灰质页岩、泥灰岩或断层角砾岩等，浸水易软化、泥化或崩解，导致斜坡变形与破坏。已排水固结而趋于稳定的滑动面，水再渗入也会恢复滑动。地下水渗流，常常造成结构面或软弱基座的潜蚀。

（三）斜坡直接受到各种力的作用

区域构造应力的变化、地震、爆破、地下水静水压力和动水压力以及工程荷载等，都使斜坡直接受力，对斜坡稳定的影响直接而迅速。

由于雨水渗入、河水位上涨或水库蓄水等原因，地下水位抬高，使斜坡不透水的结构面上受到静水压力（渗透压力或扬压力）的作用，它垂直于结构面而作用在坡体上，削弱了该面上所受滑体重量产生的法向力，从而降低了抗滑阻力。坡体内有动水压力存在，也增加了沿渗流方向的推滑力，当水库水位迅速消落时尤甚。

地震引起坡体振动，等于坡体承受一种附加荷载。它使坡体受到反复震动冲击，使坡体软弱面锁合（咬合）松动，抗剪强度降低或完全失去结构强度，斜坡稳定性下降甚至失稳。地震对斜坡破坏的影响程度，决定于地震烈度大小，并与斜坡的岩性、层理、断裂的分布和密度，以及坡面的方位和岩土体含水性有关。

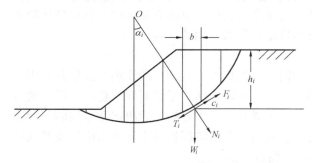

图 9 - 10　斜坡条分法计算简图

五、斜坡稳定性的力学分析

（一）土质斜坡稳定性计算

土质斜坡通常假定为沿坡体中某一弧状面而滑动的滑体条件基础上，采用"条分法"进行稳定性计算（图 9 - 10）。

设土质斜坡圆弧滑面的圆心为 O 点。将滑体在水平方向上分成若干等份，每一等份的土条宽度 b 通常为半径 R 的 $1/10$，即 $b=0.1R$，并对土条编号。以圆心正下方土条为 0 号，依次向上为 $i=1, 2, 3, \cdots$；向下为 $i=-1, -2, -3, \cdots$。然后分别计算每一土条重 W：

$$W = \gamma b h_i \tag{9 - 16}$$

式中　γ——土的容重，kg/m^3；

　　　b——土条宽度，m；

　　　h_i——土条平均高度，m。

设土条重力与弧段法线之间夹角为 α_i，则土条重 W_i 在该弧段上分解成法向分力 N_i 及切向分力 T_i，即

$$N_i = W_i \cos\alpha_i \tag{9 - 17}$$

$$T_i = W_i \sin\alpha_i \tag{9 - 18}$$

力 N_i 通过圆心 O，可在土条滑弧段上形成摩擦力 $F_i = N_i \tan\varphi$，起抗滑作用。力 T_i 对滑体的作用与其所在位置有关，当在通过圆心铅直线的上方时起推滑作用，在下方时起抗滑作用。土条弧段上凝聚力 c 与弧段长度 l_i 乘积为该弧段抗滑力，它恒与滑体滑动方向相反。相邻土条作用于该土条两侧的力，对整个滑体来说可视为内力，且当分条不大时可认为它们大小相等、方向相反的两个互相抵消的力，计算中可不考虑。据此，便可认为斜坡滑动是以 O 点为圆心形成的推滑力矩（M_2）与抗滑力矩（M_1）的稳定关系，其稳定系数为

$$\eta = \frac{M_1}{M_2} = \frac{R(\sum N_i \tan\varphi + \sum c l_i)}{R \sum T_i} = \frac{\sum N_i \tan\varphi + \sum c l_i}{\sum T_i}$$

$$= \frac{\gamma b \tan\varphi \sum h_i \cos\alpha_i + c \sum l_i}{\gamma b \sum h_i \sin\alpha_i} \tag{9 - 19}$$

斜坡在一定高度条件下的最危险的滑面位置，可通过对若干可能滑面的核算来找到。用逐步渐进法得到一个 η 值最小的滑面，便是在一定高陡斜坡下最危险的滑面。

（二）岩质斜坡稳定性计算

设斜坡上的不稳定滑动岩体由单一的结构
面构成（图9-11）。岩体在自重作用下的稳
定性是岩体重力所产生的侧向推滑分力（S）
与滑动面的抗滑阻力（F）来维持稳定，则其
稳定系数为

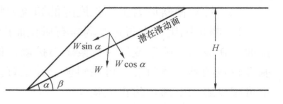

图9-11　平面滑动体的受力示意图

$$\eta = \frac{F}{S} = \frac{W\cos\alpha\tan\varphi + \dfrac{cH}{\sin\alpha}}{W\sin\alpha} \qquad (9-20)$$

式中　W——滑体重量；

　　　α——滑面倾角；

　　　γ——岩体容重；

　　　φ——滑面摩擦角；

　　　c——滑动面凝聚力。

根据上式，可对这种斜坡的稳定性进行计算。

六、防治斜坡变形破坏的原则及主要措施

（一）斜坡变形破坏的防治原则

防治原则应以防为主，及时治理，并应根据工程的重要性制订具体整治方案。以防为主
就是要尽量做到防患于未然。所谓防主要包括两方面内容。

第一，要正确地选择建筑场地，合理地制订人工边坡的布置和开挖方案。例如在高地应
力区开挖人工边坡时，应注意合理布置边坡方向，尽可能使边坡走向大致与地区最大主应力
方向一致，露天采矿宜采用椭圆形矿坑，其长轴应平行于最大主应力方向。对于那些稳定性
极差，而治理又难度高、耗资大的斜坡地段（例如有可能发生或再次活动的大型滑坡区、崩
塌区），应以绕避为宜。

第二，查清可能导致天然斜坡或人工边坡稳定性下降的因素，事前采取必要措施消除或
改变这些因素，并力图变不利因素为有利因素，以保持斜坡的稳定性，甚至向提高稳定性的
方向发展。

及时处理就是要针对斜坡已出现的变形破坏的具体状况，及时采取必要的增强稳定性的
措施。当斜坡变形迹象已十分明显或已进入加速蠕变阶段时，仅采取消除或改变主导因素的
措施已不足以制止破坏发生时，必须及时采取降低斜坡下滑力，增强斜坡抗滑能力的有效措
施，迅速改善斜坡的稳定性。

考虑工程的重要性是制订整治方案必须遵循的经济原则。对于那些威胁到重大永久性工
程安全的斜坡变形和破坏，应采取较全面的、严密的整治措施，以保证斜坡具有较高的安全
系数。对于一般性工程或临时性工程，则可采取较简易的防治措施。

（二）斜坡变形破坏的防治措施

1. 消除、削弱或改变使斜坡稳定性降低的各种营力因素

（1）针对改变斜坡外形的营力因素采取措施

为使斜坡不受地表水流的冲刷或湖海、水库波浪的冲蚀和磨蚀，可修筑导流堤、水下防
波堤，以及在斜坡坡脚砌石护坡或预制混凝土沉排等。

（2）针对使斜坡岩土体强度降低和应力状态发生改变的措施

1）制止风化。为防止软弱岩石风化而产生剥落或坠石，可在斜坡筑成后用灰浆或沥青抹面，在坡面上喷浆或筑一层浆砌石护墙。但在坡角处一定要注意排水（图9-12）。对于膨胀性较强的黏土质斜坡，可在斜坡上种植草皮，使坡面经常保持一定湿度，防止表层干裂；也可减少表水下渗，防止土爬。

2）截引地表水。流向斜坡变形区的地表水流，使岩土体过分湿润，软化结构面，降低强度，促进斜坡变形与破坏。为此，要首先考虑拦截或引排地表水，以控制斜坡变形区的扩展，这对浅层滑坡的防治更为有效。可在变形区5m范围以外，修筑截水沟、槽和排水暗沟；在变形区内，修筑排水沟，及时将地表水及泉水引走，减少其停滞下渗的机会（图9-13）。必须注意，沟、槽要切实不漏水，并经常检修，否则会起到适得其反的效果。还应整平、夯实地面，用灰浆或黏土填塞裂隙或修筑隔渗层，特别要尽快填塞那些延至滑面的深裂隙。

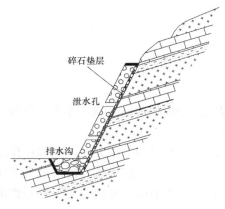

图9-12　护坡示意图

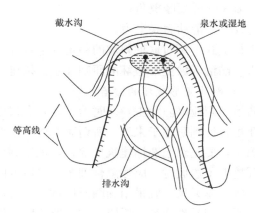

图9-13　地表排水系统

3）疏干地下水。斜坡中埋藏有地下水并渗入变形区，常是斜坡不稳定的主导因素之一。经验证明，排除"滑带"水，疏干坡体，并截断渗入补给，是防治深层滑坡的主要措施。

疏干地下水的措施应根据斜坡岩土体结构特征和水文地质条件加以选择。通常在坡体外围或坡体内，修筑盲沟或支撑盲沟群，以截断或排除地下水流。对于深层滑坡，地下水埋深大于10～15m，可考虑采用水平坑道。滑坡中有明显含水层时，水平坑道设在含水层与隔水层之间，效果较好［图9-14（a）］；在含水层中施工困难，也可把坑道修筑在隔水层中，再用管井把水引入坑道排走［图9-14（b）］。近年来，我国逐渐采用平孔排水，多用改装后的普通钻机，以较小倾角（10°～15°）的平卧钻孔，钻入含水带，排除地下水。它成本低，效果好，施工也不影响坡体稳定。平孔排水可分有单层、多层、平行状或辐射状等布设方式，也可采用砂井和平孔联合排水方式（图9-15）。

2.直接削减推滑力与提高抗滑力

这种措施主要针对那些有明显蠕动而即将失去稳定的坡体，以求迅速改善斜坡稳定条件和状态。

（1）清除或削坡

斜坡上危岩或局部不稳定块体，一般可清除。如果清除困难或无法清除时可以支撑，防

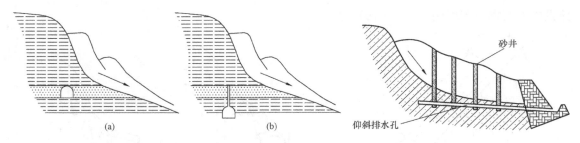

图 9-14　地下水水平排水坑道　　　　图 9-15　砂井和平孔联合排水

止危岩坠落，避免影响坡体稳定或危及建筑物安全（图 9-16）。削坡（刷方）减荷，使斜坡高度减低，坡角减小。应根据坡高和滑面性状进行分析，确定有效的削坡减荷和堆渣方案，填方部分要有良好的地下水排水设施。

（2）支挡或锚固

针对斜坡不稳定的岩土体进行支挡、锚固，或者通过改善岩土性质来增强坡体的强度。

1）支挡。挡土墙用于缺乏必要空地以伸展刷方斜坡或滑面平缓而推滑力较小的情况下，高挡土墙必须限定于确无其他更适宜的办法时才采用。挡土墙要把基础设置于滑床面以下的稳固层中，应预留沉陷缝、伸缩缝和泄水孔。小型滑坡及临时工程，可用框架式混凝土挡墙。近年来，抗滑桩得到普遍应用，已成为抗滑的主要措施。它具有施工方便、工期不限、省工节料、对滑体破坏少等优点。抗滑桩截面为方形或圆形的钢筋（轨）混凝土桩或钢管钻孔桩（向孔内设置型钢后，灌入混凝土）。在平面上可按梅花形或方格形布设桩位，间距一般 3～5m，深入滑面以下（图 9-17）。目前，已用大型方桩，宽度大于 2m，深度达 20m；施工开挖，比较方便。

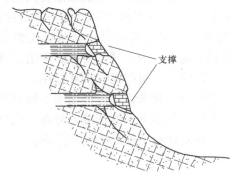

图 9-16　支撑示意图

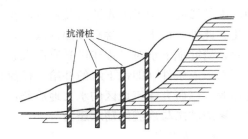

图 9-17　抗滑桩

2）锚固。锚固主要用于防止岩质斜坡的滑动，常用钢筋（锚杆）或预应力钢筋、铜缆，加大结构面法向应力，提高斜坡稳定性（图 9-18）。

斜坡裂隙岩体，可以采用硅酸盐水泥或有机合成化学材料固结灌浆以增强坡体岩石或结构面强度，提高抗滑力。灌浆孔需钻至滑面以下 3～5m，但要避免封存地下水于滑体之内。对于土质斜坡，可采用电化学加固法和冻结法，后者用于临时性斜坡。也可采用焙烧法，在坡脚形成一个经焙烧加热后而成为坚硬的似砖土体，起着地下挡墙的作用。

一些常有剥落或小型崩塌（坠落）的斜坡，也可以不采取整治措施，而设置一些防御性结构，将附近建筑物维护起来，免遭破坏、掩覆或填塞。例如，明渠可加混凝土盖板，道路建设中的明峒或御塌棚（图 9 - 19）等。

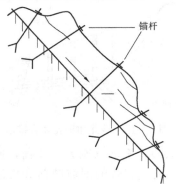

图 9 - 18 锚杆示意图

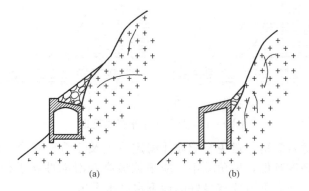

图 9 - 19 明峒和御塌棚

(a) 明峒；(b) 御塌棚

第三节 与地下水渗流有关的工程地质问题

一、概述

地下水是指埋藏于地表以下的岩石（包括土层）、空隙（孔隙、裂隙、空洞）中各种状态的水。它是地球上水体的主要组成部分，与大气水、地表水有着密切的联系，它们之间不断运动，相互转化，构成了自然界的水循环。

地下水分布极其广泛，是一种宝贵的地下资源。它密切联系着人类的生活和国民经济建设的各个方面，地下水被广泛地作为农业灌溉、城市供水和工矿企业用水的水源。同时，它也给生产建设带来一定的困难和灾害。例如，在水利建设中，地下水可以改变岩石的性质，溶蚀、软化岩石，导致岩体和建筑物失稳破坏，基坑开挖的涌水与流砂，会给施工带来困难；坝、库的渗漏影响了水库的效益，水库蓄水后引起了地下水的上升，使农田产生沼泽化和盐渍化。此外，地下水如含有侵蚀性成分，对混凝土建筑物会引起腐蚀破坏作用。

因此，研究地下水对工程建设具有巨大意义。对于水利工程来说，主要在于了解建筑地区的地下水形成条件（即地下水的补给、径流和排泄条件）及地下水的埋藏、分布、成分和运动规律等。以研究建筑地区的水文地质条件和与水工建筑物有关的水文地质问题。

二、渗流状态与渗流的动水压力

（一）渗流状态

地下水的渗流速度和渗流状态随含水层不同而异。按其渗流特征可分为：①层流。岩土体中空隙较小，地下水流速不大，水流平稳，各个水质点轨迹互相平行；②紊流。岩土体中空隙较大或地下水流速很快，水流极不平稳，水质点轨迹互相穿插；③混合流。具有层流与紊流两种状态的共同特点。地下水的运动以层流为主，只有在宽大裂隙和溶洞中水流湍急时，紊流才出现。

（二）渗流的动水压力

渗透破坏与渗流在运动过程所产生的动水压力密切相关。疏松土是多孔性物体，当渗流经其孔隙通过时，每颗土粒均与水流围绕接触。水流受到土粒的阻力，产生水头损失，则沿土粒周围渗流的水头将下降，渗流水压力也将下降。这种渗流水压力垂直作用于土粒表面

［图 9 - 20 （a）］。可以看出，顺水流方向上，对作用于土粒上单位渗透水压力比逆水流方向上的大。这个土粒表面渗透水压力的合力可用向量 f_1 表示。除渗透水压力外，作用于土粒表面上还有土粒周围切线方向的渗透水摩擦力［图 9 - 20 （b）］，合力可用向量 f_2 表示。

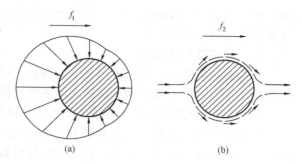

图 9 - 20　水流对土粒的作用力
(a) 渗水压力；(b) 摩擦力

每颗土粒都受到渗透水压力和摩擦力的作用，二者之和即为每颗土粒所受到的渗透合力 p：

$$p = f_1 + f_2 \qquad (9-21)$$

此力是作用于一颗土粒上的渗透合力。一定体积的土体受到的渗透合力 P，即该土体的动水压力为

$$P = \sum p \qquad (9-22)$$

通常用土体单位体积的这种渗透合力来表示动水压力 D 的大小，即

$$D = \frac{P}{V} \qquad (9-23)$$

式中　V——土体体积。

以图 9 - 20 为例，渗水流经某一单元土体，可以列出其平衡关系为

$$\Delta P = \gamma_w \Delta h S \qquad (9-24)$$

式中　ΔP——渗透合力；

　　　Δh——单元土体上下界限上所受压力差，即水头损失；

　　　γ_w——水的重度。

单位体积中的渗透合力，即动水压力为

$$D = \frac{\Delta P}{Sl} = \gamma_w \frac{\Delta h}{l} = \gamma_w I \qquad (9-25)$$

式中　I——水力坡度。

取水的重度为 1，则

$$D = I \qquad (9-26)$$

可见，渗流的动水压力是由于土对渗流在土中运动所显示阻力的结果，但它和这种阻力方向相反，与渗流方向相同；动水压力的大小，取决于渗流的水力坡度，在数值上等于这个水力坡度。

三、渗透破坏的类型和特征

渗透破坏是在渗流动水压力作用下，受各种因素影响或控制的一种工程的或天然的土体破坏变形，而在工程活动过程中，较易见到其全过程。但是，由于影响因素或所处的地质条件不同，或在相同地质条件下而工程性质不同，渗透破坏常表现有不同形式。渗透破坏主要有流砂和潜蚀两种类型，其特征见第五章第四节内容。

还有一类渗透破坏为接触冲刷，指粗、细粒土层接触时，在平行或垂直于接触面的渗流作用下，细颗粒被冲刷挟走，以至细粒土层被冲刷掏空，危及建筑物安全。当建筑物与性质

相同或不同的土层接触时，可产生集中渗流从而造成冲刷，也属接触冲刷。可见，接触冲刷实际上是潜蚀的特殊形式。

四、渗透破坏的防治

渗透破坏的防治，通常采用三方面措施，即改变渗流的动力条件、保护渗流出口和改善土石性质，可根据工程类别和具体地质条件选择。下面介绍几类工程的防治措施。

（一）建筑物基坑及地下巷道施工时流砂的防治措施

建筑物基坑要采取人工降低潜水位的办法，使潜水位低于基坑底板。这种措施既防止了流砂，又免除地下水涌入基坑。也可采用板桩防护墙施工。

水平巷道、竖井开挖遇流砂时，可采用特殊的施工方法，如水平巷道可采用盾构法施工，竖井可采用沉井式支护掘进。也有采用冻结池或电动硅化法等改善砂土性质的办法，使施工顺利进行。

（二）汲水井防止管涌的措施

主要措施是在过滤管与井壁间隙内充填反滤料，以保护渗流出口。反滤料的粒径选择，必须要考虑到被保护含水层中管涌颗粒的大小，以细颗粒不能通过反滤料的孔隙为原则。此外，过滤管外若缠绕丝网的话，要选择合适的网眼直径。非主要含水层的管涌土层，应采用止水措施将其与过滤管隔绝。

（三）土石坝防治渗透变形的措施

兴建于松散土体上的土石坝，防治渗透变形的主要措施有垂直截渗、水平铺盖、排水降压和反滤盖重四项。

1. 垂直截渗

常用的方法有黏土截水槽、灌浆帷幕和混凝土防渗墙等。黏土截水槽常用于透水性很强、抗管涌能力差的砂卵石坝基。它必须与坝体的防渗结构搭接在一起，并做到下伏隔水层中，形成一个封闭系统（图 9-21）。当隔水层埋深较浅、厚度较大，且完整性较好时，这种措施的效果较佳。灌浆帷幕适用于大多数松散土体坝基。砂卵石坝基一般采用水泥和黏土的混合浆灌注，而中细砂层必须采用化学浆液（丙凝）灌注。由于灌浆压力较大，故这种方法最好在冲积层较厚的情况下使用。混凝土防渗墙适用于砂卵石坝基。

2. 水平铺盖

当透水层很厚，垂直截渗措施难以奏效时，常采用此法。其措施是在坝上游铺设黏性土铺盖、该黏性土的渗透系数应较下伏坝基小 2～3 个数量级，并与坝体的防渗斜墙搭接（图 9-22）。水平铺盖措施只是加长渗径而减小水力梯度，它不能完全截断渗流。应注意铺盖被库水水头击穿而失效。当坝前河谷中表层有分布稳定且厚度较大的黏性土覆盖时，则可利用它作天然的防渗铺盖。施工时要严禁破坏该覆盖层。

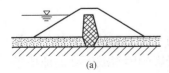

图 9-21　黏土截水槽示意图

（a）心墙坝；（b）斜墙坝

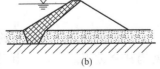

图 9-22　防渗铺盖示意图

3. 排水减压

在坝后的坝脚附近设置排水沟和减压井，它们的作用是吸收渗流和减小溢出段的实际水力梯度。排水减压措施应根据地层结构选择不同的形式。如果坝基为单一透水结构或透水层上覆黏性土较薄的双层结构，则单独设置排水沟，使之与透水层连通，即可有效地降低实际水力梯度。如果双层结构的上层黏性土厚度较大，则应采用排水沟与减压井相结合的措施。在不影响坝坡稳定的条件下，减压井位置应尽量靠近坝脚，并且要平行坝轴线方向布置。

4. 反滤盖重

反滤层是保护渗流出口的有效措施，它即可以保证排水通畅，降低溢出梯度，又起到盖重的作用。典型的反滤层结构如图 9-23 所示。分层铺设三层粒径不同的砂砾石层，层界面与渗流方向正交，粒径由细到粗。反滤层各相邻层间的粒径比，需要考虑它的双重功能。一方面要求它足够细，以便能阻止被侵蚀的土粒从其孔隙中通过；另一方面又要求它足够粗，以便能为地下水流提供比被保护层更小的渗流阻力。

专门的盖重措施，是在坝后用土或碎石填压，增加荷重，以防止被保护层浮动。

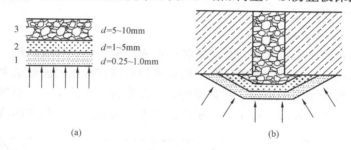

图 9-23　典型反滤层结构图
(a) 各分层间粒径关系；(b) 排水孔反滤层结构

第四节　与侵蚀淤积有关的工程地质问题

一、概述

河流的侵蚀和淤积作用是改变地表地形的最重要的地质作用之一。推动河床不断演变的营力是水流，它同时进行着侵蚀和淤积这两种相互依存和相互制约的作用。河流的搬运作用可以认为是以上两种作用的过渡过程，它们同时进行着。

河流侵蚀、淤积规律是由水流与河床两方面的特征所决定的。水流特征包括河水水位、流量、流速场、水流结构（流态）以及含砂量等；河床特征则包括河床河岸组成物质特征、河床坡度以及河床平面、断面几何形态等。水流与河床处在不断发展的相互作用中。水流特征在很大程度上受河床特征所确定，同时水流又通过侵蚀、淤积改造河床。被改造的河床形态几乎立即影响着水流的流速场和水流结构特征，被改变的水流又继续影响着河床的演变。因而可以认为，河流的侵蚀、淤积是水流与河床的动平衡不断发展变化的结果，它确定了河床演变的方式和进程。

凡是能改变水流或河床两方面特征的自然因素，如水文气象因素、近期构造变动因素，都可能影响河流侵蚀、淤积进展状况和河床的演变规律。

河流的侵蚀、淤积作用可能对国民经济造成各种危害。河流的纵向侵蚀使河床刷深，将会直接威胁桥台、桥墩等河上建筑物的稳固与安全。并且如果引起河水水位下降，将造成两岸已有的灌溉、供水体系失效，显著改变两岸的水文地质条件。河流的侧向侵蚀造成河床在水平方向摆动，使某些边岸不断坍塌，改变河流航道，使码头、沿岸建筑物和农田受到威胁。河流的淤积作用会使河道淤塞，堵塞港口以及引水、取水设施等。河床淤积的发展还会形成河水水位高于两侧陆地的地上悬河，我国黄河下游段就是这样的河流。这类河流河床极不稳定，很容易发生大改道，造成严重洪灾。

　　人类的工程活动已愈来愈大规模地影响着河流的演变，这种演变甚至引起地质环境的剧烈变化。例如我国三门峡水库修建后，曾在一段时间使渭河河口淤高，引起渭河水位上升，两岸水文地质条件发生了剧烈的变化，扩大和加重了盐碱化的面积和程度，降低地基承载能力，造成地基沉陷等，严重威胁沿岸工农业生产和重要城镇建筑物的安全。但建立在掌握了河流演变规律基础上的人类改造工程，则可变害为利，控制或缩小河流可能造成的危害，使其向良性方向演化。我国著名的 2000 多年前建成的都江堰工程即为成功实例。

　　可见，掌握河流浸蚀、淤积和演化规律，才有可能合理开发和治理河流。

二、河流水动力学特征

（一）河水水流的紊流特征

　　河水水流一般都处于紊流状态，水流的各质点强烈混淆，或形成涡流，各股波束的流速也不同，并具脉动特征。观测和实验证明，河水平均流速在接近水面处最大，向河底、岸壁递减（图 9-24）。对于平滑的边界，在紧靠边壁处存有一很薄的（一般约几个毫米）层流区，称为层流亚层，或边界层；对于十分粗糙的边界，边界层往往被漩涡流所破坏。

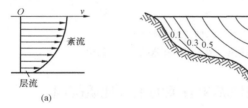

图 9-24　河流流速示意图
(a) 流速剖面；(b) 流速等值线

　　按照紊流运动的性质，水流每点的瞬时流速，不论其方向和大小都在不断变化着，这种现象称之为流速的脉动。通常用来描述水流流速的，都是在一个足够长时间间隔（2~5min）所测得的瞬时流速的平均值 v。研究表明，水流中某点的最大瞬时流速 v_{max} 和最小瞬时流速 v_{min} 与 v 之间可有如下关系：

$$v_{max} = (1 + 3K)v \qquad (9-27)$$

$$v_{min} = (1 - 3K)v \qquad (9-28)$$

由以上两式得

$$v = \frac{v_{min}}{1 - 3K} \qquad (9-29)$$

$$v_{max} = \frac{(1 + 3K)v_{min}}{1 - 3K} \qquad (9-30)$$

　　式中，K 是一比例常数，相当于该点瞬时流速在足够长时间间隔中偏离它的平均流速 v 的均方差 σ 与 v 的比值，即 $K = \dfrac{\sigma}{v}$。

　　流速的上述脉动特性显然对水流的侵蚀、搬运能力有十分明显的影响。流速较大的水

流，特别是床底糙凸明显时，靠近底部的水流可因流速
梯度大或糙凸处的搅动而产生轴线近于水平且与水流方
向近于正交的漩涡流。漩涡流使漩涡上部水流流速增大，
底部则因反向的漩涡流的阻挡而减速（图 9 - 25）。流速
的这种差异造成垂线方向的压力差，它使漩涡离开河底
上升，并随水流向下游扩散逐渐消失。漩涡流的产生加
强了水流在垂直方向的交替，增强了水流的冲刷能力。

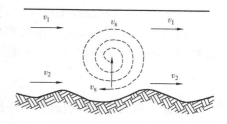

图 9 - 25　旋涡脱离河床进入主流区
v_1—表流速度；v_2—底流速度；
v_s—漩涡流切向流速

　　（二）河水水流的横向环流

　　河水水流在前进方向上所作规模较大且较稳定的螺
旋式运动，使水流产生与其基本流向相垂直的横向流动，这就是横向环流（transverse circulation）。造成横向环流的原因很多，其中河湾处水流的离心力和地球自转所引起的科氏（Coriolis）力的作用是最主要的原因。

　　1. 河湾离心力引起的环流

　　在河湾处，流动迹线曲率半径为 R、断面平均流速为 v 的水流，所承受的离心力 P_l 为

$$P_l = \frac{mv^2}{R} \tag{9 - 31}$$

式中　m——水的质量。

　　由于离心力的作用，使作用于水体的合力向凹岸偏斜（图 9 - 26），导致水面形成倾向
凸岸的横向坡降（J_n）：

$$J_n = \tan\alpha = \frac{mv^2}{R} : mg = \frac{v^2}{Rg} \tag{9 - 32}$$

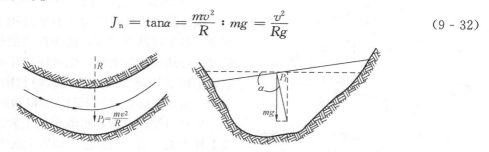

图 9 - 26　河流横向环流形成示意图

　　由于 P_l 的大小与流速的平方成正比，而流速又是表面大深处小，故 P_l 也应是愈深愈小
[图 9 - 27（a）]。倾向凸岸的横坡降又在水中产生附加压力，方向恰好与离心力相反，且在
所有深度上一致 [图 9 - 27（b）]，等于 $J_n\rho_w$（ρ_w 为水的密度）。这样，在水面上部，离心力
与附加力之向量和是指向凹岸的，而在下部则相反，指向凸岸 [图 9 - 27（c）]。上述力的综
合结果使上层水泥产生向凹岸的分流，而下层水流产生向凸岸的分流，形成螺旋状的横向
环流。

　　2. 地球自转引起的环流

　　地面上运动的物体，由于受地球自转的影响，受到一种科氏力的作用，它使运动物体的
方向发生偏转。在北半球，若一河流由南往北流，则流速为 v、质量为 m 的水体受到的科氏
力为

$$P_c = 2m\omega v \sin\varphi \tag{9 - 33}$$

式中　ω——地区自转角速度，s^{-1}；

φ——河流流经点的纬度。

科氏力的作用方向是：在北半球，顺着水流的方向看，作用于河流的右岸；在南半球恰好相反。在科氏力的作用下，水面同样会产生横比降 J_c：

$$J_c = \frac{2\omega v \sin\varphi}{g} \tag{9-34}$$

因此，科氏力也会引起横向环流。在中高纬度地区，由科氏力引起的横向环流，与河湾离心力引起的环流可以是同一数量级。

横向环流的形成使得水流的流速在同一断面上表现出具有一定规律的变化，在表流下沉转变为底流的部位，由于重力作用，水流流速递增；而在底流上升为表流的部位，则要克服重力，水流流速递减。水流流速的上述变化规律是河流在同一断面上既有侵蚀又有淤积的一个极为重要的原因（图 9-28）。

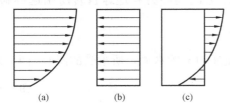

图 9-27　环流的表流与底流方向图解

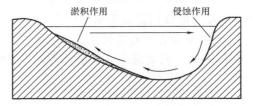

图 9-28　河流同一断面上的侵蚀与淤积

三、水流的侵蚀、搬运与淤积作用

（一）水流的侵蚀作用

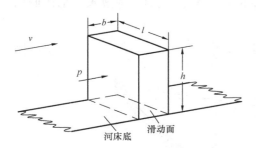

图 9-29　水流对突起于河床中岩体的
侵蚀示意图

水流的侵蚀是河谷地质发展过程中的一个重要现象。对工程地质来说，由于流水的侵蚀作用，可使河床移动或河谷变形，也可使河岸冲刷破坏，这就严重地威胁河谷两岸的建筑物和构筑物的安全。为此，这里有必要对河床泥沙的启动条件进行介绍。

从动力学观点看，水流作用于岩土上的推移力及上托力大于岩土的强度（如岩土的重力和内聚力）时，将发生侵蚀和搬运作用，否则，河床不会遭受侵蚀而形成淤积。假设突起于河床中岩体的高、宽、长分别为 h、b、l（图 9-29），则在垂直于流向的断面上，岩体受到的动水压力为

$$p = \frac{\gamma_w K F v^2}{2g} \tag{9-35}$$

式中　γ_w——河水的重度，kN/m^3；

$\quad\quad K$——岩土性质系数，由实验测定；

$\quad\quad F$——水流作用面积，m^2，$F = hl$，当颗粒为圆形时，$F = \pi d^4/4$，d 为颗粒直径，m；

$\quad\quad v$——水流的平均流速，m/s；

$\quad\quad g$——重力加速度，m/s^2。

由式（9-35）可见，流速的增减对动水压力的大小起着很重要的作用，呈二次方的关系。若岩体受动水压力作用而沿图 9-29 中虚线所示的滑动面产生破坏，则滑动面上的剪应力为

$$\tau = \frac{p}{bl} = \frac{\gamma_w K v^2}{2g} \frac{h}{b} \tag{9-36}$$

若岩石的抗剪强度为 τ_f，当 $\tau < \tau_f$ 时，即流速较小时，岩体不会破坏；当流速增大使得 $\tau = \tau_f$ 时，岩体处于极限平衡状态，此时的流速称为临界流速（v_{cr}）；当流速超过临界流速时，即 $\tau > \tau_f$ 时，岩体破坏而遭受侵蚀。于是，根据库仑定律可以导出临界流速公式为

$$\frac{\gamma_w K v_{cr}^2}{2g} \frac{h}{b} = \sigma \tan\varphi + c$$

即

$$v_{cr} = \sqrt{\frac{2g}{\gamma_w K} \frac{b}{h} (\sigma \tan\varphi + c)} \tag{9-37}$$

式（9-37）说明了各种因素对河流侵蚀作用的意义，特别是岩体的强度和性态的影响。不同强度的岩石，其侵蚀的临界流速也不一样。整体的坚硬岩石，内聚力很大，自然河流的最大流速远远小于其侵蚀临界流速。因此，自然河流无法侵蚀完整的岩石，只能沿着岩体中内聚力很小的裂隙面进行侵蚀。

上面推导出的侵蚀临界流速是在水流方向与冲刷面相垂直的假定下推导出来的。如果流向与冲刷面斜交，则应根据斜交角度换算出实际流速在垂直于冲刷面方向上的流速，然后再与临界流速相比较，以判断岩体是否会被侵蚀。显然，在同样流速的条件下，冲刷面愈平行于流向，则岩体所受的冲刷力愈小；相反，愈近于垂直，冲刷力愈大。桥墩等处于河床中的建筑物，顶冲部分常做成流线形，就是为了使冲刷面与流向平行从而减小冲刷力而设计的。

（二）水流的搬运作用

水流对固体物质的搬运方式有两种，一种是水流使砂、砾等沿河底推移；另一种则是细小物质在水中呈悬浮状态移动，称为悬移。

根据式（9-35），河床上直径为 d 的球状砂砾颗粒，所受水流的动水压力为

$$p = \frac{\pi K}{8g} \gamma_w v^2 d^2 \tag{9-38}$$

而颗粒受到的滚动阻力为

$$T = fW \tag{9-39}$$

$$W = \frac{\pi (\gamma_s - \gamma_w) d^3}{6}$$

式中　f——滚动摩擦系数；

　　　W——颗粒有效重量，kN；

　　　γ_s——颗粒重度，kN/m³。

如果 $p = T$，则颗粒处于极限平衡状态，此时水流速度称为颗粒启动流速（v_{cr}'），也即由松散土构成的河床的侵蚀冲刷临界流速，于是有：

$$p = \frac{\pi K}{8g} \gamma_w v_{cr}'^2 d^2 = \frac{\pi (\gamma_s - \gamma_w) d^3}{6} \tag{9-40}$$

故

$$v_{cr}' = \sqrt{\frac{4gf}{3K} \left(\frac{\gamma_s}{\gamma_w} - 1 \right) d} = C\sqrt{d} \tag{9-41}$$

若临界流速 v_{cr}' 以 m/s 为单位，则根据实际观测有：

$$v_{cr}' = 0.2\sqrt{d} \tag{9-42}$$

由式（9-42）可以看出，砂砾在水流作用下，其粒径与流速的二次方成正比，而砂砾

的体积或重量又与其粒径的三次方成正比，因此，颗粒的重量与流速间是六次方的关系，即流速增加一倍，搬运颗粒重量的能力可增加到原来的 64 倍，这就是山区河流为什么能搬运那么大砾石的原因。

（三）水流的淤积作用

当河流的流速低于推移临界流速时，泥沙便淤积下来。淤积物质的数量取决于河流含砂量与搬运能力的对比关系。当水流的流速和流量减小时，搬运物的数量增多时，淤积作用的程度就会加大。

四、与河流侵蚀与淤积作用有关的工程地质问题

（一）与河流淤积有关的工程地质问题

与河流淤积作用有关的工程地质问题以水库淤积较为典型，其影响也较深远。在河流上筑坝抬高水位，库区形成壅水，使得原来河流的侵蚀基准面抬升，水流入库过程中，水深和过水断面沿流程增大，流速降低，来自上游的泥沙在库区大量落淤，直接影响水库的效益和使用寿命。我国西北、华北地区很多河流泥沙含量很高，建坝后水库淤积速度十分惊人。有的中小型水库使用数年，甚至一场洪水即被淤满。此外，水库淤积还会改变上下游的环境，在航运、排涝治碱、工程安全和生态平衡等方面，造成一系列的不良影响。水库淤积的形式，有壅水淤积和异重流淤积两种。

1. 壅水淤积

浑水进入壅水段以后，泥沙扩散到全断面，随挟沙能力沿流程降低，泥沙沉积于库底，最粗的沉积于上游，细的在下游，形成淤积三角洲。三角洲形成使这一部位过水断面减小、流速增大。当流速随三角洲增高而增大，以致超过水库充水前的流速时，三角洲就会逐渐向下游推移，使淤积物比较均匀地分布于库底，库容逐渐为泥沙所填满。

前面已指出，由于三角洲的增高会引起库尾水深变浅，流速增大，但同时也可能使壅水末端向上游迁移。其结果使淤积末端超过最高库水位与原河床的平交点，水库淤积末端上延，形成"翘尾巴"现象。如图 9-30 所示，淤积前河床为 A_0，相应的回水曲线为 A'_0，回水末端为 0。挟沙水流进入回水段后开始淤积，到 t_1、t_2 时，河底淤成为 A_1、A_2，淤积末端相应为 A_{s1}、A_{s2}，回水曲线分别为 A'_1、A'_2，回水末端分别上延至 1、2 点，其结果使淤积末端超过最高库水位与原河床的平交点。经过较长时期运营中多次洪、枯水作用后，水库淤积末水库"翘尾巴"的形成，使得上游河床淤高而引起许多不良后果。如航道紊乱、淹没和浸没范围扩大、地基沉陷以及土壤盐碱化加重等。可以通过库水位的调整或利用上游水库泄放清水冲刷下游水库的末端等措施，来控制或减弱水库"翘尾巴"所造成的危害。

2. 异重流淤积

多见于多泥沙河流中。当入库来水含沙量高，且其中土粒多，并有足够的流速时，浑水进入壅水段后可不与清水混淆扩散而潜入清水下面，沿库底向下游继续运动，并可一直运行到坝前（图 9-31）。异重流若被滞蓄在坝前，则可在回流作用下使水库变浑，细土粒缓缓落淤库底。如果及时开启排沙底孔闸门，异重流浑水即能排出库外，此时库面可以仍然清澈如镜，但下泄的水流却是浑水。可见，把握住异重流形成时机，利用异重流排沙，这样既能蓄水，又能排沙以延长水库寿命，因而异重流排沙是多泥沙河流中水库排沙减淤的一种重要方式。

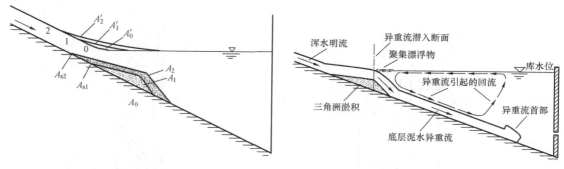

图9-30　水库壅水与淤积相互作用示意图　　　　图9-31　水库异重流示意图

（二）与河流侵蚀有关的工程地质问题

在天然河道上的桥渡工程，因修建墩台使得河流原有过水断面减少，水流的流向和流态复杂，流速在跨河段普遍增大，因而必然产生对桥墩、桥台底部地基的冲刷，这种冲刷主要来自于紊流漩涡的作用。这时即便侵淤平衡的河段上冲刷作用也不可避免。当河床由松散冲积物组成，墩台基础砌置较浅，或未采用特殊的人工基础，在水流作用下墩台基础将失去稳定性，可能造成整座桥梁工程的倾斜破坏。因此，对墩台基础砌置地段冲刷作用的研究，是设计墩台所必需的。其主要任务是预测水流对地基的最大冲刷深度，为保证墩台基础的稳定安全，应砌置在最大冲刷深度以下。

另外，在河流上修建水库后，水库下游河段的来水、来沙条件与建库前相比发生了变化，即引起河流平衡条件的破坏，而导致下游河床的再造过程。为各种目的所建的水库多为常年蓄水，水库蓄水拦沙后，坝后所泄水流为泥沙含量很少的清水，将使下游河床发生冲刷，它包括纵向下切和横向展宽两个方面。这种冲刷所及的范围往往可以达到很长的距离，将对沿岸城镇建筑和农田带来新的威胁。

五、河流开发治理的一般原则

（一）防止水土流失是防治河流灾害的根本性措施

流域的植被覆盖情况，关系到河流的演化方向。无论是特大洪水造成的灾害，或是水库下游的演化进程，在植被良好或恢复较迅速的地区，由于水土流失受到控制，河流可通过自动调整向有利方向演化，使已造成的灾害和恶化趋势能在不长的时期内逐渐消除或受到控制。例如黄河下游的地上悬河，根据其形成机制和演化规律，为了控制地上悬河的发展，使它逐步向地面河流转化，做好黄河中上游黄土高原地区水土保持工作，改变水沙条件，是一项根本性措施。

（二）利用河流自身调整演化规律治理河流

在治理河流时，还应善于利用河流自身的演化规律，因势利导，变不利因素为有利因素，如利用大面积的展宽段屯沙造田和利用水库制造人工洪峰来排沙刷床等。建于2000多年前的我国著名的都江堰工程，是一项非常巧妙地利用河流的横向环流整治泥沙含量很高河流的典型实例（图9-32）。该工程的首部为加固的江心洲洲头，它将岷江分为内、外两江，使携带泥沙的底流随主流排向外江，澄清的表流进入内江。进入内江的水流又受玉垒山突向内江部分的凹型节点挑流而增强了环流作用，底流将泥沙推向飞沙堰排向外江，表流进入宝瓶口。宝瓶口是一两岸顺直的节点，它造成内江轻微壅水，有利于澄清水流，并使出口水流流向稳定，防止下游两岸遭受急流的直接冲刷。

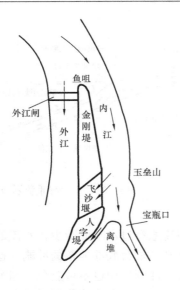 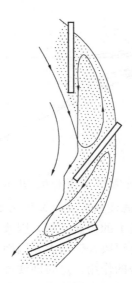

图9-32　都江堰引水工程
平面示意图

图9-33　防止边岸冲刷
的丁坝示意图

（三）根据冲淤规律采取适当的防护工程和预防措施

河道整治中可采取多种河道工程。为了防止河岸被冲刷，可采取两种措施。一种是加固边岸，如抛石、砌石护面、边岸挡土墙等，增强边岸的抗冲刷能力，防止边岸发生崩塌滑坡；另一种方法是改变主流线的位置，如修筑顺坝（导流提）、丁坝（图9-33）等，使水流远离冲刷岸，并造成回流产生淤积，形成护岸层。在高弯曲河道中，还可根据情况采取截弯取直工程，设置一系列控制河道的配套工程。

关键概念

区域稳定性　活断层　诱发地震　砂土液化　横向环流　壅水淤积　异重流淤积

思　考　题

1. 地应力的类型有哪些？地应力的地质标志有哪些？
2. 活断层有哪些类型？各有什么特点？
3. 在野外如何识别活断层？
4. 砂土液化引起的破坏有哪些？
5. 砂土液化的形成机制是什么？
6. 斜坡变形与斜坡破坏各有哪些类型？
7. 条分法的基本原理是什么？
8. 斜坡变形破坏的防治措施有哪些？
9. 土石坝防治渗透变形的措施有哪些？
10. 河水水流横向环流的形成原因是什么？
11. 水流的侵蚀、搬运与淤积作用各是什么？
12. 水库淤积的类型有哪些？分别有什么特点？

第十章　不同类型工程的工程地质问题分析

本章提要与学习目标

本章从五个方面对人类从事的不同类型工程所遇到的工程地质问题进行了阐述，分别为城市规划与建设中的工程地质问题，道路、桥基的工程地质问题，隧道、地下建筑的工程地质问题，水工建筑物的工程地质问题和港口与海岸工程的工程地质问题。在城市规划与建设中的工程地质问题中，主要介绍了城市建设工程地质问题、城市建设选址问题、地基与基础工程地质问题以及城市垃圾场地质问题等。在道路、桥基的工程地质问题中，主要介绍了道路选项的工程地质论证、道路路基的工程地质问题和桥墩台的工程地质问题。在隧道、地下建筑的工程地质问题中，主要介绍了围岩压力的分布规律、围岩变形破坏形式、围岩稳定性分析方法和保护围岩稳定性的工程措施等。在水工建筑物的工程地质问题中，主要介绍了各种坝型对工程地质条件的要求、坝区渗漏及对坝基稳定性的影响和坝基（肩）抗滑稳定性问题等。在港口与海岸工程的工程地质问题中，主要介绍了海平面的升降对海港建设的影响和海岸稳定性对海港建设的影响等。通过对这些工程地质问题分析的学习，掌握这些工程地质问题产生的原因、防治原则及处理措施。

第一节　城市规划与建设中的工程地质问题

一、概述

随着城市化进程的加快，在城市的规划与建设中遇到的工程地质问题亦显得更加重要。城市总体规划要考虑工业、文教、交通、市政、生活居住等协调发展，并进行建筑分带，考虑土地的有效利用，并对地质灾害、环境公害和工程建筑（建筑群、布局、层高）进行控制。避免城市建设的盲目性。城市规划确定后，即应研究城市分期发展的安排，编制出第一批建筑及分批建设示意图。在第一批建筑地段内应确定街道、重要建筑物以及各种线路的位置。

规划、设计首先要进行全区的总体规划，然后作出城市总体规划，进行建设项目的详细规划、初步设计和施工图设计。规划和设计阶段的工程地质工作如下：

1. 规划阶段的工程地质工作

（1）评价规划区的总稳定性。根据我国目前的城市规模及一般工程地质灾害影响的范围，区域以及地面稳定性研究范围以 300km 半径为宜。要研究各种自然地质作用，特别是地震（其烈度）、地震时砂土液化、区域性地面沉降等，以评价在区内修建城市和工厂的适宜性。

（2）从工程地质角度评价功能分区和建筑分带。评价在区内不同区段兴建功能不同、型式不同的建筑物是否适宜。

（3）确定供水水源地及地下水卫生防护带要求有系统的水文地质资料。

（4）提供天然建筑材料的资料。

2. 设计阶段的工程地质工作

（1）考虑工程地质条件选定建筑场地。要以场地地形条件、地质构造、岩土层分布、组合类型及工程特性、地下水条件等为中心，进行工程场地的地基稳定性评价。

（2）考虑工程地质条件确定各个建筑物在场区内合理配置。

（3）选定基础类型及其埋深。

（4）确定地基承载力，预测总沉降量及不均匀沉降。

（5）选定地基改良方案。

（6）评价施工条件。

二、城市规划和建设中的主要工程地质问题

（一）城市环境工程地质问题与地质灾害

根据影响范围考虑，分为两个层次，其环境工程地质问题与地质灾害如下：

1. 影响范围较大的环境工程地质问题

（1）自然和人工诱发的地震活动，在强震区内要进行地震危险分区和地震影响小区划。对重大工程需进行地震反应分析，解决工程抗震设计问题；

（2）各种原因（如地下抽水、构造活动）引起的地裂缝，如在西安、天津、兰州等城市出现的以西安最典型、最严重，对城市工程建设有很大威胁（如道路陷落、房屋开裂、水气管道断裂），需深入研究其成因和对策；

（3）在城市规划区和重大工程项目的场地及附近，应查明断层的分布、位置、规模、活动性及其性质，重点应查明活断层特性：类型、规模、错动速率及其分级和对工程的危害；

（4）各种类型、规模的滑坡；

（5）岩溶（及地下采矿引起的）塌陷，如武汉、杭州、淮南、淮北、大连、唐山、桂林等地都发生过此类地质灾害，造成了很大损失，需研究处理；

（6）城区饱和砂土振动液化的可能性及其等级的确定，它对工程的危害与处理，以及对液化机制的研究；

（7）不少大中城市（上海、天津、宁波、杭州、嘉兴等）存在的地面沉降问题，诸如大量抽取地下水、采油、采气、采矿、地质构造等；沿海城市的海面上升以及海水入侵（地下水）的影响，需找出主要原因，采取有效的工程措施；

（8）有些城市由于地下水位上升造成地下构筑物上浮、地下室漏水、地基承载力降低（特别在黄土地区）引起基础失稳、沉降剧增等问题，应查明原因，寻求对策；

（9）沿海、沿江的冲淤问题，特别要研究水力冲刷、淤积条件的变化，地铁建设大面积降低地下水位、开挖引起的地面下沉、土层位移与水文地质条件改变、环境地质影响等问题；

（10）城市的污染问题（地上与地下）。

2. 影响范围较小的环境工程地质问题

如地下建筑和高层建筑深基坑开挖造成的环境地质问题；基坑开挖施工、降水工程、堆载、土体回弹等造成地表变形；打桩的振动与噪音、水质污染、放射性污染。

3. 地质灾害

地质灾害是属于工程地质作用的范畴，主要地质灾害有滑坡、崩塌、泥石流、地震、地面沉降、地裂缝、岩溶塌陷、沙漠化、盐碱化、海啸、洪水等。

对地质灾害要进行预测及危险性分析，并进行整治的研究。

（二）城市建设工程地质研究的重点问题

高楼群、地下空间利用、高速公路、地下管网的建设对地质环境产生很大影响，要研究如下工程地质问题：

（1）工程场地的地震强度、抗震设计；

（2）深基坑开挖及降水引起的：①边坡稳定；②支护形式的选择、设计、比较；③基坑开挖影响范围内的建筑物位移、沉降；

（3）岩土层分布及其性质（承载能力、变形性质）；

（4）基础选型及地基处理方案的选定；

（5）桩—土—承台的共同作用；

（6）城市地下空间的开挖、支护；

（7）岩土工程的新技术、计算评价的新方法。

（三）城市水文地质问题

（1）城市水资源、水环境的评价、预报、开发、水文地质计算，热水与优质水的开发利用；

（2）地下水的危害。地下承压水对基坑土体稳定，地下水对岩土工程性质的影响以及水质对地下建筑、管道的腐蚀破坏；地下水位下降的地面沉降（引起建筑物开裂）；

（3）水质污染。对水质污染建立模型，进行发展趋势预报；

（4）地下水过量开采引起水源枯竭、海水入侵等问题。

三、场地选择及分区的工程地质论证

对选定的场地要进行气候、水文、水源、交通、工农业发展的综合调查。

岩土工程按照场地、岩土性质及工程条件划分等级。划定一级岩土工程具备的场地条件为：场地处于抗震设防烈度≥9°的强震区，需要详细判定有无大面积地震液化、地面断裂、崩塌、地震引起的滑移及其他高震害异常的可能性。划定二级岩土工程具备的场地条件为：无建筑经验或在特定条件下不可能获得所需资料的场地；有失败的岩土工程先例，或有可能影响整体稳定性问题而待查证的场地；抗震设防烈度为7°～8°的地震区且需进行小区划的场地；山区、丘陵地带的一般场地；处于不同地貌单元交界的场地。划定三级岩土工程具备的场地条件为：邻近场地已有建筑经验，而其地形、地质条件相似的场地；地形、地貌条件单一，地层结构简单的场地；无特殊的动力地质作用影响的场地；抗震设防烈度≤6°的场地。

场地选择和分区的工程地质论证：对几个场地进行评比，选定一个条件较好的，并将场地按工程地质条件分区，以利于合理配置各种建筑物。在评价时，主要考虑：地形地貌、地层结构、水文地质及动力地质作用等四个方面。

（一）地形地貌条件在场地选择和分区中的意义

地形越平坦、广阔，越适合于布置一般的工业和民用建筑物，但缓坡（4%～20%）则利于排水。还需研究地貌单元的划分，同一地貌单元内不仅地形特征相同，且地质结构、水文地质条件也大体相同。按地形地貌特征可将场地划分为五种：

（1）开阔的平原场地。对城市和工厂的修建与发展很有利，但要注意当地防洪的条件和标准。如华北平原、江汉平原、长江中下游平原及三角洲、珠江三角洲、钱塘江三角洲等。

（2）河谷阶地上的场地。长江、黄河等中上游沿河一带许多城市（重庆、万县、武昌、安庆、南京部分地区）位于这种场地上，由于其在一般洪水位之上，可免遭洪灾。

（3）较宽阔的溶蚀洼地中的场地。地形开阔时能满足修建大型工程的要求，但常有复杂的下伏基岩地形，地层厚度变化大，常发生地面塌陷，如广西、贵州等地。

（4）山麓或河谷斜坡上的场地。地形坡度大，场地较狭窄，不适于发展大城市，但可布置一些工厂。

（5）地形起伏的场地。对交通道路和建筑物的布置很不利，如被地形切割的黄土高原，起伏显著的丘陵地带。

上述各类场地其建筑条件各不相同，工程地质勘察和评价也各异。

（二）地层结构在场地选择与分区中的意义

地层结构是指岩土层的产状、层厚变化、岩土层的工程性质等；对岩质地基应了解其构造断裂情况。构成地基的岩土层是建筑物的持力层，它将影响选择基础类型、基础埋深、地基稳定以及施工方法。按地层结构划分场地，可分坚硬、半坚硬岩石地基和松散土地基。岩石地基能满足多层或高层建筑物的要求。

（三）水文地质条件在场地选择和分区中的意义

在进行场地选择和分区时，要充分考虑到水文地质条件，应查明：地下水位的绝对标高、埋深、季节性水位变幅；承压含水层的埋深，承压水头高度以及地下水的化学成分。考虑地下水的埋藏条件，场地可分为干燥的场地、过湿的场地、水文地质条件复杂的场地。

（四）动力地质作用在场地选择和分区中的意义

对场地总稳定性有重要影响的动力地质作用，主要有泥石流、水流（河流、海岸）的侵蚀、水库坍岸、岩溶、滑坡、多年冻结（以及季节冻融）、地面沉降、地裂缝、地震（及其引起的海啸）等。应先查明这些作用的分布规律，与区域地质、地貌的关系，如工程不能避开时，应采取工程措施。例如，在岩溶地区选择场地，应注意该区基岩顶面的起伏，土层厚度变化多，甚至有埋藏的淤泥层或土洞存在等复杂情况。

四、地基基础设计的工程地质评价

地基设计的基本任务是：选择天然地基或人工加固地基，确定基础埋深、尺寸、形状。设计时应使基础与地基和上部结构相互适应。所以在设计之前需明确建筑物的荷载、结构的形式，以及场地的地质结构、水文地质条件和岩土的物理力学性质。正确设计要使地基的沉降满足建筑物的稳定和正常使用，不致影响已有的建筑物，地基能承受上部的荷载决定于基础的型式。对各种地基、基础方案需要通过技术经济比较论证，才能选取一个合理的方案。

对良好的地基条件，基础的费用较省，如在合肥市的上更新世膨胀土地基上，可以修建10～20层的建筑物而不需人工地基；可是在其上修建低层（1～4层）建筑物却因该类土的湿胀干缩造成很大的困难。在软土地区，基础的费用占土建造价的20%～30%，甚至更多；而在北方地区因土层较好则在10%以内。地基基础设计是设计人员的任务，而根据设计要求提供必要的工程地质资料，或对地基基础设计进行工程地质论证，则是工程地质人员的责任。

在论证工程地质条件时，应考虑以下几方面。

（一）基础埋深及其结构类型

建（构）筑物下部直接与土层接触的部位称为基础。建筑物的荷载由基础传递给下面的岩（土）层，引起基础下面一定深度内的岩（土）层改变它们原始的应力状态。这部分改变了应力状态的岩（土）层称作地基（图10-1）。基础下面直接承受建筑物荷载的岩（土）层为持力层，其下面的岩（土）层为下卧层。

地基在上部建筑物荷载作用下发生压密变形，如果荷载超过容许值时地基将发生破坏。为了防止地基破坏，确保建筑物安全、正常使用，地基必须满足两方面要求：一是地基应有足够的强度，在荷载作用下不发生失稳破坏；二是地基变形不能太大而影响建筑物的正常使用。前者是地基的稳定问题，后者是地基的变形问题。

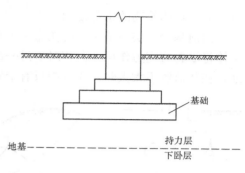

图10-1　地基与基础

确定适宜的持力层，即可确定基础埋深，但同时与结构类型的选择相结合来考虑，这在基础设计中是很重要的步骤。一方面要考虑建筑物的用途、类型、荷载和结构类型，另一方面是场地的地质条件，即季节冻结深度、地下水位以及土层冻胀的可能性、胀缩土的季节活动带以及地层和水文地质条件。尽可能选用埋深较浅的基础，以节省造价。

（1）季节冻结深度和冻胀的可能性、膨胀土的活动带深度；应考虑冻胀或胀缩引起的地基变形使建筑物可能的破坏。

（2）建筑场地的地层结构和水文地质条件。地层结构和水文地质条件对确定持力层、选择地基类型、基础尺寸和结构类型均有影响。各地的地层、岩性、水文地质条件各异，应从几个比较方案中选取最合理的。

场地的地层结构可分以下几种情况：

1）场地由深厚的坚硬岩层或致密土层组成。一般这是最为理想的条件，地基的承载力较高，变形小；但如为高层建筑或是在斜坡地带，对其稳定也是需专门研究的。

2）场地由很厚的软黏土（如塑性黏土、淤泥质土等）组成。沿海城市往往分布有滨海相的软黏土层，一些多层建筑修建在软土层之上，过去常用片筏基础解决地基承载力不足的问题。在软土地区建筑要作沉降及不均匀沉降计算。为减少地基的沉降（或不均匀沉降）量，在这些场地常用桩基或用地基处理方法。

3）上覆有软弱土层，有限深度内有较坚实的岩土层。可用短桩基础或沉井，将基础深埋于坚实的岩土上，或在其上用地基处理方法将其加固。

4）下伏坚硬岩土层表面起伏大，上覆软弱土层层厚变化大。在这种地层结构地区，由于不均匀沉降上层结构易引起问题（如房屋倾斜或开裂），还由于勘察工作量的限制，不可能勾画出精确的岩面起伏，使设置预制桩造成困难，各桩长度不好确定，有时需增补勘探工作量，有时需改变桩型，如采用沉管混凝土桩、钻孔桩或扩孔桩。

（二）地基承载力和地基变形的工程地质评价

在建筑物的荷载作用下，地基产生变形，随着荷载的增加变形也增大，当荷载达到或超过某个临界值时，地基中产生塑性变形，最终导致地基的破坏。显而易见，地基承受荷载的能力是有限的。地基所能承受由建筑物基础传来的荷载的能力称为地基承载力（foundation bearing capacity）。

可以想象，在建筑物地基基础设计时，为了确保建筑物的安全和地基的稳定性，必须限定建筑物基础底面的压力不超过规定的地基承载力，这样的限定也为了使地基的变形不至于过大而影响建筑物的正常使用。

当地基岩土层中某一点的任意一个平面上剪应力达到或超过它的抗剪强度时，这部分岩土体将沿着剪应力作用方向相对于另一部分地基岩土体发生相对滑动，开始剪切破坏。一般地，在外荷载不太大时，地基中只有个别点位上的剪应力超过其抗剪强度，也就是局部剪切破坏，常发生在基础边缘处。随着外荷载的增大，地基中的剪切破坏由局部点位扩大到相互贯通，形成一个连续的剪切滑动面，地基变形增大，基础两侧或一侧地基向上隆起，基础突然下陷，地基发生整体剪切破坏（图10-2）。

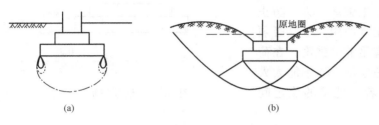

图10-2　地基发生剪切破坏过程
(a) 局部剪切破坏；(b) 整体剪切破坏

地基设计的必要条件是要满足建筑物的设计荷载以及地基变形在允许之内。通过地质勘探可以从地质剖面图了解岩土层的分布，通过室内外的试验可以得到岩土强度、变形、渗透的指标。

根据国家《地基基础设计规范》，可以计算地基的承载力设计值；根据岩土的压缩系数和变形模量（或弹性模量）、基础选定形式、尺寸和荷载的大小，可以计算其变形值，基础设计的目的是地基不仅应满足承载力的要求、还需满足变形的要求。一般对重要的建筑物或在软土上的多层建筑物常在施工开始时在建筑物四周埋设沉降观测标，以观测施工过程中地基的变形以及工程完工后（待沉降稳定）的沉降量，通过反复分析，可以有助于以后工程的设计，或当变形异常时及时采取工程的补救措施。

（三）施工条件的工程地质论证

在基础类型、基础埋深确定之后，要对其施工条件进行论证。不同的地基设计方案，其施工的地质条件不尽相同。

1. 基坑开挖条件

对不太深的基础，或是岩土性质较好，基坑四周又无重要的建筑物，一般可用大开挖，要确定合理的边坡坡度，但对有发生流砂（如粉细砂、粉土，承压水）条件以及土质很软的基坑应采取适当的预防措施；对易风化的岩土要采用保护措施（留保护层）和快速浇注混凝土。

对开挖深度大的基坑，如在河床地段要设计围堰或打钢板桩；在城市建设中，建筑物基坑的围护、支撑设计很重要，设计不好将使施工发生困难，或对周围建筑物造成危害。经常可以看到围护失败的事例。围护的方法是很多的，有桩式围护（用预制桩、钻孔桩、沉管桩、钢板桩）；拉锚式混凝土连续墙；地基加固式围护，如水泥搅拌桩格式挡墙；满堂支撑式等；或者采用逆作法施工。

2. 降水和排水

施工开挖要考虑基坑排水并保证基坑土体的稳定，要计算基坑的排水流量，以及保证基坑土体稳定的排水方法，如井点排水（对粉细砂、粉土）、电渗排水（对软黏土）、探井排水（对渗透性好的砂、砾层）等以有效地降低地下水位（特别是有压水位）。降水、排水设计也是施工中的重要内容之一，勘探、试验要提供岩土的含水层厚度、渗透系数、地下水位（各层的承压水位）指标。为防止周围地面下沉，在基坑外围需设回灌井。

五、城市垃圾堆埋场的地质问题

城市垃圾的处理已成为一个重要的环境问题。发达国家每人年产垃圾 3.5 吨。北京年产垃圾 160 万吨，近郊有 5000 个堆场，占据了大量土地。在国外的一些废渣堆曾发生火灾和滑坡。对垃圾的处理方法有：露天堆放、卫生填埋、焚烧、堆肥、核废料的专门处理。我国多以露天堆放为主，使污染分布到近郊。

（一）垃圾堆埋场的选择

垃圾处理分地表处理、地下处理、地表与地下结合处理，以后者处理方案最佳。垃圾堆埋场是一个综合性的污染源，因而对场地选择应加以重视。

（二）城市垃圾堆埋场的地质问题

堆埋场与外界不是完全隔绝的，堆埋场内的物质会在地下水作用下渗入周围土壤，污染原有的地下水，同时也会污染大气环境，散发恶臭。垃圾堆埋场的地质问题主要有两个方面：

（1）废液对地下水的污染。不同土质条件下填埋场中废液与地下水的相互作用方式是不同的，它受到地下水位的控制；

（2）废气对环境的污染。在填埋场中产生的废气主要有 CH_4、CO_2、SO_2、H_2S 等，这些气体可透过填埋场的底层和盖层进入到空气中，污染周围环境。

（三）城市垃圾的处理

垃圾的卫生处理属于环境保护科学，也是环境地质要研究的一项新的工作。目前，在国际上有以下几种趋势：

（1）自然稀释。即选择在透水性好的含水层的场地上填埋垃圾，污染物通过含水层的过滤、离子交换、化学吸附和生物吸附等作用净化污染淋滤液；但如选择在供水的含水层地区，则应有充分的科学论证；

（2）填埋处理。即查勘良好的隔水层，或用人工的防水膨胀土垫层隔水。对渗出液或气体经化学等方法处理后回收利用。

卫生填埋场的选择应考虑以下几方面因素：运输距离、路径、对环境的影响、地质条件等。一般选择地下水位较深和黏土地带。卫生填埋场由以下几部分组成：填埋坑、底部隔水层、垃圾堆积层、盖层等；考虑到排放废气和废液的需要，在堆埋场中设置有排放层。

对于放射性废物，其储存设施要充分利用地质体作为阻挡层。一般厚层的沉积岩、变质岩、大的火成岩侵入体较为理想，而其深度应在地应力许可之内。为防止地下水的入侵，应利用黏土质岩层作为防渗层。

第二节　道路、桥基的工程地质问题

一、概述

道路是以线型工程的特点而展布的，其结构由三类建筑物所组成：第一类为路基工程，它是路线的主体建筑物（包括路堤和路堑等）；第二类为桥隧工程（如桥梁、隧道、涵洞等），它们是为了使路线跨越河流、深谷、不良地质现象和水文地质地段，穿越高山峻岭或使路线从河、湖、海底下通过；第三类是防护建筑物（如护坡、挡土墙、明洞等）。在不同的路线中，各类建筑物的比例也不同，主要取决于路线所经过地区工程地质条件的复杂程度。作为既是线型建筑物，又是表层建筑物的道路和桥梁，往往要穿越许多地质条件复杂的地区和不同的地貌单元，使道路的结构复杂化。在山区路线中，塌方、滑坡、泥石流等不良地质现象对它们构成威胁。

二、道路选线的工程地质论证

道路是线性建筑物，在数百甚至数千公里的路线上常遇到各式各样的工程地质问题。如道路沿线山高谷深，地质复杂，不良地质现象发育，或道路要穿过大溶洞和暗河等，这些均说明了在选线中重视工程地质条件的必要性，只有根据地质环境的具体条件才能选出技术可靠而又经济合理的路线。

在选线中，工程地质工作的主要任务是查明各比较路线方案沿线的工程地质条件。在满足设计规范要求的前提下，经过技术经济比较，选出最优方案。路线一经选定，对今后的运营则带来长期而深远的影响，一旦发现问题而改线，即使局部改线，都会造成很大的浪费。因此，选线的任务是繁重的，技术上是复杂的，必须全面而慎重地考虑。

路线的基本类型及其特点如下：

（1）沿河线。其优点是坡度缓，路线顺直，工程简易，挖方少，施工方便。但在平原河谷选线常遇有低地沼泽、洪水危害；而丘陵河谷的坡度大，阶地常不连续，河流冲刷路基，泥石流淹埋路线，遇支流时需修较大桥梁。山区河谷，弯曲陡峭，阶地不发育，开挖方量大，不良地质现象发育，桥隧工程量大。

（2）山脊线。其优点是地形平坦，挖方量少，无洪水，桥隧工程量少；但山脊宽度小，不便于工程布置和施工。有时地形不平，地质条件复杂。若山脊全为土体组成，则需外运道渣，更严重的是取水困难。

（3）山坡线。其最大优点是可以选任意路线坡度，路基多采用半填半挖，但路线曲折，土石方量大，不良地质现象发育，桥隧工程多。

（4）越岭线。其最大优点是能通过巨大山脉，降低坡度和缩短距离，但地形崎岖，展线复杂，不良地质现象发育，要选择适宜的垭口通过。

三、道路路基的主要工程地质问题

（一）路基边坡稳定性问题

路基边坡包括天然边坡、傍山路线的半填半挖路基边坡以及深路堑的人工边坡等。具有一定的坡度和高度的边坡在重力作用下，其内部应力状态也不断变化。当剪应力大于岩土体的强度时，边坡即发生不同形式的变形和破坏。其破坏形式主要表现为滑坡、崩塌和错落。

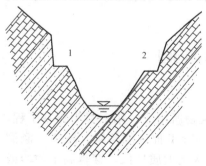

图 10-3　单斜谷的路线选择
1—有利情况；2—不利情况

土质边坡的变形主要决定于土的矿物成分，特别是亲水性强的黏土矿物及其含量，除受地质、水文地质和自然因素影响外，施工方法是否正确也有很大关系。

岩质边坡的变形主要决定于岩体中各种软弱结构面的形状及其组合关系，它们对边坡的变形起着控制作用。只有同时具备临空面、滑动面和切割面三个基本条件，岩质边坡的变形才有发生的可能。在路基选线时，需注意如下的地质构造影响。

（1）在单斜谷中，路线应选择在岩层倾向背向山坡的一岸（图 10-3）。

（2）在断裂谷中，两岸山坡岩层破碎，裂隙发育，对路基稳定很不利，不能避免沿断层裂谷布线时，应仔细比较两岸边坡的岩性、倾向和裂隙组合情况，选择边坡相对稳定性好的一岸。

（3）在岩层褶皱的边坡中，当路线方向与岩层走向大致平行时，则应注意岩层倾向与边坡的关系，如为向斜构造时，向斜山两侧边坡对路基稳定有利［图 10 - 4（a）］；如为背斜构造时，则两侧边坡对路基稳定不利［图 10 - 4（b）］；如为单斜构造时，则两侧边坡的稳定性条件就不同，背向岩层倾向的山坡对路基稳定性有利，顺向岩层倾向的一侧山坡就相对地不利于路基的稳定性［图 10 - 4（c）］。

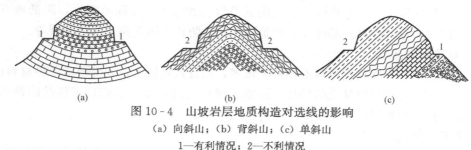

图 10 - 4　山坡岩层地质构造对选线的影响

（a）向斜山；（b）背斜山；（c）单斜山

1—有利情况；2—不利情况

由于开挖路堑形成的人工边坡，加大了边坡的陡度和高度，使边坡的边界条件发生变化，破坏了自然边坡原有应力状态，进一步影响边坡岩土体的稳定性。另一方面路堑边坡不仅可能产生工程滑坡，而且在一定条件下，还能引起古滑坡复活。由于古滑坡发生时间长，在各种外营力的长期作用下，其外表形迹早已被改造成平缓的边坡地形，很难被发现，若不注意观测，当施工开挖形成滑动的临空面时，就可能造成边坡失稳。

（二）路基基底稳定性问题

一般路堤和高填路堤对路基基底要求有足够的承载力，基底土的变形性质和变形量的大小主要取决于基底土的力学性质、基底面的倾斜程度、软土层或软弱结构面的性质与产状等，它往往使基底发生巨大的塑性变形而造成路基的破坏。此外，水文地质条件也是促使基底不稳定的因素。如路基底下有软弱的泥质夹层，当其倾向与坡向一致时，或在其下方开挖取土或在其上方填土加重，都会引起路堤整个滑移；当高填路堤通过河漫滩或阶地时，若基底下分布有饱水厚层淤泥，在高填路堤的压力下，往往使基底产生挤出变形；也有因基底下岩溶洞穴的塌陷而引起路堤严重变形。

路基基底若为软黏土、淤泥、泥炭、粉砂、风化泥岩或软弱夹层所组成，应结合岩土体的地质特征和水文地质条件进行稳定性分析。若不稳定时，可选用下列措施进行处理：放缓路堤边坡，扩大基底面积，使基底压力小于岩土体的容许承载力；在通过淤泥软土地区时路堤两侧修筑反压护道；把基底软弱土层部分换填或在其上加垫层；采用砂井（桩）排除软土中的水分，提高其强度；架桥通过或改线绕避等。

（三）公路冻害问题

它包括冬季路基土体因冻结作用而引起路面冻胀和春季因融化作用而使路基翻浆，结果都会使路基产生变形破坏，甚至形成显著的不均匀冻胀，使路基土强度发生极大改变，危害道路的安全和正常使用。

根据地下水的补给情况，公路冻胀的类型可分为表面冻胀和深源冻胀。前者是在地下水埋深较大地区，其冻胀量一般为 30~40mm，最大达 60mm，其主要原因是路基结构不合理或养护不周，致使道渣排水不良造成。深源冻胀多发生在冻结深度大于地下水埋深或毛细管水带接近地表水的地区，地下水补给丰富，水分迁移强烈，其冻胀量较大，一般为 200~400mm，最大达 600mm。公路的冻害具有季节性，冬季在负气温长期作用下，使土中水分重新分布，形成平行于冻结界面的数层冻层，局部尚有冻透镜体，因而使土体积增大（约 9%）而产生路基隆起现象；春季地表面冰层融化较早，而下层尚未解冻，融化层的水分难以下渗，致使上层土的含水量增大而软化，在外荷作用下，路基出现翻浆现象。

防止公路冻害的措施有：铺设毛细割断层，以断绝水源；把粉黏粒含量较高的冻胀性土换为粒粗、分散的砂砾石抗冻胀性土；采用纵横盲沟和竖井，排除地表水，降低地下水位，减小路基土的含水量；提高路基标高；修筑隔热层，防止冻结向路基深处发展等。

（四）建筑材料问题

路基工程需要的天然建筑材料不仅种类较多，而且数量较大，同时要求各种材料产地沿线两侧零散分布。这些材料品质的好坏和运输距离的远近，直接影响到工程的质量和造价，有时还会影响路线的布局。

四、桥梁工程地质问题

桥梁是道路建筑工程中的重要组成部分，由正桥、引桥和导流建筑物等工程组成。正桥是主体，位于河岸桥台之间，桥墩均位于河中。引桥是连接正桥与路线的建筑物，常位于河漫滩或阶地之上，它可以是高路堤或桥梁。导流建筑物，包括护岸、护坡、导流堤和丁坝等，是保护桥梁等各种建筑物不受河流冲刷破坏的附属工程。桥梁按结构可分为梁桥、拱桥和钢架桥等。不同类型的桥梁，对地基有不同的要求，所以工程地质条件是选择桥梁结构的主要依据。

（一）桥墩台地基稳定性问题

桥墩台地基稳定性主要取决于墩台地基中岩土体承载力的大小。它对选择桥梁的基础和确定桥梁的结构形式起决定作用。当桥梁为静定结构时，由于各桥孔是独立的，相互之间没有联系，对工程地质条件的适应范围较广。但对超静定结构的桥梁，对各桥墩台之间的不均匀沉降特别敏感，故取用其地基容许承载力时应慎重考虑。岩质地基容许承载力的确定取决于岩体的力学性质及水文地质条件等，应通过室内试验和原位测试等综合判定。

（二）桥墩台地基的冲刷问题

桥墩和桥台的修建，使原来的河槽过水断面减少，局部增大了河水流速，改变了流态，对桥基产生强烈冲刷，威胁桥墩台的安全。因此，桥墩台基础的埋深，除决定于持力层的部位外，还应满足以下要求：

（1）桥位应尽可能选在河道顺直、水流集中、河床稳定的地段。以保护桥梁在使用期间不受河流强烈冲刷的破坏或由于河流改道而失去作用。

（2）桥位应选择在岸坡稳定、地基条件良好、无严重不良地质现象的地段，以保证桥梁和引道的稳定，降低工程造价。

（3）桥位应尽可能避开顺河方向及平行桥梁轴线方向的大断裂带，尤其不可在未胶结的断裂破碎带和具有活动可能的断裂带上建桥。

（4）在无冲刷处，除了坚硬岩石地基外，应埋置在地面以下不小于 1m；在有冲刷处，应埋置在墩台附近最大冲刷线以下；基础建于抗冲刷较差的岩石，应适当加深。

第三节　隧道、地下建筑的工程地质问题

一、概述

地下洞室泛指修建于地下岩土体内，具有一定断面形状和尺寸，并有较大延伸长度的各种形式和用途的建筑。地下洞室是岩土工程中的重要组成部分，目前已广泛应用于交通、采矿、水利水电、国防等部门，公路工程建设中的地下建筑物主要是隧道。

由于地应力的存在，地下洞室开挖势必打破原来岩（土）体的自然平衡状态，引起地下洞室周围一定范围内的岩（土）体应力重新分布，产生变形、位移甚至破坏，直至出现新的应力平衡；工程中将开挖后地下洞室周围发生应力重新分布的岩（土）体称为围岩（wall rock）。地下洞室突出的工程地质问题是围岩稳定问题，围岩的稳定性是地下洞室能否在服务年限内正常使用的关键。

二、围岩压力

（一）围岩应力重新分布的一般特征

洞室开挖前，岩土体一般处于天然应力平衡状态，称一次应力状态或初始应力状态。在岩体内开挖地下洞室将引起围岩内部的应力重新分布，出现二次应力。这就打破了原来岩体的自然应力平衡状态，势必导致围岩产生变形和破坏，而在地下洞室的支护结构上引起应力和位移的变化，甚至破坏支护结构。

围岩应力重分布与岩体的初始应力状态及洞室断面的形状等因素有关。如对于侧压力系数 $\lambda=1$ 的圆形地下洞室，开挖后应力重分布的主要特征是径向应力 σ_r 向洞壁方向逐渐减小，至洞壁处为零；而切向力 σ_θ 在洞壁增大，如图 10-5 所示。通常所说的围岩，就是指受应力重分布影响的那一部分岩体。

由此可见，地下开挖后由于应力重分布，引起洞周产生应力集中现象。当围岩应力小于岩体的强度极限（脆性岩石）或屈服极限（塑性岩石）时，洞室围岩稳定。当围岩应力超过岩体屈服极限时，围岩就由弹性状态转化为塑性状态，形成一个塑性松动围（图 10-6）。在松动圈形成的过程中，原来洞室周边集中的高应力逐渐向松动圈外转移，形成新的应力升高区，该区岩体挤压紧密，宛如一圈天然加固的岩体，故称为承载圈。

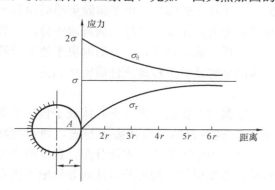

图 10-5　隧道开挖洞周应力状态

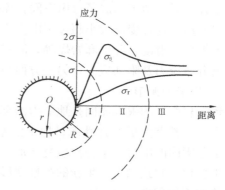

图 10-6　围岩的松动圈和承载圈

Ⅰ—松动圈；Ⅱ—承载圈；Ⅲ—原始应力区

应当指出，如果岩体非常软弱或处于塑性状态，则洞室开挖后，由于塑性松动圈的不断

扩展，自然承载圈很难形成。在这种情况下，岩体始终处于不稳定状态，开挖洞室十分困难。如果岩体坚硬完整，则洞周围岩石始终处于弹性状态，围岩稳定不形成松动围。

在生产实践中，确定洞室围岩松动圈的范围是非常重要的。因为松动圈一旦形成，围岩就会坍塌或向洞内产生大的塑性变形，要维持围岩稳定就要进行支撑或衬砌。

（二）围岩压力的类型

洞室围岩由于应力重分布而形成塑性变形区，在一定条件下，围岩稳定性便可能遭到破坏。为保证洞室的稳定，常需进行支护或衬砌，洞室支护或衬砌上便必然受到围岩变形与破坏的岩土体的压力。这种由于围岩的变形与破坏而作用于支护或衬砌上的压力称为围岩压力（wall rock pressure）。

围岩压力是设计支护或衬砌的依据之一，它关系到洞室安全施工、节约资金、施工进度和正常营运等问题，围岩稳定程度的判别与围岩压力的确定紧密相关。

围岩压力就其表现形式可分为如下四类：

（1）松动压力。由于开挖而引起围岩松动或坍塌的岩体以重力形式作用在支护结构上的压力称为松动压力，亦称散体压力。松动压力是因为围岩个别岩石块体的滑动、松散围岩以及在节理发育的裂隙岩体中，围岩某些部位沿软弱结构面发生剪切破坏或拉张破坏等导致局部滑动引起的。

（2）变形压力。开挖必然引起围岩变形，支护结构为抵抗围岩变形而承受的压力称为变形压力。

（3）冲击压力。在坚硬完整岩体中，地下建筑开挖后的洞体应力如果在围岩的弹性界限之内，则仅在开挖后的短时期内引起弹性变形，而不致产生围岩压力。但当建筑物埋深较大，或由于构造作用使初始应力很高，开挖后洞体应力超过了围岩的弹性界限，这些能量突然释放所产生的巨大压力，称为冲击压力。冲击压力发生时，伴随着巨响，岩石以镜片状或叶片状高速迸发而出，因此冲击压力也称岩爆。

（4）膨胀压力。某些岩体由于遇水后体积发生膨胀，从而产生膨胀压力。膨胀压力与变形压力的基本区别在于它是围岩吸水膨胀引起的。膨胀压力的大小，主要取决于岩体的物理力学性质和地下水的活动特征等。

三、洞室围岩的变形与破坏

洞室开挖后，地下形成了自由空间，原来处于挤压状态的围岩，由于解除束缚而向洞室空间松胀变形；这种变形大小超过了围岩所能承受的能力，便发生破坏。从母岩中分离、脱落，导致坍塌、滑动、隆破和岩爆等。洞室围岩的变形与破坏程度，一方面取决于地下天然应力、重分布应力及附加应力，另一方面与岩土体的结构及其工程地质性质密切相关。

（一）围岩的变形

导致围岩变形的根本原因是地应力的存在。地下洞室开挖前，岩（土）体处于自然平衡状态，内部储蓄着大量的弹性能，地下洞室开挖后，这种自然平衡状态被打破，弹性能释放，一定范围内的围岩发生弹性恢复变形。另一方面，由于围岩应力重新分布，各点的应力状态发生变化，导致围岩产生新的弹性变形。这种弹性变形是不均匀的，从而导致地下洞室周边位移的不均匀性。

重新分布的围岩应力在未达到或超过其强度以前，围岩以弹性变形为主。一般认为，弹性变形速度快、量值小，可瞬间完成，一般不易觉察。当应力超过围岩强度时，围岩出现塑性区域，甚至发生破坏，此时围岩变形将以塑性变形为主；塑性变形延续时间长、变形量大，发生压碎、拉裂或剪破，塑性变形是围岩变形的主要组成部分。

如果围岩裂隙十分明显或者围岩破坏严重时，节理、裂隙间的相互错位、滑动及裂隙张开或压缩变形将会占据主导地位，而岩块本身的变形成分退居次要地位。按照岩体结构力学原理，由于岩体中大小结构面的存在，围岩的变形都会或多或少地存在结构面的变形。

此外，由于岩石的流变效应十分明显，围岩长期处于一种动态变化的高应力作用之中，流变也是围岩变形不可忽略的组成部分。

从围岩变形与时间的关系上看，典型的曲线形状如图 10-7 所示，它的形状与岩石的蠕变曲线很相似。OA 段代表围岩开挖初期的变形，它主要是弹性变形和部分塑性变形，这一段时间一般在 15～30d；AB 段为围岩应力调整期的变形阶段，这时的变形主要是塑性变形，大约 1 个月或更长；BC 段为围岩的稳定期，这个阶段基本没有变形，时间可长可短，由于地下洞室绝大多数采取了支护措施，一般可保持在使用期限内；CD 段为加速变形阶段，该阶段表明围岩即即将破坏，变形成分以结构面的滑移和张裂为主。

从围岩变形与深度的关系上看，如图 10-8 所示，变形的分布以地下洞室的表面最大，随着深度的加大，变形将趋于零。曲线上的拐点 A 是弹、塑性区的分界点，变形的零点就是地下洞室对围岩影响范围的终点。

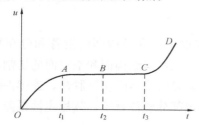

图 10-7　围岩变形与时间的关系

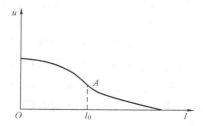

图 10-8　围岩变形与深度的关系

（二）常见围岩破坏类型

洞室开挖后，围岩破坏就其表现形式分为洞顶坍塌、边墙滑落和洞底隆胀。其一，围岩应力重新分布导致洞顶和两帮中部成为破坏的起点；其二，结构面的不同组合，形成局部切割块体不稳定而滑移；其三，地下洞室开挖后由于风化作用、围岩遇水软化或围岩本身强度较低，引起地下洞室围岩破坏或围岩膨胀。

（1）洞顶坍塌。亦常称为冒顶。顶板塌落后的形状与地下洞室围岩性状有很大关系，绝大多数顶板坍塌与结构面的切割有关，边墙的滑落与顶板情形类似，结构面的影响是主要的。地下洞室开挖后底板的隆胀是很常见的，特别是围岩塑性变形显著、岩性软弱和埋深较大的地下洞室表现得最明显，有时也造成洞壁挤出现象。实际上，由于我们在地下洞室支护中常常不支护底板，因而几乎所有地下洞室均有不同程度的底板隆胀现象。

（2）岩爆。坚硬而无明显裂隙或者裂隙极细微而不连贯的弹脆性岩体，如花岗岩、石英岩等，在洞室开挖过程中，洞壁岩石有时会骤然以爆炸形式，呈透镜体碎片或岩块突然弹出或抛出，并发生类似射击的啪啪声响，这就是所谓的岩爆。它对地下工程常造成危害，破坏支护、堵塞坑道，或造成重大伤亡事故。

（3）围岩破坏导致的地面沉降。洞室围岩的变形和破坏，导致洞室周围岩体向洞室空间移动。如果洞室位置很深或其空间尺寸不大，围岩的变形破坏将局限在较小范围以内，不致波及地面。但是，当洞室位置很浅或其空间尺寸很大，特别在矿山开发中，地下开采常留下很大范围的采空区，围岩变形与破坏将会扩展或影响波及地面，引起地面沉降，有时会出现地面塌陷和裂缝。

四、地下洞室围岩稳定性的分析方法

（一）影响围岩稳定的因素

地下洞室围岩的稳定与岩性、岩体结构与构造等自然因素有关，与开挖方式、支护方式及时间等人为因素也有关。

1. 岩性

坚硬完整的岩石一般对围岩稳定性影响较小，而软弱岩石则由于岩石强度低、抗水性差、受力容易变形和破坏，对围岩稳定性影响较大。

我们知道岩石由于其矿物成分、结构和构造的不同，物理力学性质差别很大。如果地下洞室围岩为整体性良好、裂隙不发育的坚硬岩石，岩石本身的强度远高于结构面的强度。这种情况下，岩石性质对围岩的稳定性影响很小。

如果地下洞室围岩强度较低、裂隙发育、遇水软化，特别是具有较强膨胀性的围岩，则二次应力使围岩产生较大的塑性变形，或较大的破坏区域。同时裂隙间的错动、滑移变形也将增大，势必给围岩的稳定带来重大影响。

2. 岩体结构

块状结构的岩体作为地下洞室的围岩，其稳定性主要受结构面的发育和分布特点所控制，这时的围岩压力主要来自最不利的结构面组合，同时与结构面和临空面的切割关系有密切关系；碎裂结构围岩的破坏往往是由于变形过大，导致块体间相互脱落，连续性被破坏而发生坍塌，或某些主要连通结构面切割而成的不稳定部分整体冒落，其稳定性最差。

3. 地质构造

地质构造对于围岩的稳定性起重要作用。当洞室通过软硬相间的层状岩体时，易在接触面处变形或坍落。若洞室轴线与岩层走向近于直交，可使工程通过软弱岩层的长度较短，若与岩层走向近于平行而不能完全布置在坚硬岩层里，断面又通过不同岩层时，则应适当调整洞室轴线高程或左右变移轴线位置，使围岩有较好的稳定性，洞室应尽量设置在坚硬岩层中，或尽量把坚硬岩层作为顶围。

当洞室通过背斜轴部时，顶围向两侧倾斜，由于拱的作用，有利于顶围的稳定。而向斜则相反，两侧岩体倾向洞内，并因洞顶存在张裂，对围岩稳定不利。另外，向斜轴部多易储存聚集地下水，且多承压，更削弱了岩体的稳定性。

当洞室邻近或处在断层破碎带，则断层带宽度愈大，走向与洞室轴交角愈小，它在洞内出露越长，对围岩稳定性影响便越大。

4. 构造应力的影响

构造应力随地下洞室的埋深增加而增大，因此一般地下洞室埋藏越深，稳定性越差。根据经验，沿构造应力最大主应力方向延伸的地下洞室比垂直最大主应力方向延伸的地下洞室稳定；地下洞室的最大断面尺寸沿构造应力最大主应力的方向延伸时较为稳定，这是由围岩应力分布决定的。一般地质构造复杂的岩层中构造应力十分明显，尽量避开这些岩层，对地下洞室的稳定非常重要。

5. 地下水的影响

围岩中地下水的赋存、活动状态，既影响着围岩的应力状态，又影响着围岩的强度。当洞室处于含水层中或地下洞室围岩透水性强时，这些影响更为明显。静水压力作用于衬砌上，等于给衬砌增加了一定的荷载，因此，衬砌强度和厚度设计时，应充分考虑静水压力的影响。另一方面，静水压力使结构面张开，减小了滑动摩擦力，从而增加了围岩坍塌、滑落的可能性；动水压力的作用促使岩块沿水流方向移动，也冲刷和带走裂隙内的细小矿物颗粒，从而增加裂隙的张开程度，增加围岩破坏的可能性。地下水对岩石的溶解作用和软化作用，也降低了岩体的强度，影响围岩的稳定性。

地下洞室围岩的稳定性。除了受到上述天然因素的影响外，人为因素也是不可忽视的，如开挖方法、开挖强度、支扩方法和时间等因素。

（二）地下洞室围岩稳定性的分析方法

由于不同结构类型的岩体变形和失稳的机制不同，不同类型的地下洞室对稳定性的要求不同，围岩稳定性分析和评价的方法多种多样，目前有以下几种方法：

1. 围岩稳定分类法

围岩稳定分类法是以大量的工程实践为基础，以稳定性观点对工程岩体进行分类，并以分类指导稳定性评价。围岩稳定分类方法很多，大体上可归纳为三类：岩体完整性分类、岩体结构分类、岩体质量的综合分类。

2. 工程地质类比法

即根据大量实际资料分析统计和总结，按不同围岩压力的经验数值，作为后建工程确定围岩压力的依据。这种方法是常用的传统方法，其适用条件必须是被比较的两个地下工程具有相似的工程地质特征。

3. 岩体结构分析法

（1）借助赤平极射投影等投影法进行图解分析，初步判断岩体的稳定性。

（2）在深入研究岩体结构特征基础上建立地质力学模型，通过有限单元法或边界元计算，得出工程岩体稳定性的定量指标，判断围岩的稳定性。

4. 数学力学计算分析法

岩体稳定性分析正处于由定性向定量的发展阶段，数学力学计算的方法已广泛应用。

5. 模拟试验法

在岩体结构和岩体力学性质研究的基础上，考虑外力作用的特点，通过物理模拟和数学模拟方法，研究岩体变形、破坏的条件和过程，由此得出岩体稳定性的直观结果。

五、保障地下洞室围岩稳定性的处理措施

研究地下洞室围岩稳定性，不仅在于正确地进行工程设计与施工，也为了有效地改造围岩，提高其稳定性。常采用光面爆破、掘进机开挖等先进的施工方法以及对围岩采取灌浆、锚固、支撑和衬砌等加固措施。从工程地质观点出发，保障地下洞室围岩稳定性的途径有二：第一，保护地下洞室围岩原有的强度和承载能力，如及时封闭围岩以防风化，及时衬砌阻止围岩产生过大的变形和松动；第二，赋予围岩一定的强度使其稳定性有所提高，如给围岩注浆、封闭裂隙、用锚杆加固危岩等。前者主要是采用合理的施工和支护衬砌方案，后者主要是加固围岩。

（一）合理施工，尽量减少围岩的扰动

围岩稳定程度不同，应选择不同的施工方案。尽可能全断面开挖，多次开挖会损坏岩体。若地下洞室断面较大，一次开挖成形困难时，可采用分部开挖逐步扩大的施工方法，并根据围岩的特征，采用不同的开挖顺序以保护围岩的稳定性。例如，当洞顶围岩不稳定而边墙围岩稳定性较好时，应先在洞顶开挖导洞并立即做好支撑，当洞顶全部轮廓挖出做好永久性衬砌后再扩大下部断面。如整个洞室的围岩均不甚稳定时，则应先开挖侧墙导洞并做好衬砌后，再开挖上部断面。

（二）支撑、衬砌与锚喷加固

支撑是临时性加固洞壁的措施，衬砌是永久性加固洞壁的措施。此外还有喷浆护壁、喷射混凝土、锚筋加固、锚喷加固等。

1. 支撑

支撑按材料可分为木支撑、钢支撑和混凝土支撑等。在不太稳定的岩体中开挖时，应考虑及时设置支撑，以防止围岩早期松动。支撑是保护围岩稳定性简易可行的办法。

2. 衬砌

衬砌的作用与支撑相同，但经久耐用，使洞壁光坦。砖、石衬砌较便宜，钢筋混凝土衬砌的成本最高。衬砌一定要与洞壁紧密结合，填严塞实其间空隙才能起到良好效果。作顶拱的衬砌时，一般还要预留压浆孔。衬砌后，再回填灌浆，在渗水地段也可起防渗作用。

3. 锚喷加固

充分利用围岩自身强度来达到保护围岩并使之稳定的目的。此方法在我国的应用日益广泛，国外也普遍采用。

锚喷支护是喷射混凝土支护与锚杆支护的简称，其特点是通过加固地下洞室围岩，提高围岩的自承能力来达到维护地下洞室稳定的目的。它是近四十年来发展起来的一种新型支护方式。这种支护方法技术先进、经济合理、质量可靠、用途广泛，在世界各地的矿山、铁路交通、地下建筑以及水利工程中得到广泛使用。

在支护原理上，锚喷支护能充分发挥围岩的自承能力，从而使围岩压力降低，支护厚度减薄。在施工工艺上，喷射混凝土支护实现了混凝土的运输、浇筑和捣固的联合作业，且机械化程度高，施工简单，因而有利于减轻劳动强度和提高工效；在工程质量上，通过国内外工程实践表明是可靠的。

锚喷支护在危岩加固、软岩支护等方面均有其独到的支护效果，但是到现在为止，锚喷支护仍在发展和完善之中，无论是作用机理的探讨，还是设计与施工方法的研究，均有待于科学技术工作者做出新的成就，以缩短理论和实践的差距。

（1）喷层的力学作用。

喷层的力学作用有两个方面。其一是防护加固围岩，提高围岩强度。地下洞室掘进后立即喷射混凝土可及时封闭围岩暴露面，由于喷层与岩壁密贴，故能有效地隔绝水和空气，防止围岩因潮解风化产生剥落和膨胀，避免裂隙中充填料流失，防止围岩强度降低。此外，高压高速喷射混凝土时，可使一部分混凝土浆液渗入张开的裂隙或节理中，起到胶结和加固作用，提高了围岩的强度。其二是改善围岩和支架的受力状态。含有速凝剂的混凝土喷射液，可在喷射后几分钟内凝固，及时向围岩提供了支护抗力（径向力），使围岩表层岩体由未支护时的双向受力状态变为三向受力状态，提高围岩强度。

（2）锚杆的力学作用。

目前比较成熟和完善的有关锚杆的支护力学原理有悬吊作用、减跨作用和组合作用。悬吊作用认为，锚杆可将不稳定的岩层悬吊在坚固的岩层上，以阻止围岩移动或滑落。这样，锚杆杆体中所受到的拉力即为危岩的自重，只要锚杆不被拉断，支护就是成功的，当然，锚杆也能把结构面切割的岩块连接起来，阻止结构面张开。减跨作用认为，在地下洞室顶板岩层打入锚杆，相当于在地下洞室顶板上增加了新的支点，使地下洞室的跨度减小，从而使顶板岩石中的应力较小，起到维护地下洞室的作用。组合作用认为，在层状岩层中打入锚杆，把若干薄岩层锚固在一起，类似于将叠置的板梁组成组合梁，从而提高了顶板岩层的自承能力，起到维护地下洞室稳定的作用，这种作用称为组合梁作用；组合作用的另一理论认为，深入到围岩内部的锚杆，由于围岩变形使锚杆受拉，或在预应力作用下锚杆内受力，这样相当于在锚杆的两端施加一对压力。由于这对力的作用，使沿锚杆方向一个圆锥体范围的岩体受到控制。这样按一定间距排列的多根锚杆的锥体控制区连成一个拱圈控制带，从而起到维护围岩的作用，这种作用称为组合拱作用。

4. 灌浆加固

在裂隙严重的岩体和极不稳定的第四纪堆积物中开挖地下洞室，常需要加固以增大围岩稳定性，降低其渗水性。最常用的加固方法就是水泥灌浆，其次有沥青灌浆、水玻璃灌浆等。通过这种办法，在围岩中大体形成一圆柱形或球形的固结层，起到加固的目的。

第四节　水工建筑物的工程地质问题

一、概述

水利水电建设是一项造福于人类的伟大事业，它通过建造水工建筑物，利用和调节江河、湖泊等地表水体，使之用于发电、灌溉、水运、水产、供水、改善环境、拦淤、防洪等，达到兴利除弊的目的。

水利水电建设的主要任务是兴修水利水电工程。水利水电工程又是依靠不同性质、不同类型的水工建筑物来实现的。依其作用将水工建筑物分为：挡（蓄）水建筑物（水坝、水闸、堤防等）；取水建筑物（进水闸、扬水站等）；输水建筑物（输水渠道和隧洞等）；泄水建筑物（溢洪道、泄洪洞等）；整治建筑物（导流堤、顺堤、丁坝等）；专门建筑物（电力厂房、船闸、筏道等）。

水利水电工程总是由若干水工建筑物配套形成一个协调工作的有机综合体，称此综合体为"水利枢纽"。对于大多数水利水电工程而言，挡水坝、引水渠和泄水道是最重要的"三大件"，而挡水坝又是所有水工建筑物中最主要的建筑。水坝建成后，便在其上游一定范围积蓄地表水形成水库。

水利水电工程不同于其他任何建筑工程，表现为：①它由许多不同类型建筑物构成，因而对地质上也提出各种要求；②水对地质环境的作用方式是主要的，其对建筑影响范围广，产生一些其他类型建筑不具有的特别的工程地质问题。

概括起来，水工建筑物对地质体的作用主要表现在三个方面：

一是各种建筑物以及水体对岩土体产生荷载作用，这就要求岩土体有足够的强度和刚度，满足稳定性的要求；

二是水向周围地质体渗入或漏失，引起地质环境的变化，从而导致岸坡失稳、库周浸没、水库地震，也可以因为水文条件改变导致库区淤积和坝下游冲刷等一系列工程地质问题；

三是施工开挖采空，引起岩土体变形破坏。可见，水利水电建设中特有大量的工程地质问题需要研究，这里仅讨论与水坝有关的工程地质问题。

二、各类水坝的特点及其对工程地质条件的要求

水坝因其用材和结构型式不同，可以划分为很多类型，如按筑坝材料分为土坝、堆石坝、干砌石坝、混凝土坝等；按坝体结构分为重力坝、拱坝和支墩坝；按坝高（H）分为低坝（$H \leqslant 30m$）、中坝（$H=30 \sim 70m$）、高坝（$H>70m$）。不同类型的坝，其工作特点及对工程地质条件的要求是不同的，下面讨论几类常见水坝的特点及其对工程地质条件的要求。

（一）混凝土重力坝

该坝采用混凝土作为坝身材料，其结构简单，施工方便，是一种整体性较好的刚性坝。中、高坝常用这种坝型。重力坝可以做成实体坝身［图10-9（a）］，实体坝重量大、耗料多，易产生过大扬压力，为此，通常将坝身做成空腹式或宽缝式［图10-9（b）］。

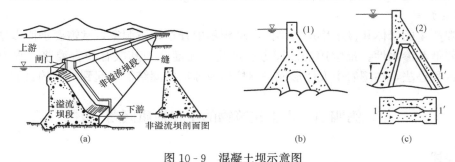

图 10-9 混凝土坝示意图
（a）实体重力坝；（b）空腹重力坝（1）；（c）宽缝重力坝（2）

混凝土重力坝要求坝基岩体有足够的强度和一定的刚度，例如30～70m以上的高坝要求岩体饱和抗压强度大于3000～6000kPa，因而一般大于30m的中、高坝都应建在坚硬、半坚硬的岩基上。坝基岩体刚度最好与坝体刚度相近，否则容易在坝踵处产生过大拉应力或坝址处产生过大压应力。要求岩体完整性好、透水性弱。坝址处不宜存在缓倾角软弱结构面，否则可能导致坝体沿结构面滑移破坏以及产生渗漏并引起扬压力。此外，要求坝址区两岸山体稳定，地形适中，有足够建坝的天然建筑材料（砂、砾石料）。

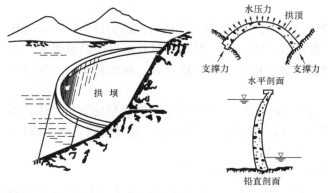

图 10-10 拱坝示意图

（二）拱坝

拱坝是用钢筋混凝土等建造的凸向上游的空间壳体挡水结构，平、剖面上呈弧形，坝体较薄，坝底厚度一般只有坝高的10%～40%，如图10-10所示。其体积小、重量轻，典型的薄拱坝比重力坝节省混凝土用量80%左右。这种坝具有较强的承载和抗震能力，但对地质条件及施工技术要求高。通过拱的作用把大部分外荷传到两岸山体上，剖面上由于"悬臂梁"作用把少部分外荷及自身重量传至下部坝基。

上述结构及受力特点决定了它对地质条件的要求。拱坝必须建在坚硬、完整、新鲜的基岩上，要求岩体有足够的强度，不允许产生不均匀变形。为了充分发挥拱的作用，地形上最好为"V"形峡谷，两岸山体浑厚、稳定以及有良好的对称性。

（三）土坝

土坝是利用当地土料堆筑而成的一种广泛采用的坝型。其结构简单、施工方便，对地质条件适应性强，属于一种坝底面宽大的重力坝型。按其筑坝材料和防渗结构不同，可以分为若干类型，如图 10-11 所示为几种典型的结构型式。

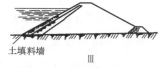

图 10-11　土石坝类型

Ⅰ—均质土坝；Ⅱ—心墙土石坝；Ⅲ—斜墙土石坝

土坝是一种大底面的柔性坝体，因而对坝基强度及变形适应性强。无论山区、平原区或岩体、土体均可建坝，要注意高压缩性土和性质特殊的土体产生较大沉陷及不均匀沉陷而导致坝体拉裂破坏，坝基透水性要小，以免产生渗漏和渗透变形。此外，建坝区有足够优质的土石料及适于修建溢洪道的地形。

无论哪种坝型，共同存在两类工程地质问题：一是坝区渗漏问题；二是坝基稳定性问题。稳定性问题包括荷载作用下的坝基岩土体变形破坏以及渗透稳定性和扬压力作用问题。

三、坝区渗漏及对坝基稳定性的影响

水库蓄水后，坝上、下游形成一定的水位差（压力水头），在该水头作用下，库水将从坝区岩土体内的空隙通道向坝下游渗出，称其为坝区渗漏。同时，渗流场的水流具有一定的渗透压力和上托力，使土石体产生渗透变形或对岩体产生扬压力而不利于抗滑稳定。

（一）坝区渗漏条件分析

坝区渗漏分别产生于坝基或坝肩部位，前者称为坝基渗漏，后者称为绕坝渗漏（图 10-12）。坝区渗漏是诸多水利水电工程中一种普通的地质现象。一旦渗漏量过大，就会影响水库的效益，或者渗透水流作用危及坝体安全，此时，坝区渗漏成为必须防治的工程地质问题。坝区渗漏量大小取决于库水位高度以及渗漏通道存在情况（包括通道的渗透性、连通性、渗径长短等）。下面分第四系松散土石体透水介质和裂隙岩体透水介质两种情况，讨论坝区渗漏条件。

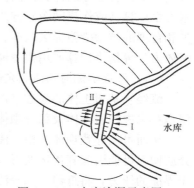

图 10-12　水库渗漏示意图

Ⅰ—坝基渗漏；Ⅱ—绕坝渗漏

1. 第四系松散土石体坝区渗漏

第四系土石体透水性取决于其粒度成分、密实度、分选性和土石结构等，这些又与其成因、形成时代有关。实验表明，等粒土石体的渗透系数随粒径增大，渗透系数可以呈百倍增大，如中—细砾石的渗透系数约为 $1.1 \times 10^{-1} \text{m/s}$，而粉砂—细砂只有 $1.10 \times 10^{-5} \text{m/s}$，因而松散土石体地区渗漏主要产生于强透水的砂、砾（卵）石层，而黏土层透水性极小，被视

为隔水层。从成因类型看，冲积物分选性好，细粒含量较少，透水性较好；洪、坡积物总的来说大小混杂，分选性差，透水性较差；而冰碛物几乎没有分选，透水性极弱。同一成因的沉积物，随着沉积时代由新到老，透水性一般会变小。总之，第四系沉积物渗漏条件分析，

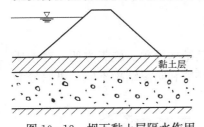

图 10-13　坝下黏土层隔水作用

应从第四系地貌和成因类型分析入手，注意查明粗粒物质和细粒物质的分布和结构组合状况，能否产生坝区渗漏不仅与透水层渗透性有关，往往还与相对隔水层的分布有关。如图 10-13 所示，由于上部分布的厚层黏土层隔水作用，库水不可能沿着下部卵砾石层产生渗漏。在河谷地区建坝，中下游河段的阶地，掩埋古河床及现代河床冲积物中的砂卵（砾）石层，往往是造成渗漏的主要通道，应予以特别注意。

2. 裂隙岩体坝区渗漏

裂隙岩体渗漏通道主要是各种结构面和溶蚀空隙（洞）及其开启性、充填情况、连通情况。河谷形态特征是决定透水性强弱和入渗、排泄条件的重要因素。在坝区发育的顺河断裂、裂隙密集带、岸坡卸荷裂隙带、纵谷陡倾和横谷向上游缓倾的各种原生结构面，都可以构成强烈的渗漏通道，特别是岩溶发育地区，当坝址位于河湾地带，坝肩两岸天然地下水分水岭低缓，而且坝址处无有利的隔水层存在时，坝区渗漏常常是非常突出的问题。库水沿断层或裂隙密集带产生的带状渗漏，或者由于隔水层和透水层交互成层，库水沿其透水岩层产生的层状渗漏，这两种形式的渗漏边界条件往往易于确定，也便于防治。而库水沿岩体中裂隙网络系统产生散状渗漏，无一定方向性，边界条件复杂而不明确，此时可以进行压水试验，根据渗透率大小绘制出透水性剖面图，以了解岩体的透水性。

3. 渗漏量计算

通过地质调查和分析以及水文地质试验，可以初步确定渗漏的途径、边界条件和计算参数，以此为基础，便可以估算渗漏量的大小。渗漏量计算是一项十分复杂的工作，往往很难找到一个切合实际的计算方法。实际工作中，多数情况下是对实际地质条件做以简化，采用水力学计算（或作流网图）方法进行估算，以便得到一个渗漏量的初步评价，为确定渗漏损失和合理的防渗措施提供依据。倘若要求较精确的计算结果，应尽可能根据实际条件，采用流体力学等精确计算或用模型模拟试验方法确定。

（二）渗透水流对坝基稳定性的影响

流经坝基岩土体的渗透水流，由于库水与下游河道水位差引起很大的渗透压力，同时，浸泡在水中的岩土体及部分坝体受到向上作用的浮托力，这些都在一定程度上影响坝基稳定性，从而可能导致坝体失稳。渗透水流作用于第四系沉积物、断层破碎带、风化带等土石体介质便有可能引起其渗透变形。对于岩体介质来说，渗透水流作用于渗透界面上，产生垂直于界面的压力，将抵消一部分法向应力而不利于坝基岩体的稳定。工程地质主要从坝基岩体抗滑稳定性角度上去分析坝底面及深部岩体某滑移面上的水压力情况，把作用于这些面上的渗透压力及浮托力总称为扬压力。扬压力是对坝基稳定性极不利的因素，过高的扬压力可以直接导致坝体失稳。

（三）裂隙岩体防渗减压措施

为了防治坝区渗漏及降低扬压力，需要根据实际地质条件和工程因素采取行之有效的防治措施。防渗措施原则上采取截断水流或延长渗径等办法。具体有修筑截水墙、设置防渗帐

幕、坝前防渗铺盖等。减压可以通过防渗来实现，也可采用排水等其他措施，如排水孔、排水沟、减压井等。

裂隙岩体采用最普遍的防渗减压措施是灌浆帷幕和钻孔排水，此外，在特殊的地质条件下还可使用斜墙铺盖等措施。

（1）灌浆帷幕。设置方法是距坝踵一定距离处，沿坝轴线方向布置一排或几排钻孔，向孔内注入水泥浆液或其他化学浆液，共同构成一个完整的隔水墙，即所谓灌浆帷幕。帷幕深度取决于坝基隔水层特征等因素。帷幕长度按坝基和坝肩防渗带总长度来确定；帷幕厚度受灌浆的孔距及排距控制。

（2）钻孔排水。在灌浆帷幕下游一定距离，设置一排或几排排水孔，将排走部分（或全部）渗压水流，起到降低扬压力的良好效果。排水孔常与帷幕配合使用，也可以单独使用。

四、坝基（肩）抗滑稳定性问题

（一）重力坝坝基抗滑稳定性

重力坝是完全依靠自身重量与坝基岩体之间产生摩擦力来维持稳定的。一旦坝基存在地质上的缺陷，使之产生的有效摩擦力不足以维持平衡，就可能沿这些弱面产生整体剪切滑动，导致坝体破坏失稳。这些地质上的弱面通常是坝体与坝基岩体接触界面、坝基前部软弱风化岩体以及深部的软弱结构面。因而产生滑移破坏的类型是：表层滑动、岩体浅部滑动和岩体深部滑动。

1. 表层滑动

表层滑动是指发生在坝底与基岩接触面上的平面剪切（滑动）破坏（图10-14）。当坝基岩体坚硬完整、无控制性软弱结构面存在，岩体强度远大于接触面强度时，就可能产生这种类型的破坏。此时，接触面的摩擦系数和凝聚力是控制坝体稳定的主要因素，要很好地研究，合理地选定。出现表层滑动破坏一般是由于施工质量或清基不彻底造成的，只

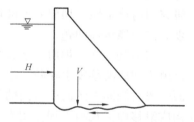

图10-14　表层滑动破坏示意图

要严格施工，并在设计上加以控制，这种形式的破坏是可以避免的。

2. 岩体浅部滑动

当坝基浅部岩体强度相对于接触面及深部岩体强度偏低时，便成为最薄弱的部位，有可能产生沿浅部岩体的平面剪切滑动（图10-15）。浅部岩体软弱破碎或坝基面风化层清理不彻底等是产生这种破坏的主要原因。

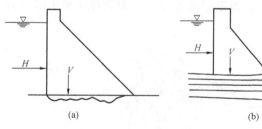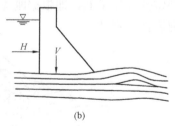

图10-15　岩体浅部滑动示意图
（a）破碎岩体；（b）软弱岩体

3. 岩体深部滑动

深部滑动是指坝体连同一部分岩体，沿坝基深部岩体中软弱面产生的整体活动。地质上受控于一定几何特征和物理性状的各种界面，其滑移体形态多样，滑移边界条件复杂。把滑移体边界条件归属于三类，即滑移面、切割面和临空面，如图10-16所示。滑移面是坝基滑移体沿之滑动的面。坝基岩体中性质相对软弱的连续结构面都有可能成为滑移面，如软弱

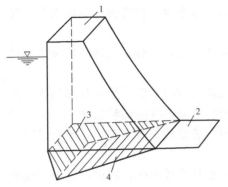

图 10-16　深层滑移边界条件
1—坝体；2—临空面；3—切割面；4—滑移面

夹层面、泥化夹层面、断层面、夹泥的连续节理破裂面等。切割面是与滑移面相配合起切割岩体作用，使之与母岩脱离而形成滑移体的各种陡倾角地质结构面。临空面是指为滑移体提供变形、滑移的空间，有水平和陡立两种类型。只有具备了这三个面，滑移体才能产生整体滑动。深部滑动是工程地质研究的重点对象，要结合地质条件分析滑移体的构成，对可能滑移体做出稳定性评价。深部抗滑稳定性计算以地质分析为基础，先搞清可能滑移体的边界条件和几何形态特征、滑移面及切割面的抗滑作用以及它们与工程作用力间的关系，并确定滑移面等力学参数，然后采用刚体极限平衡方法进行稳定性计算。

（二）拱坝坝肩抗滑稳定性

前已述及，拱坝不同于其他任何坝型。它主要依靠拱的结构把大部分荷载传给两岸山体，对坝肩岩体产生轴向推力、径向剪力和力矩，如图 10-17 所示。当坝肩岩体有足够的强度和刚度时，就可以承受这些力的作用而维持拱的稳定，否则岩体产生过大的压缩变形而剪切滑动，都会给坝的稳定带来严重的影响。拱坝除了适当考虑坝基稳定性外，必须很好地研究坝肩稳定性。坝肩变形破坏往往是在剪力作用下产生剪切滑动破坏，因此，重点是研究坝肩抗滑稳定性问题。

与坝基一样，坝肩滑移边界条件也是由滑移面、切割面和临空面组成（图 10-18），只是由于坝肩滑移发生在陡立岸坡为特征的坝肩部位，滑移边界条件在构成上有所区别。滑移面一般为倾向下游河床方向的平缓或倾斜的软弱结构面，有时倾向上游的缓倾角结构面也可构成滑移面。凡与工程作用力方向近平行、陡立者均可成为侧向切割面；与工程作用力方向近垂直且位于滑移体后缘者可成为横向切割面。临空面可以分为纵向与横向两类：河谷岸坡为纵向临空面；河弯突出部位、沟谷、断层（或软弱）带、溶洞等为横向临空面。坝肩抗滑稳定性计算的基本原理与坝基抗滑稳定性计算类似，即根据刚体极限平衡原理计算出滑动方向上抗滑稳定性系数，据此判断坝肩岩体稳定性。

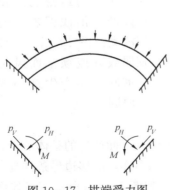

图 10-17　拱端受力图

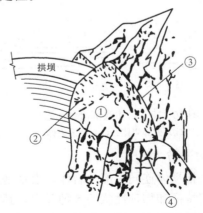

图 10-18　坝肩滑移边界条件示意图
①—滑移面；②、③—切割面；④—临空面（岸坡面）

（三）提高坝基（肩）岩体稳定性的工程措施

当坝基（肩）岩体中存在不利于抗滑稳定性的地质因素时，可以考虑适当改变建筑物结构，如增大坝底面积、设置阻滑齿槽和抗力体、设置传力墙、改变坝型、加深建基面等。当采取可能的技术设计仍不满足稳定性要求的情况下，则应考虑岩体加固处理措施，其常用的处理措施是：

（1）固结灌浆。它是提高裂隙岩体整体强度的有效措施。固结灌浆是利用钻孔将高标号的水泥浆液或化学浆液压入岩体中，使之封闭裂隙，加强基岩的完整性，达到提高岩体强度和刚度的目的。常规的灌浆是在整个基础大面积内进行，此时应分批逐步完成整个灌浆工程，应根据坝基压力、地质条件等合理设计灌浆孔深、孔距、灌浆压力和浆液稠度，亦即先进行灌浆试验。有时为了处理断层、软弱夹层和溶洞等，须进行特殊的灌浆方法。

（2）开挖回填。对于断层破碎带、风化带、软弱破碎带等，可以通过坑探工程将其清除掉，然后回填混凝土，以增强地基的强度。应根据对象不同，开挖回填后形成不同的结构形式，如图 10-19 所示为处理断层带及软弱夹层时常用的几种方法。

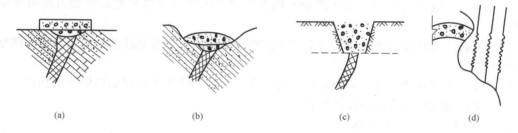

(a)　　　　　(b)　　　　　(c)　　　　　(d)

图 10-19　坝基（肩）破碎带及软弱层处理措施
(a)、(b)、(c) 分别为处理坝基破碎带的混凝土梁、拱、塞；(d) 混凝土回填处理坝肩弱面

（3）锚固。主要用于处理块体沿弱面的滑移变形。它按一定的方向用钻孔穿透弱面深入到完整岩体内，插入预应力锚索（钢筋），然后用水泥将孔固结起来，形成具有一定抗拉能力的结构。

此外，对拱坝坝肩不稳定岩体的处理，还可以采用其他支挡方法，如抗滑桩、挡土墙、支撑柱等。还应特别强调，地下水往往是导致基础失稳的主要因素，在设置工程处理措施时，应充分考虑到防渗排水的作用。

第五节　港口与海岸工程的工程地质问题

一、概述

港口及海岸工程是海陆运输的枢纽，它由水域和陆域两大部分组成。水域是供船舶航行、运输、锚泊和停泊装卸之用，设有航道、停泊区、防波堤、导航坝、灯塔等建筑。陆域是位于海港的岸上，与水面相毗邻，设有码头、栈桥、船坞、船台、仓库、道路、车间、办公楼等建筑物。由于海港工程建筑物种类繁多，各自所处的自然环境不同，遇到的工程地质问题必然是多种多样的，这里主要讨论不良地质现象对海港建设的影响。

二、海平面的升降对海港建设的影响

海平面变化分为两类：一是全球气候变化导致全球性的绝对海平面变化，这种全球海平面称为平均海平面；二是区域性的海平面变化，它是受区域性的地壳构造升降和地面沉降等因素的影响，这种区域性海平面称为相对海平面，它反映了该地区海平面变化的实际情况。据统计，近年来全球海平面呈上升趋势，平均海平面上升速率每年为 1.0～1.5mm，近年还有加速之势；至于相对海平面，它与该地区的陆地构造升降和地面沉降等有关，在我国沿海地带各地的构造升降和地面沉降的速率不同，因而海平面有表现为上升的，也有表现为下降的。一般地区相对海平面升降速率每年为 1～2mm，如果有过大的地面沉降的海岸，则相对海平面升降速率可达 5～10mm。对处于相对下降的港湾，建港后随着海岸的下降，港口将有被淹没的危险，因此，要判明其下降的速度，以便合理地布置建筑物；对于相对上升的港湾，建港后港池将会随陆地上升而变浅，从而使港口失效，所以在建港前也必须判明陆地上升的速度，以便作出合理规划和防治措施。

为确定相对海平面的升降变化，工程地质工作应着重在以下几个方面：

（1）收集全球性的海平面变化在我国沿海地带的升降速率；

（2）调查该港口的地质构造稳定性，特别是构造的升降、断裂带的活动性；

（3）调查该港口及其邻近地区因抽取地下水造成的地面沉降而使海平面升降有影响的情况；

（4）调查该港口及其邻近地区因土层的天然压密或建筑物及交通的荷载而导致的陆地地面下沉的情况；

（5）综合上述各类因素的影响，作出相对海平面的升降速率和对港口影响的估计。

三、海岸稳定性对海港建设的影响

（一）海岸带的冲蚀与堆积

海岸带的形状、结构、物质组成以及岸线的位置是可变的，在促成这些变化的因素中，以波浪的作用最为重要。此外，潮汐、海流和入海河流的作用在某些岸带上也起巨大的作用。但相比之下，影响海岸稳定性的主要动力是波浪。在沿岸线海区，波浪由于消能变形、破碎产生破浪（图 10-20）。破浪对海岸的冲击，造成一系列海岸冲蚀地形，如海蚀洞穴、海蚀崖、海蚀柱及浅滩等，迫使海蚀岸不断地后退，在海岸带形成沿岸陡崖、波蚀穴、磨蚀与堆积阶地等地形（图 10-21）。

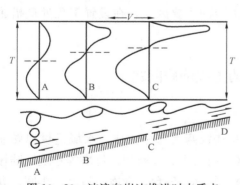

图 10-20 波浪向岸边推进时水质点
运动、波形的变化及水下岸坡水质点
运动方向和速度变化示意图
A—深水波；B—浅水波；C—破浪（击岸浪）；
D—涌浪（激浪流）

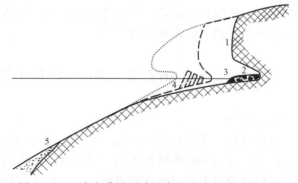

图 10-21 波浪冲蚀下波蚀龛的形成与岸坡的后退
1—岸边悬崖；2—波蚀龛；3—岸滩；
4—水下磨蚀岸坡；5—水下堆积阶地

当波浪的传播方向与岸线正交时，波浪进入岸带后往往造成进岸流和退岸流（图10-20），从水质点的运动轨迹上可以看出，在靠近水底部分作往返运动，位于水下岸坡上的泥砂颗粒在波浪力与重力的联合作用下，作进岸和离岸的运移。当泥砂颗粒不断地作向岸移动，至波浪能量减缓时，往往使泥砂堆积于岸滩上而成浅滩；当泥砂颗粒随回流而离岸时，波浪能量不断减弱，而于水下岸坡堆积而成堆积平台，如果不断发展，往往在此平台上不断堆积增高而形成砂坝。此外，波浪作用方向因受海流、风向及河口水流的干扰，往往是与岸线斜交的。含泥砂的水流对岸带的改造是很复杂的，形成各种各样的滩地及岸外砂坝。这些滩地和砂坝随着该地的地形、风向、水文以及河流和地质等因素的变化而发生迁移，因而岸滩、砂坝是不稳定的，若工程上要利用这些砂坝，则要采取防护措施。

（二）海岸稳定性评价

海浪冲击海岸，能使海岸失去稳定，产生滑坡和崩塌，位于岸边的建筑如码头、道路及住宅等也随之破坏。因此，在海岸地区进行建筑时，必须对海岸的稳定进行评价。海岸的稳定性取决于构成海岸岩石的成分、产状和海浪冲蚀的情况等。

1. 海岸岩石的成分

松软的岩石比坚硬的岩石易受海浪的冲击而破坏。由松软沉积物所构成的海岸，常因稳定性不足而产生滑动。

2. 岩层或裂隙的产状

当岩层的走向与海岸平行时，有三种情况（图10-22）：

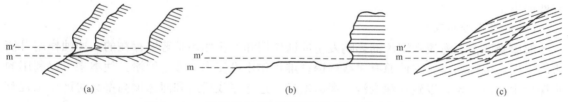

图10-22 岩层的走向与海岸平行时海岸的破坏情况
(a) 岩层倾向陆地；(b) 岩层水平；(c) 岩层倾向海岸

（1）岩层或裂隙向陆地方向倾斜，海水对海岸的破坏作用很大。海浪顺岩层的层面或裂隙面弱点打击，容易掏蚀形成凹形槽，并迅速崩坍破坏。

（2）岩层或主要裂隙为水平产状，破坏作用较前者小；但有较弱夹层时，则海浪很容易将软弱岩层冲蚀成凹槽，进而使坚硬岩石崩垮破坏。这种产状的岩层常使海岸呈阶梯状。

（3）岩层向海洋方向倾斜，海浪的破坏作用最小。海浪的能量多消耗在爬升及摩擦作用上，冲刷作用较轻微。当岩层走向与海岸垂直时，海岸很容易遭到破坏。

在注意岩层产状的同时，也应研究岩石的裂隙发育的情况。

3. 海水的深度及地形的影响

海浪的破坏力不仅与风力有关，而且还受海水的深度及地形的影响。和海浪破坏相似的还有潮汐的破坏作用，在评价海岸的稳定性时也应加以考虑。例如：我国钱塘江口潮汐破坏作用对于海塘工程的影响就很大。

为防止海岸受海浪的冲击，可砌筑护岸建筑，如突堤、防浪堤、海塘等。

（三）海岸带工程地质研究的一般原则

为了选择港口、海岸工程的位置，确定护岸护港措施，工程地质研究的主要任务是了解建筑地区海岸带形成作用的特点，以便工程地质评价。为此，必须研究现代海滨地貌的特征、沉积物的性质和分布，并结合河流阶地的研究及分析历史的记载等，找出其规律。同时，还需研究沿岸地区的水文气象条件、海岸的动态和专门性长期观测工作。

一般海岸带工程地质测绘，应查明以下几个方面内容：

1. 搜集水文气象资料

（1）风向、风力及风作用的延续时间。

（2）激浪及浅水浪的波浪要素及作用时间。

（3）泥砂流的特点：补给区、堆积区的位置，流动方向，强度及物质组成。

（4）潮汐运动特点。

2. 野外地形调查

（1）海岸带的地形地貌特征：海岸形状、海滩及水下斜坡的宽度及动态特征。

（2）海岸带地质条件：地层岩性、地质构造、水文地质特征，岸边稳定性研究（海岸滑坡、崩塌等不良地质现象）。

（3）沿岸被冲刷地带和接受沉积地带的分布情况及其强度。

（4）已有的水工建筑物配置、类型、砌置深度及距海平面的距离以及变形破坏情况。

根据建筑工程规模和设计阶段的不同，工程地质测绘的比例尺可采用1：5万至1：10万，必要时可采用大比例尺。有时配合必要的勘探工作，以查明岸坡的地质结构和自然地质作用的性质等。在综合研究的基础上，应对海岸的区域稳定性、地基稳定性及工程建筑的适宜性提出工程地质评价。

（四）海岸带的保护

海岸受波浪、海流和潮汐的影响发生冲蚀作用和堆积作用是普遍存在的，冲蚀作用可使边岸坍塌，也称坍岸，它使原有岸线后退；堆积作用可使水下坡地回淤，使本来可以利用的水深发生回淤现象，以致水深变浅，海床增高。这些岸线后退和海床增高都会对港口工程有影响。为此在选择港口时，应对这些不良地质现象作出估计。

（1）沿岸线的工程设施，首先应该进行坍岸线的研究，预测坍岸线的距离，工程定位时在坍岸线以外尚应留有一定的距离。

（2）厂房地基及路基等设施应设在最高海水位之上，以免浸泡地基及工程设施，导致地基承载力降低和发生其他的如液化、沉陷土体滑动等现象。

（3）码头及防波堤的基础是建于水下海床上的，受水淹泡和波浪作用，因而在考虑地基承载力时，应注意到海流及波浪对工程的作用，会对地基施加动荷载和倾斜力，会使地基在一个比正常作用于基础底面上的力低的荷载下就发生破坏，此外，尚需考虑地基发生滑动的可能性。

（4）为了保护海岸、海港免受冲刷和岸边建筑物的安全，以及防止海岸、港口免遭淤积的危害，应提供当地的工程地质资料，特别是不良地质现象和地基承载力等资料。在此基础上提出防治冲刷、回淤及其他不良地质现象的措施。

对于防治冲刷、回淤的措施，可以分为三大类：

1）整流措施。这是利用一定的水工建筑物调整水流，造成对防止冲刷或淤积有利的水文动态条件，改变局部地区海岸形成作用的方向，例如修筑防波堤、破浪堤、丁坝等防止冲刷和淤积。

2）直接防蚀措施。这是修建一定的水工建筑物，直接保护海岸免遭冲刷。例如修筑护岸墙、护岸衬砌等。

3）保护海滩措施。海滩是海岸免于冲刷的天然屏障，为保护海滩免遭破坏，可修筑丁坝以促进海滩面积；限制在海滩采砂或破坏原海滩堆积的水文条件等。

关键概念

地基承载力　围岩　围岩压力　松动围　承载圈　松动压力　变形压力　冲击压力（岩爆）　膨胀压力　坝区渗漏　扬压力　平均海平面　相对海平面

思　考　题

1. 城市规划和建设中的主要工程地质问题有哪些？

2. 什么是地基？为确保建筑物安全、正常使用，地基必须满足哪两方面的要求？

3. 地基发生整体剪切破坏的过程是如何演变的？

4. 道路工程一般由哪些建筑物组成？

5. 道路路基的主要工程地质问题有哪些？

6. 桥梁的工程地质问题有哪些？

7. 围岩应力重新分布的一般特征是怎样的？

8. 围岩常见的破坏类型有哪些？

9. 影响围岩稳定的因素有哪些？如何考虑？

10. 采用锚喷支护时，喷层和锚杆的力学作用机理分别是什么？

11. 各种坝型对工程地质条件的要求分别是什么？

12. 裂隙岩体防渗减压措施有哪些？

13. 重力坝坝基产生滑移破坏的类型有哪些？各有什么特点？

14. 海平面的升降对海港建设有什么影响？

15. 波浪对海岸的稳定性是如何影响的？

16. 在海岸地区进行建筑时，如何对海岸的稳定进行评价？

第四篇 岩土工程勘察

第十一章 岩土工程勘察的要求、方法与内容

本章提要与学习目标

主要介绍岩土工程勘察的任务和分级、岩土工程勘察的阶段划分和各勘察阶段的基本要求、岩土工程勘察的程序与内容。

通过本章的学习，要求了解各个勘察阶段的任务和要求，了解工程地质勘察的基本方法，掌握原位测试的常用试验方法及试验成果的分析与应用，了解不同的岩土室内测试项目。

岩土工程勘察（geotechnical engineering investigation），是根据建设工程的要求，查明、分析、评价建设场地的地质、环境特征和岩土工程条件，编制勘察文件的活动。各项工程建设在设计和施工之前，必须按基本建设程序进行岩土工程勘察。岩土工程勘察应按工程建设各勘察阶段的要求，正确反映工程地质条件，查明不良地质作用和地质灾害，精心勘察、精心分析，提出资料完整、评价正确的勘察报告。

第一节 岩土工程勘察任务与分级

一、岩土工程勘察任务

岩土工程勘察是运用工程地质理论和各种勘察测试技术手段和方法，查明场地或地基的工程地质条件，为工程建设规划、设计、施工提供所需的工程地质资料。岩土工程勘察的任务除了正确反映场地和地基的工程地质条件外，还应结合工程设计、施工条件，进行技术论证和分析评价，提出解决岩土工程问题的建议，并服务于工程建设的全过程。

建筑物的岩土工程勘察，应在搜集建筑物上部荷载、功能特点、结构类型、基础形式、埋置深度和变形限制等方面资料的基础上进行，要完成的任务有如下几个方面：

（1）查明场地和地基的稳定性、地层结构、持力层和下卧层的工程特性、土的应力历史和地下水条件以及不良地质作用等；

（2）提供满足设计施工所需的岩土参数，确定地基承载力，预测地基变形性状；

（3）提出地基基础、基坑支护、工程降水和地基处理与施工方案的建议；

（4）提出对建筑物有影响的不良地质作用的防治方案建议；

（5）对于抗震设防烈度等于或大于 6 度的场地，进行场地与地基的地震效应评价。

场地或其附近存在不良地质作用和地质灾害时，如岩溶、滑坡、泥石流、地震区、地下采空区等，这些场地条件复杂多变，对工程安全和环境保护的威胁很大，必须精心勘察，精心分析评价。此外，勘察时不仅要查明现状，还要预测今后的发展趋势。工程建设对环境会产生重大影响，在一定程度上干扰了地质作用原有的动态平衡。大填大挖，加载卸载，蓄水

排水，控制不好，会导致灾难。勘察工作既要对工程安全负责，又要对保护环境负责，因此，应做好这方面的勘察评价。

二、岩土工程勘察分级

岩土工程勘察分级，目的是突出重点，区别对待。工程重要性等级、场地和地基的复杂程度是分级的三个主要因素。首先必须对这三个主要因素分级，在此基础上进行综合分析，确定一个工程的岩土工程勘察等级。

（一）工程重要性等级

根据工程的规模和特征以及由于岩土工程问题造成工程破坏或影响正常使用的后果，可分为三个工程重要性等级，见表11-1。

（二）场地等级

根据对建筑物抗震地段类别、不良地质现象发育程度、地质环境受破坏或可能受破坏的程度及地形地貌复杂程度，将场地等级按复杂程度分为如下三级。

表 11-1　　工程重要性等级

重要性等级	破坏后果	工程类型
一级工程	后果很严重	重要工程
二级工程	后果严重	一般工程
三级工程	后果不严重	次要工程

1. 一级场地（复杂场地）

符合下列条件之一者为一级场地（复杂场地）。

（1）建筑抗震危险的地段；

（2）不良地质作用强烈发育；

（3）地质环境已经或可能受到强烈破坏；

（4）地形地貌复杂；

（5）有影响工程的多层地下水、岩溶裂隙水或其他水文地质条件复杂，需专门研究的场地。

2. 二级场地（中等复杂场地）

符合下列条件之一者为二级场地。

（1）建筑抗震不利的地段；

（2）不良地质作用一般发育；

（3）地质环境已经或可能受到一般破坏；

（4）地形地貌较复杂；

（5）基础位于地下水位以下的场地。

3. 三级场地（简单场地）

符合下列条件之一者为三级场地。

（1）抗震设防烈度等于或小于6度，或对建筑抗震有利的地段；

（2）不良地质作用不发育；

（3）地质环境基本未受破坏；

（4）地形地貌简单；

（5）地下水对工程无影响。

（三）地基等级

根据地基岩土种类、性质地下水对工程的影响程度，以及特殊性岩土的分布与性质等的复杂程度将地基划分如下三级。

1. 一级地基（复杂地基）

符合下列条件之一者为一级地基。

(1) 岩土种类多，很不均匀、性质变化大，需特殊处理；

(2) 严重湿陷、膨胀、盐渍、污染的特殊性岩土，以及其他情况复杂，需作专门处理的岩土。

2. 二级地基（中等复杂地基）

符合下列条件之一者为二级地基。

(1) 岩土种类较多，不均匀，性质变化较大；

(2) 除第一款规定以外的特殊性岩土。

3. 三级地基（简单地基）

符合下列条件之一者为三级地基。

(1) 岩土种类单一、均匀，性质变化不大；

(2) 无特殊性岩土。

(四) 岩土工程勘察等级划分

根据工程重要性等级、场地复杂程度等级和地基复杂程度等级，可按下列条件划分岩土工程勘察等级。

甲级：在工程重要性、场地复杂程度和地基复杂程度等级中，有一项或多项为一级；

乙级：除勘察等级为甲级和丙级以外的勘察项目；

丙级：工程重要性、场地复杂程度和地基复杂程度等级均为三级。

建筑在基岩地基上的一级工程，当场地复杂程度等级和地基复杂程度等级均为三级时，岩土工程勘察等级可定为乙级。

第二节　岩土工程勘察阶段及基本要求

一、岩土工程勘察阶段

建筑工程项目设计一般分为可行性研究、初步设计和施工图设计三个阶段。为了提供各设计阶段所需的工程资料，勘察工作也相应地划分为可行性研究勘察、初步勘察、详细勘察三个阶段。可行性研究勘察应符合选择场址方案的要求；初步勘察应符合初步设计的要求；详细勘察应符合施工图设计的要求。

基坑或基槽开挖后，岩土条件与勘察资料不符或发现必须查明的异常情况时，应进行施工勘察。在工程施工或使用期间，当地基土、边坡体、地下水等发生未曾估计到的变化时应进行监测，并对工程和环境的影响进行分析评价。

场地较小且无特殊要求的工程可合并勘察阶段。当建筑物平面布置已经确定，且场地或其附近已有岩土工程资料时，可根据实际情况，直接进行详细勘察。

(一) 可行性研究勘察阶段

可行性研究勘察阶段，即选址阶段，应对拟建场地的稳定性和适宜性做出评价。勘察应符合下列要求：搜集区域地质、地形地貌、地震、矿产、当地的工程地质、岩土工程和建筑经验等资料。在充分搜集和分析已有资料的基础上，通过踏勘了解场地的地层、构造、岩性、不良地质作用和地下水等工程地质条件。当拟建场地工程地质条件复杂，已有资料不能满足要求时，应根据具体情况进行工程地质测绘和必要的勘探工作。当有两个或两个以上拟选场地时，应进行比选分析。当确定建筑场地时，在工程地质条件方面，宜避开下列地区或地段：①不良地质现象发育且对场地稳定性有直接危害或潜在威胁的；②地基土性质严重不良的；③对建筑物抗震危险的；④洪水或地下水对建筑场地有严重不良影响的；⑤地下有未开采的有价值的矿藏或未稳定的地下采空区。

（二）初步勘察阶段

初步勘察阶段应对场地内拟建建筑地段的稳定性做出评价。

1. 主要工作

（1）搜集拟建工程的有关文件、工程地质和岩土工程资料以及工程场地范围的地形图；

（2）初步查明地质构造、地层结构、岩土工程特性、地下水埋藏条件；

（3）查明场地不良地质作用的成因、分布、规模、发展趋势，并对场地的稳定性做出评价；

（4）对抗震设防烈度等于或大于 6 度的场地，应对场地和地基的地震效应做出初步评价；

（5）季节性冻土地区，应调查场地土的标准冻结深度；

（6）初步判定水和土对建筑材料的腐蚀性；

（7）高层建筑初步勘察时，应对可能采取的地基基础类型、基坑开挖与支护、工程降水方案进行初步分析评价。

2. 初步勘察工作量布置

（1）勘探点、线、网的布置。勘探线应垂直地貌单元、地质构造和地层界限布置。每个地貌单元均应布置勘探点，在地貌单元交接部位和地层变化较大的地段，勘探点应予加密。在地形平坦地区，可按网格布置勘探点。对岩质地基，勘探线和勘探点的布置，勘探孔的深度，应根据地质构造、岩体特性、风化等情况，按地方标准或当地经验确定。

（2）勘探线、点间距。初步勘察阶段勘探线、勘探点间距可根据地基复杂程度等级按表 11-2 确定，局部异常地段应予加密。

表 11-2 初步勘察勘探线、勘探点间距 (m)

地基复杂程度等级	勘探线间距	勘探点间距
一级（复杂）	50～100	30～50
二级（中等复杂）	75～150	40～100
三级（简单）	150～300	75～200

注 1. 表中间距不适用于地球物理勘探。
 2. 控制性勘探点宜占勘探点总数的 1/5～1/3，且每个地貌单元均应有控制性勘探点。

表 11-3 初步勘察勘探孔深度 (m)

工程重要性等级	一般性勘探孔	控制性勘探孔
一级（重要工程）	≥15	≥30
二级（一般工程）	10～15	15～30
三级（次要工程）	6～10	10～20

注 1. 勘探孔包括钻孔、探井和原位测试孔等。
 2. 特殊用途的钻孔除外。

（3）勘探孔的深度。初步勘察勘探孔的深度可根据工程重要性等级按表 11-3 确定。当遇下列情形之一时，应适当增减勘探孔深度：

1）当勘探孔的地面标高与预计整平地面标高相差较大时，应按其差值调整勘探孔深度；

2）在预定深度内遇基岩时，除控制性勘探孔仍应钻入基岩适当深度外，其他勘探孔达到确认的基岩后即可终止钻进；

3）在预定深度内有厚度较大且分布均匀的坚实土层（如碎石土、密实砂、老沉积土等）

时，除控制性勘探孔应达到规定深度外，一般性勘探孔的深度可适当减小；

4）当预定深度内有软弱土层时，勘探孔深度应适当增加，部分控制性勘探孔应穿透软弱土层或达到预计控制深度；

5）对重型工业建筑应根据结构特点和荷载条件适当增加勘探孔深度。

（4）取样和原位测试。采取土试样和进行原位测试的勘探点应结合地貌单元、地层结构和土的工程性质布置，其数量可占勘探点总数的 1/4～1/2。采取土试样的数量和孔内原位测试的竖向间距，应按地层特点和土的均匀程度确定；每层土均采取土试样或进行原位测试，其数量不宜少于 6 个。

（5）水文地质勘察。调查含水层的埋藏条件，地下水类型、补给排泄条件，各层地下水位，调查其变化幅度，必要时应设置长期观测孔，监测水位变化。当需绘制地下水等水位线图时，应根据地下水的埋藏条件和层位，统一量测地下水位。当地下水可能浸湿基础时，应采取水试样进行腐蚀性评价。

（三）详细勘察阶段

详细勘察应按单位建筑物或建筑群提出详细的岩土工程资料和设计、施工所需的岩土参数；对建筑地基做出岩土工程评价，并对地基类型、基础形式、地基处理、基坑支护、工程降水和不良地质作用的防治等提出建议。

1. 详细勘察主要工作

（1）搜集附有坐标和地形的建筑总平面图，场区地面整平标高，建筑物的性质、规模、荷载、结构特点、基础形式、埋置深度，地基允许变形等资料；

（2）查明不良地质作用的类型、成因、分布范围、发展趋势和危害程度，提出整治方案的建议；

（3）查明建筑范围内岩土层的类型、深度、分布、工程特性，分析和评价地基的稳定性、均匀性和承载力；

（4）对需进行沉降计算的建筑物，提供地基变形计算参数，预测建筑物的变形特征；

（5）查明埋藏的河道、沟浜、墓穴、防空洞、孤石等对工程不利的埋藏物；

（6）查明地下水的埋藏条件，提供地下水位及其变化幅度；

（7）在季节性冻土地区，提供场地的标准冻结深度；

（8）判定水和土对建筑材料的腐蚀性；

（9）对抗震设防烈度大于或等于 6 度的场地，应划分场地土类型和场地类别；对抗震设防烈度大于或等于 7 度的场地，尚应分析预测地震效应，判定饱和砂土或饱和粉土的地震液化，并应计算液化指数；

（10）判定地基土及地下水在建筑物施工和使用期间可能产生的变化及对工程和环境的影响，提出防治方案、防水设计水位和抗浮设计水位的建议；

（11）对深基坑开挖尚应提供稳定计算和支护设计所需的岩土技术参数，论证和评价基坑开挖、降水等对邻近工程的影响；

（12）提供桩基设计所需的岩土技术参数，并确定单桩承载力，提出桩的类型、长度和施工方法等建议。

2. 详细勘察工作量布置

详细勘察勘探点布置和勘探孔深度，应根据建筑物特性和岩土工程条件确定。

（1）勘探点布置。勘探点宜按建筑物周边线和角点布置，对无特殊要求的其他建筑物可按建筑物或建筑群的范围布置。同一建筑范围内的主要受力层或有影响的下卧层起伏较大时，应加密勘探点，查明其变化。重大设备基础应单独布置勘探点，重大的动力机器基础和高耸构筑物，勘探点不宜少于 3 个。勘探手段宜用钻探与触探相配合，在复杂地质条件、湿陷性土、膨胀岩土、风化岩和残积土地区，宜布置适量探井。详细勘察的单栋高层建筑勘探点的布置，应满足对地基均匀性评价的要求，且不应少于 4 个，对密集的高层建筑群，勘探点可适当减少，但每栋建筑物至少应有 1 个控制性勘探点。

（2）勘探点间距。详细勘察勘探点的间距根据地基复杂程度等级可按表 11 - 4 确定。

（3）勘探孔深度。详细勘察的勘探深度自基础底面算起。勘察深度应能控制地基主要受力层，当基础底面宽度不大于 5m 时，勘探孔的深度对条形基础不应小于基础底面宽度的 3 倍，对单独柱基不应小于 1.5 倍，且不应小于 5m。对高层建筑和需作变形计算的地基，控制性勘探孔的深度应

表 11 - 4　详细勘察勘探点的间距（m）

地基复杂程度等级	勘探点间距
一级（复杂）	10～15
二级（中等复杂）	15～30
三级（简单）	30～50

超过地基变形计算深度。地基变形计算深度，对中、低压缩性土可取附加应力等于上覆土层有效自重应力 20% 的深度；对于高压缩性土层可取附加应力等于上覆土层有效自重应力 10% 的深度。高层建筑的一般性勘探孔应达到基底下 0.5～1.0 倍的基础宽度，并深入稳定分布的地层。对仅有地下室的建筑或高层建筑的裙房，当不能满足抗浮设计要求，需设置抗浮桩或锚杆时，勘探孔深度应满足抗拔承载力评价的要求。当有大面积地面堆载或软弱下卧层时，应适当加深控制性勘探孔的深度。

在上述规定深度内，当遇到基岩或厚层碎石土等稳定地层时，勘探孔深度应根据情况进行调整。当需要进行地基整体稳定性验算时，控制性勘探孔深度应根据具体条件满足验算要求。建筑总平面内的裙房或仅有地下室部分（或当基底附加压力 $p_0 \leqslant 0$ 时）的控制性勘探孔的深度可适当减小，但应深入稳定分布地层，且根据荷载和土质条件不宜少于基底下 0.5～1.0 倍基础宽度。当需要确定场地抗震类别而邻近无可靠的覆盖层资料时，应布置波速测试孔，其深度应满足确定覆盖层厚度的要求。大型设备基础勘探孔深度不宜小于基础底面宽度的 2 倍。当需要进行地基处理时勘探孔的深度应满足地基处理的设计与施工要求。

当采用桩基时，一般性勘探孔的深度应达到预计桩长以下 3～5d（d 为桩径），且不得小于 3m，对大直径桩，不得小于 5m。控制性勘探孔深度应满足下卧层验算要求，对需验算沉降的桩基，应超过地基变形计算深度。钻至预计深度遇软弱层时，应予加深，在预计勘探孔深度内遇稳定坚实岩土时，可适当减小。对嵌岩桩，应钻入预计嵌岩面以下 3～5d，并穿过溶洞、破碎带，到达稳定地层。对可能有多种桩长方案时，应根据最长桩方案确定。

（4）取样和原位测试。采取土试样和进行原位测试的勘探点数量，应根据地层结构、地基土的均匀性和设计要求确定，对地基基础设计等级为甲级的建筑物每栋不应少于 3 个。每个场地每一主要土层的原状土试样或原位测试数据不应少于 6 件（组）。在地基主要受力层内，对厚度大于 0.5m 的夹层或透镜体，应采取土试样或进行原位测试。当土层性质不均匀时，应增加取土数量或原位测试工作量。

第三节　岩土工程勘察方法

一、工程地质测绘

工程地质测绘（engineering geological mapping），是最基本的勘察方法，通过测绘将测区的工程地质条件反映在一定比例尺的地形底图上。岩石出露或地貌、地质条件较复杂的场地应进行工程地质测绘；对地质条件简单的场地，可用调查代替工程地质测绘。工程地质测绘和调查宜在可行性研究或初步勘察阶段进行。

（一）基本要求

工程地质测绘和调查的范围，应包括场地及其附近地段，测绘的比例尺，可行性研究勘察可选用 1∶5000～1∶50000；初步勘察可选用 1∶2000～1∶10000；详细勘察可选用 1∶500～1∶2000；条件复杂时，比例尺可适当放大。对工程有重要影响的地质单元体（滑坡、断层、软弱夹层、洞穴），可采用扩大比例尺表示。地质界限和地质观测点的测绘精度，在图上不应低于 3mm。

（二）观测点、线的布置

在地质构造线、地层接触线、岩性分界线、标准层位和每个地质单元体应有地质观测点。地质观测点的密度应根据场地的地貌、地质条件、成图比例尺和工程要求等确定，并应具代表性。地质观测点应充分利用天然和已有的人工露头，当露头少时，应根据具体情况布置一定数量的探坑或探槽。地质观测点的定位应根据精度要求选用目测法、半仪器法和仪器法。地质构造线、地层接触线、岩性分界线、软弱夹层、地下水露头和不良地质作用等特殊地质观测点，宜用仪器法定位。

（三）工程地质测绘与调查内容

查明地形、地貌特征及其与地层、构造、不良地质作用的关系，划分地貌单元；查明岩土的年代、成因、性质、厚度和分布，对岩层应鉴定其风化程度，对土层应区分新近沉积土、各类特殊性土；查明岩体结构类型，各类结构面（尤其是软弱结构面）的产状和性质，岩、土接触面和软弱夹层的特性等，新构造活动的行迹及其与地震活动的关系；查明地下水类型、补给来源、排泄条件，井泉位置，含水层的岩性特征、埋藏深度、水位变化、污染情况及其与地表水体的关系；搜集气象、水文、植被、土的标准冻结深度等资料，调查最高洪水位及其发生的时间、淹没范围；查明岩溶、土洞、滑坡、崩塌、泥石流、冲沟、地面沉降、断裂、地震震害、地裂缝、岸边冲刷等不良地质作用的形成、分布、形态、规模、发育程度及其对工程建设的影响；调查人类活动对场地稳定性的影响，包括人工洞穴、地下采空、大挖大填、抽水排水和水库诱发地震等；建筑物的变形和工程经验。

（四）测绘方法

1. 相片成图法

利用地面摄影或航空（卫星）摄影的照片，先在室内进行解释，划分地层岩性、地质构造、地貌、水系及不良地质现象等，并在相片上选择若干点和路线，然后去实地进行校对修正，绘成底图，最后再转绘成图。

2. 实地测绘法

常用的方法有三种：

（1）路线法。沿着一定的路线，穿越测绘场地，把走过的路线正确地填绘在地形图上，并沿途详细观察地质情况，把各种地质界限、地貌界限、构造线、岩层产状及各种不良地质现象等标绘在地形图上，路线形式有"S"型或"直线"型（图11-1），路线法一般用于中、小比例尺。

在路线法测绘中，路线起点的位置应选择有明显的地物，如村庄、桥梁或特殊地形作为每条路线的起点。观测路线的方向应大致与岩层走向、构造线方向及地貌单元相垂直，这样可以用较少的工作量获得较多的成果，而且，观测路线应选择在露头及覆盖层较薄的地方。

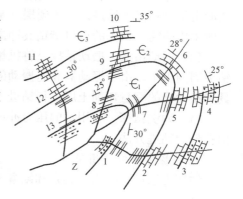

图 11-1 路线穿越法布置示意图

（2）布点法。布点法是工程地质测绘的基本方法，根据不同的比例尺预先在地形图上布置一定数量的观测点及观测路线。观测路线的长度必须满足要求，路线力求避免重复，使一定的观测路线达到最广泛地观察地质现象的目的。布点法适用于大、中比例尺的工程地质测绘。

（3）追索法。这是一种辅助方法。沿地层走向或某一构造线方向布点追索，以便查明某些局部的复杂构造。

（五）成果资料

工程地质测绘与调查的成果资料一般包括工程地质测绘实际材料图、综合工程地质图或工程地质分区图、综合地质柱状图、工程地质剖面图及各种素描图、照片和文字说明。

二、勘探与取样

工程地质勘探方法主要有钻探、井探、槽探、洞探和地球物理勘探等。勘探方法的选取应符合勘探目的和岩土的特性，当需查明岩土的性质和分布，采取岩土试样或进行原位测试时，可采用上述勘探方法。

（一）钻探

1. 工程地质钻探的概念

工程地质钻探（engineering geological drilling），是获取地表下准确的地质资料的重要方法，而且通过钻探的钻孔采取原状岩土样和做原位试验。钻探是指在地表下用钻头钻进地层，在地层内钻成直径较小，并具有相当深度的圆筒形孔眼称为钻孔；钻孔的直径、深度、方向取决于钻孔用途和钻探地点的地质条件。钻孔的直径一般为 75～150mm，但在一些大型建筑物的工程地质勘探时，孔径往往大于 150mm，有时可达到 500mm，直径达 500mm以上的钻孔称为钻井。钻孔的深度由数米至上百米，视工程要求和地质条件而定，一般的建筑工程地质钻探深度在数十米以内。钻孔的方向一般为垂直的，也有打成斜孔。例如为探明河床的地质构造，特别是在河床窄、水流急的情况下更为适用（图11-2）。

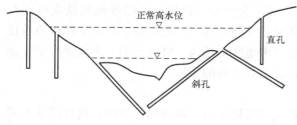

图 11-2 用斜孔交叉进行河床勘探示意图

2.钻探的基本方法

(1) 回转钻探。利用钻具回转使钻头的切削刃或研磨材料削磨岩土使之破碎进行钻进。它包括岩芯钻探、无岩芯钻探和螺旋钻进。

(2) 冲击钻探。利用钻具的重力和下冲击力使钻头冲击孔底以破碎岩土进行钻进。它包括冲击钻进和锤击钻进。对于硬层(基岩、碎石土)一般采用孔底全面冲击钻进;对于土层一般采用圆筒形钻头的刃口借钻具冲击力切削土层钻进。

(3) 振动钻探。振动钻探是将机械动力所产生的振动力,通过连接杆及钻具传到圆筒形钻头周围土中,由于振动器高速振动的结果,使土的抗剪力急剧减低,这时圆筒钻头依靠钻具和振动器的重量切削土层进行钻进。

(4) 冲洗钻探。利用水的压力冲击孔底土层,使之结构破坏,颗粒悬浮并最终随水循环出孔外的钻进方法。

3.钻探方法的适用范围

钻探方法可根据岩土类别和勘察要求按表 11-5 选用。

表 11-5   钻探方法的适用范围

钻探方法		钻进土层					勘察要求	
		黏性土	粉土	砂土	碎石土	岩石	直接观察、采取 不扰动试样	直接鉴别、采取 扰动试样
回转	螺旋钻探	++	+	+	—	—	++	++
	无岩芯钻探	++	++	++	+	++	—	—
	岩芯钻探	++	++	++	+	++	++	++
冲击	冲击钻探	—	+	++	++	—	—	—
	锤击钻探	++	++	++	+	—	++	++
振动钻探		++	++	++	+	—	+	++
冲洗钻探		+	++	++				

注 ++:适用;+:部分适用;—:不适用。

4.工程地质钻探计划的编制

钻探与其他勘探手段相比,要花费较高的代价。因此,在使用钻探之前,必须有一个严密的钻探计划,以防止造成不应有的浪费。计划的大体内容是:

(1) 钻孔位置的选定。

在什么地方施钻,要钻多少孔,是进行钻探工作之前首先必须回答的问题。钻孔位置定得好坏是能否达到钻探目的的关键。孔位定错了,不管你钻进作业进行得如何精确,都不能得到预想的地质结果。定孔位必须以地面测绘成果为指导,根据地质图和地质断面图的判断,把孔位定在最有利于解决设计、施工所遇地质问题的地点。孔位最好是由工程地质及设计人员密切配合,在现场确定。这样不仅可综合考虑整平场地、机械运输、水电动力等方面的具体问题,同时也可避免施钻需要与施钻可能二者之间的矛盾。

(2) 钻孔布局。

在钻孔布局方面,必须反对单纯按网格形式布置勘探线、勘探网的做法。这种做法不考虑地质条件,盲目平均布钻。在设计高级阶段(例如技术设计阶段)可结合建筑物基础的具体形式和要求来布钻，以查明地基中可能遇到的具体工程地质问题。这与盲目的网格式布钻是有严格区别的。反对网格式布钻，并不等于各个钻孔之间彼此孤立，而不存在一个有机的整体的联系。恰恰相反，各个钻孔所提供的资料，必须保证能进行最大限度的综合分析，绘制各种剖面图，以便最有效地阐明建筑地区的工程地质条件，解决工程地质问题。

我们考虑布置钻孔或其他勘探工程的总原则应是，以最小的工作量取得尽可能多的资料，以最快的速度为保证设计提出必要的地质依据，做到多、快、好、省。

5. 钻孔设计书的编制

为了保证钻孔能达到预期的要求，对每一钻孔，工程地质人员都必须编制钻孔设计书。设计书的内容如下：

（1）钻孔孔位附近地质情况说明；

（2）钻孔目的、重要性及应该注意的问题；

（3）钻孔类型，是直孔还是斜孔，并说明采用此种类型钻孔的理由；

（4）钻孔深度和改变孔深的条件；

（5）钻孔结构，开、终孔口径，变径位置，固壁方法，并给出钻孔推想柱状图；

（6）地质要求。对钻进、岩芯采取率、取样（间距、位置、数量）、试验（试验位量、试验项目、精度要求）、水文地质观测及钻孔处理等方面的要求。

6. 钻孔资料的整理

根据钻探记录，终孔后立即进行地质资料的整理，其成果有：

（1）钻孔柱状图。按比例划分出孔内的岩土层，分层描述，标明岩芯率、冲洗液消耗量、地下水位、取样位置及项目，或孔内的试验成果（如压水试验的单位吸水率、旁压试验等）。

（2）钻孔日志（操作情况、水文地质等）。

（3）岩芯素描（长度、相关说明）。

（二）井探、槽探和洞探

当钻探方法难以准确查明地下情况时，可采用人工开挖探井、探槽进行勘探。在坝址、地下工程大型边坡等勘察中，当需详细查明深部岩层性质、构造特征时，可采用竖井或平洞。探井的深度不宜超过地下水位。竖井和平洞的深度、长度、断面按工程要求确定。对探井、探槽和探洞除文字描述记录外，尚应以剖面图、展示图等反映井、槽、洞壁和底部的岩性、地层分界、构造特征、取样和原位试验位置，并辅以代表性部位的彩色照片。

对于试坑或浅井等近立方形坑洞可以采用四面辐射展开法，该法是将四壁各自向外放平，投影在一个平面上（图 11-3）。缺点是四面辐射展开图件不够美观，而且地质

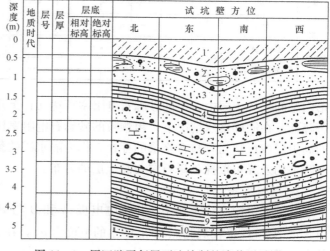

图 11-3　用四壁平行展开法绘制的浅井展示图

现象往往被割裂开来。图 11‑4 为探槽展示图。

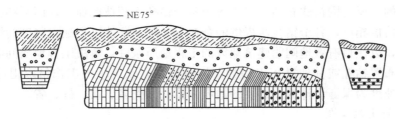

图 11‑4 探槽展示图

（三）地球物理勘探

地球物理勘探简称物探。它是通过研究和观测各种地球物理场的变化来探测地层岩性、地质构造等地质条件。在岩土工程勘察中，物探可以作为钻探的先行手段，了解隐蔽的地质界限、界面或异常点。还作为钻探的辅助手段，在钻孔之间增加地球物理勘查点，为钻探成果的内插、外推提供依据；作为原位测试手段，测定岩土体的波速、动弹性模量、特征周期、土对金属的腐蚀等参数。

物探的方法有多种，如电法勘探、磁法勘探、重力勘探、地震勘探、放射性勘探、红外探测法和声波探测法等，在这里只介绍有关电法勘探的基本知识。

1. 岩土的电阻率

电法勘探是研究地下地质体电阻率差异的勘探方法，也称电阻率法。电阻率是岩土的一个重要电学参数，它表示岩土的导电特性。岩土的电阻率变化范围很大，各种岩土有其自身的电阻率，它们之间存在很大的差异。正是由于存在电阻率的差异，才有可能进行电阻率法勘探。各类岩土的电阻率变化范围见表 11‑6。

影响岩土电阻率大小的因素很多，主要是岩土成分、结构、构造、孔隙裂隙、含水性等。如

表 11‑6 各类岩土的电阻率变化范围表

岩土类别		电阻率（$\Omega \cdot m$）							
		0	10^0	10^1	10^2	10^3	10^4	10^5	10^6
岩浆岩									
变质岩									
沉积岩	黏土								
	软页岩								
	硬页岩								
	砂								
	砂岩								
	多孔灰岩								
	致密灰岩								

第四纪的松软土层中，干的砂砾石电阻率高达几百至几千欧姆·米，饱水的砂砾石电阻率显著降低。在同样饱水情况下，粗颗粒的砂砾石电阻率比细颗粒的细砂、粉砂高。潜水位以下的高阻层位反映粗颗粒含水层的存在，作为隔水层的黏土电阻率远比含水层低。因而，利用电阻率的差异可勘探砂砾石层与黏土层的分布。

2. 电探方法

在地面电阻率法工作中，将供电电极 A 和 B 与测量电极 M 和 N 都放在地面上，见图 11‑5。A 和 B 极在观测点 M 上产生的电位为 u_M，在 N 点上产生的电位为 u_N，则 MN 两极的电位差为

$$\Delta u_{MN} = u_M - u_N \qquad (11-1)$$

则可求得该点的视电阻率 ρ 为

$$\rho_s = \frac{2\pi}{\dfrac{1}{AM} - \dfrac{1}{AN} - \dfrac{1}{BM} + \dfrac{1}{BN}} \cdot \frac{\Delta u_{MN}}{I} = K\frac{\Delta u_{MN}}{I}$$

$$(11-2)$$

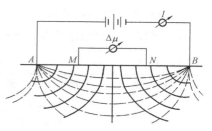

图 11-5　电法勘探原理示意图

K 称为装置系数。I 为 A 极经过地层流到 B 极上的电流量，也就是供电回路的电流强度。Δu_{MN} 和 I 可以用电位计和电流计测得。

电法勘探利用图 11-5 所示的四极排列和极间距离的变化而产生两种常见的电探法：电剖面法和电测深法。

电剖面法的特点是采用固定极距的电极排列，沿剖面线逐点供电和测量，获得视电阻率剖面曲线，通过分析对比，了解地下勘探深度以上沿测线水平方向上岩土的电性变化。在工程地质中能帮助查明地下的构造破碎带、地下暗河、洞穴等不良地质现象。例如，利用对称电测剖面法，可以探测基岩面起伏和洞穴位置（图 11-6）。

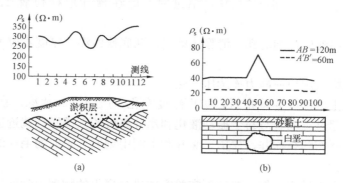

图 11-6　利用对称电测剖面法探测基岩面（a）和溶洞（b）

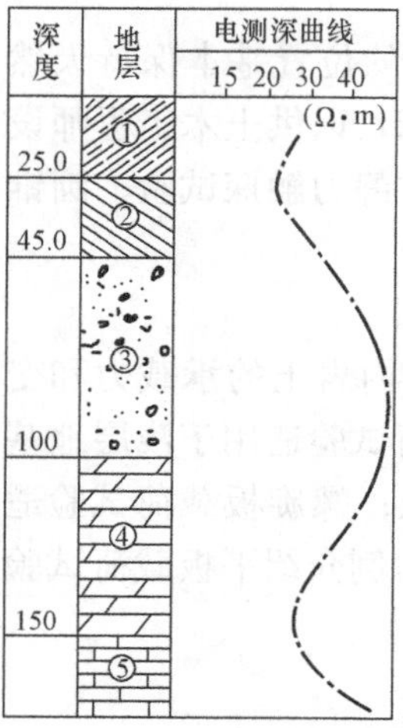

电测深法也称电阻率垂向测探法。它的原理是：当电源接到 AB 两点上（图 11-5），电流从一个接地流出，流入岩土层中并流到第二个接地。电流密度由流线的密度决定。电流在接地附近最大，并且在某一深度处减少到最小。随着两个接地间距离的增加，电流密度重新改变分布情况，即流线分布得更深些。这样，当改变 A 和 B 两点间的距离时，就可以改变电测探的深度。这个深度一般为电极 A、B 间距离的 $1/3 \sim 1/4$。测量供电电极 A 和 B 之间的电流强度以及接收 M 与 N 之间的电位差，就可以求得岩土层的电阻率及其随着深度的变化，从而得到解译地下地质情况的依据。图 11-7 即为根据地下随深度增加的电阻变化情况而绘制的地层剖面。

图 11-7　第四系含水层电测深曲线

在应用地球物理勘探方法时，应具备下列条件：被探测对象与周围介质之间有明显的物理性质异常；被探测对象具有一定的埋藏深度和规模，且地球物理异常有足够的强度；能抑制干扰，区分有用信号和干扰信号；在有代表性地段进行方法的有效性试验。

（四）岩土试样的采取

土试样质量应根据试验目的按表 11-7 分为四个等级。

表 11-7　　　　　　　　　　　　　　　　土 试 样 质 量 等 级

级　　别	扰 动 程 度	试 验 内 容
Ⅰ	不扰动	土类定名、含水量、密度、强度试验、固结试验
Ⅱ	轻微扰动	土类定名、含水量、密度
Ⅲ	显著扰动	土类定名、含水量
Ⅳ	完全扰动	土类定名

注　1. 不扰动是指原位应力状态虽已改变，但土的结构、密度和含水量变化很小，能满足室内试验各项要求。

　　2. 除地基基础设计等级为甲级的工程外，在工程技术要求允许的情况下可用Ⅱ级土试样进行强度和固结试验，但宜先对土试样受扰动程度做抽样鉴定，判定用于试验的适宜性，并结合地区经验使用试验成果。

在钻孔中采取Ⅰ、Ⅱ级土试样时，应满足下列要求：

（1）软土、砂土中宜采用泥浆护壁；如使用套管，应保持管内水位等于或高于地下水位，取样位置应低于套管底三倍孔径的距离。

（2）采用冲洗、冲击、振动等方式钻进时，应在预计取样位置 1m 以上改用回转钻进。

（3）下放取土器前应仔细清孔，清除扰动土，孔底残留浮土厚度不应大于取土器废土段长度。

（4）采取土试样宜用快速静力连续压入法。

Ⅰ、Ⅱ、Ⅲ级土试样应妥善密封，防止湿度变化，严防晒和冰冻。在运输中应避免振动，保存时间不宜超过三周。对易于振动液化和水分离析的土试样宜就近进行试验。岩石试样可利用钻探岩芯制作和在探井、探槽、竖井和平洞中刻取。采取的毛样的尺寸应满足试块加工的要求。

从地下取出的岩土试样，最后要运到实验室内进行岩土的物理力学性质试验。

三、原位测试

工程地质勘察中的原位测试（in situ tests），是在岩土层原来所处的位置基本保持天然结构、天然含水量以及天然应力状态下，测定岩土的工程力学性质指标，以供土木工程师设计时采用。现场原位测试的方法有很多，在这里仅介绍静力载荷试验、静力触探试验、圆锥动力触探试验、标准贯入试验、旁压试验、十字板剪切试验。

（一）载荷试验

载荷试验（loading test），可用于测定承压板下应力主要影响范围内岩土的承载力和变形特征。载荷试验包括平板载荷试验和螺旋板载荷试验。浅层平板载荷试验适用于浅层地基土；深层平板试验适用于埋深等于或大于 3m 和地下水位以上的地基土；螺旋板载荷试验适用于深层地基土或地下水位以下的地基土。下面主要以平板载荷试验为例介绍平板载荷试验的基本原理和方法。

1. 试验装置和技术要求

载荷试验的主要设备有三个部分，即加荷与传压装置、变形观测系统及承压板（图 11-8）。

试验时将试坑挖到基础的预计埋深，整平坑底，放置承压板，在承压板上施加荷重来进

行试验。载荷试验应布置在有代表性的地点，每个
场地不宜少于 3 个，当场地内岩土体不均匀时，应
适当增加。载荷试验应布置在基础底面处，试坑宽
度或直径不应小于承压板宽度或直径的三倍。坑底
的岩土应避免扰动，保持其原状结构和天然湿度，
并在承压板下铺设不超过 20mm 的砂垫层找平，尽
快安装试验设备。承压板宜采用刚性圆形板，其尺
寸根据土的软硬或岩体裂隙密度选择，浅层试验时
不应小于 0.25m²，对软土和粒径较大的填土不应小

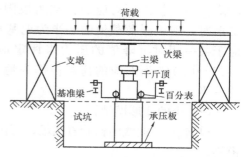

图 11 - 8　载荷试验装置图

于 0.5m²；深层试验时宜选用 0.5m² 岩石中试验时不宜小于 0.07m²。载荷试验加荷方式有
常规慢速法、快速法或等沉降速率法。加荷等级宜取 10～12 级，并不应少于 8 级。对慢速
法，当试验对象为土体时，每级荷载施加后，间隔 5min、5min、10min、10min、15min、
15min 测读一次沉降，以后间隔 30min 测读一次沉降，当连续两小时每小时沉降量小于等于
0.1mm 时，可认为沉降已达到相对稳定标准，施加下一级荷载。当出现下列情况之一时，
可终止试验：

（1）承压板周边的土出现明显侧向挤出，周边岩土出现明显隆起或径向裂缝持续发展；

（2）本级荷载的沉降量大于前级荷载沉降量的 5 倍，荷载与沉降曲线出现明显陡降；

（3）在某级荷载下 24 小时沉降速率不能达到相对稳定标准；

（4）总沉降量与承压板直径（或宽度）之比超过 0.06。

2. 载荷试验成果分析

根据载荷试验成果绘制出荷载与沉降的关系曲线，即 $p-s$ 曲线（图 11 - 9），必要时绘
制各级荷载下 $\lg s-\lg t$ 关系曲线（图 11 - 10）。根据曲线特征可以评定地基土承载力、变形
模量、基准基床系数等岩土指标。

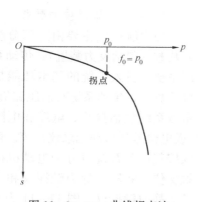

图 11 - 9　$p-s$ 曲线拐点法

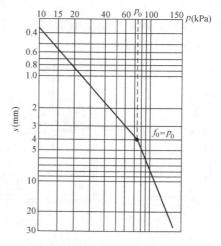

图 11 - 10　$\lg s-\lg t$ 关系曲线

（1）确定地基的承载力。

当 $p-s$ 曲线上有明显的两个拐点时，直线段终点所对应的压力为比例界限压力或
临塑压力，取该比例界限压力所对应的荷载值为地基承载力的特征值；曲线开始出现

陡降段时，拐点所对应的荷载为极限荷载。当极限荷载小于对应比例界限的荷载值的二倍时，取极限荷载值的一半为地基承载力的特征值；当 $p-s$ 呈缓变曲线时，可取对应于某一相对沉降值的压力来评定地基承载力。对于低压缩性土和砂土，可取 $s/b=0.01\sim0.015$ 所对应的荷载值作为地基承载力的特征值，但其值不应大于最大加荷量的一半。

（2）土的变形模量。

根据 $p-s$ 曲线的初始直线段，可按均质各向同性半无限介质的弹性理论计算土的变形模量。

浅层平板载荷试验的变形模量 E_0（MPa），可按下式计算：

$$E_0 = I_0(1-\mu^2)\frac{pd}{s} \tag{11-3}$$

式中 I_0——刚性承压板的形状系数，圆形承压板取 0.785，方形承压板取 0.886；

μ——土的泊松比，碎石土取 0.27，砂土取 0.30，粉土取 0.35，粉质黏土取 0.38，黏土取 0.42；

d——承压板直径或边长，m；

p——$p-s$ 曲线线性段的压力，kPa；

s——与 p 对应的沉降，mm。

（3）基准基床系数 K_v。

基准基床系数 K_v 可根据承压板边长为 30cm 的平板载荷试验，按下式计算：

$$K_v = \frac{p}{s} \tag{11-4}$$

（二）静力触探试验

静力触探试验（CPT，cone penetration test），是通过一定的机械装置，将一定规格的金属探头用静力压入土层中，同时用传感器或直接量测仪表测试土层对触探头的贯入阻力，以此来判断、分析、确定地基土的物理力学性质。静力触探试验适用于软土、一般黏性土、粉土、砂土和含少量碎石的土。

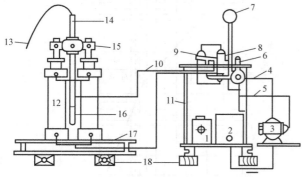

图 11-11 双缸油压式静力触探仪示意图

1—汽油机；2—油箱；3—油泵；4—进油路；5—回油路；
6—溢流阀；7—压力表；8—手动转向阀；9—稳压节流阀；
10—高压油管；11—阀架；12—油缸；13—接应变仪电缆；
14—触探杆；15—长杆器；16—触探头；17—底架；18—枕木

1. 试验装置与技术要求

静力触探仪主要由三部分组成：贯入装置（包括反力装置）、传动系统和量测系统。贯入系统的基本功能是可控制等压贯入；传动系统有液压和机械两种；量测系统包括探头、电缆和电阻应变器（或电位差计自动记录仪）等。静力触探仪按其传动系统可分为电动机械式静力触探仪、液压式静力触探仪和手摇轻型链式静力触探仪。图 11-11 为双缸油压式静力触探仪示意图。常用静力触探探头分为单桥探头和双桥探头（图 11-12），其规格见表 11-8。

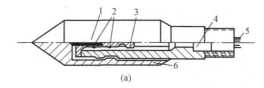

1—顶柱；2—电阻应变片；3—传感器；4—密封垫圈套；5—四芯电缆；6—外套筒

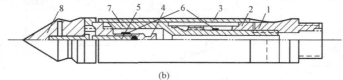

1—传力杆；2—摩擦传感器；3—摩擦筒；4—锥尖传感器；
5—顶柱；6—电阻应变片；7—钢珠；8—锥尖头
图 11 - 12 静力触探探头示意图
（a）单桥探头结构；（b）双桥探头结构

表 11 - 8　　　　　　　　　　静 力 触 探 探 头 规 格

锥头截面积 A (cm²)	探头直径 d (mm)	锥角 α (°)	单桥探头	双桥探头	
			有限侧壁长度 L (mm)	摩擦筒侧壁面积 (cm²)	摩擦筒长度 L (mm)
10	35.7	60	57	200	179
15	43.7		70	300	219
20	50.4		81	300	189

探头应均速垂直压入土中，贯入速率为 1.2m/min，深度记录的误差不应大于触探深度的 $\pm 1\%$；当贯入深度超过 30m，或穿过厚层软土后再贯入硬土层时，应采取措施防止孔斜或断杆，也可配置测斜探头，量测触探孔的偏斜角，校正土层界限的深度。

单桥探头能测定一个指标——比贯入阻力 p_s。p_s 值是指探头锥尖底面积 A 与总贯入阻力 P 的比值，即

$$p_s = \frac{P}{A} \tag{11 - 5}$$

双桥探头能测定两个触探指标——锥尖阻力 q_c 和侧壁摩阻力 f_s，其定义如下：

$$q_c = \frac{Q_c}{A} \tag{11 - 6}$$

$$f_s = \frac{P_f}{F} \tag{11 - 7}$$

式中　Q_c、P_f——分别为锥尖总阻力和侧壁摩阻力；
　　　A、F——分别为锥底截面积和摩擦筒表面积。

侧壁摩阻力 f_s 与锥尖阻力 q_c 之比定义为摩阻比（R_f）即

$$R_f = \frac{f_s}{q_c} \tag{11 - 8}$$

2. 触探试验成果分析

绘制各种贯入曲线：单桥和双桥探头应绘制 $p_s - z$ 曲线、$q_c - z$ 曲线、$f_s - z$ 曲线、$R_f - z$ 曲线，见图 11 - 13～图 11 - 15。

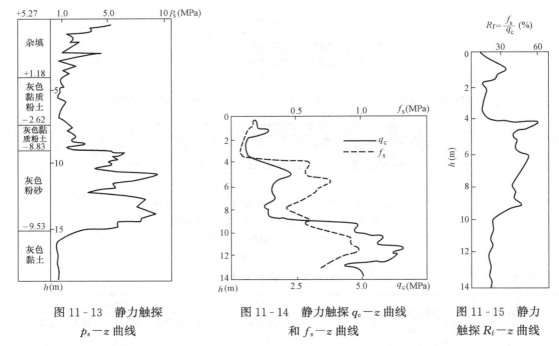

图 11-13　静力触探　　　　图 11-14　静力触探 q_c-z 曲线　　　图 11-15　静力
p_s-z 曲线　　　　　　　和 f_s-z 曲线　　　　　触探 R_f-z 曲线

根据贯入曲线的线型特征，结合相邻钻孔资料和地区经验，触探试验成果可以划分土层界限，其方法为：

（1）上下层贯入阻力相差不大时，取超前深度和滞后深度的中心，或中心偏向小阻力土层 5～10cm 处作为分层界限。

（2）上下层贯入阻力相差一倍以上时，当由软层进入硬层或由硬层进入软层时，取软层最后一个（或第一个）贯入阻力小值偏向硬层 10cm 处作为分层界限。

（3）上下层贯入阻力无甚变化时，可结合 f_s 或 R_f 的变化确定分层界限。

根据静力触探资料，利用地区经验，触探试验成果可进行力学分层，估计土的塑性状态或密实度、强度、压缩性、地基承载力、单桩承载力、沉桩阻力、进行液化判别等。

（三）圆锥动力触探试验

圆锥动力触探试验（DPT，dynamic penetration test），是利用一定的锤击动能，将一定规格的圆锥探头打入土中，根据打入土中的阻力大小判别土层的变化，对土层进行力学分层，并确定土层的物理力学性质，对地基土做出工程地质评价。

1．设备规格与技术要求

圆锥动力触探试验类型可分为轻型、重型和超重型三种，其规格和适用土类见表 11-9。

表 11-9　　　　　　　　　　　圆锥动力触探类型

类　　型		轻　型	重　型	超 重 型
落锤	锤的质量（kg）	10	63.5	120
	落距（cm）	50	76	100
探头	直径（mm）	40	74	74
	锥角（°）	60	60	60

类　型	轻　型	重　型	超　重　型
探杆直径（mm）	25	42	50～60
指标	贯入 30cm 的读数 N_{10}	贯入 10cm 的读数 $N_{63.5}$	贯入 10cm 的读数 N_{120}
主要适用岩土	浅部的填土、砂土、粉土、黏性土	砂土、中密以下的碎石土、极软岩	密实和很密的碎石土、软岩、极软岩

圆锥动力触探应采用自动落锤装置。触探杆最大偏斜度不应超过 2‰，锤击贯入应连续进行，同时防止锤击偏心、探杆倾斜和侧向晃动，保证探杆垂直度，锤击速率每分钟宜为 15～30 击。每贯入 1m，宜将探杆转动一圈半；当贯入深度超过 10m，每贯入 20cm 宜转动探杆一次。对轻型动力触探，当 N_{10}＞100 或贯入 15cm 锤击数超过 50 时，可停止试验；当连续三次 $N_{63.5}$＞50 时，可停止试验或改用超重型动力触探。

2. 圆锥动力触探试验成果分析

单孔连续圆锥动力触探试验应绘制锤击数与贯入深度关系曲线，计算单孔分层贯入指标平均值；根据各孔分层的贯入指标平均值，用厚度加权平均法计算场地分层贯入指标平均值和变异系数。

根据圆锥动力触探试验指标和地区经验，可进行力学分层，评定土的均匀性和物理性质（状态、密实度）、土的强度、变形参数、地基承载力、单桩承载力，查明土洞、滑动面、软硬土层界面，检测地基处理效果等。

（四）标准贯入试验

标准贯入试验（SPT，standard penetration test），实质上仍属于动力触探类型之一。所不同的是标准贯入试验的探头不是圆锥形，而是标准规格的圆筒形探头（由两个半圆管合成的取土器），称之为贯入器。标准贯入试验就是利用一定的锤击动能，将一定规格的对开管式贯入器打入钻孔孔底的土层中，根据打入土层中的贯入阻力，评定土层的变化和土的物理力学性质。贯入阻力用贯入器贯入土层中的 30cm 的锤击数 N 表示，也称标贯击数。标准贯入试验适用于砂土、粉土和一般黏性土。

1. 设备规格与技术要求

标准贯入试验的设备应符合表 11-10 的要求。

标准贯入试验孔采用回转钻进，并保持孔内水位略高于地下水位。当孔壁不稳定时，可用泥浆护壁，钻至试验标高以上 15cm 处，清除孔底残土后再进行试验。采用自动脱钩的自由落锤法进行锤击，并减小导向杆与锤间的摩阻力，避免锤击时的偏心和侧向晃动，保持贯入器、探杆、导向杆连接后的垂直度，锤击速率应小于 30 击/min。贯入器打入土中 15cm 后，开始记录每打入 10cm 的锤击数，累计打入 30cm 的锤击数为标准贯入试验锤击数 N。当锤击数已达 50 击，而贯入深度未达 30cm 时，可记录 50 击的实际贯入深度，按下式换算成相当于 30cm 的标准贯入试验锤击数 N，并终止试验。

$$N = 30 \times \frac{50}{\Delta S} \qquad (11-9)$$

式中　ΔS——50 击时的贯入度，cm。

2. 标准贯入试验成果分析

标准贯入试验成果 N 可直接标在工程地质剖面图上，也可绘制单孔标准贯入击数 N 与深度关系曲线或直方图。

标准贯入试验锤击数 N 值，可对砂土、粉土、黏性土的物理状态，土的强度、变形参数、地基承载力、单桩承载力、砂土和粉土的液化、成桩的可能性等做出评价。

表 11 - 10   标准贯入试验设备规格

落距		锤的质量（kg）	63.5
		落距（cm）	76
贯入器	对开管	长度（mm）	＞500
		外径（mm）	51
		内径（mm）	35
	管靴	长度（mm）	50～76
		刃口角度（°）	18～20
		刃口单刃厚度（mm）	2.5
钻杆		直径（mm）	42
		相对弯曲	＞1/1000

（五）旁压试验

旁压试验（PMT，pressuremeter test），是将圆柱形旁压器竖直地放入土中，通过旁压器在竖直的孔内加压，使旁压膜膨胀，并由旁压膜（或护套）将压力传给周围土体（或岩层），使土体或岩层产生变形直至破坏，通过量测施加的压力和土变形之间的关系，即可得到地基土在水平方向上的应力应变关系。图 11 - 16 为旁压测试示意图。

根据将旁压器设置于土中的方法，可以将旁压仪分为预钻式旁压仪、自钻式旁压仪和压入式旁压仪。预钻式旁压仪一般需有竖直钻孔，自钻式旁压仪利用自转的方式钻到预定试验位置后进行试验，压入式旁压仪以静压方式压到预定试验位置后进行旁压试验。旁压试验适用于黏性土、粉土、砂土、碎石土、残积土、极软岩和软岩等。

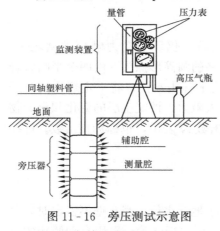

图 11 - 16　旁压测试示意图

1. 基本技术要求

旁压试验应在有代表性的位置和深度进行，旁压器的量测腔应在同一土层内。试验点的垂直间距应根据地层条件和工程要求确定，但不宜小于 1m，试验孔与已有钻孔的水平距离不宜小于 1m。预钻式旁压试验应保证成孔质量，钻孔直径与旁压器直径应良好配合，防止孔壁坍塌；自钻式旁压试验的自钻钻头、钻头钻速、钻进速率、刃口距离、泥浆压力和流量等应符合有关规定。

加荷等级可采用预期临塑压力的 1/5～1/7，初始阶段加荷等级可取小值，必要时，可作卸荷再加荷试验，测定再加荷旁压模量。每级压力应维持 1min 或 2min 后再施加下一级压力，维持 1min 时，加荷后 15s、30s、60s 测读变形量，维持 2min 时，加荷后 15s、30s、60s、120s 测读变形量。当量测腔的扩张体积相当于量测腔的固有体积时，或压力达到仪器的容许最大压力时，应终止试验。

　　2. 旁压试验成果分析

　　对各级压力和相应的扩张体积（或换算为半径增量）分别进行约束力和体积的修正后，绘制压力与体积曲线。典型的 $p-V$ 曲线见图 11-17，它可以分为三段：Ⅰ 段：初步阶段；Ⅱ 段：似弹性阶段，压力与体积变化量大致呈线性关系；Ⅲ 段：塑性阶段。

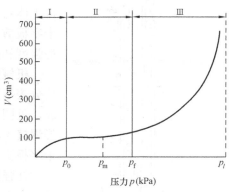

图 11-17　旁压试验的 $p-V$ 曲线

　　Ⅰ-Ⅱ 段的界限压力相当于初始水平应力 p_0，Ⅱ-Ⅲ 段的界限压力相当于临塑压力 p_f；Ⅲ 段末尾渐近线的压力为极限压力 p_l。各个特征压力值的确定方法如下：

　　（1）p_0 的确定。将旁压曲线 $p-V$ 直线段延长与 V 轴交于 V_0，过 V_0 作平行于 p 轴的直线，该直线与旁压曲线交点对应的压力即 p_0 值。

　　（2）p_f 为旁压曲线中直线的末尾点对应的压力。

　　（3）p_l 为 $V = 2V_0 + V_c$ 所对应的压力，其中 V_c 为旁压器量腔的固有体积或 $p - \left(\dfrac{1}{V}\right)$ 关系末段直线延长线与 p 轴交点相应的压力。

　　根据压力与体积曲线的直线段斜率，按下式计算旁压模量：

$$E_m = 2(1+\mu)\left(V_c + \frac{V_0 + V_f}{2}\right)\frac{\Delta p}{\Delta V} \qquad (11-10)$$

式中　E_m——旁压模量，kPa；

　　　μ——泊松比（碎石土取 0.27，砂土取 0.30，粉土取 0.35，粉质黏土取 0.38，黏土取 0.42）；

　　　V_c——旁压器量测腔初始固有体积，cm^3；

　　　V_0——与初始压力 p_0 对应的体积，cm^3；

　　　V_f——与临塑压力 p_f 对应的体积，cm^3；

　　$\Delta p/\Delta V$——旁压曲线直线段的斜率，kPa/cm^3。

　　根据初始压力、临塑压力、极限压力和旁压模量，结合地区经验可评定地基承载力。评定方法包括：

　　1）临塑压力法：地基承载力的特征值 f_a 为

$$f_a = p_f - p_0 \qquad (11-11)$$

或

$$f_a = p_f \qquad (11-12)$$

　　2）极限压力法：地基承载力的特征值 f_a 为

$$f_a = \frac{1}{K}(p_l - p_0) \qquad (11-13)$$

式中　K——安全系数。

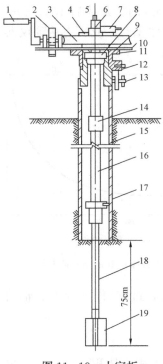

图 11-18 十字板
剪切仪装置图

1—手摇柄；2—齿轮；3—蜗轮；
4—开口钢环；5—固定夹；6—导
轩；7—百分表；8—转盘；9—底
板；10—固定套；11—弹子盘；
12—底座；13—制紧轴；14—接
头；15—套管；16—钻杆；17—导
轮；18—轴杆；19—十字板头

（六）十字板剪切试验

十字板剪切试验（VST，vane shear test），是将十字板插入土中，然后对十字板施加一定的扭转力矩，将土体剪坏，测得土体对抵抗扭剪的最大力矩，通过换算得到土体抗剪强度值。十字板剪切试验可用于测定饱和软黏性土（$\varphi \approx 0$）的不排水抗剪强度和灵敏度。

机械式十字板剪切仪主要由十字板头、测力装置（钢环、百分表等）和施力传力装置（轴杆、转盘、导轮等）三部分组成，见图 11-18，其中十字板头由厚 3mm 的长方形钢板呈十字形焊接于轴杆上。可视土层的塑性状态不同而选用相应规格的十字板头。

在强度推算中，一般假定：剪切面为一圆柱面，圆柱的直径与高度等于十字板宽度和高度；圆柱侧面和上下端面上的抗剪强度均相等。据此可得

$$\tau_f = \frac{M_{max}}{\frac{\pi D^2}{2}\left(H + \frac{D}{3}\right)} \qquad (11-14)$$

式中 M_{max}——施加的最大扭力矩，$kN \cdot m$；

H、D——十字板的高度和宽度，m。

1. 技术要求

十字板头形状宜为矩形，径高比 1:2，板厚宜为 2~3mm。十字板头插入孔底的深度不应小于钻孔或套管直径的 3~5 倍。十字板插入至试验深度后，至少应静止 2~3min，方可开始试验。施加扭转力矩时，扭转剪切速率宜采用（1°~2°）/10s，并应在测得峰值强度后继续记录 1min。在峰值强度或稳定值测试完后，顺扭转方向连续转动 6 圈后，测定重塑土的不排水抗剪强度。

2. 十字板剪切试验成果分析

计算各试验点土的不排水抗剪峰值强度、残余强度、重塑土强度和灵敏度。绘制单孔十字板剪切试验土的不排水抗剪峰值强度、残余强度、重塑土强度和灵敏度随深度的变化曲线，需要时绘制抗剪强度与扭转角度的关系曲线。根据土层条件和地区经验，对实测的十字板不排水抗剪强度进行修正。十字板剪切试验成果可按地区经验，确定地基承载力、单桩承载力，计算边坡稳定，判断软黏性土的固结历史。

四、室内测试

在土工实验室进行测试工作，可以取得土和岩石的物理力学性质和地下水的水质等定量指标，以供设计计算时使用。室内测试项目应按岩土类型、工程类型，考虑工程分析计算要求确定。

对黏性土、粉土一般应进行天然密度、天然含水量、土粒比重、液限、塑限、压缩系数及抗剪强度（采用三轴仪或直接剪切仪）试验。

对砂土则要求进行颗粒分析，测定天然密度、天然含水量、土粒比重及自然休止角等。

对碎石土，必要时，可做颗粒分析；对含黏性土较多的碎石土，宜测定黏性土的天然含水量、液限和塑限。

对岩石一般可做饱和单轴极限抗压强度试验，必要时，还须测定其他岩石物理、力学性质指标。

在需判定场地地下水对混凝土的腐蚀性时，一般可测定下列项目：如 pH 值、Cl^-、SO_4^{2-}、HCO_3^-、Ca^{2+}、Mg^{2+} 等离子以及游离 CO_2 和腐蚀性 CO_2 的含量。

勘察和设计人员可根据土质条件、设计与施工需要或地区经验等，适当增减试验项目。

五、长期观测

（一）长期观测的意义

长期观测工作在岩土工程勘察中是一项很重要的工作。有些动力地质现象及地质营力随时间推移将不断地明显变化，尤其在工程活动影响下的某些因素和现象将发生显著新变化，又影响工程的安全、稳定和正常运用。这时仅靠工程地质测绘、勘探、试验等工作，还不能准确预测和判断各种动力地质作用的规律性及其对工程使用年限内的影响，必须进行长期观测工作。

长期观测的主要任务是检验测绘、勘探对工程地质条件评价的正确性、查明动力地质作用及影响因素随时间的变化规律，准确预测工程地质问题，为防止不良地质作用所采取的措施提供可靠的工程地质依据，检查为防治不良地质作用而采取的处理措施的效果。

（二）长期观测的内容与形式

1. 建筑物沉降观测

建筑物的沉降反映地基变形随荷载、时间发展的过程，当在施工期发现不均匀沉降时可及时采取措施避免继续恶化；长期沉降观测资料反过来可验算地基计算的正确性，从而可改进设计工作。

沉降观测点一般布设在墙、柱或基础同高程的位置，在墙角、交叉梁处、沉降缝两侧应有控制测点；一般在建筑开始时就要埋设，以后随着荷载上升定期观测及至工程竣工后的相当长（待沉降稳定）时间，继续绘制 s（沉降）与 t（时间）的过程曲线。如建在软黏土上的 4 层温州华侨饭店（筏基）已观测了 30 多年，提供了很好的资料。

2. 孔隙水压力观测

地下水动态变化对评价地基土（特别是湿陷性黄土、膨胀土地区）的承载能力、预测道路的冻害、基坑的涌水、流砂的产生和坑壁的稳定性都很有意义。

地下水位和孔隙水压力对地面沉降、斜坡稳定以及地基的稳定性有重要的影响。

观测点随实际需要布设，地下水位可通过底部带有滤管的测压管测读；孔隙水压力则要事先将孔隙水压力仪用钻孔法或压入法埋入土层中，埋设时在孔底和周围应填砂，然后在上部用黏土球密封。孔隙水压力（p_w）可用下式计算：

$$p_w = \gamma_w h + p \tag{11-15}$$

式中：γ_w 为水的重度；p 为压力计读数；h 为观测点至压力计基准面间的高差。

图 11-19 为上海某海堤试验段 p_w 与填土荷重的关系曲线，表明当荷重 49kN/m^2 时，p_w 有一拐点（土出现塑性变形），然后至 57kN/m^2 时，p_w 突增，土体破坏（由于暴雨）。

有时工程上需控制地下水位和孔隙水压力（p_w）的上升，以保证工程的安全。

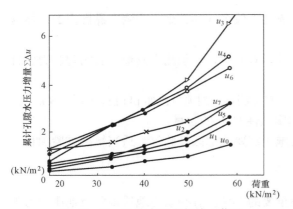

图 11-19　孔隙水压力与填土荷重
关系曲线（据李大梁，1993）

3. 斜坡岩土体变形和滑坡动态观测

对可能失稳的斜坡和崩塌、滑坡的监测对预防地质灾害，及时做出险情预报和防治措施是非常必要的。

斜坡在失稳之前一般是有先兆的。如在坡顶出现张裂缝，张裂缝随着时间的扩大都是明显的信号。对这些张裂缝或是斜坡的观测点进行定期的、准确的监测，可以得到定量的资料，从而可能预估破坏的时日。长江三峡的新滩滑坡（崩塌），从 1985 年 5 月起垂直位移突增。至 6 月 2 日便发生了大规模滑体下滑，因预报及时，未造成大的损失。

监测的内容包括位移的速度（垂直的、水平的或转动的）以及降水的强度和影响。

常用监测方法是观测固定于裂缝两侧的标桩（四角正方形埋设）的对角线、周边的变化，求出水平位移，并观测垂直位移，分析位移和时间的关系，预测破坏的时间。同理可对滑坡地面布设观测线网，定期观测、分析其发展趋势，滑坡观测点布置见图 11-20。要确定滑动体的滑动面（或带），则应事先于现场埋设滑动倾斜仪，在滑体中并深入其下部埋设贴有电阻应变片的 PVC 管，当滑动体滑动时，PVC 管不同深度处的变形可通过电讯号反映其变形的大小，从而确定滑动带。

4. 地下建筑围岩变形及围岩压力观测

对地下建筑来说，围岩的稳定性是关键的问题，预测围岩压力的大小和分布可以选择适宜的支护类型。目前有许多计算围岩压力的公式与实际往往有较大的出入。因此，由长期观测所获资料在支护结构设计中有实际的意义。

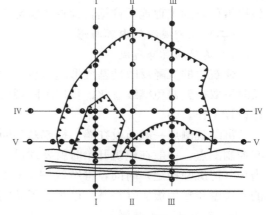

图 11-20　滑坡观测点布置示意图

钻孔多点伸长仪可用于围岩变形和位移测量，可以测出不同深度处围岩的位移，还可得两点之间的相对位移。可据此绘出变形梯度曲线，求出应力集中区的界面，绘出应力释放带。同时观测洞内的变形迹象和支护结构的变形情况。

沿支护周边布设的测力计可以观测到围岩压力分布随时间的变化。

（三）长期观测的成果表述与应用

长期观测资料应经过整理，列成表格，并绘制不同曲线（图 11-21）。

长期观测能取得具体数字资料，可直接用于工程地质评价和有关的计算。长期观测的结果还能检查工程地质预测的准确性，以便找出原因、改进理论，校对公式，改善勘察方法等等。

关键概念

岩土工程勘察　钻探　触探　物探　原位测试　临塑压力　极限压力　摩阻比

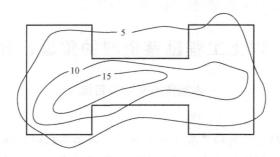

图 11 - 21　房屋地基在某时间的等沉降线图（单位：mm）

思 考 题

1. 简述工程地质勘察的目的和各勘察阶段的一般要求。
2. 工程地质测绘的方法主要有哪几类？
3. 简述电法勘探的基本原理和方法。
4. 现场原位测试主要有哪些？
5. 载荷试验、静力触探、动力触探的适用条件和用途分别是什么？
6. 利用静力载荷试验，确定地基承载力的方法有哪几种？
7. 圆锥动力触探与标准贯入试验有何区别与联系？
8. 旁压试验的适用条件是什么？可以利用其求哪些参数？
9. 十字板剪切试验的适用条件及成果应用是什么？

第十二章　岩土工程勘察资料的整理、分析与使用

本章提要与学习目标

主要介绍岩土工程勘察资料的整理与分析方法、岩土工程勘察报告的阅读与使用。

通过本章的学习，能够了解岩土指标数理统计整理的方法，掌握岩土工程勘察报告主要内容和常用图表的编制方法，并能准确阅读和使用岩土工程勘察报告。

岩土工程勘察资料的整理，是岩土工程勘察工作的重要环节，是岩土工程勘察成果质量的最终体现。其任务是将测绘、勘探、试验和长期观测的各种资料认真地系统整理和全面地综合分析，找出各种自然地质因素之间的内在联系和规律性，对建筑场区的工程地质条件和工程地质问题作出正确评价，为工程规划、设计及施工提供可靠的地质依据。资料整理要反复检查核对各种原始资料的正确性并及时整理、分析，查对清绘各种原始图件，整理分析岩土各种实验成果，编制工程地质图件，编写工程地质勘察报告。

第一节　岩土指标的统计整理方法

由于岩土自身的不均匀性，取样和运输过程的扰动，试验仪器及操作方法差异等原因，同类土层测得的土性指标值会出现离散现象。在勘察中，若取得足够多的数据，可按工程地质单元及层次分别进行统计整理，以便求得具有代表性的指标。统计整理时，应在合理分层基础上，对每层土的有关测试项目，根据指标测试次数（对土的物理力学性质指标，标准贯入试验和轻便触探试验锤击数，每项参加统计的数据不宜小于 6 个）、地层均匀性和建筑物等级等因素选择合理的数理统计方法。

岩土的物理力学指标的平均值、标准差和变异系数应按下式计算：

$$\phi_{m} = \frac{\sum\limits_{i=1}^{n} \phi_{i}}{n} \tag{12-1}$$

$$\sigma_{f} = \sqrt{\frac{\sum\limits_{i=1}^{n} \phi_{i}^{2} - n\phi_{m}^{2}}{n-1}} \tag{12-2}$$

$$\delta = \frac{\sigma_{f}}{\phi_{m}} \tag{12-3}$$

式中　ϕ_{i}——岩土参数的试验值；

　　　ϕ_{m}——岩土参数的平均值；

　　　σ_{f}——岩土参数的标准差；

　　　δ——岩土参数的变异系数。

主要参数宜结合岩土参数与深度的经验关系，按下式确定剩余标准差，应用剩余标准差

计算变异系数。

$$\sigma_r = \sigma_f \sqrt{1 - r^2} \qquad (12 - 4)$$

$$\delta = \frac{\sigma_r}{\phi_m} \qquad (12 - 5)$$

式中　σ_r——剩余标准差；

　　　r——相关系数，对非相关，$r=0$。

岩土参数的标准值 ϕ_k 可按下式确定：

$$\phi_k = \gamma_s \phi_m \qquad (12 - 6)$$

$$\gamma_s = 1 \pm \left(\frac{1.704}{\sqrt{n}} + \frac{4.678}{n^2} \right) \delta \qquad (12 - 7)$$

式中　γ_s——统计修正系数。

当统计修正系数小于 0.75 时，应分析 δ 过大的原因，如分层是否合理、试验有无差错等，并应同时增加试样数量。式中的正负号按不利组合考虑，如抗剪强度的修正系数应取负值。

统计修正系数 γ_s 也可按岩土工程的类型和重要性、参数的变异性和统计数据的个数，根据经验选用。

在岩土工程勘察报告中，一般情况下，应根据岩土参数的平均值、标准差、变异系数、数据分布范围和数据的数量；承载能力极限状态计算所需要的岩土参数标准值，应按上式计算。

第二节　岩土工程勘察报告的内容及其编制

岩土工程勘察报告是工程地质勘察的正式成果。它将现场与室内勘察和测试得到的工程地质资料进行统计、归纳和分析，编制成图件、表格并对场地工程地质条件和问题做出系统的分析和评价，以正确全面地反映场地的工程地质条件和提供地基土物理力学设计指标，供建设单位、设计单位和施工单位使用，并作为存档文件长期保存。

一、岩土工程勘察报告的内容

地基勘察的最终成果是以报告书的形式提出的。勘察工作结束后，把取得的野外工作和室内试验的记录和数据以及搜集到的各种直接和间接资料分析整理、检查校对、归纳总结后做出建筑场地的工程地质评价。这些内容最后以简要明确的文字和图表编成报告书。

勘察报告书的编制必须配合相应的勘察阶段，针对场地的地质条件和建筑物的性质、规模以及设计和施工的要求，提出选择地基基础方案的依据和设计计算数据，指出存在的问题以及解决问题的途径和办法。

岩土工程勘察报告应根据任务要求、勘察阶段、工程特点和地质条件等具体情况编写，并应包括下列内容：

（1）勘察目的、任务要求和依据的技术标准；

（2）拟建工程概括；

（3）勘察方法和勘察工作布置；

（4）场地地形、地貌、地层、地质构造、岩土性质及其均匀性；

（5）各项岩土性质指标、岩土的强度参数、变形参数、地基承载力的建议值；

（6）地下水埋藏情况、类型、水位及其变化；

(7) 土和水对建筑材料的腐蚀性；

(8) 可能影响工程稳定的不良地质作用的描述和对工程危害程度的评价；

(9) 场地稳定性和适宜性的评价。

岩土工程勘察报告应对岩土利用、整治和改造的方案进行分析论证、提出建议；对工程施工和使用期间可能发生的岩土工程问题进行预测，提出监控和预防措施的建议。

所附的图表可以是下列几种：勘探点平面布置图；工程地质剖面图；地质柱状图或综合地质柱状图；土工试验成果表；其他测试成果表（如现场载荷试验、标准贯入试验、静力触探试验、旁压试验等）。

上述内容并不是每一项勘察报告都必须全部具备的，而应视具体要求和实际情况有所侧重并以充分说明问题为准。对于地质条件简单和勘察工作量小且无特殊设计及施工要求的工程，勘察报告可以酌情简化。

二、常用图表的编制方法

(一) 勘探点平面布置图

勘探点平面布置图是在建筑场地地形图上，把建筑物的位置、各类勘探、测试点的编号、位置用不同的图例表示出来。并注明各勘探、测试点的标高和深度、剖面线及其编号等（图 12-1）。

(二) 钻孔柱状图

钻孔柱状图是根据钻孔的现场记录整理出来的。记录中除了注明钻进的工具、方法和具体事项外，其主要内容是关于地层的分布（层面的深度、厚度）和地层的名称和特征的描述。绘制柱状图之前，应根据土工试验成果及保存于钻孔岩芯箱中的土样对分层情况和野外鉴别记录进行认真的校核，并做好分层和并层工作。当测试成果与野外鉴别不一致时，一般应以测试结果为主，只是当试样太少且缺乏代表性时才以野外鉴别为准。绘制柱状图时，应自上而下对地层进行编号和描述，并用一定的比例尺、图例和符号绘图（图 12-2）。在柱状图中还应同时标出取土深度、地下水位等资料。

(三) 工程地质剖面图

柱状图只反映场地某一勘探点处地层的竖向分布情况；剖面图则反映某一勘探线上地层沿竖向和水平向的分布情况。由于勘探线的布置常与主要地貌单元或地质构造轴线相垂直，或与建筑物的轴线相一致，故工程地质剖面图是勘察报告的最基本的图件。

剖面图的垂直距离和水平距离可采用不同的比例尺。首先将勘探线的地形剖面线画出，标出勘探线上各钻孔中的地层层面，然后在钻孔的两侧分别标出层面的高程和深度，再将相邻钻孔中相同的土层分界点以直线相连（图 12-3）。当某地层在邻近钻孔中缺失时，该层可假定于相邻两孔中间尖灭。剖面图中应标出原状土样的取样位置和地下水位深度。各土层应用一定的图例表示，可以只绘出某一地段的图例，该层未绘出图例部分可由地层编号识别，这样可使图面更为清晰。

在柱状图和剖面图上也可同时附上土的主要物理力学性质指标及某些试验曲线（如触探和标准贯入试验曲线）。

(四) 综合地质柱状图

为了简明扼要地表示勘察的地层的层次及其主要特征和性质，可将该区地层按新老次序自上而下以 1:50～1:200 的比例绘成柱状图。图上注明层厚、地质年代，并对岩石或土的特征和性质进行概括地描述。这种图件称为综合地质柱状图。

（五）土工试验成果总表

土的物理力学性质指标是地基基础设计的重要依据，应将土的试验和原位测试所得的成果汇总列表表示。

三、勘察报告实例

某学校四号及五号楼岩土工程勘察报告摘录如下：

（一）勘察的任务、要求及工作概况

根据勘察任务书，某学校拟建教学楼（四号楼）及教工宿舍（五号楼）工程的场地整平高程为 2.50m，填土高约 2.0m。四号楼的底层面积为 8.0m×36.0m，拟采用钢筋混凝土框架结构，初步估算传至柱底的竖向荷载约为 670kN，可能采用浅基础或桩基础方案。五号楼的底层面积为 6.24m×20.04m，开间 3.3m，采用横墙承重的混合结构，墙底竖向荷载约88.0kN/m，拟采用天然地基浅基础方案。

（二）场地描述

该学校位于一条河流的Ⅰ级阶地上，紧邻该河东侧土堤。五号楼坐落于原有二号楼的西南面，该处地面高程与整平高程一致，地势平坦。四号楼坐落于原三号楼北面，天然地面标高约 0.50m，地势低平。

（三）地层分布

根据钻探揭露，校内的地层自上而下分为五层：

（1）冲填土，浅黄色细砂。主要矿物成分为石英，黏粒含量很少，层厚约 2m，稍湿，中密；

（2）粉土，呈褐黄色，含氧化铁及植物根，层厚为 0.92～1.00m，中密，稍湿至很湿；

（3）淤泥，呈黑灰色，含多量的有机质，有臭味，夹有薄层粉砂或细砂，偶见贝壳，为三角洲冲积物，层厚 4.60～7.49m，软塑，饱和；

（4）细砂，呈灰色，本层只见于钻孔 Z1，层厚 2.21m，稍密，饱和；

（5）粉质黏土，呈棕红色，有紫红条纹和白色斑点，为基岩强风化形成的残积物，层厚3.29～5.24m，层面高程变化于 5.13～10.21m，之间，硬塑（上部 0.4～0.6m 为可塑状态），稍湿；

（6）基岩，红色页岩，属白垩系，表层强风化，本层钻进深度约 2.10～2.40m。

冲填土、淤泥及粉质黏土的主要物理力学性质指标标准值和地基承载力标准值见表12-1。

表 12-1　　　　　某学校四、五号楼工程土的物理力学性质指标值

主要指标	天然含水量	土的天然重度	孔隙比	液限	塑限	塑性指数	液性指数	压缩模量	变形模量	抗剪强度指标标准值（固结快剪试验）		地基承载力特征值
										黏聚力	内摩擦角	
	w	γ	e	W_l	W_p	I_p	I_l	E_{a1-2}	E_0	c_k	ϕ_k	f_a
	(%)	(kN/m³)		(%)				(MPa)		(kPa)	(°)	(kPa)
冲填土	12	17.9	0.79						17.5			130
淤泥	75.0	15.2	2.09	47.3	26.0	21.3	2.55	2.18		6	6	40
粉质黏土	20.8	19.1	0.71	29.4	18.2	11.2	0.23	11.4		28	24	289

（四）地下水情况

本区潜水位高程为－0.73m，略受潮水涨落的影响，但变化不大。根据邻近该校的某厂同样地质条件下的测试资料，地下水无腐蚀性。淤泥层的渗透系数为 $7.5×10^{-6}$ cm/s。

（五）工程地质条件评价

（1）地层的建筑条件评价。

1）冲填土（细砂）层，冲填已达 5 年，处于中密稍湿状态，按载荷试验（采用 1m×1m 载荷板）成果，本层具有一定的承载力。

2）粉土层，虽处于硬塑、可塑状态，但厚度不大，又含有植物根等杂物，不宜直接支承三、四层以上的建筑物。

3）淤泥层，含水量高，孔隙比大，抗剪强度低，属高压缩性土，不宜作为地基持力层。

4）细砂层，只分布在局部地段。

5）粉质黏土层，承载力较高。

（2）五号楼采用天然地基上浅基础是适宜的。建议尽量减少基础埋深，充分利用冲填土厚度，并应对软弱下卧层（淤泥层）进行验算。上部结构宜适当采取措施，以减少建筑物的不均匀沉降。

（3）四号楼拟建位置上部主要为高压缩性土，层厚变化比较大，地面又有填土荷载，如采用浅基础，应特别注意建筑物的不均匀沉降以及钢筋混凝土框架对不均匀沉降的敏感性等问题。如利用填土层作为持力层，则需对填土层进行测试工作。如采用桩基础，可选硬可塑粉质黏土层作为桩基持力层，桩尖进入粉质黏土层的深度不宜小于 3 倍桩径。由于粉质黏土层的上层面起伏不平，各基础采用的桩长会有较大的差别，其中，拟建位置西端所需的桩长较大。

（六）附件

包括平面布置图（图 12-1）、柱状图（图 12-2）、工程地质剖面图（图 12-3）。

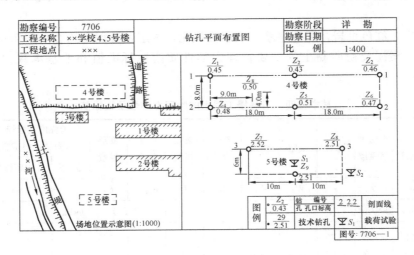

图 12-1　钻孔平面布置

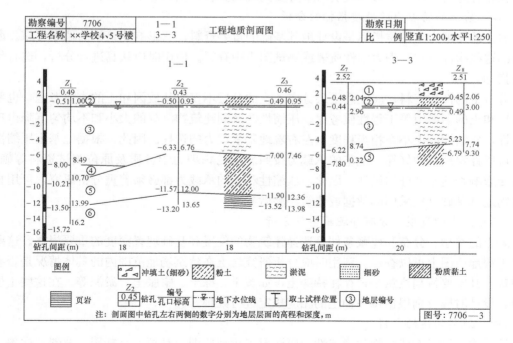

勘察编号	7706		钻孔柱状图			孔口高程		0.46m	
工程名称	××学校4、5号楼					坐标	x_1	y_1	
钻孔编号	Z_3					钻探日期			
地质编号	地质年代	地层描述	密度或稠度	湿度	柱状图 比例1:100	厚度(m)	层底深度(m)	层底高程(m)	地下水位(m)
②		粉土呈褐黄色,含氧化铁及植物根	硬塑至可塑	稍湿很湿		0.95	0.96	−0.49	−0.69
③	Q^{al}	淤泥,呈黑灰色,有臭味,含大量有机质,下部夹的粉砂或细砂薄层	软 塑			6.51	7.46	−7.00	
⑤	Q^{al}	粉质黏土,呈棕红色的紫红条纹及白色斑点	硬塑密实			4.90	12.36	−11.90	
⑤	K	页岩,红色,上部2.20m为强风化,以下为中等风化				孔底13.98		−13.52	
附注							图号:7706—7		

图 12 - 2　钻孔柱状图

图 12 - 3　工程地质剖面图

第三节　岩土工程勘察资料的分析与使用

一、岩土工程勘察资料分析的主要内容

勘察资料是选择建筑场地、布置建筑物和地基基础设计、施工的重要依据。在资料使用前，必须进行分析研究，才能进一步了解和熟悉勘察资料的内容，利用它来选择场地和确定设计指标，使地基基础设计做到技术上可行、经济上合理、安全稳定可靠。在复杂的地质条件下，要着重分析勘察资料中场地和地基的工程地质条件，了解其有利和不利因素，以及这些因素之间的相互关系，以便充分利用有利因素。

（一）地形地貌的分析

地形地貌对建筑物也有着重要的影响，它关系着建筑物的布置、地基基础的设计、施工以及交通、排水等方面。在分析勘察资料时，应对综合工程地质图上的地形等高线和地貌界限作重点了解，充分利用地形、地貌布置建筑物。

在山区，建筑物应尽量利用自然地形，沿等高线布置，避免大挖大填。四周高、中间低的地形容易积水，作为建筑场地，必须注意排水。

平坦地区，地层由第四纪沉积层构成时，应查明沉积物的类型及其分布的不均匀性，尤其应了解地基内有无软弱的夹层和下卧层存在。

场地靠近山坡或处于坡脚地带，要防止山洪和泥石流的危害。

在河流两岸建筑应了解洪水最高水位，注意洪水淹没、冲刷、边坡稳定及水位升降对地基基础的影响。在湖岸和海岸建筑，也应注意类似情况。

在布置建筑物时，地形地貌资料最好要到现场查看，做到心中有数。

（二）岩土的物理力学性质指标的分析

岩土的物理力学性质指标是设计地基基础的重要资料，它影响建筑物的稳定可靠。勘察资料的这些指标可在物理力学性质表或测试图表中查得。使用时应认真进行分析，选有代表性的指标。

分析土的性质资料，应注意土层分布。土的分层不仅要从成因和土的类型考虑，也要从压缩性和土的承载力等工程性质考虑。压缩性涉及到建筑物沉降的大小和不均匀沉降出现的可能性，压缩性的大小在相当程度上左右着地基承载力的选择。因此，根据地基土压缩性指标，可以评定地基的好坏。地基的承载力按照岩土的物理力学性质及原位测试资料等确定，它直接影响着地基基础的设计。因此，压缩性和土的承载力都必须着重分析研究，可用相邻建筑物地基基础已经采用的数据或建筑经验做参考。

（三）岩土的类型、分布和埋藏条件分析

岩土的类型、分布和埋藏条件是选择建筑物的位置和基础埋置深度的重要根据。这些资料在工程地质图上可以查得。利用时应分析研究岩土在建筑场地范围内的具体情况是否有利于建筑，其中要特别注意是否存在特殊土，如黄土、冻土、膨胀土、淤泥等。在这些土层上建筑，设计时应分别根据每一种土的相应规定进行处理。

（四）地质构造的分析

地质构造能影响建筑物的稳定性，应注意工程地质图上是否标有断层、背斜、向斜、单斜及地层不整合等。如果有其中一种以上地质构造，应分析在建筑场地内的分布及具体条

件，确定它们的危险程度。

（五）水文地质条件分析

水文地质条件对地基基础也有一定的影响，应特别注意地下水位及水的侵蚀性。地下水位对施工方法起着决定性的作用，甚至可以影响设计方案的取舍；同时地下水位的变化对建筑物的稳定也有直接的影响。地下水的侵蚀性对基础材料的耐久性影响很大，应注意分析研究水的化学成分。地下水在砂土地基中渗流，有可能引起地基潜蚀、流砂及建筑物不均匀沉降等现象；在斜坡地带渗流，容易形成滑坡，这些现象在分析资料时都应注意，对勘察资料的水文地质条件，从等水位线或等水压线结合地形等高线来分析比较确定。

（六）不良地质现象的分析

不良地质现象能严重影响建筑物的安全和使用，甚至导致重大事故，事前事后处理都很困难，必须慎重对待。工程地质勘察资料中，如提供有滑坡、崩塌、岩溶、塌陷和泥石流等不良地质现象时，必须分析它们的特性和危害程度。勘察资料所建议的处理措施和意见应与建筑设计和结构设计合并考虑，最后确定合理、经济、稳定可靠的方案进行处理。

建筑场地是否是地震区要明确，在地震区，地震烈度的正确确定非常重要。定得过低，不足以保证建筑物的安全；定得过高会使处理措施复杂，建筑造价成倍增加，甚至做出不宜建造的结论。因此，设计烈度必须根据国家规定的地区地震烈度，结合工程地质及水文地质和建筑物类型及建筑物重要性考虑决定。分析地震资料还应注意场地和地基的地震效应，研究对地震有利、不利和危险的地段，确定地基内有无可液化的饱和砂土存在。

（七）勘察资料的是否齐全的检查

有时由于设计意图不明，勘察资料可能缺少某些重要数据，在设计和施工时必须全面了解是否有这种情况，如有缺少和遗漏应补充勘察。

（八）地基基础方案的选择

勘察资料的分析非常重要。如果对资料不熟悉，选择的建筑场地就会存在问题，致使地基基础造价猛增，施工困难，甚至还出现因地质条件太差，实在难以合理解决地基基础问题，以至于不得不在施工中途放弃建设。因此，整个建筑场地在工程地质方面的稳定性是建筑物地基基础稳固可靠的前提。在地基基础方案选择之前，必须弄清楚建筑场地和地基的工程地质条件；同时对建筑物的要求、性质、用途、构造和荷载大小等也必须了解。此外，在地基基础的具体设计中，还应充分考虑建筑物与地基共同工作中，建筑物对不均匀沉降的敏感程度和施工条件（施工方法及技术装备力量等）。只有综合考虑了这些因素及其相互影响之后，才能选出可行的方案。一般由于地质条件的不同，根据场地的具体条件，地基可以采用天然地基或人工地基，基础可以选择为单独基础、条形基础或其他类型的基础。做出几个方案，进行分析比较，才能选定其中能满足建筑安全可靠和经济合理的切实可行的方案。这种方案的获得，只有在分析勘察资料的基础上才能做到。

二、岩土工程勘察报告的阅读与使用

为了充分发挥勘察报告在设计和施工中的作用，必须重视对勘察报告的阅读和使用。阅读勘察报告应该熟悉勘察报告的主要内容，了解勘察结论和计算指标的可靠程度，进而判断报告中的建议对该项工程的适用性，从而正确地使用勘察报告。这里需要把场地的工程地质条件与拟建建筑物具体情况和要求联系起来进行综合分析，既要从场地工程地质条件出发进行设计施工，也要在设计施工中发挥主观能动性，充分利用有利的工程地质条件。

岩土工程勘察报告阅读的步骤和重点如下：

（1）要全面细致地阅读报告，以便对场地的工程地质条件有全面的了解；

（2）根据工程要求，核对钻孔位置、孔深、取样数量是否符合规范要求，如发现问题应及时与勘察单位联系解决；

（3）复核土工试验成果是否准确、合理，地基基础设计所需数据是否齐全，勘察报告是否符合设计阶段和施工的要求；

（4）核对地下水的埋藏条件、水质、水位及地下水的变化规律；

（5）认真分析、研究勘察报告中的结论与建议，结合工程情况，判断其合理性、适用性，并提出地基基础设计、施工的最佳方案的建议。

三、实例

下面我们通过实例来说明建筑场地工程地质条件综合分析的主要内容及其重要性。

（一）地基持力层的选择

存在不威胁场地稳定性的不良地质现象的建筑地段，地基基础设计必须要满足地基承载力和变形的基本要求，而且应该充分发挥地基的潜力，尽量采用天然地基上的浅基础的方案。地基持力层的选择应该从地基、基础和上部结构的整体概念出发，综合考虑场地的土层分布情况和土层的物理力学性质，以及建筑物的体形、结构类型和荷载等情况。

通过勘察报告的阅读，在熟悉场地各土层的分布和性质（层次、状态、压缩性和抗剪强度、土层厚度、埋深和其均匀程度等）的基础上，初步选择适合上部结构特点和要求的土层作为持力层，经过试算或方案比较后做出最后决定。

在上述实例中，5号楼以冲填土作为持力层是适宜的。因为考虑到该层具有下列有利因素：①土的压缩模量为17.5MPa，压缩性比较低，而且估计地基沉降很快就会达到稳定，沉降主要发生在施工期间；②该土层冲填已经有五年历史，具有一定承载力，虽然冲填厚度不大，但如尽量减少基础的埋深，在下卧淤泥层中产生的附加应力将会降低；③上部结构为横墙承重，开间小，整体性较好，荷载不大，还可以加设圈梁，以便提高其抗弯刚度；④基础埋深较浅，施工简便。

对4号楼来说，情况与5号楼完全不同，因为，冲填土和淤泥的压缩性高而承载力低，大面积的冲填土将加剧原来厚薄不均的淤泥的不均匀变形，钢筋混凝土框架对不均匀沉降很敏感，荷载又比较集中。因此，选择粉质黏土层作为持力层是比较合理的。

根据勘察资料分析，合理地确定地基土的承载力是选择持力层的关键。地基承载力的取值可以通过多种测试手段，并结合当地实践经验综合确定。

（二）场地稳定性评价

地质条件复杂的地区，综合分析的首要任务是评价场地的稳定性，然后才是地基的强度和变形。

场地的地质构造（断层、褶皱等）、不良地质现象（滑坡、崩塌、岩溶、泥石流等）、地层条件和地震等都会影响场地的稳定性。在勘察工作中，必须查明其分布规律、具体条件、危害程度，从而划分稳定、较稳定和危险的地段。

在断层、向斜、背斜等构造地带和地震区修建建筑物，必须避开危险地段。对于已经判明为相对稳定的构造断裂地带，可以选作建筑场地。

在不良地质现象发育且对场地稳定性有直接危害或潜在威胁的地区，如不得不在其中较为稳定的地段进行建筑，须事先采取有力措施，防患于未然，以免中途改变场址或花费极高的处理费用。

关键概念

标准差　变异系数　修正系数

思 考 题

1. 岩土参数的标准值如何计算？
2. 简述工程地质剖面图如何绘制。
3. 简述岩土工程勘察报告的主要内容。
4. 勘察资料是选择建筑场地、布置建筑物和地基基础设计、施工的重要依据，在资料使用前，应着重对哪些问题进行分析研究？
5. 岩土工程勘察报告阅读的步骤和重点是什么？

参 考 文 献

[1] 史如平 . 土木工程地质学 . 南昌：江西高校出版社，1994.

[2] 石振明，孔宪立 . 工程地质学 . 2 版 . 北京：中国建筑工业出版社，2011.

[3] 窦明健 . 公路工程地质 . 3 版 . 北京：人民交通出版社，2006.

[4] 崔冠英 . 水利工程地质 . 4 版 . 北京：中国水利水电出版社，2008.

[5] 《工程地质手册》编委会 . 工程地质手册 . 4 版 . 北京：中国建筑工业出版社，2007.

[6] 高大钊 . 土力学与基础工程 . 北京：中国建筑工业出版社，1998.

[7] 张倬元，王士天，王兰生 . 工程地质分析原理 . 4 版 . 北京：地质出版社，2016.

[8] 孔思丽 . 工程地质学 . 2 版 . 重庆：重庆大学出版社，2005.

[9] 李相然，姚志祥 . 城市岩土地基工程地质 . 北京：中国建材工业出版社，2002.

[10] 贾永刚，李相然，韩德亮，单红仙 . 环境工程地质学 . 青岛：中国海洋大学出版社，2003.

[11] 陈希哲 . 土力学地基基础 . 5 版 . 北京：清华大学出版社，2013.

[12] 赵法锁，李相然 . 工程地质学 . 北京：地质出版社，2009.